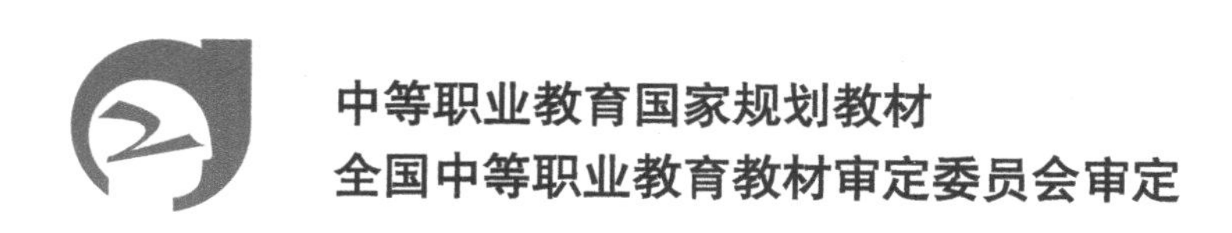

中等职业教育国家规划教材

全国中等职业教育教材审定委员会审定

电力系统综合自动化

（第三版）

主　　编　杨新民

编　　写　朱雷鹤

责任主审　孙保民

审　　稿　谭伟璞　王　玮

中国电力出版社

CHINA ELECTRIC POWER PRESS

内 容 提 要

本书为中等职业教育国家规划教材。

全书共分八个单元，其中概论、计算机监控的基本原理及其本测控等三个单元为电力系统综合自动化的基础知识；电力系统综合自动化部分分四个单元，论述了发电厂计算机监控系统、变电站自动化系统、电力系统调度自动化及配电网自动化；第八单元介绍了智能电网。

全书选材内容体现了新技术、新知识和新方法，在阐述上力求深入浅出、通俗易懂，每一单元后都安排了习题，以加深对理论的理解。

本书主要用作中等职业教育电厂及变电站电气运行、继电保护及自动装置等相关专业的教材，也可供高职高专学生和工程技术人员参考。

图书在版编目（CIP）数据

电力系统综合自动化/杨新民主编．—3版．—北京：中国电力出版社，2014.2（2022.6重印）
中等职业教育国家规划教材
ISBN 978-7-5123-5055-7

Ⅰ.①电… Ⅱ.①杨… Ⅲ.①电力系统-自动化-中等专业学校-教材 Ⅳ.①TM76

中国版本图书馆CIP数据核字（2013）第248335号

中国电力出版社出版、发行
（北京市东城区北京站西街19号 100005 http://www.cepp.sgcc.com.cn）
北京天泽润科贸有限公司印刷
各地新华书店经售
*
2002年1月第一版
2014年2月第三版 2022年6月北京第十五次印刷
787毫米×1092毫米 16开本 18.75印张 455千字
定价 **34.00** 元

电力中等职业教育国家规划教材

中等职业教育国家规划教材

出版说明

为了贯彻《中共中央国务院关于深化教育改革全面推进素质教育的决定》精神，落实《面向21世纪教育振兴行动计划》中提出的职业教育课程改革和教材建设规划，根据教育部关于《中等职业教育国家规划教材申报、立项及管理意见》（教职成［2001］1号）的精神，我们组织力量对实现中等职业教育培养目标和保证基本教学规格起保障作用的德育课程、文化基础课程、专业技术基础课程和80个重点建设专业主干课程的教材进行了规划和编写，从2001年秋季开学起，国家规划教材将陆续提供给各类中等职业学校选用。

国家规划教材是根据教育部最新颁布的德育课程、文化基础课程、专业技术基础课程和80个重点建设专业主干课程的教学大纲（课程教学基本要求）编写，并经全国中等职业教育教材审定委员会审定。新教材全面贯彻素质教育思想，从社会发展对高素质劳动者和中初级专门人才需要的实际出发，注重对学生的创新精神和实践能力的培养。新教材在理论体系、组织结构和阐述方法等方面均作了一些新的尝试。新教材实行一纲多本，努力为教材选用提供比较和选择，满足不同学制、不同专业和不同办学条件的教学需要。

希望各地、各部门积极推广和选用国家规划教材，并在使用过程中，注意总结经验，及时提出修改意见和建议，使之不断完善和提高。

教育部职业教育与成人教育司

二〇〇一年十月

前　言

2008年1月本书第二版发行后，于2010年被中国电力企业联合会、中国电力教育协会和中国电力出版社评为“2007～2009年度电力行业精品教材”。为感谢广大读者的厚爱和支持，在本书第三版出版之际，作者根据近年来电力系统的发展，改编了本书第五单元“变电站综合自动化系统”；新增了第八单元“智能电网”，并修订了全书。

电力系统发展已开始进入智能化阶段，但从我国电力系统的现状来看，大部分还处于“电力系统综合自动化”阶段。有关专家指出这种局面将会延续相当长一段时间，为此本书保留了大部分“电力系统综合自动化”内容，仅新编第八单元“智能电网”部分内容，以适应读者对新技术基础知识的需求。

变电站自动化系统从常规变电站自动化到变电站综合自动化、数字化变电站，再到智能化变电站，其硬件和软件的跨越有四五代之长，其教材内容发生了深刻的变化。尤其是我国的电网正处于变革时期，多种变电站自动化模式在相当长的时期内共存。为了适应这种状况，将第五单元的“变电所综合自动化系统”标题改为“变电站自动化系统”，保留原变电站综合自动化系统内容，另外增加传感器、网络通信和数字化变电站内容。在第二单元的“传感器”一节中增添了“电子式互感器”，为数字化变电站二次系统的前置信号“数字化”打下基础；在第五单元原“数据通信”一节中增添了“网络数据通信技术”；在“数字化变电站”课题中为突出数字化变电站的核心技术，重点介绍了“数字化采样技术”、“IEC 61850”协议标准和“GOOSE”等主要技术。智能化变电站虽然是变电站自动化系统发展的方向，但它更是智能电网中的重要节点，“智能化变电站”宜归在第八单元“智能电网”更为妥当。

本书第三版由杨新民老师负责全面修改和编写，朱雷鹤参与了本次修订工作。

由于本书所涉及的内容，尤其是新增内容多数为新技术，限于作者水平，难免存在一些不足和疏漏之处，诚恳希望各位专家及读者批评指正，并欢迎使用电子邮箱联系：zxdsj@21cn. com。

作者于杭州

2013年12月

第一版前言

《电力系统综合自动化》是教育部80个重点建设专业主干课程之一，是根据教育部最新颁布的中等职业学校电厂及变电站电气运行专业“电力系统”课程教学大纲编写的。

本书以培养学生的创新精神和实践能力为重点，以培养在生产、服务、技术和管理第一线工作的高素质劳动者和中初级专门人才为目标。教材的内容适应劳动就业、教育发展和构建人才成长“立交桥”的需要，使学生通过学习具有综合职业能力、继续学习的能力和适应职业变化的能力。

全书共分七个单元，其中“概论”、“计算机监控的基本原理”及“基本测控单元”三个单元为电力系统综合自动化的基础知识；有关综合自动化部分，分为“发电厂计算机监控系统”、“变电所综合自动化系统”、“电力系统调度自动化”及“配电网自动化”等四个单元。

本教材是为适应当前电力系统一场新的技术革命而新开发的一门课程。因此本书较集中地体现了新技术、新知识、新方法在电力系统中的应用。但本教材为了理论与实践紧密相结合，适应电力系统自动化及运行岗位上的要求，在选材内容和阐述上都力求深入浅出、通俗易懂，并在各单元适当安排了已经成熟的计算机测控技术及综合自动化系统实例和习题，从而充实了内容，加深了对理论的理解。对较深的内容，在标题上加“*”符号，可供选学。根据教学大纲要求，“配电网自动化”单元也作为选学内容。

本书的主要对象是“电厂及变电所电气运行”、“电力系统自动化”等专业的中专生；大专生及有关工程技术人员也可参考使用，还可作电力系统自动化培训班的培训教材。

本书的第四、六、七单元是由武汉电力学校余建华老师编写的；第一、二、三、五单元是由浙西电力教育培训中心输配电工程勘测设计室杨新民老师编写，并担任本书主编。

四川电力职业技术学院耿素清老师负责本书主审，提出了许多宝贵的意见，在此致以衷心的谢意。

由于本书所涉及内容大多数为新技术，有的内容是新近公布的；作者限于水平低浅、实践不够、理解不深等原因难免存在许多缺点和错误，诚恳希望读者批评指正，并欢迎使用电子邮箱联系：zxdsj@21cn. com。

作者于新安江

2001年8月

第二版前言

《电力系统综合自动化》一书出版至今已整整六年了。在这六年中，我国的电力事业有了长足的发展，尤其是电力系统各行业在网络化、综合自动化方面有了较大的进展。而《电力系统综合自动化》这本书正是为适应电力系统新技术而开发的一门新课程，因此在《电力系统综合自动化》再版之际，理应反映近几年来电力系统的发展。为此，我们在“发电厂计算机监控系统”、“变电所综合自动化系统”、“电力系统调度自动化”几单元中作了较大幅度的增删和修改。

本书再版是在保留原版章节基础上进行的，在“计算机监控的基本原理”中增加了“智能变送器”和“GE90-70 可编程控制器及其在火电厂输煤系统中的应用”两部分；在“发电厂计算机监控系统”单元中，增加了“现场总线 FCS 控制系统”、“过程控制站”、“发电厂电气自动化系统”、“发电机的频率和有功功率自动控制”及“发电机数字式励磁系统和自动电压控制”几个部分；在“变电所综合自动化系统”单元中，增加了“基于 IEC 61850 标准的变电所自动化通信网络结构”、“VQC 精细调节方案”及“通信控制器”几部分；在“电力系统调度自动化”单元中，增加了“光纤通信”、“分布式调度自动化主站系统结构”、“电力系统自动发电控制 AGC”和“电力系统调度自动化的最新进展”几个部分；而对“配电网自动化”单元仅作了次序修改。另外为适应中专电力职业教育电气运行专业的理论水平与实践能力要求，将部分涉及单片微机的汇编程序和扩展部分内容作删除处理；将“电厂计算机控制系统运行操作”改为电厂实习课题。

本书在第一版的基础上，由杨新民老师负责全面修改和再版工作。

本书初版的主审耿素清老师在初版时提过许多宝贵意见，由于当初出版时间十分紧迫，有的意见来不及采纳，本次再版时就这些意见重新作了考虑并对教材相应部分做了修改和补充。为此，作者再次向耿素清老师致以谢意。

由于本书所涉及内容大多数为新技术，有的内容还是新近公布的，作者限于水平低浅、实践不够、理解不深等原因难免存在许多缺点和错误，诚恳希望各位专家指导和读者批评指正，并欢迎使用电子邮箱联系：zxdsj@21cn. com。

作者于杭州

2007 年 4 月 30 日

目　录

概　　论

内 容 提 要

电力系统综合自动化特点和发展趋势，电力系统调度自动化系统，火电厂自动化系统，水电厂综合自动化系统，变电站综合自动化系统，配电网综合自动化系统的内容及其功能。

课题一　电力系统综合自动化的特点和发展趋势

一、电力系统综合自动化的产生

（一）电力系统综合自动化的必要性

电力系统中被控制的对象是十分复杂而庞大的。被控制的发、输、变、配电设备多达成千上万台，这些设备分散在辽阔的地理区域内，往往要跨越数个省份；被控制的设备间联系十分紧密，通过不同电压等级的电力线路连接成网状系统。由于整个电力系统在电磁上是互相耦合和连接的，所以仅有电气设备的常规自动装置是很不够的，还必须有整个系统（或局部系统）的综合自动化装置，通过信息共享和功能互补将电力系统自动化提高到一个新的水平。

电力系统中被控制的参数很多。这些参数包括电力系统频率、节点电压和为保证经济运行的各种参数，如电力系统内成百上千台发电机组和无功补偿设备发出的有功功率和无功功率。监视和控制成千上万个运行参数是十分困难的任务，仅靠常规的自动装置达不到实时性要求，也就不能完成复杂的控制任务。

从自动控制学角度看，电力系统故障是电力系统自动控制的扰动信号。电力系统故障的发生是随机的，而且故障的发生和切除几乎是同时存在的，也就是说扰动的同时伴随着被控制对象结构的变化，这就增加了控制的复杂性。有时电力系统故障，致使系统失去了稳定，会造成灾难性的后果。然而综合自动化具有较高的系统监控实时性，能做到精确测量，快速控制，系统就不易失去稳定，即使在电力系统失去稳定后也能较快地使系统恢复稳定。

总之，保证电力系统安全、优质、经济运行单靠发电厂、变电站和调度中心的常规、单一功能的自动装置是不够的。电力系统的实时性、快速性、稳定性要求，必须依靠系统的综合自动化才能实现。

（二）电力系统自动化的发展及趋势

1. 单一功能自动化阶段

在电力系统内的发电设备及其功率不断增加，供电范围也不断扩大的情况下，设备现场的人工就地监视和操作不能满足电力系统运行需要时，为了保证电力系统安全运行和向用户供应合格电能便出现了单一功能的自动装置。这些自动装置是指继电保护装置、自动操作和调节装置（如断路器自动操作、发电机自动调压和自动调速装置）、远距离信息自动传输装置［即远动装置，也就是常说的（四遥装置），即遥测、遥信、遥调、遥控］。

在单一功能自动化阶段，电力系统继电保护、自动监控、远动三者的理论和技术分别发展成了三门独立的技术。尽管如此，电力系统继电保护、远动、自动监控仍然同属于自动化的范畴。因此，单一功能自动化阶段的特点是：①电力系统继电保护、电力系统远动和自动监控三者各自成体系，分别完成各自的功能；②对单个电气设备完成某种单一功能自动化过程；③电力系统中各发电厂和变电站之间的自动装置没有什么联系；④电力系统的统一运行主要靠电力系统调度中心的调度员根据遥信、遥测信息，加上调度员自己的知识和经验，通过电话或遥控、遥调来指挥。

2. 电力系统综合自动化阶段

随着电力系统装机容量和供电地域的不断扩大，电力系统的结构和运行方式越来越复杂而多变，同时对电能质量、供电可靠性和运行经济性的要求也越来越高。在这种情况下，单一功能的自动化装置已经不能使调度人员在很短的时间里掌握复杂多变的电力系统运行状态，并做出及时而正确的决策。甚至在复杂的情况下，大量的遥信、遥测的信息使得调度人员不知所措，以致延误了事故处理或作出错误的决定，导致事故扩大。

20 世纪 90 年代以来，随着微电子技术、信息技术、网络通信技术的发展，以微处理器为核心的自动装置在电网控制领域得到了广泛的应用，促进了电力系统综合自动化阶段的产生。电力系统综合自动化系统就是利用自动控制技术、信息处理和通信技术，以计算机为核心的自动装置代替单一功能的自动化装置，对电厂、变电站、电网执行自动监视、测量、控制和协调的一种综合性的自动化系统。

3. 电力系统自动化的发展趋势

进入 21 世纪，随着经济的发展、社会的进步、科技和信息化水平的提高以及全球资源和环境问题的日益突出，用户对电能可靠性和质量要求不断提升，电力系统正面临着前所未有的挑战和机遇。近年来研究表明，智能控制特别适合那些用传统方法难以解决的复杂系统的控制问题。显然，智能控制成为电力系统自动化发展的方向，电网智能化就成为电网发展的必然选择。智能控制在电力系统工程应用方面具有非常广阔的前景，依靠现代信息、通信和控制技术，积极发展智能电网，以适应未来可持续发展的要求，正成为当今电力系统自动化的发展趋势。

国家电网公司根据我国能源资源较贫乏及分布很不均衡的特点和目前电网自动化发展的实际情况，提出了发展“坚强智能电网”的战略目标。国家电网公司还公布了规划试点、全面建设、引领提升三阶段的建设方案，同时也确定了智能电网发展建设的技术实现手段，为我们展示了智能电网的美好前景和实现途径。本书为适应电力系统自动化发展趋势的要求，将在第八单元对智能电网做扼要的论述与解析。

二、电力系统综合自动化的目的和特点

（一）电力系统综合自动化的目的

大容量和高速度的大型计算机和微型计算机及其网络系统在电力系统的应用，发挥了计算机储存信息大、综合能力强、决策迅速等许多优点。电力系统综合自动化的目的就是利用计算机这些优点，将电力系统实时运行的能量管理系统（EMS）和配电网调度控制系统（DAS）以及在电力工业各部门中用于管理和规划的管理信息系统（MIS）结合起来，将不同层次的电力系统调度自动控制功能和日常生产的计划管理功能在信息共享和功能互补上很

好地结合起来，使电力系统运行的安全性、经济性提高到一个新的水平。

目前，我国电力系统综合自动化已将 EMS 和 DAS 系统结合起来，并已成功地与 MIS 结合在一起。电力系统综合自动化还在不断地完善和发展中，可以预计，今后电力系统综合自动化将提高到一个更高、更新的水平。

（二）电力系统综合自动化的特点

1. 电力系统综合自动化系统模式

图 1-1 示出了电力系统自动控制系统的工作模式。电力系统的运行结构、参数和事故状态通过电力系统远动装置的遥信（YX）、遥测（YC）和通信装置传送到调度中心的调度计算机。在调度计算机中，首先对远动传来的信息进行处理，得出表征电力系统运行状态的完整而准确的信息；然后根据电力系统的运行结构求出表征电力系统实时运行状态的数学模型；最后根据电力系统运行的要求作出对电力系统实施控制的决策。调度计算机作出的控制决策再通过远动装置的遥控（YK）和遥调（YT）及通信装置传送到电力系统。电力系统中的自动装置接到从调度传来的 YK 和 YT 信息之后，对电力系统的运行结构和参数进行控制和调节，使电力系统进入一个新的运行状态。这个新的运行状态和参数再通过远动装置的 YX、YC 和通信装置传到调度中心的调度计算机。上述过程周而复始不停地进行，实现了实时对电力系统内众多发电机组和电力设备进行监视和控制。

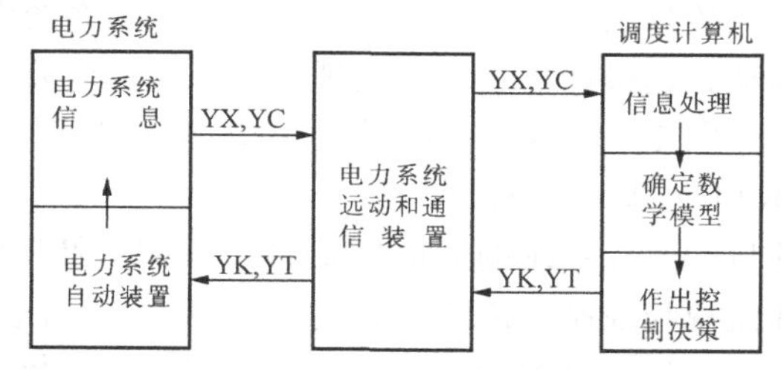

图 1-1　电力系统综合自动化系统工作模式图

2. 电力系统综合自动化的特点

由图 1-1 所示的综合自动化系统可以看出：它将电力系统自动监控、远动装置和通信装置及调度计算机有机地结合起来，组成了一个自动控制系统。这个综合自动化系统是一个典型的、规模很大的自动控制系统。

由上述分析可见，电力系统综合自动化系统的特点是：①用一套自动化系统或装置来完成以往两套或多套单一功能的自动化系统或装置所完成的工作。②具有信息共享和功能互补的特点。在调度中心及电力系统管理决策机关里可以共享从电力系统发电厂、变电站上传的 YX 和 YC 信息。而电力系统内发电厂和变电站得到的 YK 和 YT 信息体现了功能互补，其 YK 和 YT 信息中已含有专家系统中的控制决策。③具有智能控制特点。在调度计算机内从数学模型的建立到控制决策做出，其中既含有电力系统的控制理论，又含有电力系统长期运行的实践经验模式。这是一种较好地符合电力系统实际运行的控制模式。

课题二　电力系统综合自动化的内容及其功能

电力系统综合自动化是二次系统的一个组成部分，通常是指电力设备及系统的自动监视、控制和调度自动化的综合总称。它是由许多子系统组成的。每个子系统完成一项或多项功能；同时它们又组成一个系统，在这个系统中达到信息共享和功能互补。它是一个自动监视和控制的系统。这个系统从不同侧面来观察分析，可以有不同的子系统划分。例如，从调度角度来划分，有发电和输电调度自动化和配电网综合自动化；从系统运行角度来划分，有电力系统调度自动化、发电厂自动化、变电站综合自动化；从电力系统自动控制角度来划分，有发电机综合自动控制、电压和无功功率综合自动控制、电力系统安全自动控制、电力系统频率和有功功率综合自动控制，等等。

一、电力系统调度自动化系统

电力系统调度自动化系统的功能可概括为：控制整个电力系统的运行方式，使电力系统在正常状态下安全、优质、经济地向用户供电，包括自动发电控制功能（即 AGC 功能）及系统无功电压控制功能（即 VQC 功能）；在缺电状态下做好负荷管理；在事故状态下迅速消除故障的影响和恢复正常供电。电力系统调度自动化系统的任务是综合利用电子计算机、远动和远程通信技术，实现电力系统调度管理自动化，有效地帮助调度员完成调度任务。

图 1-2 是调度自动化系统的结构简图。图中主站（MS）安装在调度中心，远动终端（RTU）安装在发电厂和变电站。在实现了综合自动化的厂（站）里 RTU 就是该厂（站）的自动监控系统的通信控制器。在 MS 和 RTU 之间通过远动通道相互通信，实现数据采集和监视与控制。RTU 是调度自动化系统与电力系统相连接的装置。RTU 功能之一是采集所在厂（站）电力设备的运行状态和运行参数，如电压、电流、有功功率和无功功率、有功电量和无功电量、频率、水位、断路器分合信号、继电保护动作信号等；RTU 功能之二是接收主站通过通道送来的调度命令，如断路器控制信号、功率调节信号、改变设备整定值的信号及返回给主站的执行调度命令后的操作信息。

图 1-3 是调度中心主站系统的结构简图。主站通信控制器（MTU）接收各厂（站）RTU 送来的信息，将其送往主计算机，并将主计算机或调度员发出的调度命令送往各厂（站）的 RTU。主计算机是主站的核心，负责信息加工和处理，包括检测一些模拟量参数是否越限，开关量是否有变位等。人机联系设备有屏幕显示器（CRT）或模拟屏及键盘、打印机等。显示器将主计算机信息处理结果显示出来；键盘接收调度员命令，决定是否对电力系统实行控制和调节。主站还要将经过处理的信息向上一层的调度中心转发，通常通过数据通信网进行。

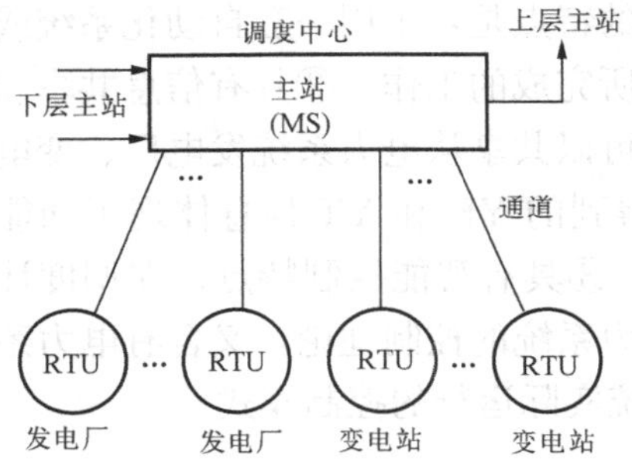

图 1-2　调度自动化系统结构简图

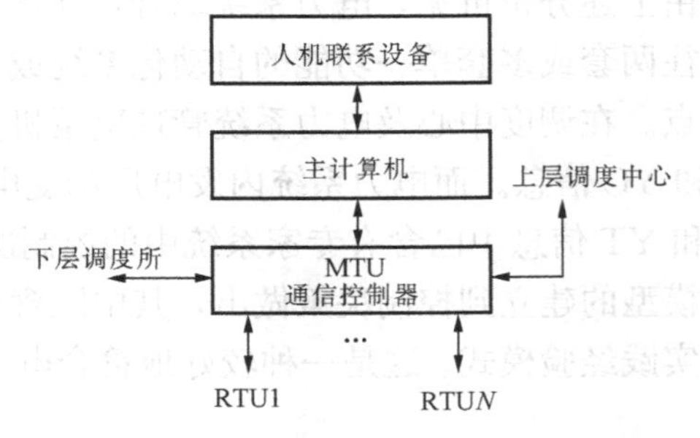

图 1-3　调度中心主站系统结构简图

电力系统调度自动化系统结构的一个特点是分层结构。通常电力系统调度控制分为国调、网调、省调、地区调、县（市）调五个层次。

在发电厂和变电站装设的远动终端（或当地计算机监控站）直接采集实时信息，只有涉及上层调度网的信息才向上层调度传送。调度中心集中信息后作适当处理编辑再向更高层次的调度转发。这种分层采集信息和分层控制简化了系统结构，减少了通道量和信息量，使信息的实时性明显提高。

二、火电厂自动化系统

火电厂自动化系统的功能是通过各种自动化系统实现的。大容量火力发电机组的自动化系统主要有计算机监控（或数据采集）系统、机炉协调主控制系统、锅炉自动控制系统、汽轮机自动控制系统、发电机综合自动控制系统、旁路控制系统、辅助设备自动控制系统等部分组成。

（一）计算机监控系统

该系统包括厂级监视用计算机及分散控制系统的数据采集系统，其功能是对锅炉、汽轮机、发电机及电气设备发电过程参数和设备运行状态进行监视。它取代了部分常规仪表，提高了对机组的监视能力，并有大量的历史数据存储，可作为对机组运行问题进行分析的依据。这是传统仪表及常规自动装置无法实现的。

（二）机炉协调主控制系统

该系统根据负荷调度命令和电力系统频率，在单元机组所能承担负荷的情况下，对汽轮机自动控制系统和锅炉自动控制系统发出指挥和控制指令。系统还可按负荷需求和机组运行状态采用不同的运行方式。该系统具有的综合控制功能，也是一般的常规自动装置无法比拟的。

（三）发电机综合控制系统

该系统简称 TAGEC 系统，是一种计算机数字综合控制系统，其功能包括发电机开停顺序控制、励磁控制（AVR）、调速控制（GOV）、稳定裕度监视控制等。该系统将发电机作为一个统一的被控对象，按照多变量最优控制理论进行控制。因此，它是一个发电机励磁和调速的综合优化控制系统。显然在 TAGEC 系统中已包含原 AGC 和 AVC（自动电压控制）在内。

火电厂的综合自动化系统还有厂用电控制系统及辅机自动控制系统部分。它们与前面三个控制系统综合为一个完整的自动化系统。

三、水电厂综合自动化系统

水电厂综合自动化系统主要包括水轮发电机组自动发电控制系统（即 AGC）、水电厂计算机监控系统、梯级水电站综合自动化系统。

水电厂计算机监控系统是将水电厂运行状态量（如机组开、停、空载、发电、调相，断路器分合状态及继电保护动作信息）、运行参数（如电压、电流、功率、水位、温度、压力、位移）等实时信息，通过计算机监控系统的输入/输出接口送入计算机系统。计算机监控系统根据上述实时信息，经过分析、计算作出控制决策，然后再通过输出接口对水轮发电机组启停实行控制，对有功功率、无功功率进行调节，对断路器进行分合，对闸门进行启闭控制等。水电厂的实时运行参数和主设备的运行状态等信息可以通过通信设备传送到上级调度中心，同时厂站级计算机系统也接收电力系统调度中心送来的调度命令对水电厂的设备进行控制和调节。

此外，水电厂综合自动化系统还应有遥视（工业电视系统）、消防系统及水情自动测报系统。

四、变电站综合自动化系统

变电站综合自动化系统包括变电站微机监控、微机继电保护、微机自动装置、电压和无功综合控制等子系统。

变电站微机监控系统的功能应包括变电站模拟量、开关量、电能量的数据采集，事件顺序记录（SOE），故障录波和测距，谐波分析与监视，变电站操作控制，人机联系，现场级通信及与上级调度通信的全部功能。由于微机保护的重要地位，在变电站综合自动化系统中微机保护装置与微机监控系统是相对独立的。电压和无功综合控制系统（VQC系统）实现了变电站内电压和无功的自动控制，同时还接受调度中心的调节控制命令。

随着电网的发展，对变电站的要求越来越高。变电站综合自动化后，在变电站通信协议IEC 61850标准制定的推动下，变电站自动化系统走上了数字化和智能化的道路，变电站自动化系统又发生了一次较大的变革。变电站的智能化对电网智能化起到了很大的促进作用，智能电网的发展将又进一步促进变电站智能化向更深的层次发展。

五、配电网综合自动化系统

国家电网公司安全运行与发输电运营部发布了《配电系统自动化规划设计导则试行方案》。根据该导则，配电系统自动化应具备有配电网调度自动化系统、变电站、配电站自动化系统、馈线自动化系统（FA）、自动制图（AM）/设备管理（FM）/地理信息系统（GIS）、用电管理自动化系统、配电系统运行管理自动化系统、配电网分析软件系统（DPAS）等应用系统功能。

配电网调度自动化系统主要包括配电网数据采集与监控系统（SCADA）、配电网电压管理系统、配电网故障诊断和断电管理系统、操作票专家系统。

馈线自动化系统（FA）主要包括馈线控制及数据检测系统、馈线自动隔离和恢复系统。

AM/FM/GIS系统统称为图资系统。其目的是形成以地理背景为依托的分布概念以及电网资料分层管理的基础数据库。图资系统与SCADA系统提供的实时信息有机地结合，可提高调度工作质量；图资系统与各种管理系统结合，可提高管理工作效率。

配电网自动化涉及范围大、内容多且复杂，是一个庞大的系统工程。随着社会的发展，对配电网质量的要求越来越高，故其功能也在不断增加、调整，新的智能设备将不断涌现，配电网自动化将以智能化的面貌出现。

习　　题

1. 电力系统为什么要采用综合自动化技术？
2. 单一功能自动化阶段的特点是什么？
3. 电力系统综合自动化是如何产生的？
4. 电力系统综合自动化的目的是什么？
5. 根据电力系统综合自动化系统模式图说明它是怎样实时地对电力系统众多的电力设备进行监控的？
6. 说明电力系统综合自动化的特点。
7. 电力系统调度自动化、火电厂自动化、水电厂综合自动化、变电站综合自动化、配电网综合自动化系统有一个共同的特点是什么？
8. 试简述我国电力系统自动化的发展趋势。

计算机监控的基本原理

内容提要

发电厂、变电站需采集的电量和非电量；数字量输入/输出的基本概念，数字量输入/输出通道的组成、原理和技术特性，数字量输入/输出通道的抗干扰措施。传感器的作用及分类，常用传感器的组成、原理及技术指标；模拟量转换器的组成及工作原理；非电量变送器的组成（包括智能化变送器）、工作原理及技术指标；常用电量变送器的分类、组成、工作原理及技术指标；智能化电量测量装置的组成、功能及原理；电子式互感器、罗科斯基线圈、有源电子式电压互感器、磁光电流互感器、普克尔效应光学电压互感器；模拟量输入/输出通道的组成和原理；模拟量输入/输出通道的技术特性；模拟量输入/输出通道的抗干扰措施。

微处理器的特点、基本原理、微处理器的指令系统；工业监控用半导体存储器的技术要求，只读存储器、可读写存储器、非易失性读写存储器。

交流采样算法：半周积分算法、傅氏变换算法、解微分方程算法。

课题一 微处理器

一、概述

在发电厂和变电站综合自动化中，需采集的信息很多，但从它们的性质来说，可分为模拟量、开关量、脉冲量及各类仪表设备通过串行口输出的“广义”读表数等四大类。实际上，无论何种类型的信息，在计算机内部都是以二进制的形式（即数字形式）存放在存储器中。断路器、隔离开关、继电器的触点、按钮和普通开关、隔离开关等都具有分合两种工作状态，可以用 0、1 表示。这些设备的工作状态对计算机监控系统的输入及计算机监控系统对这些设备的输出也可以表示为 0 和 1 数字量的输入和输出。对模拟量的处理也是要先将模拟量转化为数字量，计算机才能接收。因此，数字量的输入/输出是计算机的基本操作之一。

本节先分析微处理器的工作原理，再介绍数字量输入/输出的基本概念（以下分别简称为 DI 和 DO）。微处理器又称中央处理器，简称为 CPU，它是计算机的核心，主要应用在工业控制领域，其次是应用在仪器及计算机领域，在通信上的应用也占了一定比例，在家用电器上的应用也越来越多。

（一）微处理器的特点

微处理器应用如此广泛，并不是偶然的，是由于它具有许多独特而优越的特点。

（1）体积小，质量轻。CPU 采用超大规模集成电路制成，因而其体积小而质量极轻。由于 CPU 体积小，使得从前因体积过于庞大而无法使用计算机的都可以用 CPU 作为控制器件，从而使它能得到广泛应用。

（2）价格低廉。性能价格比是目前衡量数字计算机优劣的重要指标。目前普通 8 位单片机价格只有 10 元左右，而且价格还在不断下降。CPU 良好的性能价格比，对使用者有着异常巨大的吸引力，促使人们在各个领域中大量应用 CPU。

（3）可靠性高。电路的可靠性很大程度上取决于焊点的数量。CPU 采用超大规模集成工艺，故电路的焊点数量大大减少，因此故障也就大大减少。统计资料表明：大规模集成电路的失效率为 10^{-8}/h 的数量级，大约是 10^{-4}/年的失效率，可见 CPU 的可靠性极高。CPU 的高可靠性减少了人们的维护时间，提高了监控对象的品质因素及产品质量。这也是它能被广泛应用的重要原因。

（4）功耗低。根据统计数据，1999 年超大规模集成电路的 CPU 采用 0.3μm 的 CMOS 芯片功耗已下降到 0.45mW/（MIPs）。（工作电源下限已由 2.7V 降至 1.8V，其功耗将进一步下降。）

（5）运算速度极快。目前 CPU 的工作频率已超过 8GHz，而单片微机也已超过 300MHz，高档数字处理机的 MAC（执行一次乘法和一次加法）的时间已降低到 10ns 以下。

（6）灵活性高等特点。

以上所有特点使 CPU 成了电子产品中的佼佼者，它推动着世界范围内的一场科技大革命。

（二）微处理器处理信息的方法

由于 CPU 的运算速度极快，此特点决定了人们可以把大量、繁杂、重复性的工作交给 CPU 去做。CPU 处理信息的方法是：

（1）首先将各类问题（开关量、模拟量、脉冲量、逻辑概念、语音等）按一定规律转换为二进制数码，让二进制数码代表各类问题的“量”；然后由 CPU 按二进制数码去处理这类问题。

（2）CPU 通过程序将所有问题处理的规律都用相对应的函数表示，然后将对应的函数运算全部变换为相应的加法运算的算法表示。这样，哪怕是再复杂的问题也能通过大量的加法运算表示，只要计算机的 CPU 处理信息的速度足够快，复杂问题总能解决。这也是微处理器应用十分广泛的根本原因之一。

二、微处理器的基本原理

（一）CPU 的基本结构框图

CPU 是由一片大规模集成电路芯片制成，不仅能进行算术逻辑运算，还能执行各种控制功能。通常 CPU 是由算术逻辑部件 ALU、累加器 AC、暂时寄存器 TR、标志寄存器 FL 和寄存器阵列 RA、程序计数器 PC、地址缓冲寄存器 AB 及指令寄存器 IR、指令译码及机器周期编码器 IDCE、定时及控制部件 TC、数据缓冲寄存器 DB 等组成，如图 2-1 所示。

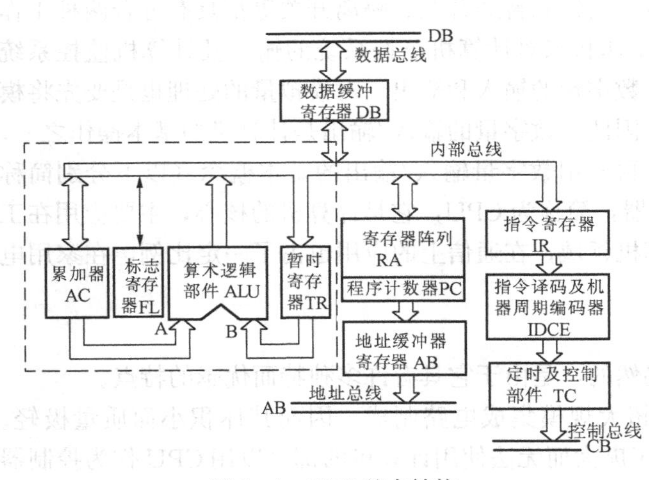

图 2-1　CPU 基本结构

（二）运算器工作原理

算术逻辑部件 ALU 和累加器 AC、暂时寄存器 TR、标志寄存器 FL 构成运算器，如图 2-1 中虚线框 1 所示。运算器是执行算术和逻辑运算的部件。因此它既能进行“加”、“减”等算术运算，又能进行“逻辑加”，“逻辑减”运算。

算术逻辑部件 ALU 一般有两个输入端，即数据 A 输入端和数据 B 输入端。另外，其还有一个下一级进位输入端和两个输出端（运算结果 F 输出端、进位信号 C 输出端）。此外，还有四个功能选择端 S0～S3，一个方式控制端 M。功能选择端决定 ALU 执行何种运算，方式控制端决定 ALU 是执行算术运算，还是逻辑运算。

为了简单起见，把 ALU 的一位结构图表示于图 2-2。ALU 的功能具有“加”、“减”等算术运算和“逻辑加”、“逻辑乘”逻辑运算及“求补码”运算功能。CPU 中的算术逻辑部件 ALU 的位数，由 CPU 的字长确定，有 8 位、16 位等。如一个字长 8 位的 CPU，它的 ALU 位数也就是 8 位。数据输入端 A、B 具有与 CPU 相同的位数。ALU 的输出端也具有相同位数，与内部数据母线相连。进位信号 C 则与标志寄存器 FL 相连，以便把进位信号放到标志寄存器中保存。方式控制信号 M、功能选择信号 S0～S3 来自定时及控制部件 TC。

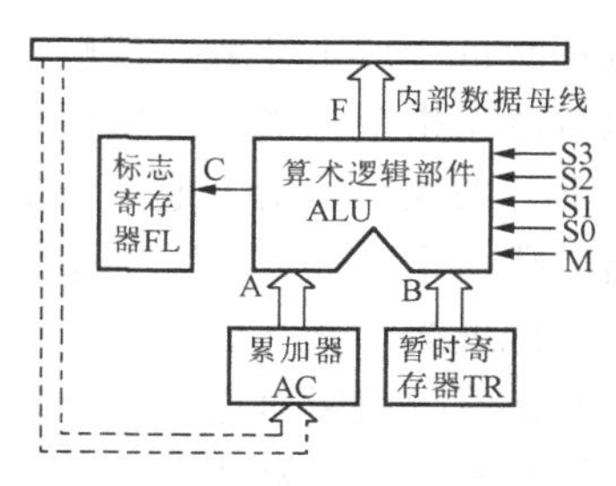

图 2-2　ALU 的信息流向

必须注意的是，ALU 是一个纯粹运算部件，本身没有寄存功能。所以在控制信号 M 及 S0～S3 作用下，ALU 对两组输入端数据 A 和 B 进行运算。它把进位信号送到标志寄存器 FL 中保存，同时又把运算结果送回内部数据母线，以便送到寄存器阵列或累加器 AC 中保存。

累加器 AC 是专门用于存放 ALU 运算结果的。此外，存入 AC 的数据也可以传给 ALU 进行运算。假设 AC 的初值为“0000”，寄存器 TR 的内容是“0010”，把 AC 和 TR 的内容送到 ALU 中相加，则结果为“0010”，将此结果送回 AC 保存。若再把一个新数据送入 TR 寄存器中，然后 ALU 又对 AC 和 TR 的内容相加，相加的结果再放入 AC 中。这样，寄存器 TR 的两次结果都累加在 AC 中。累加器的名称也就是由此而来的。累加器 AC 是 CPU 中一个关键寄存器。有的 CPU 有两个或更多的累加器，从而使机器的运算更加灵活和方便。

暂时寄存器 TR 的作用是在 ALU 执行运算时，把 ALU 的输入数据（数据 B 的数据）与母线加以隔离。这样可以保证参与运算的数据和 ALU 的运算结果不会在内部数据母线上产生混杂。

标志寄存器也叫状态寄存器，由多个触发器组成，用于保存运算操作的溢出、进位、全“0”、数符等标志。这些标志在程序工作时，往往作为“转移指令”的转移条件。

*（三）数据总线与数据缓冲寄存器

由于外设与 CPU 之间的工作速度差异很大，为保证数据信息的正确传送，使 CPU 工作更加快速灵活，在内部数据母线与数据总线之间设置数据缓冲寄存器。这样，在数据不能马上被外设接收时，就可暂时将数据存入数据缓冲寄存器。数据缓冲寄存器还起到隔离作用，将数据总线与内部总线相隔离。数据总线是 CPU 输入、输出数据信息的通道。而内部总线是 CPU 内部各种信息的通道，地址数据、控制指令信息都将出现在内部总线上。数据总线与内部总线上的数据内容是不相同的，而且内部总线上数据内容瞬息万变。数据总线起自数据缓冲寄存器，终止于外设数据端口。所谓数据端口，就是CPU与外设数据信息交换的接口。

*（四）地址总线与程序计数器PC

CPU内部有一个寄存器阵列RA，由多个寄存器组成的，是小容量高速存储器。它的作用是用于寄存运算的中间结果，以减少对主存储器的访问次数，从而提高了CPU的运算速度。程序计数器PC就是寄存器阵列中的一个寄存器。它除了具有一般的寄存功能外，还有计数功能。

程序计数器就是计算程序中指令地址的计数器。当程序按顺序执行指令时，程序计数器就不断进行加1计数，按顺序给出每条指令的地址，以便CPU去该地址单元取出指令码，执行该条指令。当程序执行转移指令时，CPU就将指令的转移地址送入程序计数器内，那么下一条执行的指令地址便是程序计数器内的数码。因此，程序计数器就像一个地址指针，指向哪一个地址，CPU便执行该地址单元内的指令。

地址缓冲寄存器AB与数据缓冲寄存器DB的功能相似。CPU送出的地址码，往往不能及时接收，就暂时送入地址缓冲寄存器；同时地址缓冲寄存器还起到一种隔离作用，将地址总线与程序计数器相隔离。

地址总线上的地址除了表示指令存储的地址外，还可表示某数据存储的地址；此外还可表示外部设备或芯片及芯片内不同端口的地址，它可以通过地址译码器译码后选择不同的端口。

*（五）控制总线与定时及控制部件TC及时序图

当CPU从主存储器取出指令后，就被送到指令寄存器IR中，其操作码则送到指令译码及机器周期编码器去进行译码（见图2-1），以确定指令寄存器IR中的指令以及其对应的操作信息。指令的地址部分（有的指令中含有地址部分，如转移指令），则送到地址缓冲寄存器AB中，以准备取操作数。

1. 指令译码

CPU执行指令时，要先把指令的操作码译码，然后对应于不同操作码，产生不同的指令周期、定时信号及控制信号。图2-3是典型的指令周期图。

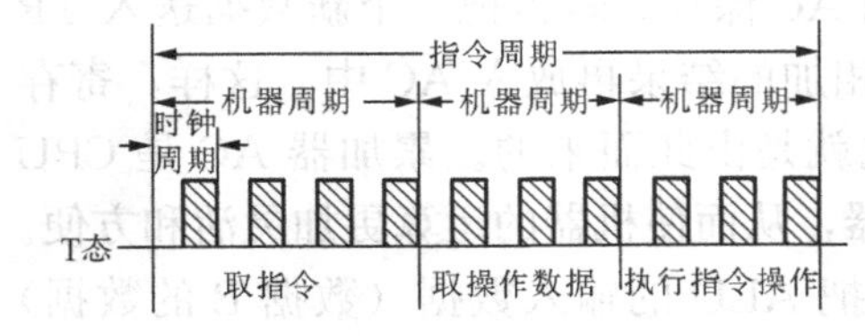

图2-3　典型的指令周期图

执行一条指令所用的时间叫作指令周期。指令周期包括取指令、取操作数据和执行指令操作的时间。这三个时间是基本操作时间，每个基本操作时间称为基本操作周期或机器周期。对应不同的CPU和不同的指令，一条指令最少要一个机器周期，复杂的指令要几个机器周期。一个机器周期最少由三个时钟周期组成，最多由六个时钟周期组成。时钟周期也称状态周期，用T表示；机器周期用M表示。一个典型的指令周期如图2-3所示，它的第一个机器周期是取指令周期。它按程序计数器PC给出的地址到存储器中去取该条指令。第二个机器周期是取操作数据周期。它按取出的指令所给出的地址，到存储器中去取操作数据。第三个机器周期是执行指令操作周期。它用所取出的数据去执行指令操作码所指定的操作。

指令译码及机器周期编码器的输出被送到定时及控制部件TC中去，产生各种定时和控制信号。

2. 定时及控制部件 TC

(1) 定时及控制部件 TC 的主要作用。TC 的主要作用是对 CPU 内部各部件提供内部控制信号，对 CPU 外部设备提供外部控制信号，接收外部设备送来的请求信号或响应信号。

(2) 外部控制信号。定时和控制部件 TC 及其有关外部控制信号如图 2-4 所示。由于这些外部控制信号是使整个计算机协调工作的关键，以下针对常用外部控制信号进行详细说明。

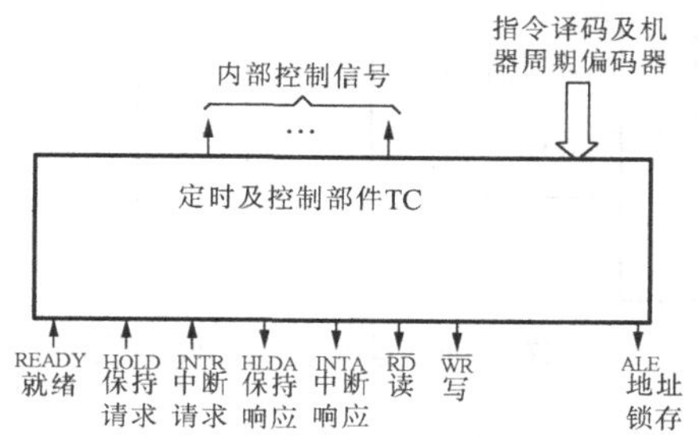

图 2-4　定时及控制部件及其外部控制信号

1) READY："就绪"信号。它是使 CPU 与慢速或动态存储器、输入/输出接口同步的输入信号，高电平有效。当它为低电平时，表示"不就绪"，即外部没有准备好。这时要求 CPU 处于等待状态，故此时在机器周期中插入一个等待时钟周期 T_W。当它为高电平时，表示"就绪"，CPU 可以和外部进行信息交换。

2) $\overline{WR}$：写信号。它是将 CPU 的信息写入主存储器或输入/输出接口的控制输出信号。低电平有效，即低电平时执行写操作，高电平时则不写。

3) $\overline{RD}$：读信号。它是将主存储器或输入/输出接口的内容读到 CPU 去的控制输入信号。低电平有效，即低电平时执行读操作，高电平时则不读。

4) ALE：地址锁存信号。在它的下降沿把地址总线上的地址数据锁存到地址锁存器去。

5) INTR：中断请求信号。它是对 CPU 提出中断申请的输入信号。关于中断概念将在第三单元中分析。

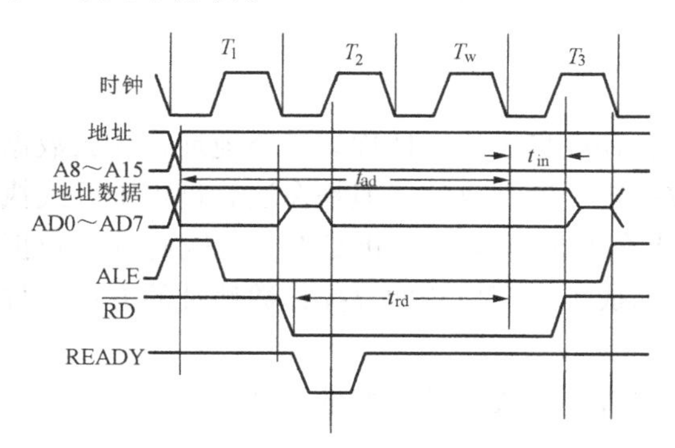

图 2-5　CPU 的读写操作时序图

6) INTA：中断响应信号。它是 CPU 对中断申请的回答信号。INTA 为高电平时，表示 CPU 允许中断。当 CPU 响应中断后，在指令的第一个机器周期的第一个时钟周期时，马上把 INTA 信号清为低电平。

(3) 读写操作及其时序图。图 2-5 是某 CPU 的读写操作时序图。以读操作为例来说明该时序图。读操作机器周期是取操作码、读存储器和读输入/输出接口的基本操作时间，因此图 2-5 是 CPU 最基本的时序图之一。

在时钟周期 T_1 时，CPU 把 16 位地址送到地址总线 A8～A15 及地址数据总线 AD0～AD7 上，在地址锁存信号 ALE 下降沿时低 8 位地址锁存到外部地址锁存器内。如果是读存储器操作，T_2 时就选中了存储器该地址单元。16 位地址分别按低位 AD0～AD7 和高位 A8～A15 送出的原因，是低位地址总线通常又是数据总线，因此先在 T_1 时送出低位地址并锁存好，在 T_2 时 AD0～AD7 可用于传送数据信息而不是地址信息。为帮助理解，图 2-6 示出了读写存储器硬件框图。

在时钟周期 T_2 时，读信号 $\overline{RD}$ 为低电平，开始执行读操作，读主存储器或输入/输出接口的内容。但如果此时存储器或输入/输出接口正处于"忙"的状态，它们不能和 CPU 交

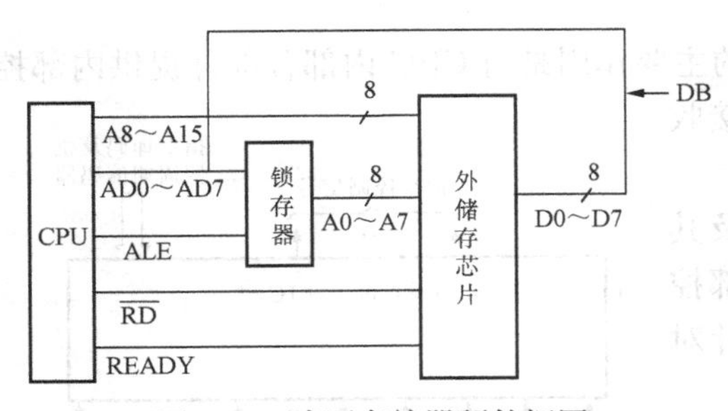

图 2 - 6　读写存储器硬件框图

换信息，故外存储器发出的状态信息使 READY 为低电平，说明“不就绪”，要求 CPU 等待。在 T_W 等待时钟周期时，CPU 空转。直到 T_3 时刻 READY 为高电平时才能将存储器被选中的地址单元的数据，经 D0～D7 送到 CPU 的数据总线 AD0～AD7 上，CPU 才将此数据送到程序所指定的寄存器中。

在图 2 - 5 中，t_{ad} 是接收地址到读出信息的时间。t_{rd} 是开始读出到读出信息稳定下来的时间。t_{in} 是读出信息被存入 CPU 中对应寄存器时间。

写操作时序图和读操作时间图类似，只是由写信号 $\overline{\mathrm{WD}}$ 取代读信号 $\overline{\mathrm{RD}}$ 而已，其他各个时钟周期的工作也类同。

＊三、微处理器的指令系统

（一）指令和指令格式

（1）字节和字。在计算机中，一般用 8 位二进制代码表示一个字节，用两个字节组成一个字。在微机中有 8 位机、16 位机及 32 位机。32 位的高档微机中，要由四个字节组成一个字。在计算机中用字表示一个数，就称为数据字；用字表示一条指令，就称指令字。

（2）指令和指令格式。CPU 发布的操作命令称为指令，在计算机中指令是一组数字代码。表示指令的代码称为指令码。指令码是由两个部分组成的，即操作码和操作量。其中操作码不仅表明了本指令执行什么操作，并且指出了寻址方式。操作量有时表示为操作地址；有时表示为操作数据；有时表示为操作地址的地址。指令格式如图 2 - 7 所示。

操作码	操作量

图 2 - 7　指令格式

（二）指令的寻址方式

数据和指令在存储器中存放的位置称为地址。存放指令的地址称为指令地址；存放数据的地址称为操作数地址。数据在存储器中也是按一定顺序存放的，但是在运算过程中（或执行程序的过程中），有些数据可能多次使用，而指令的地址却在不断变更中，因此寻找数据就存在一定困难。为了更快、更方便寻找数据，形成了一套指令的寻操作数地址的方法，称为寻址方式。

寻址方式通常有立即寻址、直接寻址、相对寻址、间接寻址、变址寻址等方式。

（三）微处理器的指令系统

在微处理器的测控系统中比较多采用汇编语言。汇编语言是用符号来表示指令操作码及地址的语言。最原始的汇编语言是采用机器语言，它是采用二进制代码来书写指令的，但是由于书写很烦琐、难记忆，故目前已不用它来书写了。最先进的当然是高级语言，但用高级语言必须用较大容量的存储器来存储高级语言的解释程序或编译程序，无疑增加了附加的芯片，使机器变复杂；同时高级语言执行的控制过程相对汇编语言慢，因为它的编译程序或解释程序要把人们编写的源程序变成机器语言，机器才能执行，这要占去一段较长的时间。汇编语言容易记忆、编写也较直观，占用存储器的存储单元少，所以较广泛地应用于监控系统中。监控工作程序一旦确定，往往由厂家制成 ROM；或用编程器灌入 PROM 中固化，以供长期使用。因此，在过去的一段时期内，中小型监控设备以采用汇编语言为主。

应指出的是，汇编语言虽然执行速度较快，编写相对直观、占用内存少，但是随着科技的发展，CPU 主频率更高、执行命令的速度越来越快、编程器存储容量越来越大，人们已习惯使用高级语言编程，在大的监控系统中，汇编语言的优越性已难以体现。在本教材中，使用汇编语言的主要目的，是让学员们理解监控的物理过程。

本课程以 MCS-96 指令系统为例介绍常用的一些指令，即算术指令、逻辑指令、数据传送指令、位测试并跳转指令、调用指令。

课题二　工业监控用的半导体存储器

一、工业监控用半导体存储器的技术要求

用于工业监控的半导体存储器，由于应用环境和对象的不同，在选择和使用等方面有如下独特的要求。

(1) 可靠性高。能在恶劣的环境下长期可靠地运行，即抗干扰能力强，读写操作准确。

(2) 实时性好。能满足监控系统高实时性的要求。

(3) 功耗低。功耗低的主要意义在于降低温升，并可用电池长期供电。

(4) 程序固化运行。工业监控用半导体存储器的程序部分相对固定，很少变更，程序软件相对较少，将程序固化在 ROM 中可提高运行的可靠性。

(5) 数据存储器不挥发性。系统中至少有局部不挥发的数据区或程序代码区，以便长期保存数据，并在突然停电后再重新启动时能迅速恢复现场，立即投入运行。

半导体存储器能符合上述各项要求。目前使用较多的半导体存储器是 EPROM、E^2PROM、SRAM、NOVRAM 等。

二、只读存储器 EPROM

有多种不同类型的 ROM 器件，例如：掩膜 ROM 是在制造过程中编程，在大批量生产中，一次性掩模生产成本是很低的；PROM（可编程只读存储器）、EPROM（可擦除、可编程只读存储器）由独立的编程器进行编程，但 PROM 是一次性编程，不可修改；EPROM 是可以用紫外线光照擦除，多次编程的只读存储器。

EPROM 在监控设备中用来存放程序代码，也可以用来存储不变的数据，如整定值、常数、字符串、汉字库、图形点阵等。由于 EPROM 在 Vpp（编程电压引脚）接＋5V 和 PGM（编程脉冲引脚）悬空情况下，不可能被改写，掉电后又不挥发，因此其可靠性较高。此外，由于 EPROM 编程简便易行、可擦除，因此在现场调试和修改程序等使用十分方便。

三、可读写存储器（静态 RAM-SRAM 及动态 RAM-DRAM）

这种类型存储器通常称作 RAM。RAM 中数据是易失的，也就是电源关断时，RAM 中的程序和数据都会丢失，一般主要用作内存。RAM 有两类，即静态 RAM（SRAM）和动态 RAM（DRAM）。SRAM 中已写入的数据被保存在 D 型触发器中，其数据保持不变，除非写入新数据或电源关断。DRAM 中的数据是由电容器上电荷充电或不充电表示“1”或“0”的。由于电容器会放电，为了维持写入的数据，必须不断地刷新，例如用 2ms 周期的速度“刷新”，以防数据丢失。

DRAM 每一位只用一只晶体管和一只电容器，虽然体积小，价格低廉，但由于工业现场中强烈的电磁干扰可能通过电流进入芯片，也可能通过空间感应进入总线，在频繁的刷新

中极易受到干扰，造成数据改写，因此在工业监控设备上不宜采用。

SRAM 要用一个 D 型触发器保存数据，虽然体积相对较大，而且功耗也大些，但由于半导体技术的发展，大容器 SRAM 的出现，特别是 CMOS 技术制造的 SRAM 克服了体积和功耗相对较大的缺点，SRAM 还具有较强的抗干扰性能，数据因干扰而改写的概率很低。因此，在工业监控技术上大量地使用 SRAM，只有在人机接口的显示存储器中多采用 DRAM，因为它具有不断被刷新的特点。

四、非易失性读写存储器（E^2PROM，NOVRAM）

非易失性读写存储器兼有 ROM 和 RAM 的特点，既可像 RAM 那样写入或读出，又可像 ROM 那样在电源关断后仍能保留数据。

E^2PROM 是电可擦除可编程只读存储器，可在电擦除后再编程的 PROM 器件。因此 E^2PROM 主要用在工业监控场合存放允许以较慢速度写入的重要数据，如需要经常更改整定值的场合，需修改数据的场合等。为了提高可靠性，常在 E^2PROM 的写控制线上加硬件开关逻辑，当修改或换程序时，硬开关拨到写允许位置，完成后再拨到写禁止位置。

NOVRAM 是不挥发随机访问存储器，典型产品形式为背装锂电池保护的 SRAM。它实际上是厚膜集成块，将微型电池、电源检测、切换开关和 SRAM 制作成一体。由于采用 CMOS 工艺，其数据保存期可达 10 年。NOVRAM 主要用来存放数据，与 E^2PROM 相比，存入数据快，适合于存放重要的高速采集的数据，特别是用来作电子盘，速度要比磁盘快得多。但是它在运行期间保护数据的可靠性远不及 EPROM，因此不宜用来存放长期运行的程序代码。

将监控设备常用的 SRAM、EPROM、E^2PROM、NOVRAM 性能列于表 2-1，可作一比较。

表 2-1　　四种典型存储器性能比较

性能、使用 \ 类型	SRAM	EPROM	E^2PROM	NOVRAM
读速度	＜200ns	＜200ns	＜200ns	＜200ns
写速度	＜200ns	1～50ms	9～16ms/每字节或页	＜200ns
挥发性	掉电后丢失	不挥发	不挥发	不挥发
运行时保存可靠性	较　差	最　好	较　好	较　好
使用场合建议	一般暂存数据	程序代码、表格、字符、图形	低速重要数据或代替 EPROM	高速存入重要数据，半导体盘
价　格	较　高	便　宜	最　高	比 SRAM 略高

课题三　数字量输入/输出接口

在电力系统计算机监控系统中，需要采集的信息很多，从采集量的性质来分析，可分为模拟量、开关量、脉冲量等几类，但存储在计算机内部都是以二进制的数字形式来表示的。例如，对模拟量必须先将它转换为二进制的数字量；对开关量，如开关的开和关是用“1”

和“0”表示的；对于脉冲量也是用“1”和“0”表示它的脉冲状态，脉冲计数后再用二进制的数字形式来表示。因此，数字量的输入和输出是计算机的最基本操作之一。

一、典型的数字量输入/输出接口电路

外部设备与 CPU 交换信息必须通过输入/输出接口电路。这是由于输入/输出的信息有数据、状态、控制三类不同的信息，外设的状态信息必须作为输入信息，而 CPU 的控制命令必须作为一种输出信息，且大多数 CPU 都是通过数据传送指令来与外设交换信息，为了区别不同类型的信息需设置不同的端口。因此一个典型的数字量输入/输出接口电路必须包括数据端口、状态端口、控制端口，如图 2 - 8 所示。地址总线用于选择某个外设，而每个外设还有三个端口也必须选通，因此地址总线通过译码器分别选通不同端口。在读入或写数据时选通数据端口，在读入外设状态时选通状态端口，在对控制端口送控制信息时选通控制端口，在选通了端口后就可以交换信息了。但是交换信息是读还是写，是由控制总线 CB 掌握的。$\overline{WD}$ 低电平时允许写，$\overline{RD}$ 低电平时允许读。

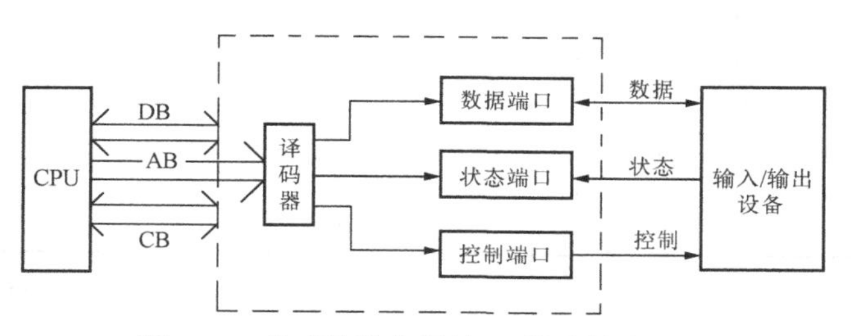

图 2 - 8　典型的数字量输入/输出接口电路

二、数字量输入、输出端口地址译码

（一）常用接口芯片及其功能

1. 地址译码器及其应用

常用的地址译码器有 74LS138（低功耗肖特基 3 - 8 译码器）、74F138（高速 3 - 8 译码器）、74HCT138（CMOS 工作电平）等 3 - 8 译码器。它们的管脚与逻辑关系均如图 2 - 9 所示。所谓 3 - 8 译码器就是三端地址输入端，八端译码输出端。其原理是 $2^3=8$，三个地址输入端共有八个不同状态组合，如图 2 - 9（b）所示。3 - 8 译码器通常可用作片选译码。现举例如下。

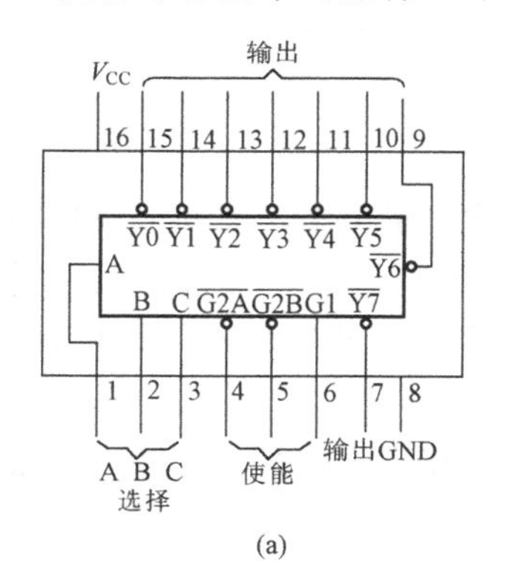

(a)

G1	$\overline{G2B}$	$\overline{G2A}$	C	B	A	输出
1	0	0	0	0	0	$\overline{Y0}$
1	0	0	0	0	1	$\overline{Y1}$
1	0	0	0	1	0	$\overline{Y2}$
1	0	0	0	1	1	$\overline{Y3}$
1	0	0	1	0	0	$\overline{Y4}$
1	0	0	1	0	1	$\overline{Y5}$
1	0	0	1	1	0	$\overline{Y6}$
1	0	0	1	1	1	$\overline{Y7}$
0	×	×	×	×	×	×
0	1	1	×	×	×	×

(b)

图 2 - 9　74LS138 译码器管脚图和逻辑图

（a）管脚图；（b）逻辑图

某计算机主板上有 DMA 控制器 8237、中断控制器 8259、定时/计数器 8253 及并行接口 8255 等芯片需与 CPU 接口，有 DMA 页面寄存器和 NMI 屏蔽寄存器的写入需译码区分，还有其他芯片如 74LS32 选通等需译码选择，因此选择 3 - 8 译码作为片选最为适当，如图 2 - 10 所示。图中当 G1、$\overline{AEN}$ 为“1”，G2A 和 G2B 端为“0”态电位时，译码器工作。由于 A4～A0 五条地址线没参加译码，译码输出（Y0～Y7）各包含 $2^5=32$ 个地址（重叠区），可作为每个芯片内部端口选择。所以 74LS138 译码器各输出端对应地址范围见表 2 - 2。

表 2-2　　　　图 2-12 端口地址范围

地址总线										译码输出	地址范围（H）
A9	A8	A7	A6	A5	A4	A3	A2	A1	A0		
0	0	0	0	0	×	×	×	×	×	$\overline{Y0}$	000～01F
0	0	0	0	1	×	×	×	×	×	$\overline{Y1}$	020～03F
0	0	0	1	0	×	×	×	×	×	$\overline{Y2}$	040～05F
0	0	0	1	1	×	×	×	×	×	$\overline{Y3}$	060～07F
0	0	1	0	0	×	×	×	×	×	$\overline{Y4}$	080～09F
0	0	1	0	1	×	×	×	×	×	$\overline{Y5}$	0A0～0BF
0	0	1	1	0	×	×	×	×	×	$\overline{Y6}$	0C0～0DF
0	0	1	1	1	×	×	×	×	×	$\overline{Y7}$	0E0～0FF

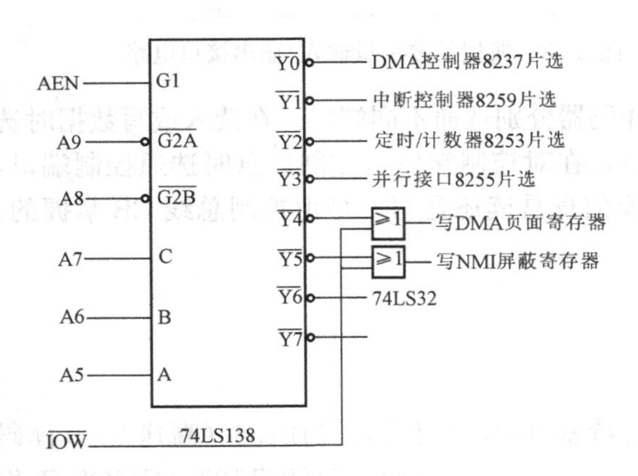

图 2-10　某计算机主板上输入/输出端口地址译码

这些译码输出信号 $\overline{Y0}$～$\overline{Y7}$，送往各输入/输出接口电路作为片选信号。A4～A0中，部分地址线接到这些接口中作低位地址译码，以进一步选择同一接口芯片中不同端口。

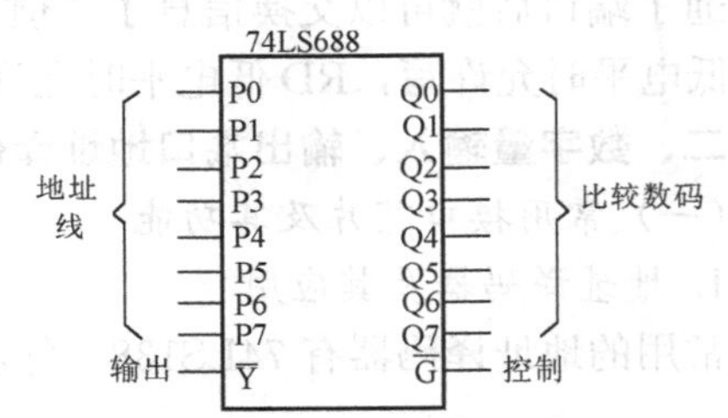

图 2-11　8 位数值比较器芯片图

2. 板选地址译码及其原理

在一个复杂的监控系统中，往往数字量和模拟量的输入、输出量很多，需要多块功能相同或不同的输入/输出模板组成，这时在各模板之间存在板选译码问题；在板选译码后需进一步片选，片选译码之后还需做同一接口芯片中的不同端口译码。因此通常在一块模板上，需由板选、片选、端口选择的不同译码电路共同组合。

板选译码常用的芯片是 8 位数值比较器，如 74LS688，也称等值检验器，其逻辑关系见表 2-3，芯片图如图 2-11 所示。

表 2-3　　　　74LS688 逻辑关系表

输入		输出 $\overline{Y}$	输入		输出 $\overline{Y}$
数值	控制 $\overline{G}$		数值	控制 $\overline{G}$	
P=Q	L	L	P<Q	L	H
P>Q	L	H	X	H	H

利用 74LS688 作为板选译码电路，主要是利用等值检验的特性，即当允许控制端 $\overline{G}$ 低电平有效时，若 P=Q，则输出 $\overline{Y}$=0，利用 $\overline{Y}$ 输出信号可做板选和端口译码信号。为了确定板选地址，可使 74LS688 芯片的 P 端与 CPU 的地址线相连接，而 Q 端选择接低电

平或接高电平，通过改变 SW 小开关位置来改变 Q 的设置，即板选地址的设置，则板选也就确定了。用小开关来选址是为了各模板板选电路一致。一个模板内还有许多芯片，而每个芯片内还有端口需选择，于是板选、片选、端口选组成一个地址译码电路，如图 2-12 所示。

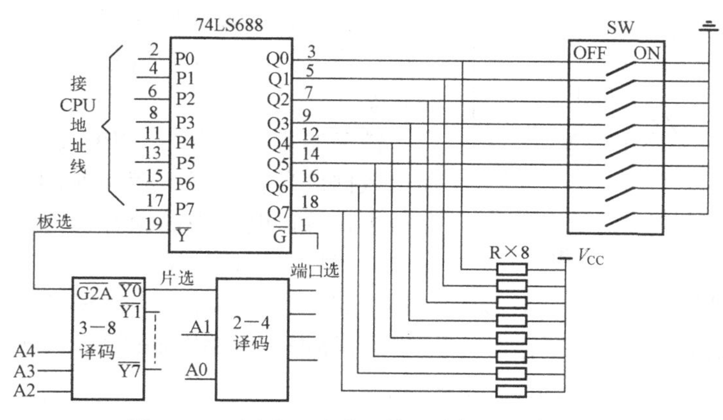

图 2-12　板选、片选、端口选译码组合电路

*3. 通用可编程逻辑阵列

通用可编程逻辑阵列是高速的电可擦除 E^2CMOS 工艺制造的大规模集成逻辑芯片，一片 GAL 芯片可代替 4～12 片中小规模集成逻辑芯片，如 74LS138、74LS139 等其他多片 TTL 的门电路。GAL 提高了集成度也就简化了硬件布线，提高了系统的可靠性；提高了逻辑运算速度；降低了电路功耗；电可擦除，组态灵活；还具有保密单元，可防止复制逻辑。这些特点使得 GAL 广泛地应用于工控接口模块的译码电路中。常用的 GAL 芯片有 GAL16V8 等。但可编程逻辑阵列的可编程次数有限，仅为百次左右。

目前又有集成度更高的可编程逻辑系列器件 FPGA，例如，MAX7000 系列器件，可替代 GAL 芯片，它作为更先进的、更灵活、门阵列更大的可编程逻辑编码译码芯片，在工程接口电路中有更多、更广的应用。

（二）常用的三态缓冲器和锁存器

接口电路中常用的芯片，除译码器外还有三态缓冲器和锁存器。

1. 三态缓冲器

缓冲器主要应用于与总线的接口电路。总线是十分繁忙的，而外设的速度总是远不及 CPU 的速度，因此需要在总线与外设之间设置缓冲器。此外，缓冲器还具有线驱动功能。

所谓三态是指它的输出有三种状态，即逻辑“1”、逻辑“0”、高阻态。高阻态时输出呈高阻状态，相当于与总线隔离。对于缓冲器而言，只有在非高阻态时输出才等于输入的状态。三态缓冲器主要应用于外设信号输入缓冲接口。

常用的三态缓冲器是 74LS244、74F244、74HC244、74S244 等。它们都是八同相的三态缓冲器，有两个独立的控制端 $\overline{1G}$ 和 $\overline{2G}$。$\overline{1G}$ 可控制 1A1～1A4 的三态门，而 $\overline{2G}$ 可控制 2A1～2A4 的三态门。因此 74LS244 也可作为两个独立的四同相三态缓冲器/线驱动器。当门控信号 $\overline{1G}$=0 时，输出端 1Y1～1Y4 就等于 1A1～1A4；$\overline{2G}$=0 时，2Y1～2Y4 就等于 2A1～2A4。其逻辑关系如图 2-13 所示。

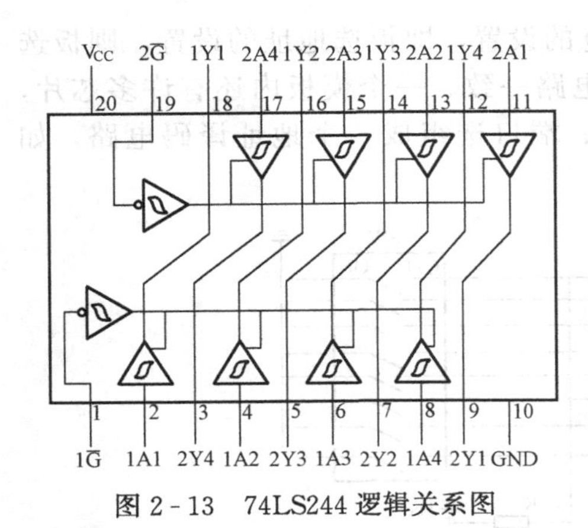

图 2-13　74LS244 逻辑关系图

2. 锁存器

所谓锁存器，就是具有记忆功能的置位/复位触发器。上述的缓冲器，仅在控制端为低电平时，输出与输入同相位，但无记忆功能。锁存器的本质是一种触发器，具有记忆功能，一经触发就将输入信号锁存输出端，输入端信号再发生变化不影响输出端状态。

锁存器主要应用于 CPU 数据输出接口。CPU 输出数据信息在总线上存在时间极短，外设工作速度很慢，接口电路中的锁存器必须及时将数据记忆保存，然后再送往外设。

常用的锁存器集成芯片有 74LS273、74LS373、74LS374、74LS377 等，它们都是由 8 个 D 触发器组成的，简称 8D 锁存器。此类锁存器原理电路图如图 2-14 所示。

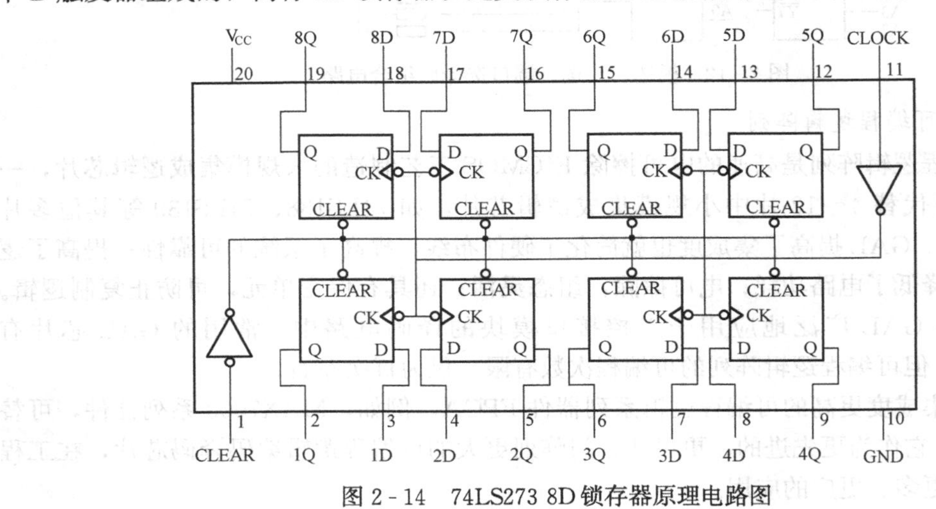

图 2-14　74LS273 8D 锁存器原理电路图

由图 2-14 可见，这 8 个 D 触发器有公共的时钟 CLOCK 和公共的复位清零端 CLEAR。在 CLOCK 信号有效时，1D～8D 的输入信号便同时被打入 1Q～8Q。若 CLEAR 低电平有效时，1Q～8Q 均被清零。

锁存器的重要应用是 CPU 将低 8 位地址数据输出至锁存器锁存（ALE 信号高电平有效时），锁存器输出和 CPU 高 8 位地址一起构成 16 位地址线，在下一个状态周期将该地址单元的存储器数据经数据总线送入 CPU 内部寄存器。详见图 2-5、图 2-6。

三、CPU 对输入/输出的控制方式

通常 CPU 与外设交换数据有四种控制方法，即同步传送方式，查询传送方式，中断控制输入/输出方式，直接存储器访问方式。根据外设的不同特点，选择一种数据交换的方式，供设计接口电路及相应软件。

（一）同步传送方式

同步传送方式，又称无条件程序控制方式。这种传送方式只适合于 CPU 与比较简单而且其数据状态变化速度缓慢或变化速度固定的外设交换信息时采用。这类外设有开关、断路

器辅助触点、继电器触点、隔离开关辅助触点、七段显示器、发光二极管、机械传感器等，都属于数据状态变化缓慢的外设。这类设备用作数据输入时，可以认为其数据总是准备好的，CPU 要读其状态数据时，只要随时对它执行输入指令，就可以将状态数据读入，不必事先查询它的工作状态。

同步传送输入方式的硬件接口电路比较简单，不必通过锁存器，直接采用三态缓冲器与 CPU 总线连接即可，如图 2-15 所示。

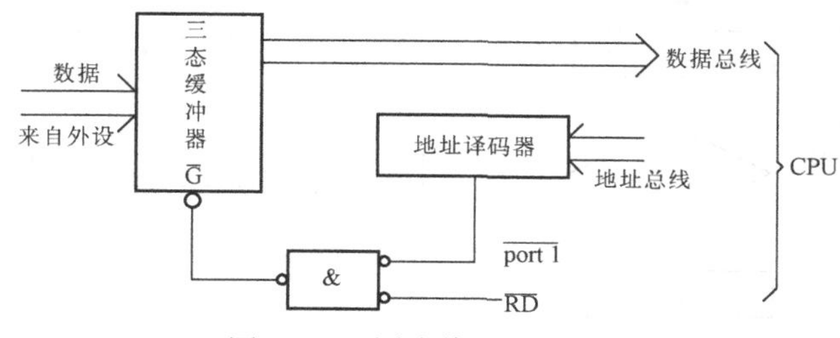

图 2-15　同步传送输入方式

在图 2-15 中，外设要输入的数据连接到三态缓冲器的输入端（注意：要经光电隔离电路抗干扰），CPU 只要对三态缓冲器执行数据传送指令，外设的数据便被读入 CPU 的 AL 寄存器中。port1 为外设与该三态缓冲器对应的数据端口地址。如果 CPU 为 8096，则采用 MCS-96 汇编语言编程如下：

```
LD   BX, #port1      ; 将端口地址送 BX 寄存器
LDB  AL, [BX]        ; 将缓冲器数据送入 AL 累加器
```

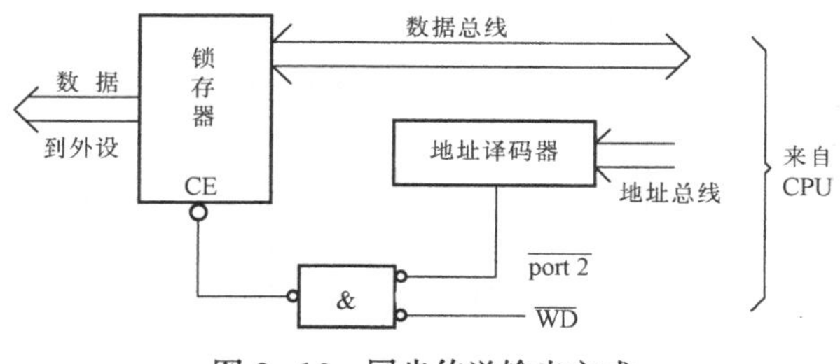

图 2-16　同步传送输出方式

如果 CPU 要输出数据给数据状态变化缓慢的外设时，由于 CPU 的数据总线变化速度快，因此要求输出的数据应该在接口电路的输出端保持一段时间，外设才能接收到稳定的数据。因此同步传送方式中，输出的接口电路往往需要通过锁存器，如图 2-16 所示。

假设输出端口地址为 port2，需传送的数据存在 AL 中，即：

```
LD   BX, #port2      ; 将端口地址送 BX 寄存器
STB  AL, [BX]        ; AL⇒锁存器内
```

由上述硬件和软件可见，同步传送方式的接口电路和控制程序比较简单，使用方便。

（二）查询传送方式

查询传送方式，又称条件程序传送方式或异步传送方式。它的特点是 CPU 在对输入/输出设备传送数据前，先输入外设的状态，并测试其是否已准备好，只有在测试到已准备好，即就绪后，CPU 才能对输入/输出设备传送数据。

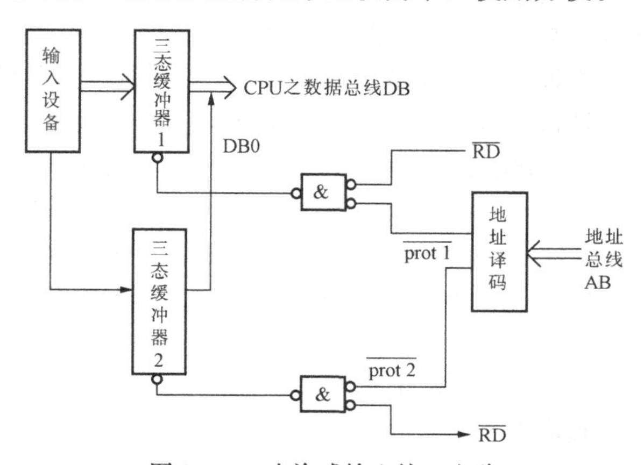

图 2-17　查询式输入接口电路

查询式输入接口电路如图 2-17 所示。接口电路除了要有数据传送的端口 1 外，还必须有传送状态信息的端口 2。当输入设备的数据准备好后，一方面将状态

信息送至端口2，另一方面将数据送到端口1。CPU通过端口2不断读输入设备的状态信息，当检测到输入设备的状态信息为“就绪”时，就去读端口1的数据。实际上，由于状态信息只有1位，而读入的数据有8位或16位，因此可以将状态位放在数据的末位，其他高位为数据位。这样可以省去一个端口，查询状态信息时，只要检测数据的末位，如果是1态就说明已准备好数据，否则继续检测数据末位。

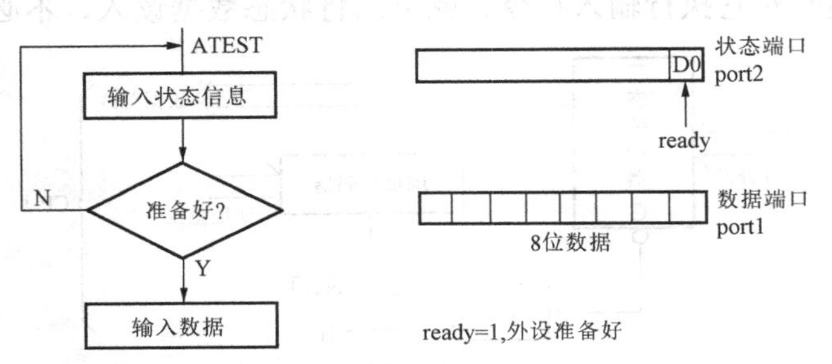

图2-18　查询式输入程序流程图

查询式输入程序流程图如图2-18所示。根据此图可以编写MCS-96汇编语言如下：

```
        LD  BX，#port2        ；端口2地址送BX寄存器（16位）
        LD  CX，#port1        ；端口1地址送CX寄存器（16位）
ATEST：LDB AL，[BX]           ；端口2状态信息送AL（8位）
        JBC AL，0，ATEST      ；AL·0位如为0则跳转ATEST地址
        LD  AX，[CX]          ；端口1数据送AX（16位）
```

查询式输出接口电路如图2-19所示。当输出设备将CPU输出的数据取走后，输出设备的状态信息“busy”为低电平，表示可以接收新的数据。状态信息“busy”通过三态缓冲器进入数据总线，读入CPU内寄存器。如果数据总线末位为0，则CPU将数据信息送往端口outport锁存。必须注意的是，查询输出接口电路的状态信息端口inport和数据输出端口outport是不能合为一个端口的，因为端口inport是输入，端口outport是输出。但如果外设较多，它们的状态信息端口可共用一个。

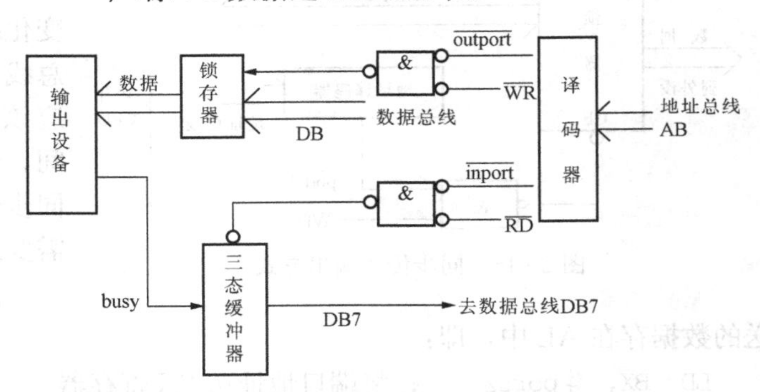

图2-19　查询式输出接口电路

查询式输出程序流程图如图2-20所示。假设数据输出端口地址为outport，状态信息输入端口的地址为inport，则MCS-96编程如下：

```
PO：    LD  BX，#outport      ；输出端口地址送BX寄存器
        LD  CX，#inport       ；输入状态信息端口地址送CX
        LDB AL，#data         ；输出数据送AL保存
AWA1T： LDB DL，[CX]          ；读入状态信息busy送DL
        JBS DL，0，AWA1T      ；DL·0位为“1”则转AWA1T地址
        STB AL，[BX]          ；数据送输出端口锁存
```

查询方式传送数据的优点是更容易实现数据的准确传送，控制程序也很简单。但是由于查询方式传送数据需不断查询外设状态，这就占用了CPU的工作时间。所以这种查询方式

多数用于需查询的外设不多的情况。

查询方式还有一种叫同步定时方式，它是由软件延时来控制输入/输出的时间。例如 A/D 转换器，其转换的时间往往是固定的。为了省去 CPU 查询 A/D 转换是否结束的时间，可以在启动转换后根据转换时间定时去读取转换结果。这是一种很有效的方法，实际上经常采用。

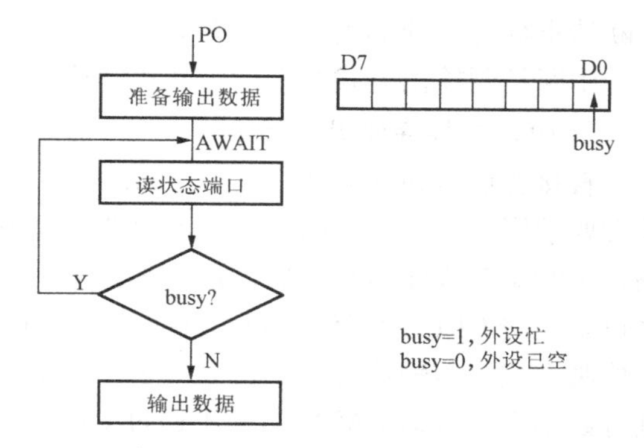

图 2-20　查询式输出程序流程图

（三）中断控制输入/输出方式

查询方式虽然易实现数据的准确传送，但外设较多的情况下将占用 CPU 大量时间，从而降低了 CPU 的效率；另外，外设如有紧急情况需 CPU 及时处理，若 CPU 尚未查询到会得不到及时处理。为了提高 CPU 的工作效率和及时处理外设请求，可采用中断控制输入/输出方式。

中断控制输入/输出方式，又称中断控制方式，是在外设已准备好的情况下，向 CPU 发出中断申请，CPU 接到外设的申请后，在允许中断的情况下，暂停当前执行的程序，实现中断，转去执行中断服务程序，待执行完中断服务程序后再返回原程序中断处。这样就可以大大提高 CPU 的效率，同时又能及时满足外设要求。

中断控制输入方式的接口电路如图 2-21 所示。当输入装置准备好数据时，发出一选通信号，将数据打入锁存器的同时使 D 触发器置位（D 端接＋5V），Q 端接 8096 的 EXTINT 端（即 P2・2 端），向 CPU 提出了中断申请。

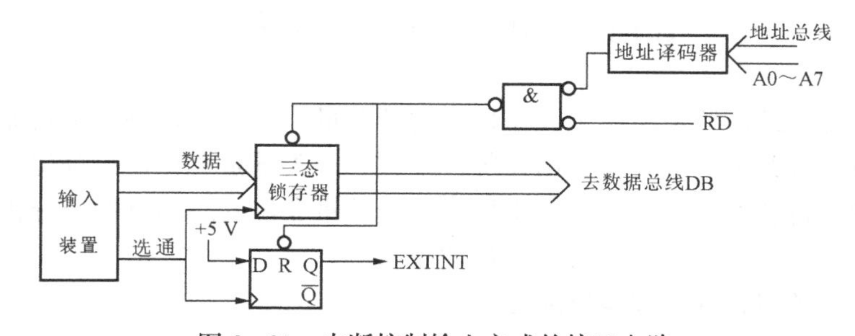

图 2-21　中断控制输入方式的接口电路

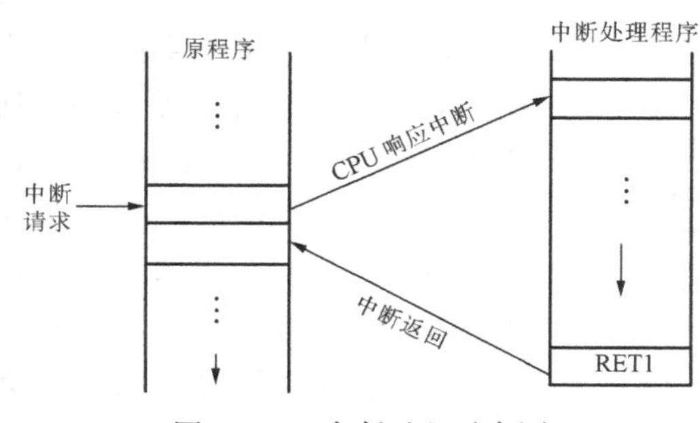

图 2-22　中断过程示意图

在响应中断时，CPU 自动执行一条以中断矢量地址的内容为目的地址的硬件调用指令，于是程序输入中断服务程序。其过程如图 2-22 所示。这里的中断矢量地址是指为外设服务的中断服务程序的首地址数码存放的地址。

在中断服务程序中安排了读外设输入数据的程序。这时三态锁存器与数据总线 DB 连接，CPU 读入输入数据。在读入数据的同时，清除中断请求标志，即D触发器复位清零，以便外设下次输入数据时，再发出中断申请信号。

中断控制输出方式与上述中断控制输入方式类似，不再详述。

*（四）直接存储器访问方式

直接存储器访问方式，又称DMA方式。在中断控制方式中，要靠中断服务程序来执行外设要求服务的内容。因此，它不仅要有完成信息传输的程序段，还必须保护断点、保护现场，中断服务程序执行完后，还必须恢复现场等。这些工作都要靠程序来完成，执行这些程序也要花费CPU的工作时间。这对于需传输大量数据的高速外设，例如软盘控制器，用中断控制方式来传输信息就显得太慢了。为了解决这类问题，希望用硬件在外设与内存间直接进行数据交换（即DMA），而不通过CPU，这样数据传送速度的上限就取决于存储器的工作速度，从而提高了数据传送速度。

在DMA方式中，是采用DMA控制器DMAC来控制存储器和外设之间直接高速传送数据。因此，DMAC实质上是一种完成直接数据传送功能的专用处理器，它取代了CPU来完成数据传送的功能。因此，要求CPU将总线控制权让出来，由DMA控制器来接管；还需要由DMAC控制传送的字节数，判断DMA是否结束，发出DMA结束的信号。

在双CPU的微机保护模块中，使用DMA传送方式，解决了保护动作快速性的问题。它采用一个CPU负责采集数据，另一个CPU负责数据处理，计算和判断被保护对象是否发生故障或异常情况，并进行故障处理等；利用DMA技术，将采样CPU存入存储器的最新数据，直接传送给数据处理的CPU的内存。由于两台CPU间数据的传送是由DMA控制器控制的，因此两台机完全可以并行工作，既不影响采样机的连续采样，也不影响数据处理机的数据处理和故障处理，保证了保护动作的快速性。

课题四　开关量输入/输出接口

在发电厂和变电站的监控系统中，需检测的开关量十分繁多，例如断路器、隔离开关的辅助触点和有载分接开关挡位，保护出口等。掌握了开关量是合位还是分位，就是掌握了发电厂和变电站的运行状态；如果同时还掌握这些开关量变位的时间就便于分析事件。因此各级调度都要求将有关本网调度的开关量上传调度中心。

一、简单的开关量输入接口电路原理

图2-23为8个开关量的输入接口原理电路图。图中S0～S7为主变压器有载调压的分接头开关挡位。这类开关量包括断路器、隔离开关辅助触点都可以认为变化是缓慢的，所以输入计算机时可以认为它们的状态是已确定的，只要采用同步传送输入方式即可。它的硬件电路也比较简单，可通过三态缓冲器与计算机接口，即将S0～S7接至74LS244的输入端，缓冲器的输出接到计算机

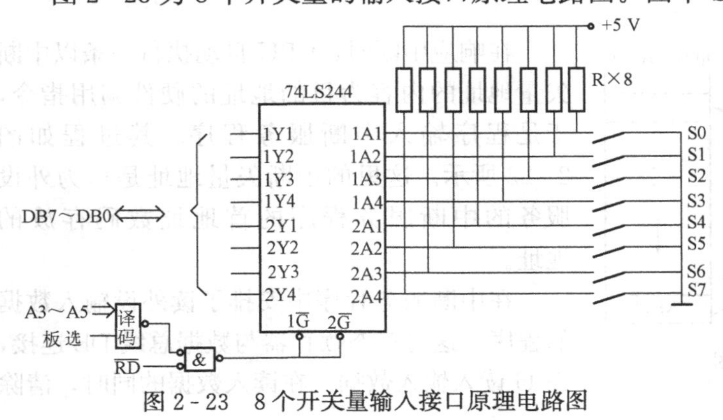

图2-23　8个开关量输入接口原理电路图

的数据总线上。在对此三态缓冲器端口进行输入读操作时，主变压器有载调压开关挡位S0～S7的位置状态就被读入到CPU的累加器AL里。

二、简单的开关量输出接口电路原理

在发电厂、变电站里，计算机对断路器、隔离开关分合电动操作及对主变压器有载调压分接开关的升、降、停的操作命令，都是通过开关量输出接口电路去驱动继电器的，再由继电器触点去接通控制操作回路而实现的。

图2-24是一路控制电路原理图，图中D触发器作为锁存器用来控制光电耦合电路。当计算机对此端口执行输出指令（见本单元课题三同步传送方式）时，D触发器将输入数据D0（数据总线上的数据）打入锁存器并输出至反相驱动器74LS06，从而使光电耦合器件发光导通，驱动出口功率三极管饱和导通，使继电器K励磁工作。

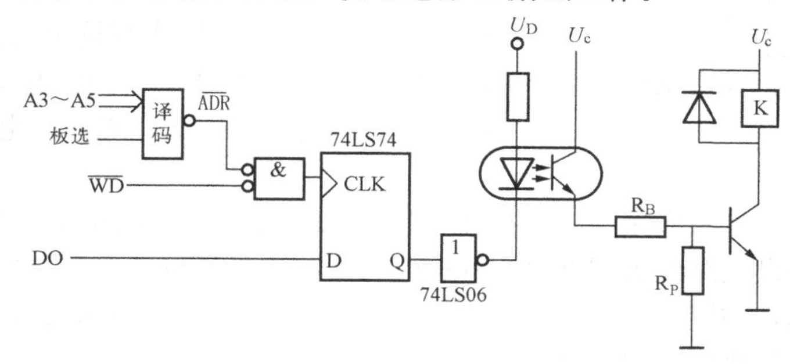

图2-24　D触发器用于输出接口

图2-25是利用8D锁存器74LS273构成的8个开关量的输出接口电路。每一路的电路原理同图2-24，不同的是图2-25采用射极输出方式带MC1416达林顿反相缓冲器阵列驱动继电器，提高了驱动能力。图中7406是OC门反相器驱动光电耦合器，光电耦合器输出电路连接成射极输出器，具有良好阻抗匹配特性。MC1416由7个达林顿管组成，其内部还有抑制干扰信号的两只钳位二极管，一只接上面用于钳制高电位，一只接下面用于钳制低电平。它们分别用于防止高电平和低电平的过冲，对输出管起了保护作用。图2-26是MC1416继电器原理电路图和内部结构图。MC1416的每一个达林顿复合管的输出电流都在500mA以上，截止时承受电压为100V。

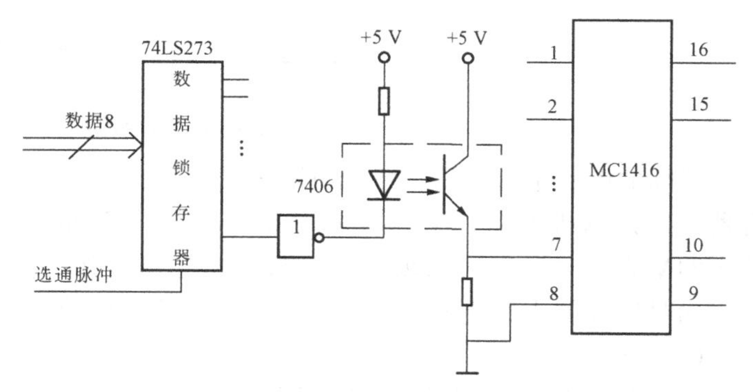

图2-25　典型开关量输出模板电路

三、开关量输入/输出电路的抗干扰措施

发电厂和变电站里，断路器、隔离开关、继电器等设备的操作引起的电磁干扰十分严重，如果不采取有效措施，对这些设备操作控制时，可能会干扰程序的正常执行，造成失控。例如，因干扰引起程序出格（即程序不按原有的顺序执行下去，发生了混乱现象），轻则死机，重则发生严重事故。因此采取有效的抗干扰措施，一直是理论研究与现场实践的重

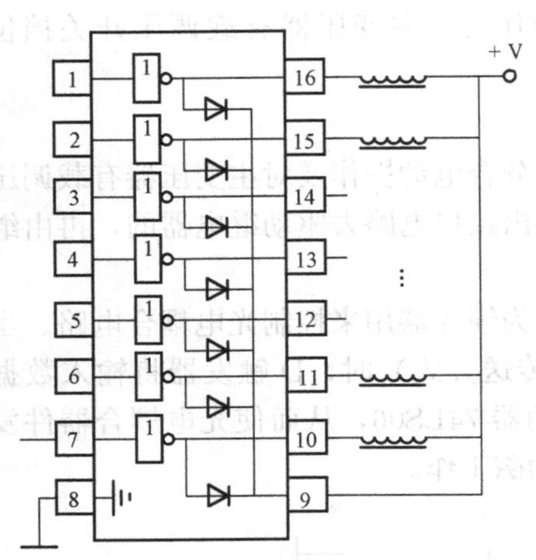

图 2-26　MC1416 驱动继电器原理电路

要课题之一。

（一）光电隔离

光电隔离是计算机数字量输入/输出电路抗干扰的重要措施之一。前面分析的输出电路中用的光电耦合器就是一例。在图 2-24 和图 2-25 中，计算机输出电路与外部设备之间完全电隔离，它们的联系仅是发光二极管在完全密闭的光电耦合器内发出光线。更重要的是计算机输出电路与外部设备不共地，两侧各自遵循一点接地原则。光电耦合器的发光二极管与光敏三极管的电源也是完全分隔开，完全独立的。此外，光电耦合器的输入与输出之间分布电容极小，通常只有 1pF；两者绝缘电阻非常大，通常在 $10^{11}\sim10^{13}\Omega$ 之间。因此，现场的电磁干扰很难通过它进入计算机系统。

输入接口电路也应采取光电隔离措施。图 2-23 所示接口电路也应接入光电耦合器，才能使用，于是外设电路改为图 2-27 所示的电路。这里外设的电源是发电厂或变电站的直流电源（不接地），并要求采用 110V 以上的电压。如此高的直流电压才能保证 S0～S7 接通时击穿其表面氧化膜而使接触良好。

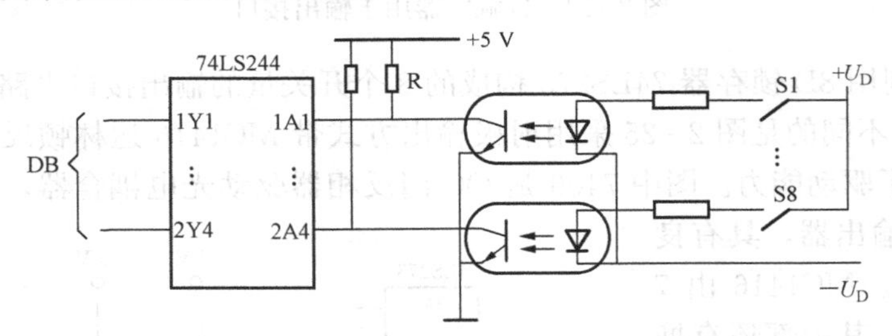

图 2-27　开关量输入电路的抗干扰措施

实际的电路常有采用二级光电隔离的做法。所谓二级光电隔离，就是通过二次光电耦合器进入计算机电路。第一级采用 220V 或 110V 的直流电源，其输出常用监控屏内部的±24V 直流电源作第二级发光二极管的电源，第二级输出才允许接计算机的±5V 电源。而且监控屏内部电源±24V 是经逆变电源输出的，并且与计算机电源不共地。

（二）继电器隔离

通过继电器隔离也是抗干扰的主要措施之一。

因为推动继电器动作需较大的能源，往往干扰源是无能为力的。因此，可以由继电器的触点作为输入回路的外设触点接入计算机的输入回路，如图 2-28 所示。利用现场断路器或隔离开关的辅助触点 S1、S2 启动小继电器 K1 和 K2，然后由 K1 和 K2 的触点 K1－1 和 K2－1 等输入计算机。继电器电源采用发电厂、变电站的直流 220V 电源，U_D 电源则应采用逆变电源 24V。为进一步提高抗干扰能力，K1－1、K2－1 触点仍要求经光电耦合器耦合进入计算机输入回路。这样的输入回路既能提高抗干扰的能力，又能消除触点抖动，具有很好的实际效果。

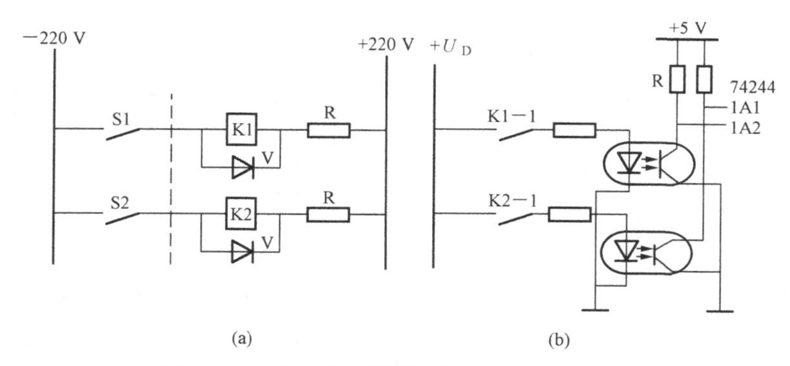

图 2-28　采用继电器隔离的开关原理接线图

（a）现场开关辅助触点输入电路；（b）继电器触点输出光电隔离输入

课题五　模拟量输入/输出通道及工作原理

一、发电厂、变电站需采样的模拟量

对电力系统而言，采样的模拟量可以分为两大类，即电量模拟量和非电量模拟量。虽然大量的是电量模拟量，但非电量模拟量在电厂和变电站中仍然是很重要的，有的还是举足轻重的物理量，应给予足够的重视。

（一）电量模拟量

电量模拟量是电气设备和馈线运行的参数量，它直接反映了电气设备和馈线运行的状态。正常的、不正常的、故障状态的电量模拟量是不相同的。因此电量模拟量的采样计算分析是十分重要的。

电量模拟量有电压、电流、有功功率和无功功率、有功电能量和无功电能量及频率等。还有一类模拟量是与上述电量对应的正序、负序、零序值。

（二）非电量模拟量

电厂和变电站中的非电量模拟量有很多，例如温度、水压、汽压、水位、油位、转速、流量等。实际上非电量模拟量是反映锅炉、汽轮机、水轮机、变压器等重要设备运行中物理变化过程的主要参数，也是这些重要设备能量转换、能量变化的主要反映。因此，非电量模拟量的采样变换计算也是十分重要的。

二、模拟量输入/输出通道的组成

模拟量输入/输出通道的组成如图 2-29 所示。图中虚线框Ⅰ为模拟量输入通道，虚线框Ⅱ为模拟量输出通道。

模拟量输入通道由传感器（变送器）、信号处理、多路开关、采样保持器、A/D 转换器等组成。

模拟量输出通道由输出接口（锁存器）、D/A 转换器、放大驱动等组成。

应该指出，在有的系统中只有模拟量输入通道而无输出通道。例如，变电站综合自动化系统中，通常都是开关量输出来完成控制任务的，基本上是一种开环系统。而发电机综合自动控制系统是一种闭环的系统，汽轮机（或水轮机）调速及发电机励磁的综合最优控制器的输出就是模拟量输出控制。

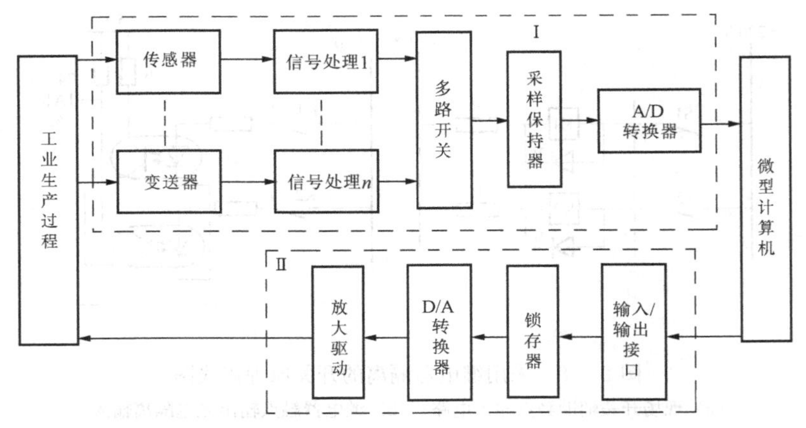

图 2-29　模拟量输入/输出通道组成

下面就输入通道部分进行介绍。

（一）传感器

传感器是一种将工业生产过程中物理、化学等非电的物理量转换成电量的器件。例如，热电偶把温度这个物理量转换成几毫伏或几十毫伏的电信号，热电偶就是温度传感器。但是传感器输出量也可以不直接输出该物理量的电信号，而是通过电感、电容、电阻值的变化来作为其输出量，例如热电阻也可做温度传感器。

在电厂和变电站里的传感器较多，如温度传感器、半导体应变片（压力传感器）、霍尔元件（磁敏传感器）、压电传感器、流量传感器等。

（二）变送器

变送器有两大类：一类是非电量变送器，另一类是电量变送器。非电量变送器是将传感器变换来的弱电信号放大并转换为计算机能接收的规范的直流电压（电流）信号。而电量变送器也是将电量转换为计算机能接收的规范的直流电压（电流）信号；有的电量变送器还具有多种电量组合变换为新电量的功能。例如，有（无）功功率变送器、有（无）功电能变送器等，将多相电压、电流量组合变换为功率电量。

在计算机交流采样尚未广泛采用时，大都是采用直流采样方式，因此在那时大量采用电量变送器，并安装了变送器屏与远动（RTU）系统连接。交流采样广泛采用后，特别是综合自动化系统逐渐推广后，通常都将经常规互感器变换来的电压和电流量直接送模拟量输入模板，供交流采样，由计算机监控系统计算存储并上送调度。这样一来，省掉了大量的电量变送器及变送器屏。但是，应该指出非电量变送器，由于非电量物理量多数是缓慢变化的直流信号，采用直流采样仍然是较好的方式，因此至今仍然采用。

（三）信号处理环节

通常 A/D 转换器的输入标准有以下几种电压等级：双极性的，0～±2.5V、0～±5V、0～±10V；单极性的，0～5V、0～10V、0～20V 等。不同的传感器输出的电信号各不相同，因此需要经过信号处理环节将传感器输出的信号处理成与 A/D 转换器输入标准相适应的电压等级的信号。此外，信号处理还包括有低通滤波器，以滤除干扰信号，通常可采用 RC 低通滤波电路，也可以采用运算放大器构成的有源滤波器，以取得更好的滤波效果。

按标准，变送器的输出电压等级与上述的单极性 0～5V（0～10mA）和 0～10V（4～

20mA）标准等级是相一致的。

（四）多路转换开关

由于模数转换器接口复杂，价格昂贵，通常不宜每路均用一只A/D转换器，而是多路共用一只A/D转换器，中间用多路转换开关切换，然后按顺序用共用的A/D转换器逐一转换为数字量。

（五）采样保持器

在A/D转换期间，保持输入信号不变的电路称为采样保持电路。由于输入模拟信号是连续变化的，对变化较快的模拟信号来说，如果不采取措施，A/D变换期间模拟信号的变化将使转换发生误差。为了保证转换的精度而采用采样保持器，使采样输入信号在A/D变换期间保持不变。

（六）A/D转换器

A/D转换器的作用是将模拟量转换成数字量，以便由计算机读取，并分析处理。它是模拟量输入通道的主要芯片。

模拟量输出通道部分较为简单，输出接口的主要芯片是锁存器，工作时将要转换的数字量先打入锁存器，然后启动D/A转换器转换为模拟量。经D/A转换器得到的模拟信号需经低通滤波器，使其输出平滑；同时为了能驱动受控设备，应具备放大驱动电路。详见图2-29。

三、模拟量采样方式

（一）交直流采样方式

电力系统电厂、变电站中的模拟量有三类：其一是快速变化的交流量，包括交流电压、电流等；其二是变化缓慢的直流，包括控制直流电压±KM，操作直流电压±HM；其三是变化缓慢的非电量，包括频率、温度、水位、油压、转速等。

对于后两类物理量，因为都属于变化缓慢的电量或非电量，用直流平均值反映该类物理量，能满足电力系统的实时性要求，也很容易实现。因此，通常都采用变送器的形式，将这两类物理量转变为满足A/D变换器输入电压规范要求的直流电压，供计算机作直流采样。

对于快速变化的交流电压、电流及其有关的电量，用直流平均值反映此类物理量，不能满足电力系统实时性要求，而要用交流采样方式。对此类物理量的交流采样避免了直流采样中的整流、滤波环节的时间常数大的影响，满足了电力系统实时性要求；能快速测得瞬时值，因此能利用瞬时值形成波形，便于波形分析、故障录波；交流采样电流、电压后，还可以通过软件计算有功（无功）功率、电能电量，因此省去了有功（无功）功率变送器，节约投资，减少变送器屏数量等。所以对这类电量必须采用交流采样。

在交流采样技术尚不成熟时，对第一类快速变化的量也是采用直流采样方式的。20世纪80～90年代，A/D变换器性能价格比及变换速度的提高，使得交流采样技术得以在电力系统普及。虽然交流采样较为复杂，特别是软件算法，但是从发展眼光看，随着大规模集成电路技术的提高，A/D转换器的转换速度和分辨率的进一步提高，交流采样算法还有多种方法可供选择，因此采用交流采样是一种发展趋势。目前，无论是RTU或自动监控系统都广泛地采用交流采样技术。但交流采样和直流采样是两种不同的采样方式，各有各的特点和应用场合。这两种采样方式的比较说明见表2-4。

表 2-4　　交直流采样方式比较

比较项目 / 采样方式	对 A/D 转换器要求	软件特点	实时性	波形分析	投资	适用场合
交流采样	足够高转换速率较高的分辨率	算法复杂，算法针对性较强	较高，时间常数小	反映实际波形	相对小，无需变送器屏	变化迅速的电量采样，波形分析
直流采样	要求不高	算法简单，可靠性较高	较差，时间常数大	不能反映波形	相对较大，需变送器屏	变化缓慢的物理量采样，变送器场合

这两种采样方式的根本区别在于直流采样必须把交流电流和电压经过整流和滤波，变成直流有效值模拟量，再送 A/D 变换器。而交流采样是先对瞬时值采样进行 A/D 变换，然后靠软件计算有效值。虽然两种采样方式有如此大的区别，但是直流采样方式在对实时性要求不高、变化缓慢的物理量采样时，仍可以达到测量精确度较高的要求。

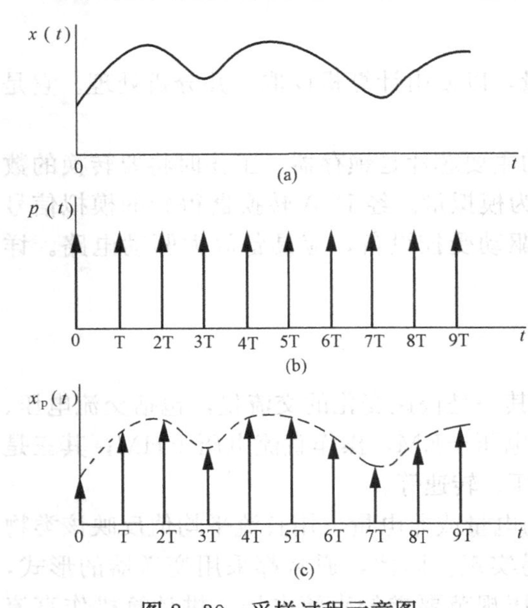

图 2-30　采样过程示意图

(a) 模拟量 $x(t)$；(b) 采样间隔脉冲；(c) 离散量

（二）交流采样过程

模拟信号是一个连续的时间函数。例如，温度传感器将变压器油温变化的模拟量测出，该变压器油温就是随时间而变化的连续的一条曲线。计算机要将该曲线采集下来并存储起来，不可能把模拟量的全部确定值都加以处理。由于受存储器存储容量的限制，必须对采集模拟量的点数加以限制。因此，这些在离散的时间瞬间的取值就构成了计算机对模拟信号的“采样”。显然采样的初始，模拟量就变成了离散数值，如图 2-30 所示。图中 $x(t)$ 为被测模拟量信号；$p(t)$ 为采样间隔脉冲串，即每隔 T 时间周期地对 $x(t)$ 采样一次；$x_p(t)$ 为采样中得到的 $x(t)$ 的离散值，其包络线就是 $x(t)$ 信号。采样过程就是将 $x_p(t)$ 离散值（模拟量）经 A/D 变换为二进制数码存储起来。

（三）采样定理

上述的采样过程，仅取被采样模拟量中一小部分的量变换为数字量，$x(t)$ 变为离散数字量后是否把信息丢失？这些离散了的数字量能否再完全恢复原信号？或者说要在什么条件下采样的数字量能恢复原信号，这是应关心的问题。

要研究信号恢复的条件，应考虑图 2-30 中 $x(t)$ 模拟量时间函数的频谱的问题。图 2-31 (a) $x(f)$ 是原信号 $x(t)$ 的频谱，f_M 表示 $x(t)$ 中含有的最高频率。$x(f)$ 可以从傅里叶变换中获得。图 2-30 (b) 中的采样间隔脉冲串的频谱也是一个脉冲序列，其间距为 $1/T=f_s$，f_s 为采样频率，在 $x(t)$ 的频域中表示为图 2-31 (b)。

图 2-30 中被离散了的信号 $x_p(t)$ 是原信号 $x(t)$ 的一部分，$x_p(t)$ 应具有与原信号 $x(t)$

相同的频谱 $x(f)$，并等间距地（间距等于采样频率 f_s）排列在 $x(t)$ 的频域上，如图 2-31（c）所示。如果采样频率 f_s 足够大，这些频谱就不会发生混叠，相反则会发生混叠现象，如图 2-31（d）所示。在电子学中，我们知道两种不同频率的波形相叠加后，会发生差拍现象，即相叠后的频率发生变化，其频率为这两个波形的频率之差。相类似地，这里的混叠是数学上的名词，在物理学上可理解为差拍。差拍的结果，即混叠后原频率 f_0 已由一个较低频率 f_s-f_0 所替代，从而造成恢复信号的失真，也就是不能成功地恢复原信号。

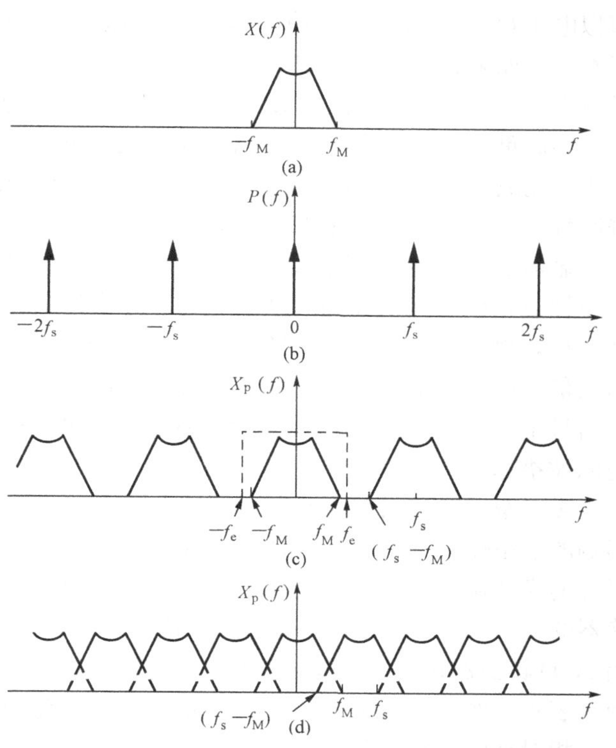

图 2-31　图 2-30 中模拟信号 $x(t)$ 的频域分析
（a）模拟信号 $x(t)$ 频谱；（b）脉冲串的谐波；
（c）不发生混叠；（d）混叠现象

为了不失真地恢复原信号 $x(t)$，从图 2-31（c）可看出必须满足的条件是 $f_s-f_M>f_M$，这就是不混叠的条件，即

$$f_s>2f_M \tag{2-1}$$

这就是奈奎斯特的采样定理：采样频率 f_s 应选择为大于被采样信号的最高频率的 2 倍。实际中常采用 $f_s\geqslant(5\sim10)f_M$。

对于 50Hz 的正弦波交流电流、电压的监测来说，理论上只要每周采样两点就可以表示出其波形的特点。但为了保证计算准确性，需要选择更高的频率，一般取每周 12 点、16 点、20 点或 24 点的采样频率就足以保证电流、电压基波有效值的准确度。如果为了分析谐波，例如 3 次谐波，$f_M=3\times50\text{Hz}$，$f_s=10f_M=1500$（Hz），即采样频率为 1500Hz。

以上采样方式、采样过程及采样定理虽然直接关系到软件算法、程序安排，但对输入/输出通道硬件组成原理，各部分之间的关系等的理解也是很有帮助的。

（四）逐次逼近型 A/D 转换器工作原理及其技术性能

逐次逼近型 A/D 转换器的应用较为广泛，其原理框图如图 2-32 所示。它主要由数码设定寄存器 SAR、D/A 转换器、比较器及时序和控制逻辑部分组成。它的实质是逐次将设定的 SAR 数字量经 D/A 转换后得到的电压 U_c，与待转换的模拟电压 u_i 进行比较。比较时，先从 SAR 的最高位开始，逐次确定各位的数码是“1”还是“0”。其工作过程如下。

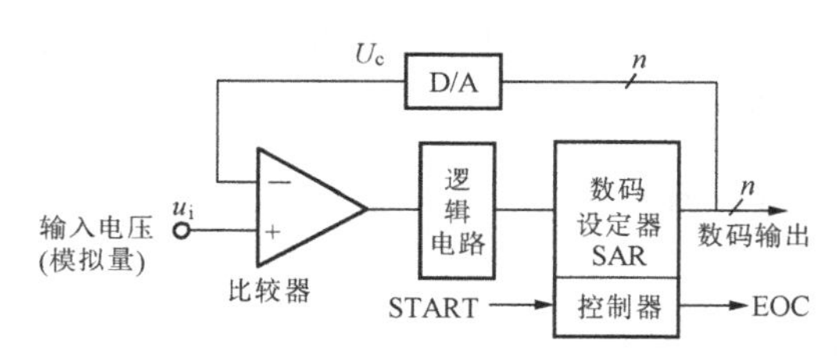

图 2-32　逐次逼近型 A/D 转换器原理框图

转换前，START 先将寄存器 SAR 各位清零。逻辑电路先设定寄存器 SAR 的最高位为“1”，其余位为“0”，此试探值经 D/A 转换成

模拟电压U_c，然后将U_c与模拟量输入电压u_i比较。逻辑电路根据比较器输出，做如下逻辑判断：如果$u_i \geqslant U_c$，说明SAR最高位的“1”应予保留，如果$u_i < U_c$，说明SAR该位应予清零；然后再对寄存器SAR的次高位置“1”。逐位重复上述方法，进行D/A转换和比较。如此重复，直至确定SAR寄存器的最低位为止。过程结束后，状态线EOC改变状态，表明已完成一次转换。最后逐次逼近寄存器SAR中的内容就是与输入模拟量u_i相对应的二进制数字量。关于D/A转换器原理将在后面详述。

显然A/D转换器的位数决定了SAR的位数和D/A的位数。位数越多，越能准确逼近模拟量，但转换所需的时间也越长。逐次逼近型的A/D转换器主要特点是：①转换速度较快，例如12位A/D转换器AD574的转换时间是35～25μs；②转换时间固定，不随输入信号的变化而变化；③抗干扰能力相对较差。例如采样过程中，干扰信号叠加在模拟信号上，则采样时包括干扰信号在内，都被采样和转换为数字量，所以必须采取适当的滤波措施。

A/D转换器的分辨率是其主要技术性能之一。分辨率反映A/D转换器对转换结果产生影响的最小输入量。它直接取决于A/D转换器的位数，通常用数字输出最低位（LSB）所对应的模拟输入的电平值表示。例如12位A/D转换器的分辨率为$1/2^{12}=1/4096$。A/D转换器的另一个主要技术指标是精度。精度有绝对精度和相对精度两种表示方法。绝对精度是指A/D转换器转换后的数字量所对应的模拟量与实际输入的模拟量之绝对差值，用LSB位数来表示，例如±1LSB、±1/2LSB。也就是该绝对精度是用最小有效位LSB表示的绝对误差。相对精度是绝对误差与模拟电压的满量程之比值。这里的绝对误差是指绝对精度所对应模拟值。例如，满量程10V的12位A/D芯片，若其绝对精度为±1/2LSB，则其最小有效位对应的模拟电压值为10V×1/4096=2.44mV，绝对精度对应的模拟值为（1/2）×2.44=1.22mV，相对精度为1.22mV/10V=0.012%。

四、多路转换开关工作原理

多路转换开关，又称多路开关。多路开关在模拟量输入通道中（见图2-29）的位置表明，它可将多路信号逐一切换至A/D转换器，起到分时转换的目的。

多路开关实质上是用CMOS制作的电子开关，切换速度高、体积小、寿命长，但导通电阻较大。多路开关逻辑框图如图2-33所示。其逻辑结构分为控制译码、驱动及电子开关。EN是片选端；A2、A1、A0三端为地址端，因此可选的开关数为8路，即8路输入通道，1路公共输出端。

五、采样保持器（S/H）原理

（一）采样保持器的作用

A/D转换器在完成一次转换的时间内（AD574需25μs），如模拟信号发生的变化超过其绝对精度，将引起转换误差。假设一个幅值$U_m=5\text{V}$的正弦变化的模拟信号$u=U_m\sin\omega t$，在横轴坐标交点上，将发生最大的模拟量变化（见图2-34）为

$$\frac{du}{dt}=U_m\times 2\pi f\cos(2\pi ft)$$

$$\begin{aligned}|\Delta U| &= U_m\times 2\pi f\Delta t\\ &=5\times 2\pi\times 50\times 25\times 10^{-6}\\ &=3.925(\text{mV})\end{aligned}$$

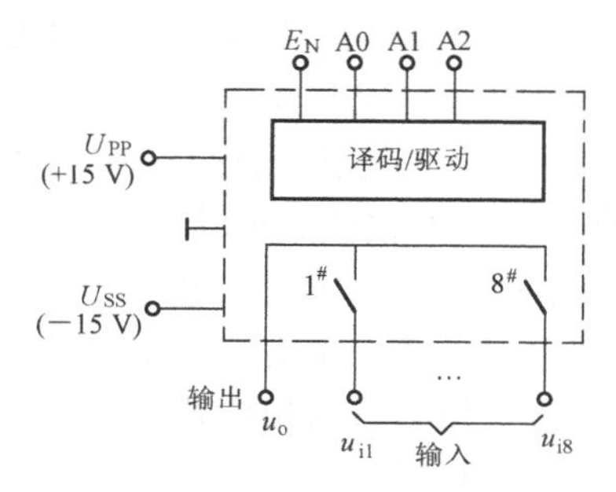

图 2-33　多路开关逻辑框图

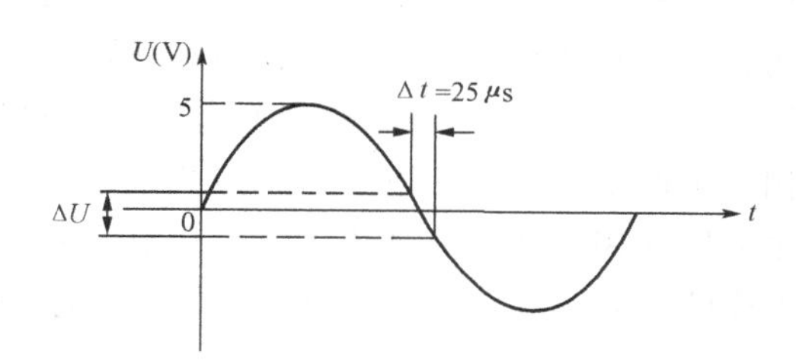

图 2-34　50Hz 正弦波最大幅值变化量

可见，在 25μs 时间内，模拟信号发生了 3.925mV 的变化，已超过了 AD574 的绝对精度对应的模拟量值 1.22mV（见 A/D 转换器精度分析）。所以对于一般 50Hz 的交流信号，A/D 转换如不采取措施，将引起较大的转换误差。因此，为了满足 A/D 转换精度的要求，应采用采样保持器，以保证在 A/D 转换期间保持采样输入信号不变。

（二）采样保持器原理

采样保持器的原理框图如图 2-35 所示。采样保持器是由一个电子模拟开关 SA，电容 C_h 及两个由运算放大器构成的阻抗变换器Ⅰ和Ⅱ组成。开关 SA 受逻辑输入端采样脉冲的电平控制。在高电平时，SA 闭合，此时电路处于采样状态，C_h 迅速充电到采样时刻的电压值 u_i。在低电平时，SA 打开，电容 C_h 上保持住 SA 打开瞬间的电压，电路处于保持状态。SA 的闭合时间应满足 C_h 有足够的充电时间，即采样时间。为了保证在采样时间内，C_h 能迅速充电到此时的电压值 u_i，采样保持器输入回路采用阻抗变换器Ⅰ，它在输入端呈现高阻抗，而输出阻抗很小，使 C_h 上电压能迅速跟踪到 u_i 值。同样，为了提高保持能力，电路中应用了另一个阻抗变换器Ⅱ，它对 C_h 呈现高阻抗，而输出端阻抗很低，以增强带负载能力。这样，C_h 不会在保持阶段放电，保证其 u_i 值不变。

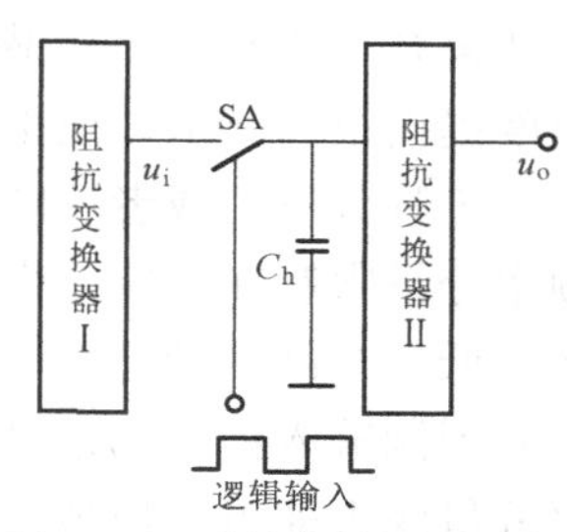

图 2-35　采样保持器原理框图

采样保持过程如图 2-36 所示。T_c 为采样脉冲宽度，T_s 为采样周期（或称采样间隔）。当采样脉冲为高电平时，SA 接通，电容 C_h 充电值为采样信号 u_i，如图 2-36（c）所示。采样脉冲为低电平时，SA 断开，电容 C_h 处于采样保持阶段，供模数转换器采样变换，在这个保持阶段阻抗变换器Ⅱ输出不变。最终输出的采样保持信号如图 2-36（d）所示。可见采样保持输出的信号已经是离散化的模拟量，经 A/D 转换后就成为离散化的数字量。

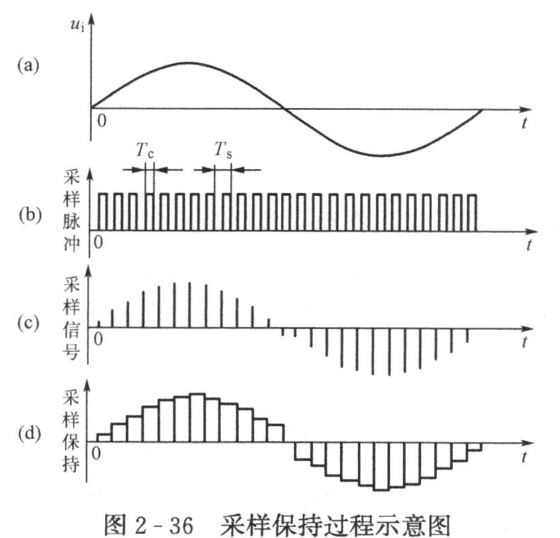

图 2-36　采样保持过程示意图

*（三）采样保持器在输入通道中的位置对采样的影响

通常为了多路共享采样保持器和 A/D 转换

器，而将采样保持器安置在多路开关之后，如图 2-31 示出的采样保持器在输入通道中的位置。这对于各路模拟量之间不存在相位关系的采集系统是可以完成采样任务的。但是对于模拟量之间有相位密切相关的系统，且 A/D 转换速率不很快的情况下，就会造成这些采样值之间相位的紊乱，以至于由这些采样值演算出的其他物理量如幅值、相位都发生误差。例如，三相不平衡系统的三相电压、相位关系不再是120°相位差，由于三相电压计算的负序电压、零序电压的相位和幅值都依赖于三相电压的相位和幅值采样，又由于三相电压分别独立采样及采样的不同时性，每次采样时间较长等原因，使得三相电压的相位差计算发生较大误差，从而由此计算的负序电压、零序电压相位与幅值都可能有误。

但如果将采样保持器安置在多路开关之前，且每路一只采样保持器，把相位相关的模拟量输入的采样保持器的逻辑输入端并联在一起，由一个定时器同时供给采样脉冲，从而保证了这些模拟量同时被采样并保持到 A/D 转换结束。这样的做法可保证这些模拟量之间相位关系正确无误。

六、低通滤波器（LPF）

电力系统在正常运行和不正常运行状态期间，其电压与电流都含有高次谐波的频率成分，如果要对所有的高次谐波成分不失真地采样，那么其采样频率就要取得很高，这就对硬件速度提出很高要求，成本显著增加，这是不现实的。实际上，目前电力系统的监控设备均是反映工频分量的或者反映部分高次谐波（如三次谐波分量），故可以在采样之前将最高信号频率分量限制在一定频带内，即限制输入信号最高频率，以降低采样频率 f_s。这样做一方面降低了对硬件的速度要求，另一方面对所需采样的最高频率信号可保证不发生失真。

要限制输入信号的最高频率，只需在采样前用一个模拟低通滤波器 LPF，将 $f_s/2$ 以上频率分量滤去即可。模拟低通滤波器可以制作成无源或有源的。图 2-37 是无源和有源低通滤波器原理及特性图。低通滤波器的截止频率可设计为 $f_s/2$，以限制输入信号的最高频率。

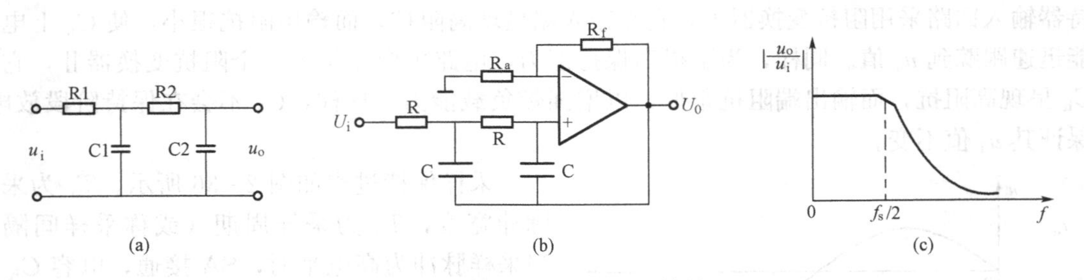

图 2-37 低通滤波器原理及特性

(a) 二级 RC 无源滤波器原理；(b) 二级有源滤波器原理；(c) 低通滤波器特性

无源低通滤波器电路简单，但电阻与电容回路对信号有衰减作用，并会带来延迟，对实时要求不利，仅适用于要求不高的场合，而对于有特殊要求的监控设备，可以采用有源低通滤波器。由于运算放大器的放大作用，有源低通滤波器的电容元件参数可选得很小，大大减少了时间常数，提高了监控设备的实时性能。

七、数模转换器（DAC）原理

计算机的自动控制系统中经常需要输出某一整定值，然后将整定值与实际测得的模拟量进行比较，获得差值，这个差值就是调整量。闭环的自动控制系统根据这个调整量去完成 PID 调节任务，随后将调节后的模拟量再与整定比较，……从而构成一个闭环的自动调节系统，如发电机的功率频率调速系统中一个环节，如图 2-38 所示。功率变送器的功率测得值与调速系统给定值相比较后得到 $U_{\Delta p}$，送 PID 调节。可见，计算机系统经常需要输出某模拟量供自动化系统自动调节用。计算机数字系统的数字量要输出给模拟量调节系统（自动化系统）必须转换为模拟量后才能输出。完成这种数模转换的器件叫作 D/A 转换器。此外，在模数（A/D）转换器中，也需要用作反馈比较的数模转换器，见图 2-32。

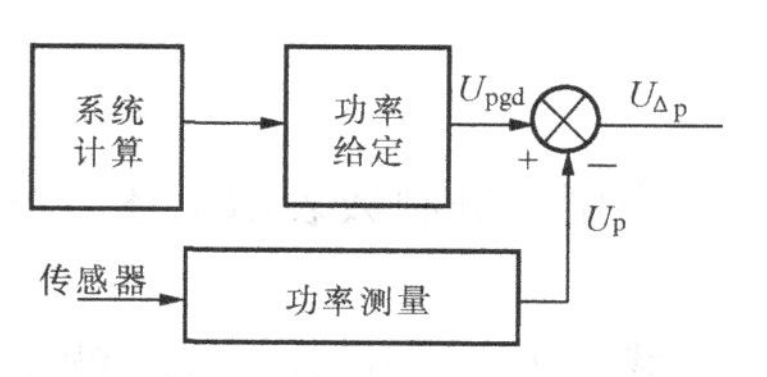

图 2-38　自动调速系统中功率给定环节示意图

数模转换器原理框图，如图 2-39 所示。它是由逻辑电路、电子开关、电阻网络、加法运算放大器等部分组成。

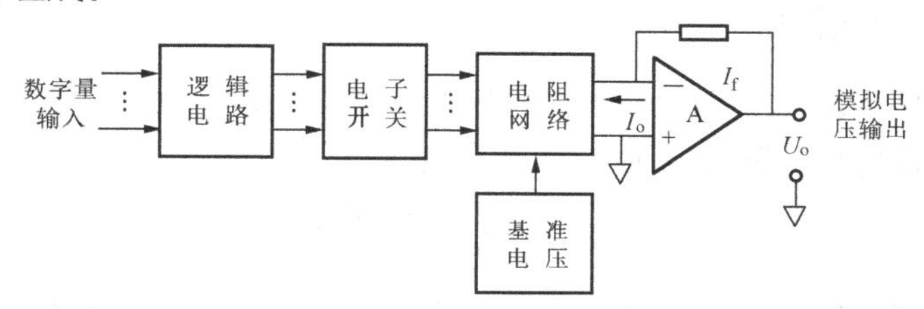

图 2-39　数模转换器原理框图

输入的二进制数字量通过逻辑电路，用以控制电子开关。当输入的数字量改变时，通过电子开关使电阻网络中的相应电阻和运算放大器反相端接通，在运算放大器的反相端产生和二进制数各位的权成比例的电流 I_i，经运放器输出电压 U_o 和输入的二进制数成正比。

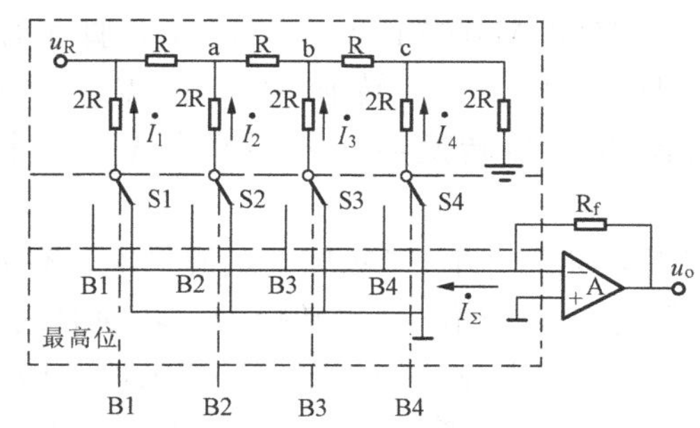

图 2-40　数模转换器原理电路图

图 2-40 是一个四位的数模转换器，图中各虚线框与图 2-39 的各部分相对应。图 2-40 中电阻网络各输入端受电子开关 S 控制，而电子开关受控于输入的二进制码 B1～B4。当 B1～B4 的某位为“0”时，其对应开关接地；为“1”时对应开关接至运算放大器 A 的反相端。但无论电子开关 S 接到哪一侧，其电阻网络的电流分配都是相同的，因为该运算放大器的反相端是虚地点，形同接地，受 S 开关影响的是运算放大器的输入电流 I_Σ 的大小。

电阻网络电路有一个重要特点，即在图 2-40 中，从电源 u_R 端及 a、b、c 各端向右看过去，电路的等值阻抗都是 R，于是

$$I_1 = u_R/2R = \frac{1}{2} \times \frac{u_R}{R}$$

$$I_2 = \frac{1}{2} I_1 = \frac{1}{4} \times \frac{u_R}{R}$$

$$I_3 = \frac{1}{2} I_2 = \frac{1}{8} \times \frac{u_R}{R}$$

$$I_4=\frac{1}{2}I_3=\frac{1}{16}\times\frac{u_R}{R}$$

当用二进制数表示上述电流之和 I_Σ 时，有

$$I_\Sigma=B_1I_1+B_2I_2+B_3I_3+B_4I_4 \tag{2-2}$$

式（2-2）中 $B_1\sim B_4$ 就是输入的二进制数码，当 $B_i=0$ 时该 i 位的开关 Si 切换至“地”端，因此 I_i 电流就不会流进运算放大器的反相端，此项就为 0。当 $B_i=1$ 时，该 i 位开关切至运算放大器反相端，因此该项电流 I_i 就流入其反相端而汇入 I_Σ。式（2-2）可进一步用输入的数字量 D 来表示，即

$$I_\Sigma=(B_1\times2^{-1}+B_2\times2^{-2}+B_3\times2^{-3}+B_4\times2^{-4})u_R/R$$

$$I_\Sigma=\frac{u_R}{R}D$$

$$D=B_1\times2^{-1}+B_2\times2^{-2}+B_3\times2^{-3}+B_4\times2^{-4}$$

根据运算放大器原理，输出电压 u_o 可表示为

$$u_o=I_\Sigma R_F=\frac{u_RR_F}{R}D \tag{2-3}$$

可见输出的模拟电压 u_o 正比于输入的数字量 D，从而完成了数模转换。

***八、高集成度的数据采集系统 DAS**

A/D 转换器、多路开关和采样保持器是模拟量输入通道的重要组成部分，也是数据采集系统的关键环节。随着大规模集成电路技术的发展，厂家将采样保持器和 A/D 转换器或多路开关和 A/D 转换器集成在一个芯片上。例如：常用的 ADC0809 集 8 路多路开关和 8 位 A/D 转换器于一块芯片；又如 AD1674 是与 AD574 管脚兼容的 12 位 A/D 转换芯片，但 AD1674 内部有采样保持器，且转换时间只需 10μs；还有新型 MAX197 芯片把多路开关、采样保持器和 A/D 转换器三大环节集成在一个芯片里，又称为数据采集系统 DAS。

MAX197 是多量程的 12 位 DAS 芯片，只需一个+5V 单一电源供电，有 8 路模拟输入通道和一个 5MHz 宽频带的采样跟踪/保持器及 12 位 A/D 转换器，转换时间为 6μs，采样速率达 100kbit/s，精度达 1/2LSB，并可编程选择输入电压范围，双极性±10V、±5V，单极性 0～10V、0～5V。该芯片可应用于工业自动监控系统。它可与单片机构成快速数据采集系统。

课题六　交流采样基本算法

一、交流采样的基本概念

电力系统的数据采样主要应用于微机保护和计算机监控系统。它们都是把经过电流互感器 TA 和电压互感器 TV 变换后的电流、电压等连续变化的模拟信号转换为离散的数字信号，然后通过数学运算得到所需电流有效值、电压有效值、相位、有功功率、无功功率等电量，或者算出它们的各序分量，或者算出某次谐波的大小和相位等。这种从离散的数字序列信号中计算获得所需的电量信息的方法称为算法。本课题所讨论的均为交流采样算法。

从理论上分析，采样频率 f_s 选择足够高（$f_s>2f_M$）就可以恢复原始信息的全部特征。

但是这里还存在计算精度和计算速度的问题。而精度和速度的要求，取决于是具体应用于微机保护还是应用于计算机监控系统。不同的应用场合，要求是不相同的。首先，监控需要计算得到的是反映正常运行状态 P、Q、U、I 等物理量，进而计算出 $\cos\varphi$、有功（无功）电能量；而保护的计算更关心的是反映故障特征的量，如突变量及各序分量、谐波分量等。其次，监控在算法的准确性上要求更高些，例如监控系统误差要求小于 0.5%；而保护则侧重于算法的速度和灵敏度，因为它要求故障时应反应灵敏，故障后快速切除故障。另外，监控算法主要针对稳态时的信号，而保护算法主要针对暂态信号，信号的不同必然要求从算法上区别对待。

计算速度又包括了两个方面：一个是算法要求采样的点数，或称数据窗长度；一个是算法的运算工作量大小。而且精度与速度往往是矛盾的，若要精度高，则要求利用更多的采样点，增加了工作量，降低了运算速度。所以有的快速保护选择算法的采样点数较少，而后备保护不要求很高的计算速度，但对计算精度要求就提高了。

除精度和速度要求之外，还要考虑算法的数字滤波功能。这里提到的数字滤波功能与前面提到的模拟滤波器 LPF 的作用是不同的。设置在采样前的模拟低通滤波器主要是为了防止频率混叠，其截止频率一般较高，而算法中的数字滤波器与算法选择有关，不同的算法要求往往不同。有的算法本身就具有一定的滤波作用，而有的算法就不具有滤波作用。因此不同的算法及不同的应用场合对数字滤波的要求是不同的。

本课题主要分析保护和监控常用的三种算法：半周积分算法、傅氏变换算法、解微分方程算法。

二、基于正弦函数模型的算法——半周积分算法

实际电力系统中，由于各种不对称因素及干扰的存在，电流和电压的波形并不是理想的 50Hz 正弦波形，而是存在高次谐波，尤其是在故障时，还会产生衰减直流分量。但一些较为简单的算法，考虑到交流输入回路中设有 RC 滤波电路，为了减少计算量、加快计算速度，往往假设电流、电压为理想的正弦波。当然这样做会带来误差，但只要误差在某种应用的允许范围内，也就是许可的。

半周积分算法的依据是一个正弦量在任意半周期的绝对值的积分是一常数 S，并且积分值 S 和相角 α 无关。如图 2-41 所示，积分的起始点无论从 0 或从 α 角开始，积分半周的绝对值总是常数，因为图中画斜线的两块面积是相等的。

据此，半周期的面积可写为

$$S=\int_{0}^{T/2}\sqrt{2}I\,|\sin(\omega t+\alpha)|\,\mathrm{d}t$$

$$=\int_{0}^{T/2}\sqrt{2}I\sin\omega t\,\mathrm{d}t$$

$$I=S\times\frac{\omega}{2\sqrt{2}} \tag{2-4}$$

在半周期面积 S 求出后，可利用式（2-4）算出交流正弦量 i 的有效值。而半周期面积 S 常数可以通过图 2-42 所示的梯形法求和算出

$$S=\left[\frac{1}{2}\,|i_0|+\sum_{k=1}^{(N/2)-1}|i_k|+\frac{1}{2}\,|i_{N/2}|\right]T_s \tag{2-5}$$

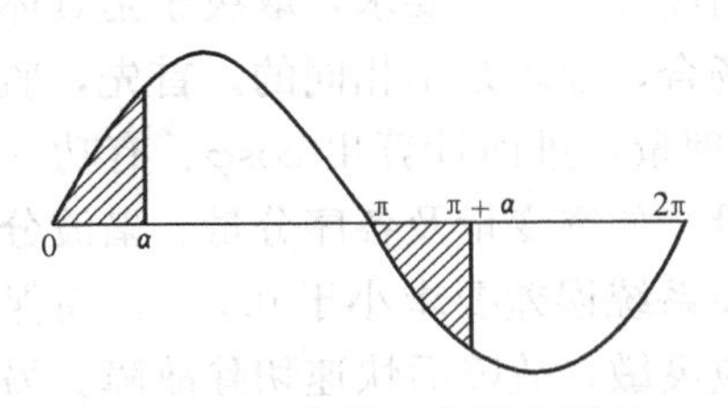

图 2-41　半周积分算法原理

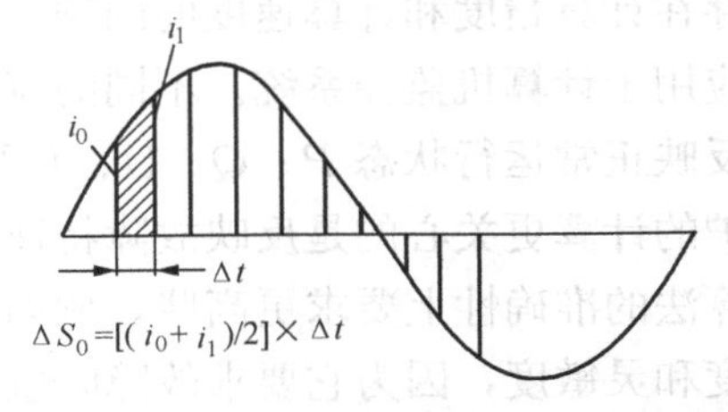

图 2-42　用梯形法近似求解示意图

式中：i_k 为第 k 次采样值，$k=0$ 时采样值为 i_0；N 为一周期的采样点数。

只要采样点数 N 足够多，用梯形法近似积分的误差可以做到很小。半周期积分算法本身具有一定的高频分量滤除能力，因为叠加在基波上的高频分量在半周期积分中其对称的正负半周互相抵消，剩余的未被抵消部分占的比重就很小了。但这种算法不能抑制直流分量，可配一个简单的差分滤波器来抑制电流中的非周期分量（直流分量）。

半周积分算法用求和代替积分，必然带来误差。有资料分析结果表明，半周积分算法误差可达到 3.5%。因此，半周积分算法不能满足监控系统测量精度的要求。但在微机保护中，利用其运算量少的特点，可将其作为微机保护的启动算法。例如，距离保护的电流启动元件就是采用半周积分法计算的。

三、基于周期函数模型的算法——傅氏变换算法

（一）傅氏变换算法的基本原理

半周积分算法的局限性是要求采样的波形为正弦波。当被采样的模拟量不是正弦波而是一个周期性时间函数时，可采用傅氏变换算法。傅氏变换算法来自于傅里叶级数，即一个周期性函数 $i(t)$ 可以用傅里叶级数展开为各次谐波的正弦项和余弦项之和，计算式为

$$i(t)=\sum_{n=0}^{\infty}[a_n\sin n\omega_1 t+b_n\cos n\omega_1 t] \tag{2-6}$$

式中：n 为自然数，$n=0$、1、2…表示谐波分量次数。

于是电流 $i(t)$ 中的基波分量可表示为

$$i_1(t)=a_1\sin\omega_1 t+b_1\cos\omega_1 t \tag{2-7}$$

基波电流 $i_1(t)$ 还可以用一般表达式表示为

$$i_1(t)=\sqrt{2}I_1\sin(\omega_1 t+\alpha_1) \tag{2-8}$$

式中：I_1 为基波有效值，α_1 为 $t=0$ 时基波分量初相角。

将式（2-8）中 sin（$\omega_1 t+\alpha$）用和角公式展开，再与式（2-7）比较，可以得到 I_1 和 α_1、b_1 的关系式为

$$a_1=\sqrt{2}I_1\cos\alpha_1 \tag{2-9}$$

$$b_1=\sqrt{2}I_1\sin\alpha_1 \tag{2-10}$$

显然式（2-9）和式（2-10）中，I_1 和 α_1 是待求数，只要知道 a_1 和 b_1，就可以算出 I_1 和 α_1。而 a_1 和 b_1 可以根据傅氏级数的逆变换求得，即

$$a_1=\frac{2}{T}\int_0^T i(t)\sin\omega_1 t\,dt \tag{2-11}$$

$$b_1=\frac{2}{T}\int_0^T i(t)\cos\omega_1 t\,dt \tag{2-12}$$

现在来考虑在计算机中怎样用最快最简捷的加法运算来求得 a_1 和 b_1。计算机中交流采样时，设每周采样 N 点，采样间隔为 T_s，第 k 次采样时刻写为 $t=kT_s$，而采样周期 $T=NT_s$。所以 $\sin\omega_1 t=\sin\frac{2\pi}{T}t=\sin\left(k\times\frac{2\pi}{N}\right)$，这是基波正弦的离散化表达式。于是式（2-15）和式（2-12）用梯形法求和可得出

$$a_1=\frac{1}{N}\left[2\sum_{k=1}^{N-1}i(k)\sin\left(\frac{2\pi}{N}k\right)\right] \tag{2-13}$$

$$b_1=\frac{1}{N}\left[i(0)+2\sum_{k=1}^{N-1}i(k)\cos\left(\frac{2\pi}{N}k\right)+i(N)\right] \tag{2-14}$$

式中：$i(k)$ 为第 k 次采样值，$i(0)$ 和 $i(N)$ 分别为 $k=0$ 和 N 时的采样值。

如果采样点选 $N=12$，则式（2-13）和式（2-14）化简为

$$6a_1=i(3)-i(9)+\frac{1}{2}[i(1)+i(5)-i(7)-i(11)]$$
$$+\frac{\sqrt{3}}{2}[i(2)+i(4)-i(10)]$$
$$6b_1=\frac{1}{2}[i(0)+i(2)-i(4)-i(8)+i(10)+i(12)]$$
$$+\frac{\sqrt{3}}{2}[i(1)-i(5)-i(7)+i(11)]$$

在 $6a_1$ 和 $6b_1$ 的公式中，可将$\sqrt{3}/2$ 改为（1－1/8）误差不大，但计算快得多，因为乘 1/2 和乘 1/8 都可用右移指令来实现。这也是在微机保护中每周采样点选 12 点，并采用傅氏算法的原因。但在监控系统中，为了提高计算的精度，采样点选为 16 点或 20 点或 24 点。

在算出 a_1 和 b_1 后，根据式（2-9）和式（2-10）不难得到基波的有效值和相角为

$$I_1=\sqrt{(a_1^2+b_1^2)/2} \tag{2-15}$$

$$\alpha_1=\arctan(b_1/a_1) \tag{2-16}$$

（二）傅氏变换算法的滤波特性

傅氏算法的积分运算结果，能完全滤除各种整次谐波和纯直流分量。但实际上电流中的非周期分量不是纯直流而是按指数规律衰减的。由于它的非周期性，使得傅氏算法虽然对这些分量有一定的抑制能力，但不能完全滤除这种按指数规律衰减的非周期分量包含的低频分量及非整次高频分量。因此，傅氏算法还必须辅以前级差分滤波，才能具有较高的精确度。

总之，辅以前级差分滤波的傅氏算法精度很高，计算量也不大，因此它是微机保护和监控常用的一种算法。

（三）基于傅氏变换算法的功率算法

在监控程序中经常需要根据傅氏变换算法求出的电流和电压相量的实部与虚部来计算有功和无功功率、功率因数等。根据式（2-9）和式（2-10），基波分量的实部与虚部与有效值相差一个$\sqrt{2}$系数，如图 2-43 所示。

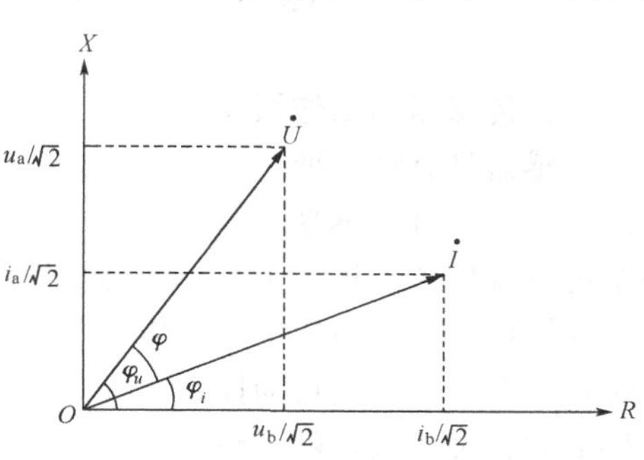

图 2-43　计算功率的电流、电压相量

$$P=UI\cos\varphi=UI\cos(\varphi_u-\varphi_i)$$
$$=UI(\cos\varphi_u\cos\varphi_i+\sin\varphi_u\cos\varphi_i)$$
$$P=\frac{1}{2}(u_b i_b+u_a i_a) \tag{2-17}$$
$$Q=UI(\sin\varphi_u\cos\varphi_i-\cos\varphi_u\sin\varphi_i)$$
$$Q=\frac{1}{2}(u_a i_b-u_b i_a) \tag{2-18}$$
$$\cos\varphi=\frac{P}{UI}=\frac{u_b i_b+u_a i_a}{2\sqrt{u_a^2+u_b^2}\times\sqrt{i_a^2+i_b^2}} \tag{2-19}$$

（四）基于傅氏变换算法的滤序算法

在微机保护和监控系统中，除了要计算电流、电压的正序分量外，还需要计算出负序或零序分量。微机保护可利用负序、零序分量的大小来启动保护装置；监控系统可监视系统不对称程度和不平衡程度。

在利用傅氏变换算法计算出三相电流或电压基波分量的实部与虚部 a_{1A}、b_{1A}、a_{1B}、b_{1B}、a_{1C}、b_{1C} 后，可以方便地得到负序和零序分量。

1. 负序分量计算

负序电压 $3\dot{U}_2=\dot{U}_A+a^2\dot{U}_B+a\dot{U}_C$，式中 $a=e^{j\frac{2\pi}{3}}$，将 $\dot{U}_2=a_2+jb_2$ 及 $\dot{U}_A=a_{1A}+jb_{1A}$，$\dot{U}_B=a_{1B}+jb_{1B}$，$\dot{U}_C=a_{1C}+jb_{1C}$ 代入 $3\dot{U}_2$ 式后，将其实部与虚部分开，得

$$3a_2=a_{1A}-\frac{1}{2}(a_{1B}+a_{1C})+\frac{\sqrt{3}}{2}(b_{1B}-b_{1C}) \tag{2-20}$$
$$3b_2=b_{1A}-\frac{1}{2}(b_{1B}+b_{1C})-\frac{\sqrt{3}}{2}(a_{1B}-a_{1C}) \tag{2-21}$$

2. 零序分量计算

零序电压 $3\dot{U}_0=\dot{U}_A+\dot{U}_B+\dot{U}_C$，将 $\dot{U}_0=a_0+jb_0$ 及 $\dot{U}_A=a_{1A}+jb_{1A}$，$\dot{U}_B=a_{1B}+jb_{1B}$，$\dot{U}_C=a_{1C}+jb_{1C}$ 代入 $3\dot{U}_0$ 式后，将其实部与虚部分开，得

$$3a_0=a_{1A}+a_{1B}+a_{1C} \tag{2-22}$$
$$3b_0=b_{1A}+b_{1B}+b_{1C} \tag{2-23}$$

课题七　传感器和变送器的工作原理与应用

一、传感器的工作原理

传感器具有将各种非电量转换成电信号并加以检测的功能，它不仅可以代行人类五官的作用，而且还可以感受人类感觉不到的微量及承受不了的巨量以及人类不能感知的量，因此完全可以说传感器扩大了人类的感觉作用。

计算机的推广与应用，使传感器在检测技术上大显身手，亦使传感器的发展进入了崭新的时代。在一个现代自动控制系统中，如果没有传感器就无法监测与控制表征生产过程中各个环节的各种参数，就无法实现自动控制，传感器已经是数字计算机控制系统的重要组成部分。

传感器按输入检测信息的不同，分为热敏、力敏、光敏、磁敏、湿敏、压敏、离子敏和射线敏等传感器。传感器按信息能量传递形式分为有源传感器和无源传感器。有源传感器是通过外加能量的方法，将物理变化检测出来，而无源传感器是通过输入信号的本身能量来驱动传感器的。属于前者的有电阻应变片、光敏电阻等，属于后者的有热电偶、光电池等。

传感器的特点是它们都具有易于感受信息，响应速度快、小型、轻便等特点，但最重要的共同特征是它们都是将非电量信息转换成电信号。由于电信号处理方法比较成熟，便于检测和远距离传输，易于与计算机接口，因此传感器在监控系统中发挥了越来越大的作用。

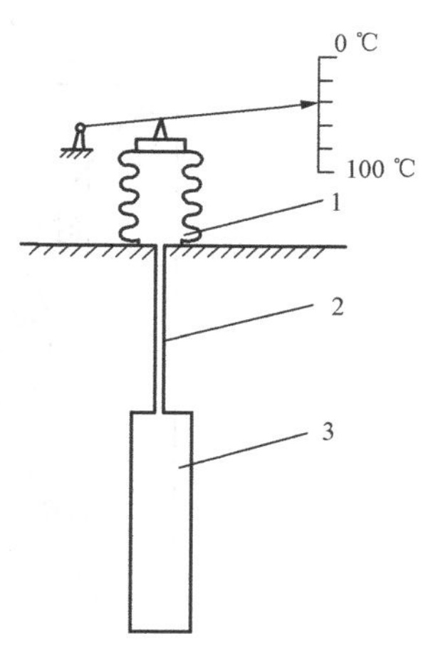

图 2 - 44　压力式温控器结构图

1—压力表；2—毛细管；3—温包

（一）温度传感器工作原理及应用

温度传感器及由其构成的温控器结构如图 2 - 44 所示，主要由压力表（弹性元件为波纹管）、毛细管和温包组成。在这三个部件构成的密封系统内充满感温液体（工作介质），当被测温度发生变化时，温包内的介质体积随之线性变化，这个体积增量通过毛细管道的传递使波纹管产生一个相对应的线性位移量，这个位移量经机构放大后便可指示被测量温度并驱动微动开关输出电信号。因此，自动控制系统可以利用此输出的电信号驱动变压器冷却系统按规定的温度范围投入或退出，达到对变压器温升进行控制的目的。

压力式温度传感器是属于无源传感器。它是利用工作介质热胀冷缩的原理工作的，尤其当电网断电时也能准确地反映变压器的温升状况，能对故障分析提供现场数据。然而，由于是无源传感器，不适宜信号远传。为了达到信号远传，在压力式温包内嵌装一只 Pt100 热电阻（即 RTD 配置），Pt100 热电阻的三根引线（R1～R3）通过温包上部的毛细管保护套管穿入温控器壳内，经表壳内的接线端子过渡，可将温度信息传到数百米以远的温度变送器（或数显仪表），温控器的外形如图 2 - 45 所示。温控器表壳内的接线端子如图 2 - 46 所示。温控器安装在现场，热电阻引线送至温度变送器遥测。

温控器内有两只温控开关，能在 100℃内任意设定。温控开关由压力表指针走动产生闭合和断开的动作。第一温控开关 K1 设置在 55℃，第二温控开关 K2 设置在 80℃，用户可根据需要另外调整设定值。

压力包内嵌装的 Pt100 热电阻为三线制引线方式。这种引线方式能有效地克服引线长度对仪表精度的影响。

（二）霍尔元件原理及应用

1. 霍尔元件的原理

霍尔元件是一种半导体磁电传感器。它是利用霍尔效应来进行工作的。

图 2 - 47 是霍尔效应原理图。图中一片 N 型锗晶体，在其控制端通以电流 I（图中水平方向），在垂直方向施加磁感应强度为 B 的磁场，那么在垂直于电流和磁场的方向上（霍尔元件的输出端之间）将产生一个电动势（称霍尔电压 U_H），其大小正比于电流 I 和磁感应强度 B 的乘积，其方向可由左手定则确定，即

$$U_H = K_H IB \tag{2-24}$$

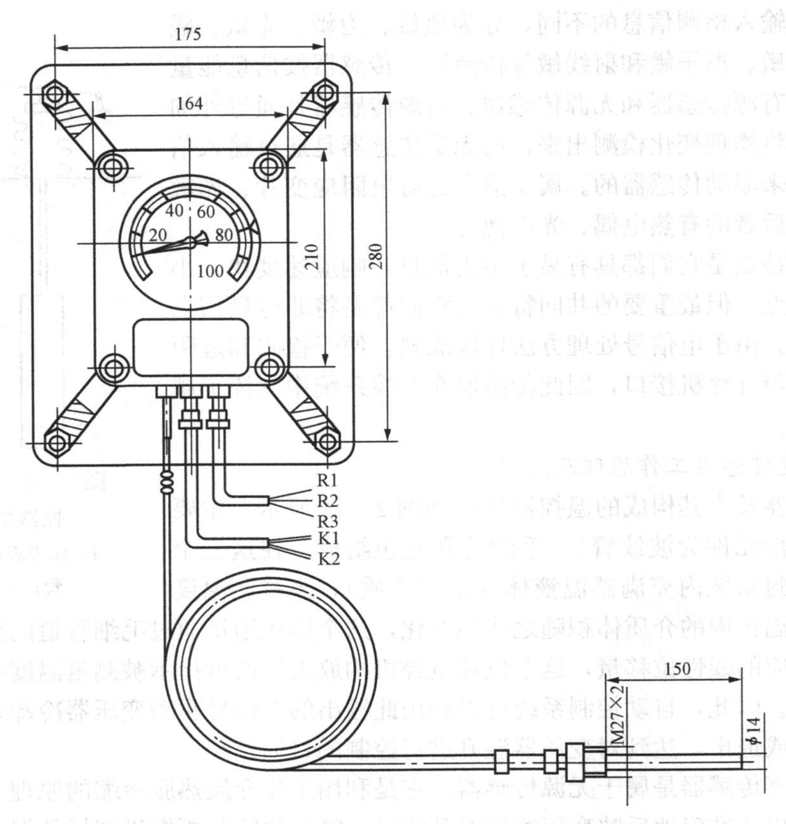

图 2-45 温控器外形（温包内嵌装 Pt100）

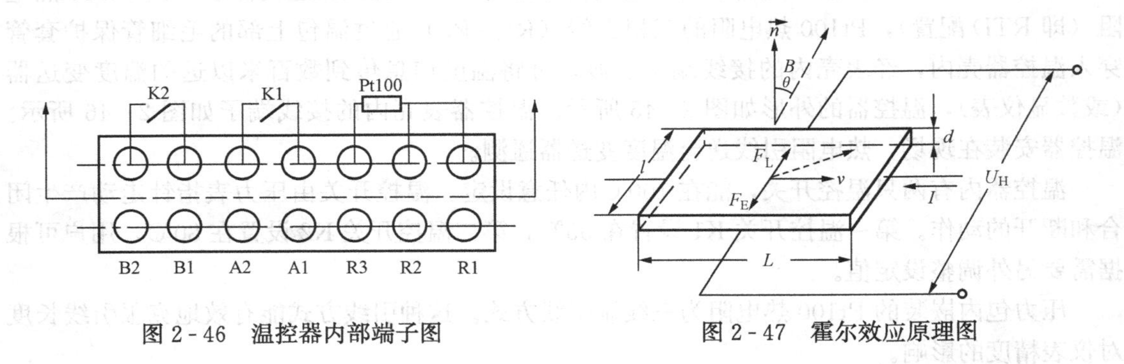

图 2-46 温控器内部端子图

图 2-47 霍尔效应原理图

式中：K_H 是霍尔元件灵敏度。它是一个重要参数，表示霍尔元件在单位磁感应强度和单位控制电流时的霍尔电压的大小，单位是 10^4mV/（mA・kT）。如果实际作用于元件的有效磁场是其法线 n 方向的分量，这时输出为

$$U_H = K_H IB\cos\theta \tag{2-25}$$

由式（2-25）可知，当控制电流和磁场换向时，输出电压方向也随之变化。根据上述霍尔效应原理霍尔元件基本电路如图 2-48 所示。控制电流由电源 E 供给，R 为调节电阻，以保证元件中得到所需要的控制电流 I。霍尔输出端接负载 R_L。R_L 可以是一般电阻，也可以是放大器输入电阻，或表头内阻等。

2. 霍尔元件的应用

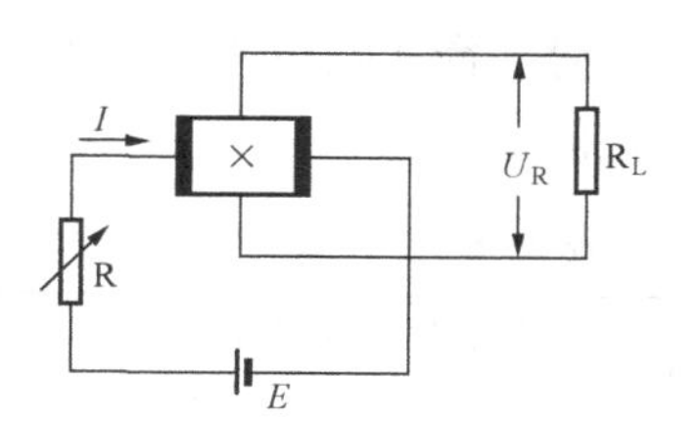

图 2 - 48　霍尔元件电路图
（×表示 B 方向指向纸面）

由于霍尔元件有着在静止状态下感受磁场的独特能力，而且还具有简单、小型、频率响应宽（从直流到微波）、动态范围大（输出电压的变化可达 1000 比 1）、寿命长以及在许多场合可以避免活动部件的磨损等优点，因此尽管目前霍尔元件尚存在转换效率不很高和温度影响较显著（采用温度补偿后可以克服）等缺点，但在测量、自动化技术和信息处理等各方面有着广泛的应用。

霍尔元件的应用可分为三种类型。

（1）当维持元件的控制电流恒定不变，而使元件所感受的磁场因元件和磁场的相对位置、角度（或励磁电流的）变化而变化时，元件输出的电压正比于磁感应强度。这方面的应用有磁场测量、微位移测量、磁读头、函数发生器、分析器、同步传动装置、无刷直流电机、转速表、电流传感器等。

（2）将电流和磁场都作为变量时，元件输出与两者乘积成正比，这方面的应用则是乘法器、功率计及除法、倒数、开方等各种运算器。此外，霍尔元件还具有混频、调制、斩波、解调等应用。

（3）保持磁场强度恒定不变，则利用霍尔元件输出与控制电流输入端的互易性，可以组成回转器、隔离器和环行器等。

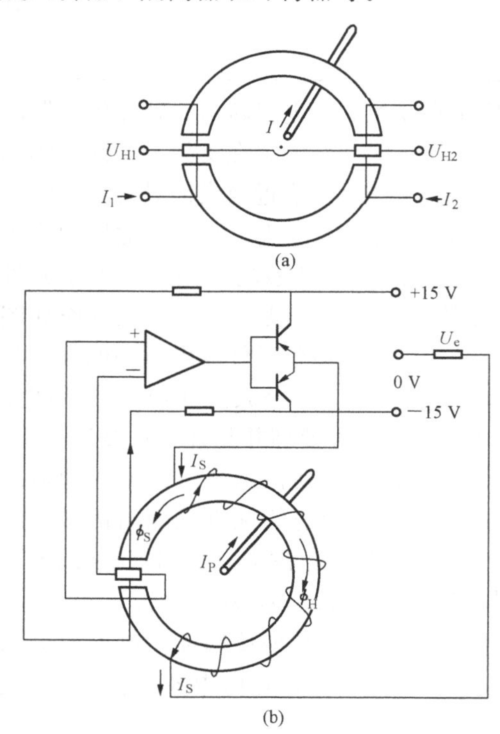

图 2 - 49　霍尔电流传感器检测电流原理图
（a）直接检测式；（b）磁平衡式

在电厂和变电站里霍尔元件的主要应用是霍尔电流传感器（也称霍尔电流计）。它以与主回路隔离、容易与计算机及二次仪表连接、精度高、线性好、频带宽、响应快、过载能力强诸多优点，广泛应用于监控电路中。这种非接触霍尔电流传感器，对电路中的大电流进行检测、控制和有效保护是电力系统安全运行的重要保证。

霍尔电流传感器有两种工作模式。

（1）直接检测式。通电导线周围产生的磁场与流过电流成正比。该磁场可以通过软磁材料聚集，然后用霍尔元件来检测。由于它们具有良好的线性，因此可用 $I=KU_H$ 来测定电流大小。这种模式为直接检测式，如图 2 - 49（a）所示。

（2）磁平衡式。磁平衡式的原理是：由主电流回路所产生的磁场 ϕ_H 为软磁聚集，该磁场又被通过二次绕组的电流所产生的反向磁场 ϕ_S 所补偿，使霍尔元件始终处于检测零磁通的条件下工作，即 $N_P I_P = N_S I_S$，式中：N_P 为一次电流 I_P 流过的绕组匝数，$N_P=1$；N_S 为二次电流流过的绕组匝数。所以 $I_P = N_S I_S$。这说明可以用小补偿电流来实现大电流的测量，详见图 2 - 49（b）。图中 U_e 可供仪表测量大电流。

磁平衡式响应速度更快，而直接检测式被测电流更宽。这两种模式可从表 2-5 来比较其性能。

表 2-5　　两种检测电流模式比较

种类	测量电流（A）	电源电压（V）	输　出	线性度	测量精度	使用温度（℃）	响应时间（μs）	外形尺寸（mm）	型号
直接检测式	1.5～15 3～300 40～4000 70～7000 120～1200	±15 或 15	数十毫伏 不带放大器	±0.5%	±0.5%	－20～＋80℃	15	ϕ13 8×20 15×50 ϕ20 20×80	CM
直接检测式	1.5～15 3～300 40～4000 70～7000 120～1200	±15 或 15	2～10V 或电流输出	±0.5%	±0.5%	－20～＋80℃	15	ϕ13 8×20 15×50 ϕ20 20×80	CMA
磁平衡式	0～50 0～100 0～150 0～200 0～500	±15 ±24	2～10V 或电流输出	±0.5%	±0.5%	－20～＋80℃	1	ϕ13 8×20 15×50 50×100 ϕ20	CMPA
磁平衡式	0～50 0～100 0～150 0～200 0～500	±15 ±24	2～10V 或电流输出	±0.5%	±0.5%	－20～＋80℃	0.2～0.5	ϕ13 8×20 15×50 ϕ20 50×100	CMPA1

霍尔元件在电厂中还可以用来作转速传感器，用于自动控制发电机转速。转速传感器的原理是基于磁体周围的场强与磁体间的距离的立方成反比。因此，固定在支架上的铁氧体二磁极，正对转盘上均匀分布的磁针时（霍尔元件两侧的铁氧体尽量靠近及借助导磁磁针的引磁），可以获得较大的霍尔输出电压。当霍尔元件通以恒定的控制电流，在转动磁场的作用下，或者说在近距离的磁针磁场作用下，霍尔元件就输出正负交替的矩形脉冲波。当霍尔元件作如图 2-50 所示的结构安排，霍尔元件输出脉冲的频率与发电机转速成正比，此信号经放大和数字显示即成数字式转速表，将此信号处理并与计算机接口连接，就可以作为发电机转速自动控制系统的输入通道之一。这种转速传感器测转速的优点是输出信号的幅值与转速无关，而且测速范围大（$1\sim10^4$ r/s 以上）、精度高（测速轮上磁极数越多，精度越高）。

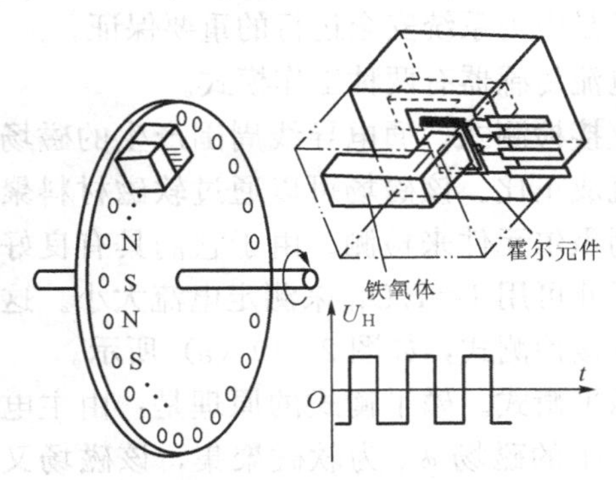

图 2-50　转速传感器测量转速示意图

霍尔元件还可以做成其他传感器，例如机械振动传感器、加速度传感器等。除此之外，运算器也是它的主要功能，此功能将在本课题“变送器工作原理及应用”中详细分析。

（三）压电传感器工作原理及应用

1. 压电陶瓷晶片的工作原理

一块有电极，且经过极化处理的压电陶瓷，如果在它的上面加一个力，那么陶瓷片就会发生形变，同时还会产生电效应（如放电或充电现象）。相反，如果在陶瓷片的电极上加上一个电压，陶瓷片就会产生形变效应。压电陶瓷由形变而产生电效应，称为正压电效应；由于加电压而产生形变效应，称为逆压电效应。

压电陶瓷是一种多晶体结构，这些晶体的共同特点是晶胞周期性重复排列，并且由于晶胞内部正负电荷的中心不重合，晶胞出现了电极化，通常称它为自发极化。晶胞的自发极化的取向也彼此不相同。为了使晶体能量处于最低状态，晶体内自然地出现若干个小区域，每个小区域内的自发极化有相同的方向，这种小区域称为电畴（铁电畴）。整个晶体内包含了许多电畴。晶体在未做极化工序处理前，陶瓷片内各电畴的自发极化方向分布是混乱的，因此陶瓷片的极化强度为零。经过极化工序处理后，各电畴的自发极化在一定程度上按外电场取向排列，因此片内极化强度不再为零。但是陶瓷片内极化强度总是以电偶极矩的形式表现的，因此从整体来看仍然不呈现极化强度，如图 2-51 所示。

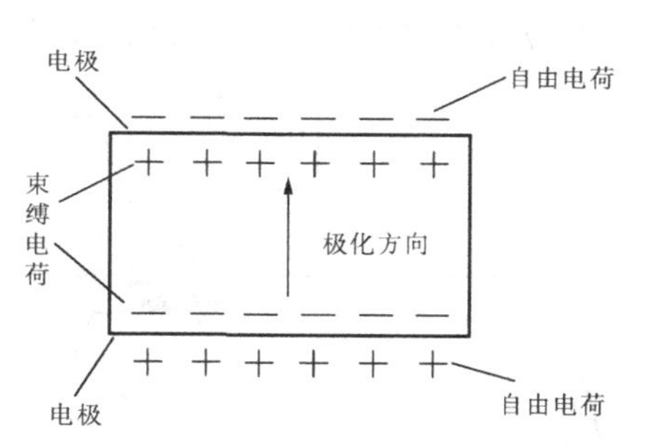

图 2-51　压电陶瓷晶片对外不呈极化强度

如果在陶瓷片上加一个与极化方向平行的压力 F，陶瓷片将产生压缩形变，片内的正负束缚电荷之间的距离变小，极化强度也变小，因此原来吸附在电极上的自由电荷，有一部分被释放而出现放电现象，如图 2-52（a）所示。这就是为什么陶瓷片沿极化方向压缩时，会出现放电现象的原因。当外力撤消时，陶瓷片恢复原状，片内正负电荷之间的距离变大，极化强度也变大，因此电极上又吸附一部分自由电荷而出现充电现象。这种由于机械效应转变为电效应，换句话说由机械能转变为电能的现象，就是正压电效应。

反之，若在陶瓷片上加一个与极化方向相同的电场，如图 2-52（b）所示，由于电场的方向与极化强度的方向相同，所以电场的作用使极化强度增大。这时压电陶瓷片内的电偶极矩变大，即正负束缚电荷间距增大，也就是陶瓷片沿极化方向产生伸长的形变。如果外加电场方向与极化方向相反，则陶瓷片沿极化方向产生缩短的形变。这种由电效应转变为机械效应，即电能转变为机械能的现象，就是负压电效应。

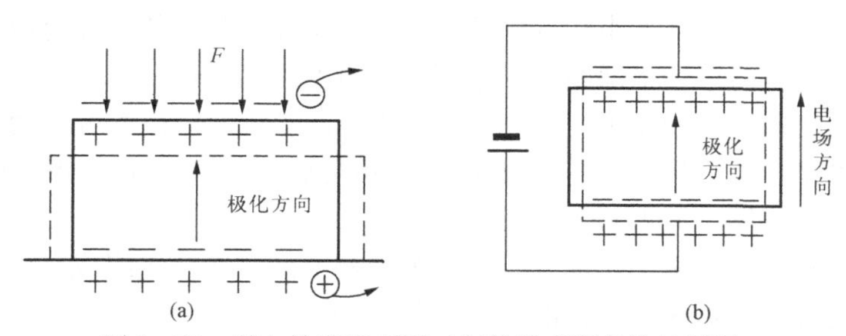

图 2-52　压电效应示意图（实线代表形变前的情况，虚线代表形变后的情况）

（a）正压电效应；（b）逆压电效应

2. 压电传感器的应用

压电传感器是一种力敏半导体器件。它在电子学上主要应用于压电陶瓷滤波器；在力学上应用于超声波换能器、压电加速度计、压电陀螺等；在精密测量中应用于陶瓷压力计、压电流量计。以下简要介绍用压电陶瓷片制作的陶瓷压力计、压电流量计。

（1）陶瓷压力计。陶瓷压力计可用于压力变送器，与计算机接口相连可用于工业监控。它的特性是测量准确，测量范围大，既可用来测大压力，也可用来测微小压力。

陶瓷压力计灵敏度与选用的陶瓷片的振动模式有关。选用陶瓷片的纵向效应，则要求陶瓷的极化与压力方向平行，电极面与压力方向垂直。当压力是均匀地作用在瓷片面上时，陶瓷片开路电压 U 与压力 F 的关系由下式决定

$$F = UA/gt$$

式中：t 为压电陶瓷片的厚度；A 为压电陶瓷片受力面积；g 为压电常数。

所谓开路电压，就是外接负载的电阻很大，由压力产生的电荷不能失去时的电压。由上述 F 关系式决定的数量精确关系制成的数字压力表、压力变送器在自动监控系统中广泛使用。

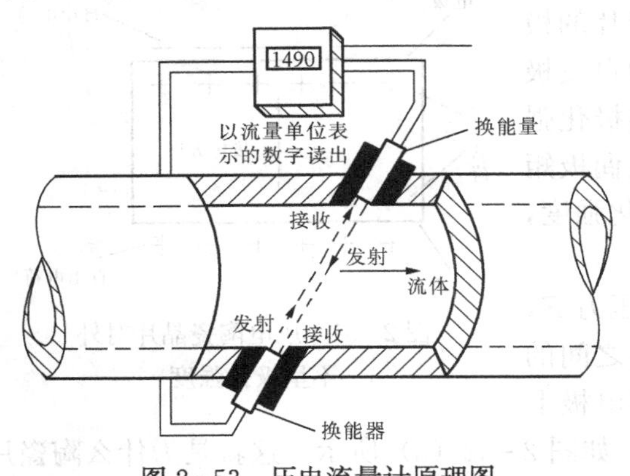

图 2-53　压电流量计原理图

（2）压电流量计。压电流量计是利用超声波在顺流和逆流方向的传播速度不同来测量流量的。压电流量计原理如图 2-53 所示。它的测量装置是在管外设置两个相隔一定距离的收发两用的超声换能器，每隔一段时间（例如 1/100s）发射和接收互换一次。在顺流和逆流的情况下，发射和接收的相位差与流速成正比，根据这个关系，便可精确测定流速。流速与管子横截面面积的乘积等于流量，因此还可测量流量。

超声换能器利用压电陶瓷的逆压电效应，效率较高，目前尚无其他材料可替代。这种流量计可以测量各种液体的流速、中压和低压气体的流速，不受该流体的导电率、黏度、密度、腐蚀性以及成分的影响。其准确度目前已能达到 0.01%。由于此种流量计可以制成数字式输出，因此便于与计算机接口完成自动控制功能。

（四）位移传感器

位移传感器就是检测位移大小和方向的传感器。检测位移的传感器有应变片、压电陶瓷片、线性可变差动变压器等。本课题主要分析线性可变差动变压器。

线性可变差动变压器（LVDT）是一种机电装置，能对一个独立可移动的铁芯的位移产生与之成比例的输出电压。因此，它又被称作位移传感器。LVDT 主要应用于水轮机调速系统。LVDT 的结构如图 2-54（a）、（b）所示。

它是由一个一次绕组和两个对称分布在一个圆柱上的二次绕组组成。一个在绕组间自由移动的棒形铁淦氧磁芯，随被测位移的物体一起移动。

1. LVDT 的基本工作原理

当一次绕组加上外部交流电源时，在两个二次绕组中产生感应电压。由于两个二次绕组绕向相反（反极性相接），因此产生的电压极性相反。所以传感器的净输出是这两个电压之差，当磁芯处于中间位置或零位时，输出为零。当铁芯从零位移开时，铁芯所移向的绕组中的感应电压增加，与之相反的绕组中的感应电压减小，于是输出电压就随着铁芯位置作线性变化。这个输出电压就是差动电压 U_c。它的频率与 U_i 相同，幅值与被测铁芯位移 $x(t)$ 成

正比，比例常数为 C，如果 $U_i = A\sin\omega t$，则 U_c 可表示为

$$U_c = CAx(t)\sin\omega t \qquad (2-26)$$

由式（2-26）可以看出，在变压器一次侧的激励高频频率作用下，LVDT 输出的是高频正弦曲线，它的幅值是由铁芯位置移动的低频控制的。因此，为了测出铁芯的移动，必须让输出电压 U_c 通过一检波器，以滤除纹波。显然通过一般的检波器虽滤除了纹波，却不能达到检出位移方向的目的，如图 2-55（a）所示。因此我们需要一个能判别铁芯移动方向的检波器，这就是相敏检波器。

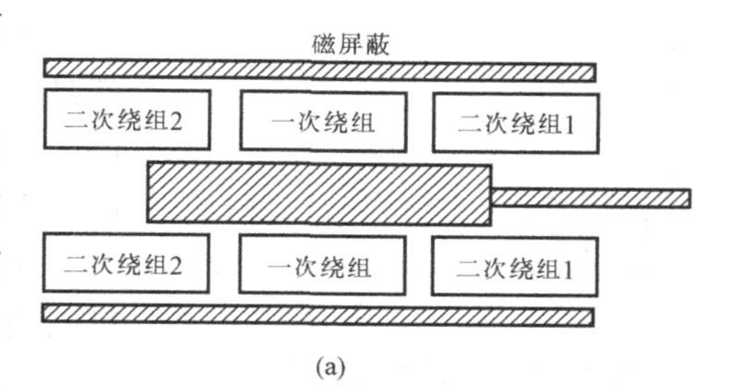

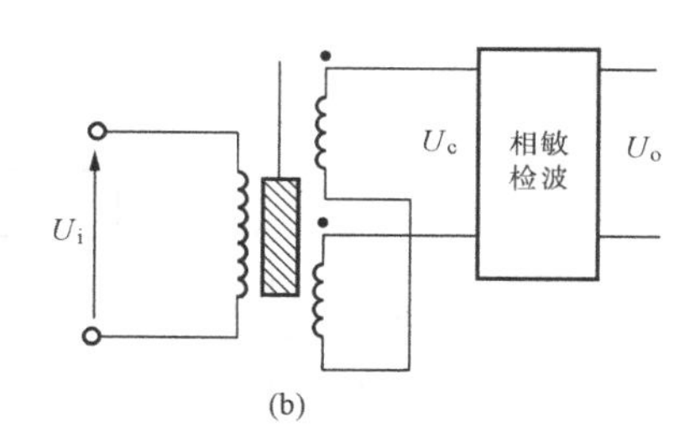

图 2-54　线性可变差动变压器（LVDT）

（a）结构；（b）电路图

2. 相敏检波器原理

由式（2-26）决定的输出电压的波形是图 2-55（a）的下图，用一般检波器检出其包络线为图 2-55（a）的上图。显然它未能将 $x(t)$ 的方向检出来：两个完全不同方向的位移，输出的波形都是正的。如用相敏检波器检波，输出的波形就能区分出两个完全不同方向的位移。图 2-55（b）上图是理想的相敏检波器输出波形图，在 $x_i = 0$ 点的两侧，输出波形相位移为 180°。

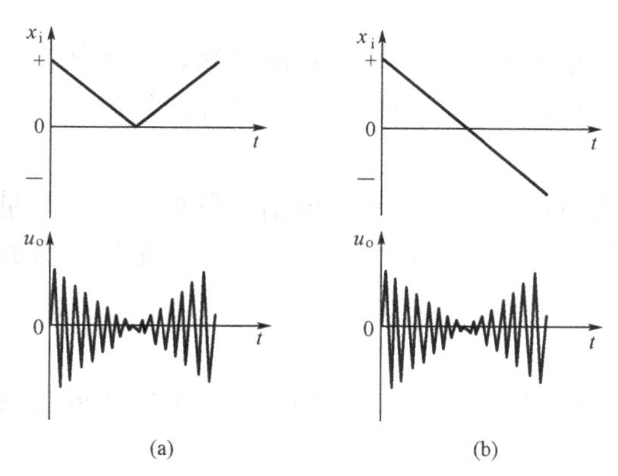

图 2-55　检波器输出波形

（a）一般检波器；（b）相敏检波器

＊3. 乘法器相敏检波原理

相敏检波器类型很多，用一般的二极管桥式相敏检波器或环型相敏检波器都能实现上述判别铁芯移动方向的要求。但由于是用二极管电路构成相敏检波，会引起非线性失真，输出波形不理想，而且不便于与计算机接口。为克服这些缺点，目前多采用模拟乘法器。用模拟乘法器可实现相敏检波要求，其原理分析如下。

采用两个电压相乘，一个电压是经放大后的差动电压 U_1，一个是差动变压器的激励电压（即一次绕组输入电压作激励电压源）U_i，根据式（2-26）可写出 U_2 为

$$U_2 = U_i U_1 = A\sin\omega t KCAx(t)\sin\omega t$$

$$U_2 = KCA^2 x(t)\sin^2\omega t$$

$$= KCA^2 x(t)(1-\cos 2\omega t)/2$$

式中：K 为放大器放大倍数。

将 U_2 电压经低通滤过器（LPF）后输出，并且将低通滤过器的截止频率设置在激励频率 f 的 0.1 倍处（见图 2-56），则乘法器输出电压 U_2 经低通滤过后的输出电压 U_3 为

$$U_3 = \frac{CK}{2}A^2 x(t) \qquad (2-27)$$

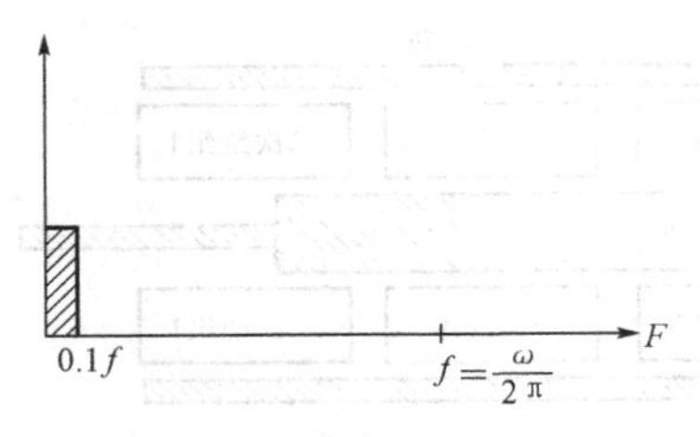

图 2-56　低通滤过器带通图

该电压经放大后就可送计算机 A/D 接口。U_3 电压就是正比于铁芯位移的直流信号电压。图 2-57 是 LVDT 装置及相敏检波器的原理框图。图中 MC1595 是模拟乘法器。

该位移传感器用于水轮发电机组微机电液调速器，可以测量水轮机阀门开度位移，用于控制水轮机调速、有功功率调节及频率跟踪控制的自动化系统。

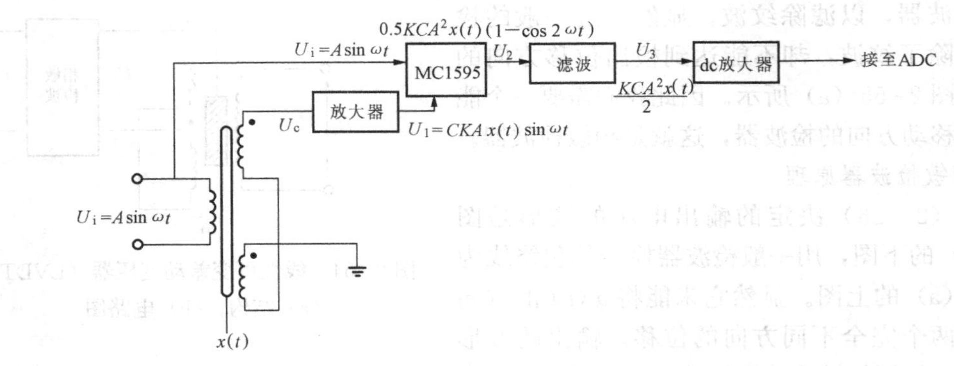

图 2-57　LVDT 装置及相敏检波原理框图

二、变送器工作原理及应用

变送器和传感器都是将被测物理量转换成电参量来实现对该物理量的检测，但就其输出信号来说，传感器的输出信号一般是未完成信号及接口处理，而变送器则要经信号放大、组合、接口等信号处理。

非电量变送器将非电量传感器变换来的电量做直流放大处理并完成信号调理工作。电量变送器除具有信号调理功能之外，有的还具有电量组合功能。这里的信号调理，是指直流放大、滤波、线性化补偿、隔离、抗干扰等信号处理。

（一）温度变送器

温度变送器能接收三线电阻传感器的输入，并输出与输入信号相隔离的直流电压或电流信号。通常温度变送器为单路或双路组合的温度隔离变送器。

图 2-58 为 RTD 配置的电阻温度变送器。所谓 RTD 配置即三线电阻传感器输入方式。此类温度变送器在电力系统应用较为广泛。

RTD 配置的电阻温度变送器分为恒流源和直流放大器两个部分。恒流源是由基准电压源 LT1031 输出＋10V 基准电压（三脚集成电路：in、out、GND）供运算放大器 LF356A 正相端做比较电压，R 提供反馈电压至运放反相端，运放输出正比于这两个电压差，使 2N4091 场效应管输出恒定电流 2mA，供 Pt100 铂电阻电流激励（此端接 b）。RTD 另有两端是 A 和 B，分别接运算放大器 AD524 的正、负端。经放大器放大后的输出范围有三种：0～5V、－5～5V、4～20mA，可以根据模拟量输入接口的输入要求选择。

（二）转速变送器

由霍尔元件 HZ-4 构成的转速传感器机械结构如图 2-50 所示。霍尔元件的输出经温度补偿、差动放大后输出与发电机转速相等的频率脉冲 U_f，如图 2-59（a）所示。霍尔元件的工作电流由恒流源提供 50mA 恒定电流。该恒流源、磁补偿 R_m、温度补偿 R_t、运算放大器应与霍尔元件安装在一起构成转速传感器。

转速传感器的输出是频率脉冲信号，而发电机自动调速控制系统要求输入与频率（脉冲）成正比的电压信号。因此转速变送器必须完成频率—电压转换任务，即 f/U 变换，并且输出电压需满足计算机 A/D 变换接口要求。这部分电路如虚线右侧的图 2-59（b）所示。

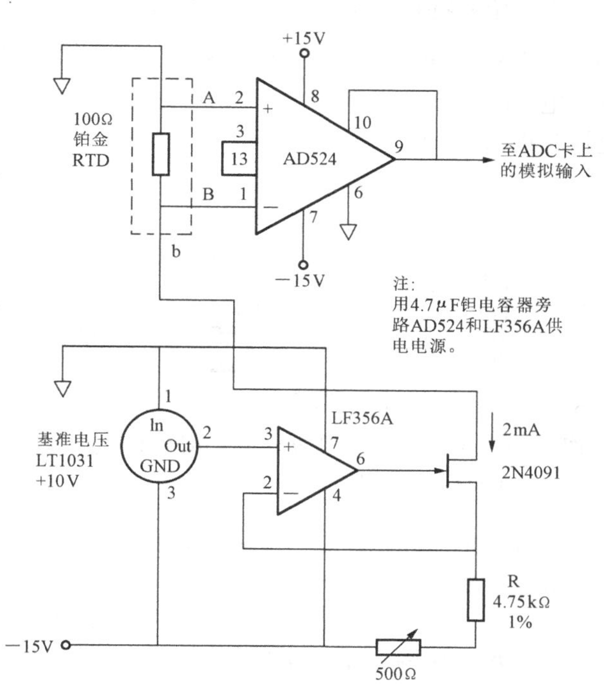

图 2-58　RTD 配置的电阻温度变送器

f/U 变换电路首先使施密特触发器将输入的脉冲整形成规范方波，然后进行微分整流和滤波放大，以取得与被转换的频率成正比的平均电压。电路中要求时间常数 R_1C_1 比输入波形的最小周期小许多，从而在该电路中产生正、负尖脉冲电流。由于 VD1 的旁路及 VD2 的整流作用，故每周中仅有一个负向脉冲电流流向滤波放大器 A。

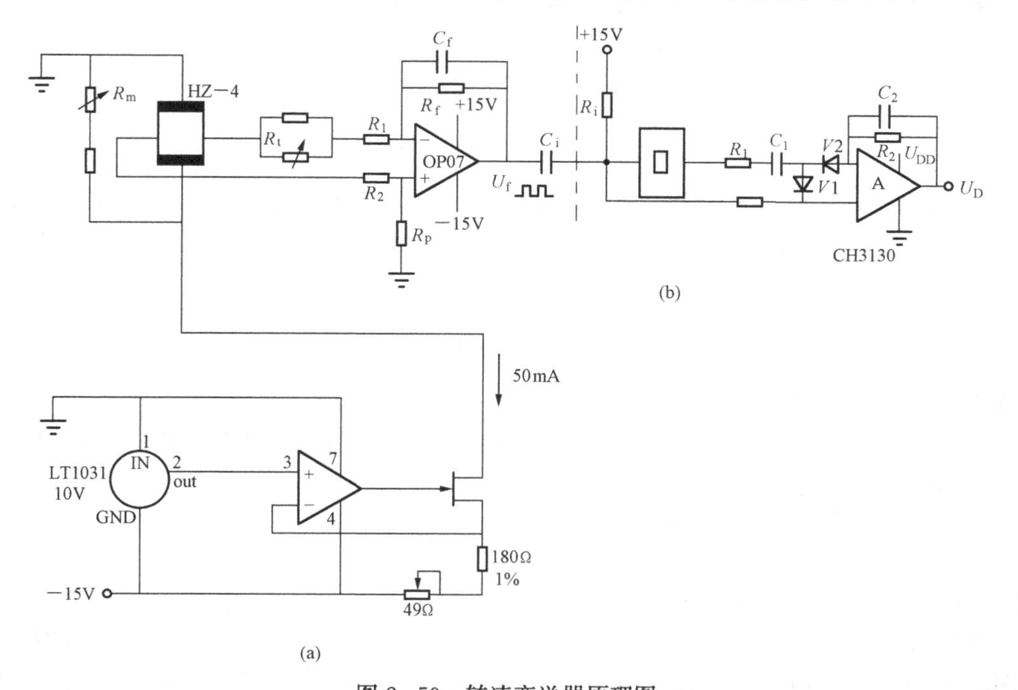

图 2-59　转速变送器原理图

（a）转速传感器部分；（b）f/U 变换电路部分

由于施密特触发器的输出端电压变化量为 U_{DD}，故电容 C_1 上的电荷变化量为 $U_{DD}C_1$。如果电容 C_1 上的平均电流为 $\overline{I}$，则 C_1 上平均电流 $\overline{I}=U_{DD}C_1/T=U_{DD}C_1f$。而滤波放大器输出电压 $\overline{U_0}=R_2\overline{I}=U_{DD}R_2C_1f$，可见输出电压的直流分量与输入频率 f 成正比。此电压可送计算机 ADC 卡。

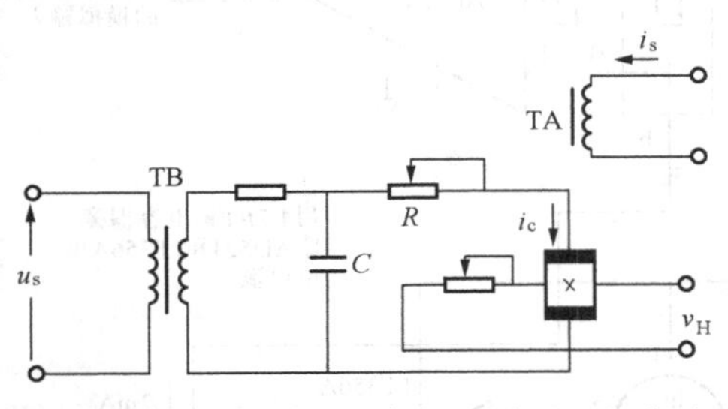

图 2-60　单相霍尔功率变送器原理电路图（×表示磁场方向指向纸面）

（三）功率变送器及其他电量变送器

功率变送器是一种电量变送器，与上述的温度、转速非电量变送器不同，电量变送器的传感器可以采用电压、电流、电抗互感器。通常此类互感器体积较小，可直接装在变送器内，较为方便。

功率变送器是利用霍尔元件的乘法运算器原理构成的（功率变送器原理电路图如图 2-60 所示）。由式（2-25）可见，霍尔元件的输出电压正比于控制电流和磁场。当 I 和 B 均作为变量时，霍尔元件输出电压为 I 和 B 的乘积。

如果控制电流 i_c 取自于被测系统电压 u_s（设 $u_s=U_s\sin\omega t$），即 i_c 可写为

$$i_c=K_1U_s\sin\omega t$$

如果控制磁场 B 取自于被测系统电流 i_s［设 $i_s=I_s\sin(\omega t+\varphi)$，$\varphi$ 为初相角］，即 B 可写为

$$B=K_2I_s\sin(\omega t+\varphi)$$

当霍尔元件置于 i_s 流过 TA 的气隙内，并垂直于 B 方向，则式（2-25）可改写为下式

$$\begin{aligned}U_H&=K_HK_1U_s\sin\omega tK_2I_s\sin(\omega t+\varphi)\\&=K_HK_1K_2U_sI_s\sin\omega t\sin(\omega t+\varphi)\\&=\frac{KU_sI_s}{2}[\cos\varphi-\cos(2\omega t+\varphi)]\end{aligned}$$

式中 $K=K_HK_1K_2$。式中第一项即为正比于所测有功功率的直流分量，第二项为二倍频的交流分量。如再将霍尔元件的输出电压 U_H 经低通滤过器滤去其交流分量，则输出电压即为

$$U_0=\frac{KU_sI_s}{2}\cos\varphi$$

显然，这是有功功率的表达式。

如果在控制电流 i_c 的回路中，将 R 换成电感或电容，则磁场 B 与控制电流的相角差为 $\varphi\pm\pi/2$，输出电压可表示为

$$U_0=\frac{KU_sI_s}{2}\cos\left(\varphi\pm\frac{\pi}{2}\right)=\mp\frac{KU_sI_s}{2}\sin\varphi$$

此时，输出电压正比于无功功率。

利用霍尔元件制成的电量变送器还有电流变送器（见图 2-49）、直流电压变送器等。通常用霍尔元件制成的电量变送器具有使用方便、准确、输出信噪比大、频率范围广、体积小、质量轻、可靠性高等优点。

电量变送器还有一个结构特点，是较容易实现组合。例如：三个单相电压（或电流）变

送器组合成一个三相电压（或电流）变送器，有功（无功）功率变送器与电流变送器组合，有功和无功电能变送器组合，功率变送器与电能变送器组合等。由于它们是相关量变送器的组合，因此不但容易实现，而且无需多增加设备。

（四）智能式变送器

由于单片机迅猛发展和广泛应用，促使变送器技术产生了一个飞跃。智能式变送器的产生，就是单片机与传感器相结合的成果。所谓智能式变送器就是一种带有单片机的，兼有信息检测、处理、记忆、逻辑思维与判断功能的变送器。智能式变送器与传统的变送器相比具有以下特点。

（1）它具有逻辑思维与判断、信息处理功能，可对检测数值进行分析、修正和误差补偿，因此提高了测量准确度；

（2）它具有自诊断、自校准功能，提高了可靠性；

（3）它可以实现多传感器、多参数复合测量，扩大了检测与使用范围；

（4）检测数据可以存取，使用方便；

（5）具有数字通信接口，能与计算机直接联机，相互交换信息。

1. 智能式变送器的构成及其功能

智能式变送器的构成一般分为传感器、辅助传感器、微机硬件系统三部分。图 2-61 为典型智能式压力变送器硬件结构框图。其中主传感器为压力传感器，它的作用是用来测量被测压力参数的。辅助传感器为温度传感器。由于环境温度变化或被测介质温度变化而使其压力敏感元件的压力测量受温度变化的影响，温度传感器就是用来监测主传感器工作时，根据其温度变化修正与补偿由于温度变化对测量带来的误差。由此可见，智能式传感器具有较强的自适应能力，它可以判断工作环境因素的变化，进行必要的修正，保证测量的准确性。一个智能式传感器中设置哪些辅助传感器需根据工作条件和对传感器性能指标的要求而定。例如工作环境比较潮湿时，就应设置湿度传感器，以便修正或补偿潮湿对测量的影响。

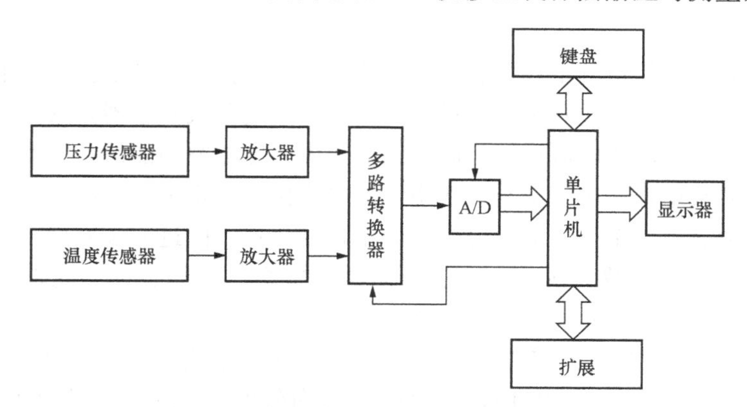

图 2-61　智能式压力变送器硬件结构框图

2. 智能式压力变送器

压力变送器已经得到广泛应用，但是它的测量准确度受到非线性和温度的影响很大，难用于高准确度测量。在对其进行智能处理以后，利用单片机对非线性和温度变化产生的误差进行修正，取得了很好的效果。在工作环境温度变化为 10～60°C 范围内，智能式压力传感器的准确度几乎保持不变。

（1）智能式压力变送器硬件结构。智能式压力变送器硬件结构如图 2-61 所示。其中压力传感器用于压力测量，温度传感器用于测量环境温度，以便进行温度误差修正，两个传感器的输出经前置放大器放大成 0～5V 的电压信号送至多路转换器，多路转换器将根据单片机发出的命令选择一路信号送到 A/D 转换器，A/D 转换器将输入的模拟信号转换为数字信号送入单片机，单片机将根据已定程序进行工作，最后测量输出由显示器显示或通过接口输出。

（2）智能式压力传感器软件简介。智能式压力传感器系统是在软件支持下工作的，由软件来协调各种功能的实现。一般可以将压力传感器的输出看作一个多变量函数来处理，如用 $u=f(P, T)$ 的温度补偿式来表示函数关系。式中 u 为压力变送器输出，P 为被测压力，T 为环境参量，如温度、湿度。程序执行时，第一步先测量参量 T，然后测压力 P；第二步零位校正；第三步确定参量范围 (T_j, T_{j+1})，在此范围内分别求出线性误差，最后作出线性补偿。非线性和温度误差的修正方法很多，要根据具体情况确定误差修正与补偿方案。例如采用二元线性插值法，对传感器的非线性及温度误差进行综合修正与补偿，经补偿后可使误差小于允许数值。

3. 智能式变送器发展方向

目前，智能式变送器的发展还处于初级阶段，它是由几块相互独立的模块电路与传感器组装在同一壳体里构成智能式变送器。未来的智能式变送器应该是传感器、信号调理电路和微型计算机等集成在同一芯片上，成为超大规模集成化的智能式变送器。由此可见，智能式变送器关键是半导体集成技术，即智能式变送器的发展依附于硅集成电路的设计、制造与装配技术。

课题八　电子式互感器

一、概述

自动化的中心任务就是测量和控制，传感器的测量是控制的基础。测量电流和电压的传感器，一直以来是采用电磁式互感器。目前广泛使用的电磁式互感器，其二次绕组不但要提供正比于一次绕组的电压或电流信号，同时还要提供一定的驱动能量，因此电磁式互感器需要通过硅钢片铁芯来增强一次绕组与二次绕组的电磁传导。正是这种电磁传导使电磁式互感器产生了一系列缺点，以至于不能适应电力系统自动化技术的进一步发展。

自 20 世纪 70 年代以来，人们一直在寻求一种安全、可靠、理论完善、性能优越的新方法来实现电力系统高电压、大电流的测量。基于光学传感技术的光电式电流互感器（OCT）、光电式电压互感器（OVT）、采用空心线圈感应被测电流的电子式电流互感器（ECT）、电子式电压互感器（EVT），一直受到国内外的广泛关注和深入研究。随着温度稳定性和工艺一致性等问题的逐渐解决，目前磁光电流互感器和电子式电压互感器已经逐步从试验阶段走向工程应用。在我国，此类新型电流/电压互感器按国标命名通称电子式互感器。

二、电磁式电流/电压互感器存在的问题

1. 体积大造价高

传统的电流/电压互感器是电磁感应式的，其结构和变压器相似，依靠一、二次绕组之

间的电磁耦合，将电气量信息从电力系统的一次侧传变到二次侧。在铁芯与绕组间以及一、二次绕组之间需要有足够强度的绝缘结构，以保证所有的低压设备与高电压相隔离。随着电力系统传输容量的增加，电压等级越来越高，这种电流/电压互感器的绝缘结构越来越复杂，体积和质量加大，产品的造价也越来越高。

2. 非线性特征造成的误差问题

电磁式电流/电压互感器有铁芯，都具有非线性特征。当电力系统发生短路故障时，高幅值的短路电流使互感器饱和，输出的二次电流严重畸变；有可能造成保护拒动或误动，使电力系统事故扩大。

继电保护用的电磁式电流互感器在电力系统故障的电磁暂态过程中，一次侧的非周期分量对于电磁式电流互感器的工作具有很大的影响。这一分量衰减越慢，变换到电流互感器二次回路中的误差就越大。大部分一次电流非周期性分量将作用于电流互感器铁芯的励磁，电流互感器的闭合铁芯会由于电流的非周期性分量作用而高度饱和，磁导率急剧降低，从而使电流互感器的误差在电磁暂态过程中增大到不能允许的程度。当电流互感器铁芯中有剩磁通，并且这一剩磁通与励磁电流非周期性分量的磁通方向一致时，产生的误差更大。

3. 安全性较差

电磁式电压互感器的铁磁谐振问题一直是电力系统高压电气设备不安全因素之一。电磁式电压互感器呈感性，与断路器端口呈容性的线路会产生电磁谐振，谐振时电压互感器有可能产生过电压，从而使电压互感器绝缘损坏甚至发生爆炸。

同时电磁式互感器还存在过电压或过电流的冲击，电流互感器二次开路产生高压、电压互感器二次侧短路产生大电流等安全性问题，给操作维护都带来了极大的不方便。电磁式互感器还有变压器油和绝缘材料引起的安全问题。

4. 数字化接口问题

电磁式互感器的输出为模拟量，不能与数字化的二次设备直接接口，不利于电力系统自动化的数字化进程。

三、电子式互感器

光电子、光纤通信和数字信号处理技术的发展和应用，推动了数字化电压和电流量测技术的研究。数字化电压、电流的量测装置由电压/电流传感器、数字信号处理器以及它们之间的连接电缆（包括光缆）组成。电压/电流传感器是量测装置的关键，可以通过不同的物理原理来实现各类电子式互感器。

国际上将有别于传统的电磁型电压/电流互感器的新型光电互感器统称为非常规互感器，并按一次侧传感器有无电源分为有源电子式互感器（ECT/EVT）和无源光电式互感器（OCT/OVT）两大类。有源电子式互感器采用罗柯夫斯基线圈或 LPCT 线圈检测一次大电流，采用电容分压器、电阻分压器或电抗分压器检测一次高电压。无源光电式互感器根据法拉第磁光效应和塞格奈克效应测量电流，采用普克尔效应测量电压。其分类如图 2－62 所示。

四、有源电子式互感器

1. 罗柯夫斯基线圈

有源电子式互感器主要利用罗柯夫斯基线圈制成，分为电子式电压互感器（EVT）和电子式电流互感器（ECT）。其主要特点是需要向传感头提供电源，目前均采用光纤供能

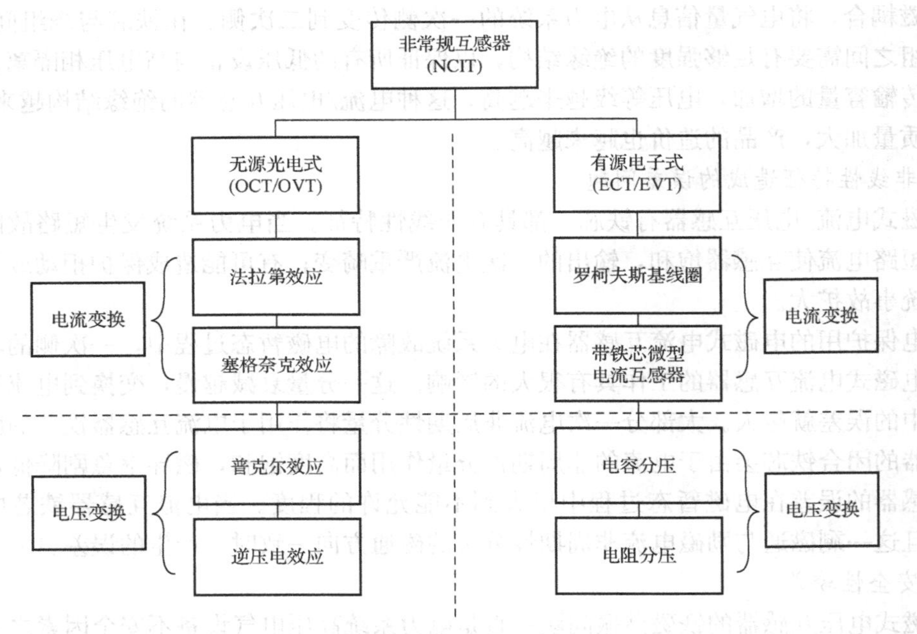

图 2-62　非常规互感器的分类

方式。

(1) 罗柯夫斯基线圈原理。罗柯夫斯基线圈（简称罗氏线圈）是一种特殊结构的空心线圈，将测量导线均匀地绕在截面均匀的非磁性材料的框架上，便构成了罗氏线圈，如图 2-63 所示。

按电磁感应定律，罗氏线圈的感应电势为

$$e(t)=-\mu NS(\mathrm{d}i/\mathrm{d}t)=-K(\mathrm{d}i/\mathrm{d}t) \tag{2-28}$$

式中：μ 为真空磁导率；N 为线圈匝数密度；S 为线圈截面积。

由式 (2-28) 可见，罗氏线圈的输出电动势 $e(t)$ 与被测电流 $i(t)$ 的时间导数成比例，如果对输出电动势 $e(t)$ 加上准确的积分环节，就可以正确反映出被测电流 $i(t)$ 了。

(2) 有源电子式电流互感器原理。有源电子式电流互感器原理框图如图 2-64 所示。

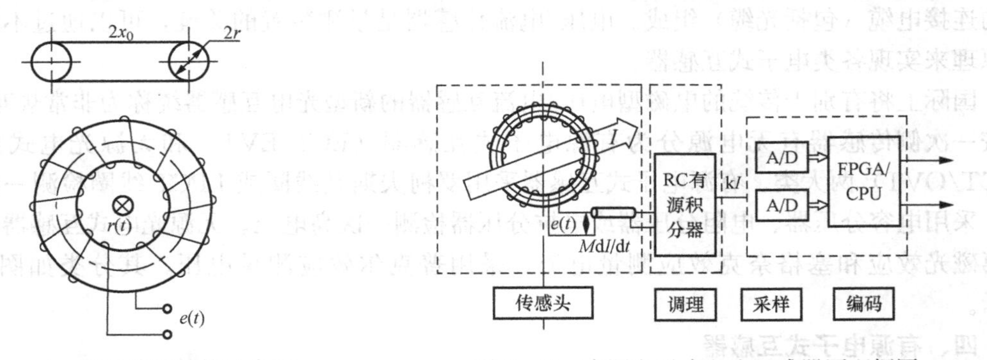

图 2-63　罗氏线圈结构示意图

图 2-64　有源电子式电流互感器原理框图

图 2-64 中传感头为罗氏线圈，调理电路为 RC 有源积分器，积分器的输出为模拟量的被测电流 $i(t)$，通过采样 A/D 变换为数字化的被测电流，然后送到可编程控制器 FPGA 编

码，其输出便是适合光纤通信的编码。

应该指出，RC 有源积分器、A/D 变换器及编码器 FPGA 都需要电源，这是由于它们都位于互感器一次高压区域，因此其电源可通过光纤激光供能。采用激光或其他光源从地面低电位侧通过光纤将光能传送到高电位侧，光电池将光能量转换成为电能量，再经过 DC/DC 变换后，输出稳定的电能量。随着电子器件尤其是 GaAs 电池、大功率半导体激光二极管和高效率单片集成 DC/DC 变换器的广泛应用，这种供电方式在实际使用中的可靠性已有了较大提高。

（3）罗氏线圈的有源电子式电流互感器的特点。罗氏线圈的优点是没有磁饱和现象，也没有磁滞现象；体积小、质量轻；动态范围大而且线性度高；频带宽（2kbit/s）即反应速度快，可以测量前沿上升时间为纳秒级的电流；精度高（0.1%）。但是，有源电子式电流互感器需 RC 有源积分器，这是一种模拟电路，易受电路参数及温度的影响，产生幅值和相位误差。此外，有源电子式电流互感器需供能，长期大功率的激光供能会影响光器件的使用寿命。

2. 有源电子式电压互感器

（1）概述。根据使用场合不同，有源电子式电压互感器一般采用电容分压或电阻分压技术，利用与有源电子式电流互感器类似的电子模块处理信号，使用光纤传输信号。图 2-65 所示为电阻/电容型电压互感器原理图，与常规电容式电压互感器相同，不同的是其额定容量在毫瓦级，输出电压不超过±5V。因此，R_1（或 Z_{C1}）应达到数百兆欧以上，而 R_2（或 Z_{C2}）在数十千欧数量级，为使电压变比 K_z 接近 $R_2/(R_1+R_2)$ 或 $C_1/(C_1+C_2)$，要求负载阻抗 $Z \gg R_2$（或 Z_{C2}）。同时，对分压所用电阻和电容阻抗要求在－40～＋80℃的环境温度中稳定，并有屏蔽措施避免外界电磁干扰。

（2）同轴电容型电压互感器。高压电容分两类，一类是由两个电极构成的集中高压电容，另一类是由多个电容器叠置串联而成的电容。由多个电容器叠置串联而成的电容分压器就是以前广泛使用的电容式电压互感器，其原理如图 2-65（b）所示。两个电极构成的集中高压电容，因体积小多用于组合式高压电器 GIS 或 HGIS 设备中，经常采用同轴电容分压器测量电压。同轴电容分压器的高压臂利用了一次电压经母线和中压电极（就是套在 GIS 高压母线与罐体之间并且与之同轴的不锈钢板）的分布电容 C_1，同轴的不锈钢板与外壳罐体之间的电容就是 C_2，如图 2-66 所示。这种极间电容不受周围物体、高压引线和地平面的影响，具有有效的屏蔽效果。

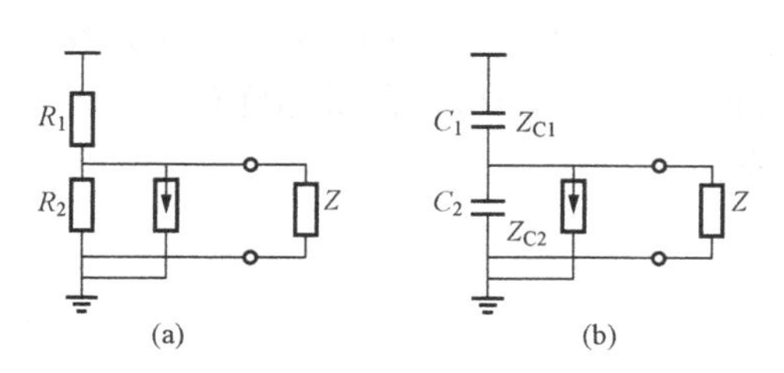

图 2-65　电阻/电容型电压互感器原理图

（a）电阻分压；（b）电容分压

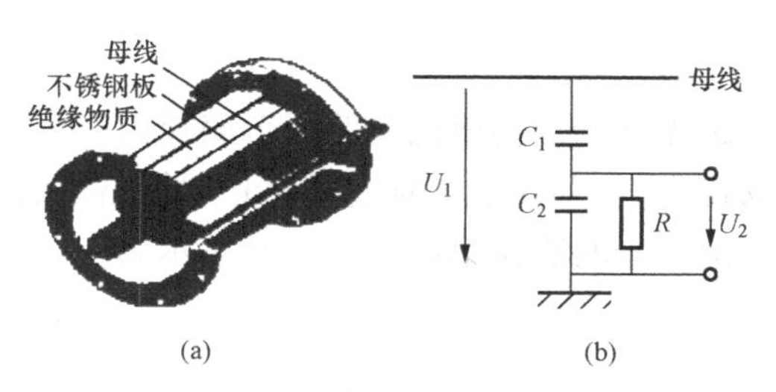

图 2-66　同轴电容分压器

（a）结构图；（b）原理图

同轴电容电压互感器传感头就是一个电容分压器，在 GIS 的相和地之间，电容 C_1 和 C_2

构成了分压器，C_1 以 SF_6 气体为介质，由于体积固定，温度对密度的影响不大，C_1 温度稳定性比较好；C_2 以固体绝缘物质为介质，温度对 C_2 的影响比较大；另外，考虑到系统短路后柱状电容环的接地电容 C_E 上积聚的电荷若在重合闸时还没有完全释放，会在系统工作电压上叠加一个误差分量，严重时将影响到测量结果及继电保护装置的正确动作。因此，宜选取一个小电阻 R 并联在 C_2 上以消除这些因素的影响。电阻 R 比 C_2 小几个数量级，故 C_2 随温度变化对分压阻抗的影响降到最小。考虑到 U_{C2} 也就是电阻 R 上的电压远远小于 U_{C1}，得 $I_{C1}=C_1(\mathrm{d}U_1/\mathrm{d}t)$，而 $U_{C2}=U_r=RI_{C1}$，可见 U_2 与系统电压 U_1 的时间导数成正比，即可用下式表示

$$U_2=RC_1\frac{\mathrm{d}U_1}{\mathrm{d}t} \tag{2-29}$$

根据式（2-29），如对 U_2 积分就可得到与 U_1 成正比的测量值。所以，接下来的高压侧数据处理就与“有源电子式电流互感器”几乎相同。

（3）同轴电容型电压互感器特点。与电磁式电压互感器相比，基于同轴电容分压的电子式电压互感器具有如下特点：①信号采用同轴电容分压方式获取母线电压信息，无铁芯结构，不存在铁磁谐振及铁磁饱和问题；②内部绝缘处理简单，绝缘成本不随电压等级升高而成倍增长；③二次信号通过光纤输出，受外界环境影响小、抗干扰能力强、性能稳定，信号能满足数字化变电站建设需要；④现场安装工程量少，施工周期短。

五、无源电子式互感器

1. 磁光电流互感器

无源电子式电流互感器主要是指采用光学测量原理的电流互感器，又称为光电式电流互感器，其最主要的特点就是无需向传感头提供电源。

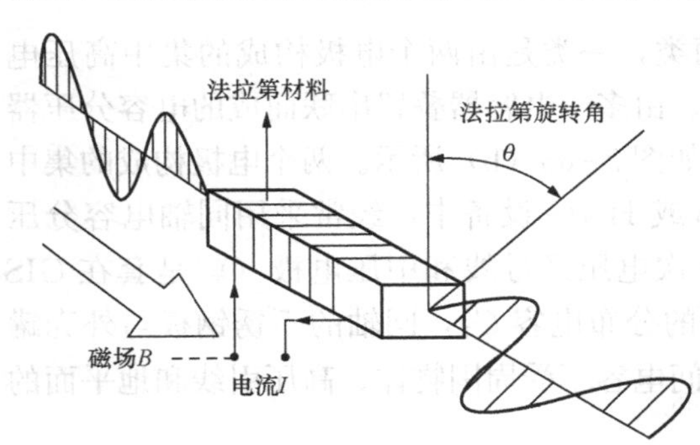

图 2-67 法拉第磁光效应示意图

（1）法拉第磁光效应原理。光电式电流互感器（OCT）采用了光学测量原理，即采用旋光原理来对电流进行测量，其中应用最多的是法拉第磁光效应，即电流通过导体时产生的磁场会使沿着与磁场平行方向传播的平面偏振光的偏振面产生偏转，如图 2-67 所示。这个现象最早是法拉第发现的，所以称之为法拉第磁光效应。这里有两个条件，第一是光源发出的光经过起偏器后变为线偏振光，第二是该线偏振光必须入射到法拉第磁旋光材料（如我国的同维磁光玻璃）构成的光路闭合路径内。当线偏振光出射时，经检偏器检测旋转角 θ 正比于磁场强度 H 沿偏振光通过磁旋光材料路径的线积分。

偏振光的法拉第旋转角度 θ 表示为

$$\theta=V\oint H\,\mathrm{d}t=Vi \tag{2-30}$$

式中：V 为磁光材料的维尔德常数。

由式（2-30）可知，偏转角度 θ 与被测电流 i 成正比。目前基于法拉第磁光效应的电流互感器主要有全光纤电流互感器和磁光玻璃电流互感器。

（2）全光纤电流互感器。全光纤电流互感器是在磁光电流互感器的基础上发展而来的。如图 2-68 所示，激光器的激光二极管发出的单色光经过起偏器 F 变换为线偏振光，由透镜 L 将光波耦合到单模光纤中。高压载流导体 B 通有电流，光纤缠绕在载流导体上，这一段光纤将产生磁光效应。这时，光纤中偏振光的偏振面旋转 θ 角，出射光由透镜 L 耦合到渥拉斯顿棱镜 W，棱镜将输入光分成振动方向相互垂直的两束偏振光，并分别送到光电探测器 D1、D2，经过信号处理，获得被测电流大小。分解为两束光是为了提高偏振光偏转角检测的灵敏度。

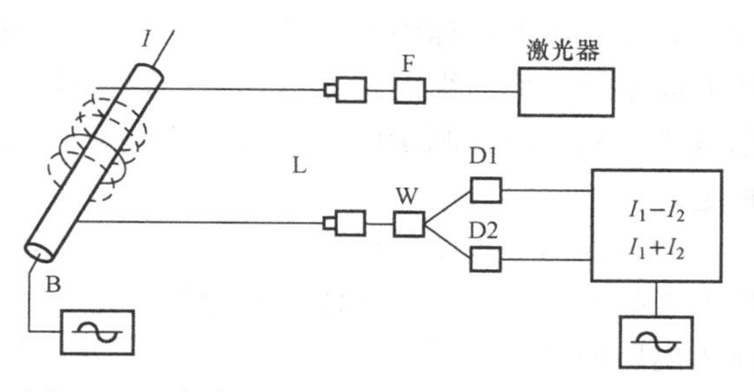

图 2-68　全光纤电流互感器偏转角的检测原理图

全光纤电流互感器有多种检测原理，有基于偏振检测原理的，还有基于光干涉检测原理的塞格奈克环形、反射结构的全光纤电流互感器及磁光玻璃型电流互感器。

（3）磁光玻璃电流互感器。全光纤电流互感器易受温度的影响，为了提高磁光效应的温度稳定性，我国开发了 TW363D 磁光玻璃，有效地突破了磁光玻璃维尔德常数受温度影响的技术难关，在−40～80℃范围内维尔德常数受温度变化仅万分之一，使磁光玻璃电流互感器准入了我国电网运行。图 2-69 为基于偏振检测原理的磁光玻璃电流互感器结构图。这种结构可采用干式复合绝缘，不充油不充气，无需供电即不存在复杂的供电装置，我国已有制造并有多处投入运行。

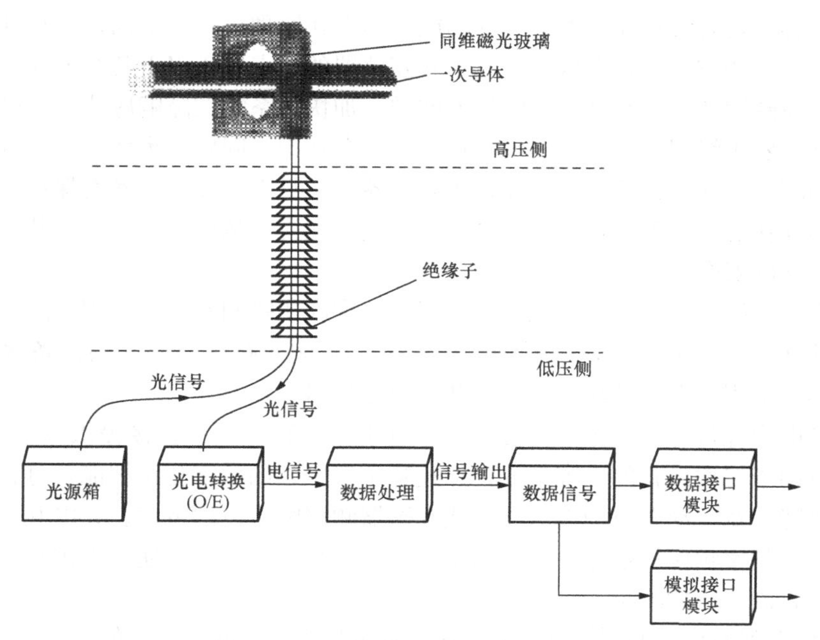

图 2-69　磁光玻璃电流互感器结构图

2. 普克尔效应光学电压互感器

（1）普克尔效应原理。普克尔效应是指一些晶体在电场作用下会改变其各向异性性质，产生附加的双折射效应，且双折射两光波之间的相位差与电场强度（电压）成正比。普克尔效应只存在于无对称中心的晶体中。普克尔效应有两种工作方式：一种是通光方向与被测电场方向重合，称为纵向普克尔效应；另一种是通光方向与被测电场方向垂直，称为横向普克尔效应。光学电场测量应用中最为普遍采用的是锗酸铋（BGO）晶体，该晶体光学性能较稳定。

（2）纵向普克尔效应。当一束线偏振光沿着与外加电场E平行的方向，入射此电场中的电光晶体时，由于该晶体各向异性的光学性质使线偏振光入射晶体后产生双折射，因为从晶体出射的两双折射光束所经路径不同就产生了相位差，该相位差与外加电场的强度成正比，利用检偏器等光学元件将相位变化转换为光强变化，即可实现对外加电场（或电压）的测量。普克尔效应可以用$\delta=\alpha E$表示，其中δ为从晶体折射出的两双折射光束的相位差，α为晶体与入射光波长有关的纵向普克尔效应常数，E是外加的电场强度。

（3）横向普克尔效应。当外加电场E与晶体的通光方向垂直时，与纵向普克尔效应相似，两双折射光束产生的相位差也可以用表达式$\delta=\alpha' E$表示，不过α'是有别于α的横向普克尔效应常数。横向普克尔效应受相邻相电场及其他干扰电场的影响较大，但是横向普克尔效应制作OVT相对简单、方便，应用于OVT的居多。普克尔效应电压互感器工作原理如图2-70所示。

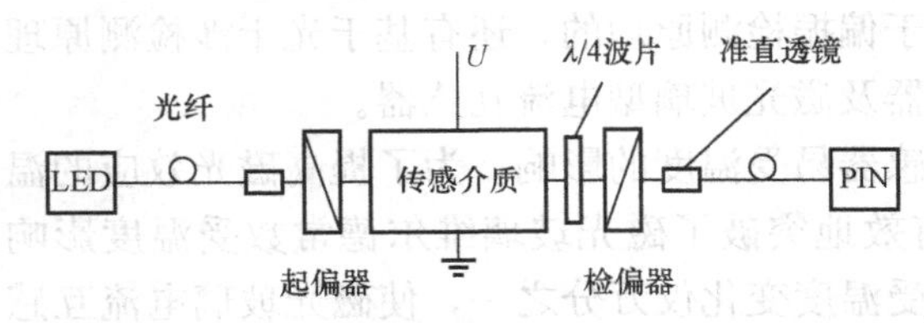

图2-70　普克尔效应电压互感器的工作原理

六、电子式互感器的技术特点

电子式互感器具有常规互感器的全部功能，两者除原理、结构不同外，在性能上特别是暂态性能、绝缘性能方面有较大区别。电子式互感器的优点在于以下几个方面。

（1）不存在磁饱和现象及其引起的误差问题、加快了系统故障响应速度。电子式互感器如光电互感器、罗氏线圈电流互感器没有铁芯，不存在饱和问题，也就没有了铁芯饱和引起的暂态误差问题。因此，其暂态性能比常规互感器好，且大大提高了各类保护故障测量的准确性。由于不存在磁饱和现象，加快了系统故障响应速度，从而提高了保护装置的正确动作率，保证了电网的安全运行。

（2）安全性能好。由于电子式互感器取消了一次高压线圈及铁芯，因此除消除了电磁型电压互感器的铁磁谐振现象外，还消除了一次及二次侧开路短路引起的设备故障和电磁干扰，同时也不需要用有爆炸危险的变压器油做绝缘材料。

（3）适应电力计量与保护数字化的发展。电子式互感器能够直接提供数字信号给计量、保护装置，有助于二次设备的系统集成，加速整个变电站的数字化和智能化进程。

（4）频率特性宽、动态范围大。电子式互感器频率响应范围宽广。光电互感器、罗氏线圈电流互感器的频率响应均很宽，可以测出高压电力线上的谐波，还可以进行暂态电流，高频、大电流与直流电流的测量。

随着电网容量增加，短路故障时，短路电流越来越大，可达稳态的20～30倍以上。电子式电流互感器有很宽的动态范围，光电互感器和罗氏线圈电流互感器的额定电流为几十安培到几十万安培。而且，一个电子式互感器可同时满足计量和保护的需要。

（5）体积小、质量轻、经济性好。由于电子式互感器取消了一次高压线圈及铁芯，也不用变压器油做绝缘材料，因此整个高压设备体积小、质量轻。随着电力系统电压等级的增高，常规互感器的成本成倍上升，而电子式互感器在电压等级升高时，成本只是稍有增加。此外，由于电子式互感器的体积小、质量轻，可以组合到断路器或其他一次设备中，共用支撑绝缘子，减少变电站的占地面积，造价大幅下降，可见其经济性特好。

习　　题

1. 微处理器有何特点？它处理信息的方法是什么？说明三总线与 CPU 的关系。

2. 画出 CPU 读写存储器硬件框图，并用读操作时序图说明读操作过程。

3. 工业监控用半导体存储器有何技术要求？

4. 为什么一个典型的数字量输入/输出接口必须包括三种端口？

5. 图 2-12 的板选、片选、端口选译码组合电路中，每块模板中共有多少个端口？

6. 三态缓冲器的“三态”是什么意思？

7. 为什么图 2-17 查询式输入接口电路可以改用一个端口，而图 2-19 查询式输出接口电路不能改用一个端口电路？查询式输入/输出接口电路有何优点和缺点？

8. 为什么要采用中断控制输入、输出方式？试根据图 2-21 图 2-22 说明中断控制输入方式的过程。

9. 什么叫 DMA 方式？有何特点？

10. 开关量输入/输出接口电路有哪些抗干扰措施？模拟量输入/输出通道是怎样组成的？

11. 什么叫传感器和变送器？它们有何区别？什么叫智能变送器？

12. 多路转换开关、采样保持器、A/D 转换器的作用是什么？

13. 压力式温度传感器与 RTD 配置的热电阻温度传感器是如何组合工作的？

14. 霍尔效应的原理是什么？磁平衡式霍尔电流传感器如何实现大电流的测量？

15. LVDT 是如何检测位移的？画出原理图（图 2-54）并说明之。

16. 试根据图 2-58 说明 RTD 配置的温度变送器工作原理。

17. 简要说明由霍尔元件构成的转速变送器的工作原理。

18. 有人说“有了交流采样后，直流采样可以不用了”，这种说法是否正确？为什么？

19. 如果不按照采样定理来选择采样频率，其后果如何？

20. ADC0809 是 8 位 A/D 转换器，其绝对精度为 $\frac{1}{2}$LSB，满量程电压为 5V，试计算该芯片绝对误差值（mV）及相对精度值。

21. 试说明逐次逼近型模数转换器工作原理。

22. 数模转换器的作用是什么？试根据图 2-39 说明其工作原理。

23. 微机保护与监控系统的交流采样要求有何不同？

24. 交流采样算法的数字滤波功能与模拟滤波器的作用有何不同？

25. 半周积分算法的原理依据是什么？为什么说半周积分算法具有高次谐波滤波能力？

26. 傅氏变换算法的前提条件是什么？为什么傅氏变换算法既可用于保护，又可用于监控系统？

27. 电磁式电流互感器存在什么问题？

28. 电子式互感器是如何分类的？电子式互感器有何技术特点？

29. 试画图说明罗科夫斯基线圈的工作原理，其特点是什么？

30. 试画出同轴电容式电压互感器等效电路图，并说明其工作原理。

31. 法拉第磁光效应工作原理是什么？

32. 基于偏振检测法的全光纤电流互感器的结构框图说明其工作原理及优点。

33. 什么是横向普克尔效应？有何应用？

基本测控单元

内容提要

单片机8098性能、引脚功能、结构原理、中断控制原理、定时器、串行口及其通信、8098的扩展应用及单片机测控单元应用举例。

可编程序控制器的产生、特点及应用范围，结构和基本工作原理，PLC的编程语言；PLC的基本工作原理；可编程控制器测控单元举例。

工控机的特点、总线标准、基本系统组成、I/O子系统及工控机的应用。

课题一 概 述

一、综合自动化系统的基本测控单元

目前，计算机监控系统为了减少系统部分的负担，数据采集和输出控制（通常称过程I/O）的基本测控单元都做成智能式，即数据采集和输出控制都有自己的CPU，测控部分的CPU负责数据采集和输出控制的全部过程。而测控CPU与系统部分的联系，由数据通信来完成。这不但减少系统的负担，而且还大量地减少了现场至控制室之间的电缆。这是一种分散式的监控系统，在这个系统中主机及系统机负责系统管理、决策、统计等任务；而基本测控单元负责测控及将采集的数据上送主机；基本测控单元虽然要接受主机的控制，但它的测控任务是独立完成的。这就是综合自动化系统的“分散监控、集中管理”基本模式。在这一模式中，基本测控单元是基础。

实际上，电力系统的综合自动化是由智能电子装置（Intelligent Electronic Device，IED）和后台监控及通信网络构成的自动化系统，它是由多个IED组成的子系统构成的，包括测控、保护、电能质量自动控制等多种子系统，例如在微机保护子系统中有发电机变压器保护、电容器保护、各种线路保护、母线保护等IED。可见，IED是综合自动化系统中最基本的测控单元。IED是由一个或多个处理器组成，具有采集或处理数据、接收和传送数据、控制外部设备的功能，在接口所限定范围内能够执行一个或多个逻辑接点任务的实体。

虽然IED包括了监测、保护、电能质量自动控制等各类功能实体，但就其结构而言，IED可分为三种，即单片机测控单元、可编程序控制器和工控机测控单元。

二、单片机测控单元及其实时性

在基本测控单元中，为了尽量减少集成电路芯片的数量，提高测控单元的可靠性，基本都采用了单片微机的模式。由单片微机构成的测控单元，叫作单片机测控单元。单片机是专为实时监测控制设计制造的，通常要比一般CPU芯片简单、可靠、功能多、性能价格比高，很适合于面向实时过程；位处理能力和输入/输出处理能力通常较强，而面向事务管理能力则较弱。因此，单片机很适合做现场的监控单元。

电力系统的综合自动化对实时性要求是很高的。而实时性最重要的要求是数据采集要

快，运算速度和控制要迅速，这样采集的数据才能称得上实时数据。应该再次强调的是，所谓数据，不仅仅是模拟量的电压、电流的检测数据，还包括电厂或变电站中需采集的成千上万个开关量。而大量开关量状态的采集及确保采集开关量动作时间分辨率的要求，都对单片机提出了较高的实时要求。以单片机 MCS - 96 为例，它是 16 位微处理机中擅长于高速控制功能的单片机，完成 16 位加法只需 1μs，16 位乘法也只不过 6.25μs；它的四通道 10 位 A/D 转换器，当晶振用 12MHz 时，A/D 转换时间为 22μs，测量开关量的分辨率为 2μs。实践也证实了单片机（MCS - 96 系列）是可以满足电力系统监控实时性要求的。

DSP 数字信号处理器（Digital Singnal Processor，DSP）处理器是近二十年来发展较快的一种单片机，实际上是一款高性能的单片机，最早是针对数字信号处理的，如语言、图像信号。随着技术的发展，DSP 得到了更广泛的应用。由于它有强大的运算能力和数据处理能力，因此它特别适合于复杂计算、特殊算法的智能测控单元。虽然 DSP 结构复杂、开发较难，但由于电子工业的发展、DSP 性价比的提高，目前自动化系统已广泛采用 DSP 单片机作为 IED 设备，电力系统综合自动化工程也大量采用 DSP 单片机作为基本测控单元。

三、可编程序控制器基本测控单元

现代的可编程序控制器是以微处理机为核心的一种工业控制器，它最主要的一个特长是顺序控制。而电力系统中的监控与管理大多是按一定步骤顺序进行的，尤其是发电厂，如水电站里不少的工业控制过程就是按一定逻辑顺序进行的。可编程序控制器擅长于开关量的扫描输入及开关量输出控制。由于它采用微处理器控制，因此它可以根据开关量输入，按照一定的逻辑运算及定时等规律控制开关量的输出。由于可编程序控制器的可靠性高及编程容易、易于扩展等优点已在电力系统中得到了推广应用。

作为综合自动化系统中的基本测控单元，应具有分散监控、集中管理的基本模式。而可编程序控制器由于采用微处理器控制，它的顺序控制完全是独立完成的，并且可以通过串口方式与综合自动化系统的主机通信联系。所以，可编程序控制器也可以作综合自动化系统中的基本测控单元。

四、工控机基本测控单元

分散式计算机测控系统采用一台主机指挥若干台面向控制的现场测控计算机单元，这些现场测控计算机单元可直接对被控装置进行测量，并对过程进行控制，还可以通过通信向主机报告过程控制情况。主机负责系统综合控制管理、调度、计划及执行情况报告等任务。这些现场测控计算机按工业控制计算机（即工控机）要求设计，不仅可以实现生产过程控制，还可以实现生产过程实时调度、统计等管理功能，成为一种测、控、管一体化的综合系统。通常可以利用这个综合系统做成工程师站、车间管理站、值长站等。它可以作主机，也可以作系统机，并具有基本测控单元功能。这种工控机基本测控单元，有时还通过通信联系，对所管辖的单片机测控单元和可编程序控制器基本测控单元进行管理、控制、数据通信等。

五、基本测控单元的应用场合

工控机中一个较为典型的例子是：调度综合自动化系统中用作前置机站的工控机就是一个基本测控单元。前置机站又称前置站，它完成对厂站 RTU 的数据采集（图 1 - 3 中的通信控制器）、调度控制、简单数据处理（如功率总加、统计、单位转算）等频繁而周期性工作及转发功能；此外，它还采用 DMA 方式将数据高速存入主机内存。一般来说，测量与控制量比较多且比较集中的管理现场可以考虑采用工控机测控单元。

可编程序控制器测控单元多用于顺序控制和开关量扫描输入，即按一定逻辑顺序监控的场所；而单片机测控单元则多用于实时性要求较高而机动灵活的监控场所。但是从发展眼光来看，目前这两种测控单元正在相互融合。可编程序控制器里采用单片机代替微处理机，在单片机测控单元中采用可编程序控制器分管一部分的测控及数据采集任务。总之，基本测控单元还在发展，在向实时性更强、更简单可靠、体积更小等方面发展。

课题二　单片机测控单元

一、单片机 8098 性能概述

8098 单片机是 MCS - 96 系列中一种增强型单片机。

8×98 包括 8098 等三种器件：8398—掩膜 ROM（8K 字节）器件，8798BH 含 EPROM（8K 字节），8098—无片内 ROM 器件。

8098 具有以下主要性能。

（1）17 位（16 位加符号扩展位）算术逻辑单元 ALU，可对一个有 256 字节的寄存器组合直接进行操作。这些寄存器全部具有累加器的功能，从而提供了高速数据处理和频繁的输入/输出能力，消除了累加器的瓶颈效应。以往 CPU 寄存器组合中只有 A 或 B 寄存器具有累加器特性，因此在运算过程中，必须先将数据传到 A 或 B 累加器中，才能参与运算，造成累加器瓶颈效应，降低了运算速度。

（2）具有高效的指令系统。8098 使用 MCS - 96 系列汇编语言编程，具有与 8096 系列相同的指令系统。该指令系统可进行高速算术运算，16 位加法只需 1μs 即可完成。16 位乘法和 32 位对 16 位除法都只需 6.25μs。这个指令系统比起 8 位的 MCS - 51 系列指令系统要先进得多。

（3）含有四通道的 10 位 A/D 转换器，当晶振为 12MHz 时，A/D 转换时间为 22μs，与 8096 相比，转换时间要快得多（8096 的 A/D 转换时间为 42μs）。

（4）具有可编程高速输入/输出接口——HSIO。高速输入可用内部定时器 1 作为实时时钟来记录外部事件发生的时间，一共可记录 8 个事件；高速输出可以按预定时间去触发某事件，并可根据需要挂号 1～8 个事件。这也是 MCS - 51 系列单片机不具备的性能。所谓高速 I/O 接口，是指一旦对高速 I/O 编程后，它就可自动完成上述记录和触发事件的功能，而无需 CPU 的干预。当晶振为 12MHz 时，8098 记录脉冲（或开关量）或触发产生脉冲的分辨率为 2μs。

（5）具有 8 个中断类型，20 个中断源，大大提高了处理随机发生的事件能力。这也是高速控制功能的机理之一。

（6）全双工同步/异步串行口，可方便地实现 I/O 扩展，多机通信及与 CRT 终端设备进行通信等。

（7）具有脉冲调制输出 PWM，可以直接驱动某些电动机，也可以经外部积分电路作直流输出。当用于 D/A 变换时，D/A 转换分辨率为 8 位；当采用 12MHz 晶振时，输出 PWM 的脉冲周期为 64μs。

（8）具有“看门狗”功能（Watchdog）。当用户系统的软、硬件发生故障时，16ms 监控定时器 WDT 溢出，经双向复位引脚对 8098 芯片内部逻辑复位，并还输出产生用户系统复位信号，重新启动用户程序。

(9) 具有两个16位定时器。定时器1在系统中作为标准时钟，不停地对内部时钟脉冲进行循环计数。定时器2主要用于对外部事件计数。

(10) 具有4个软件定时器。它们均受高速输出机构HSO的控制，通过程序可使HSO在预定时间产生中断。每当预定时刻一到，HSO单元便把软件定时器标志置1，并触发软件定时器的中断。

(11) 8098内部配置有寄存器CCR。8098可通过CCR的设置，对总线宽度（8位或16位）选择，写选通的有效逻辑组合、地址选通ALE/$\overline{\text{ADV}}$选择，就绪周期TW个数的设置、程序是否加密等选择。通过CCR的设置选择，提高总线的灵活性，减轻访问慢速器件时对片外硬件的压力。

二、8098的引脚

通过对8098引脚的了解，可以进一步加强对其性能的了解及对其内部结构的理解。80C198是低功耗子系列芯片，其引脚为52脚封装，如图3-1所示。48引脚为直插式封装，52引脚为扁平塑封装，52引脚扁平塑封装的多了三个脚。这两种封装管脚位置虽然不同，但引脚的含义却是相同的。

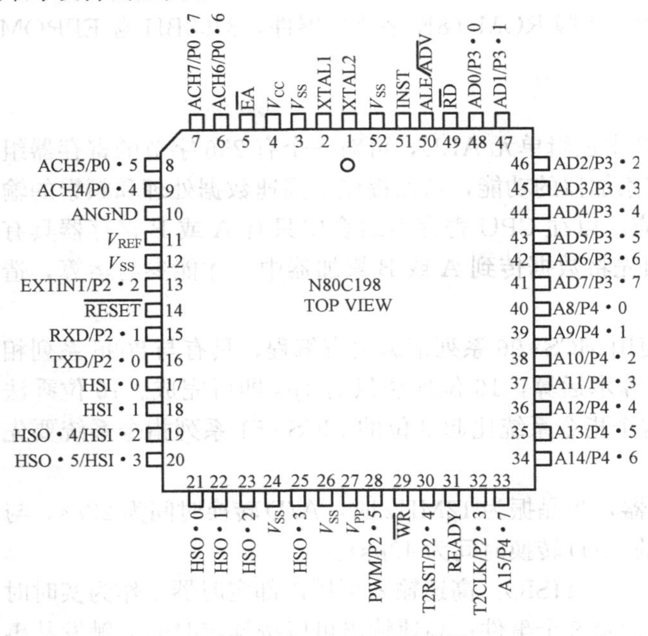

图3-1 80C198引脚图

*三、8098结构原理

（一）中央处理器（CPU）原理

图3-2为8098结构的简化框图。8098CPU主要包括快速寄存器组合、专用寄存器SFR、算术逻辑单元RALU、存储控制器（内部含有程序计数器PC）组成。

快速寄存器组合为0018H～00FFH共232字节，专用寄存器SFR为0000H～0017H共24字节。两组寄存器（共256字节）的共同特点是均具有累加器功能，即RALU算术逻辑单元可直接对其寄存器操作，而无需专用的累加器。这种寄存器操作是通过D总线和A总线进行的。D总线16位，只负责RALU和专用寄存器及寄存器组合间的数据传送；A总线8位，用作地址总线或作为连接存储控制器的地址/数据多用总线。

存储控制器根据程序计数器提供的地址指针在8098的片内或片外EPROM中取出指令并经A总线送至指令寄存器。此后控制单元便对所取指令进行译码并产生相应序列信号，使RALU完成所要求的功能操作。

（二）内部定时机构原理

8098要有6～12MHz间的输入时钟频率才能发挥其功能。此频率通常由一晶体来产生。图3-3为晶体振荡器框图。8098的XTAL1和XTAL2分别是一个反相器的输入和输出端，晶体振荡芯片接在上面，与C1和C2构成振荡反馈，从而产生振荡频率波形，如图3-4所

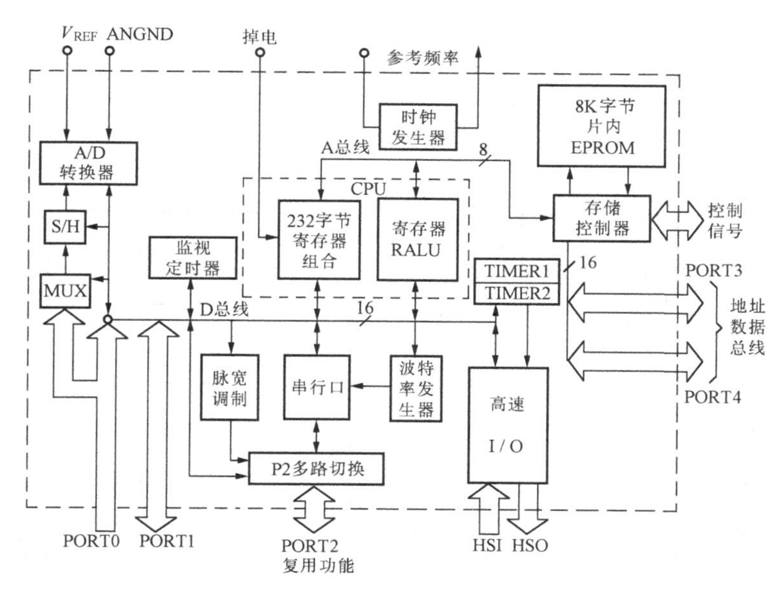

图 3-2　8098 结构框图

示。三相发生器将 XTAL1 上的振荡波形三分频后得到三相内部定时信号。各相每过 3 个振荡周期重复一次，故 3 个振荡周期被称为一个状态周期——8098 的基本时间单位。若振荡频率为 12MHz，一个状态的频率即为 4MHz，其状态周期即为 0.25μs。

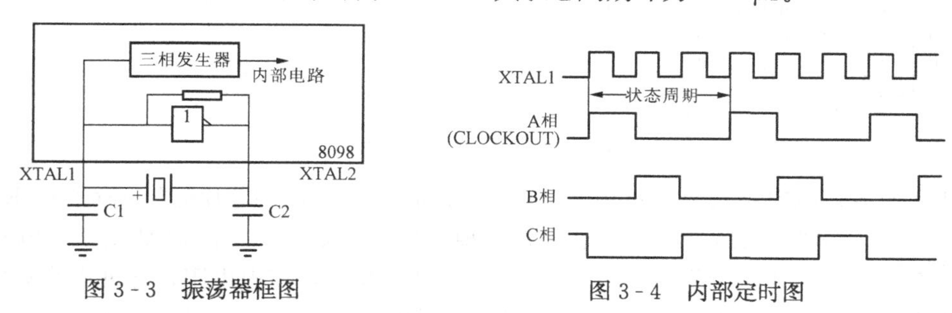

图 3-3　振荡器框图　　　　图 3-4　内部定时图

8098 内部大部分操作是与 A、B 或 C 相同步的，三相的占空比均为 33%。

（三）存储空间分配及其作用

8098 的可寻址空间为 64K 字节，采用程序与数据空间统一编址。其中 0000H～00FFH 以及由 1FFEH～207FH 为专用空间。其余单元均归用户分配，可用来存放程序，亦可用以存放数据，或作外部接口的存储映像。图 3-5 为 8098 的存储空间图。图中给出了各种寄存器的地址和名称。

（四）复位信号及状态

同所有的微处理器一样，8098 每次上电时必须复位。8098 对复位信号的要求是：在电源处于正常范围，振荡器稳定后，$\overline{\text{RESET}}$ 引脚上至少保持两个状态周期的低电平，就可使 8098 复位。8098 的最基本复位电路如图 3-6 所示。

在上电时，电容器 C 的 RESET 端因 C 迅速充电，使 $\overline{\text{RESET}}$ 端电位为 O 电平，随后 C 充电过程，$\overline{\text{RESET}}$ 电位逐渐上升。此后，8098 将执行 10 个状态周期的内部复位操作，在此期

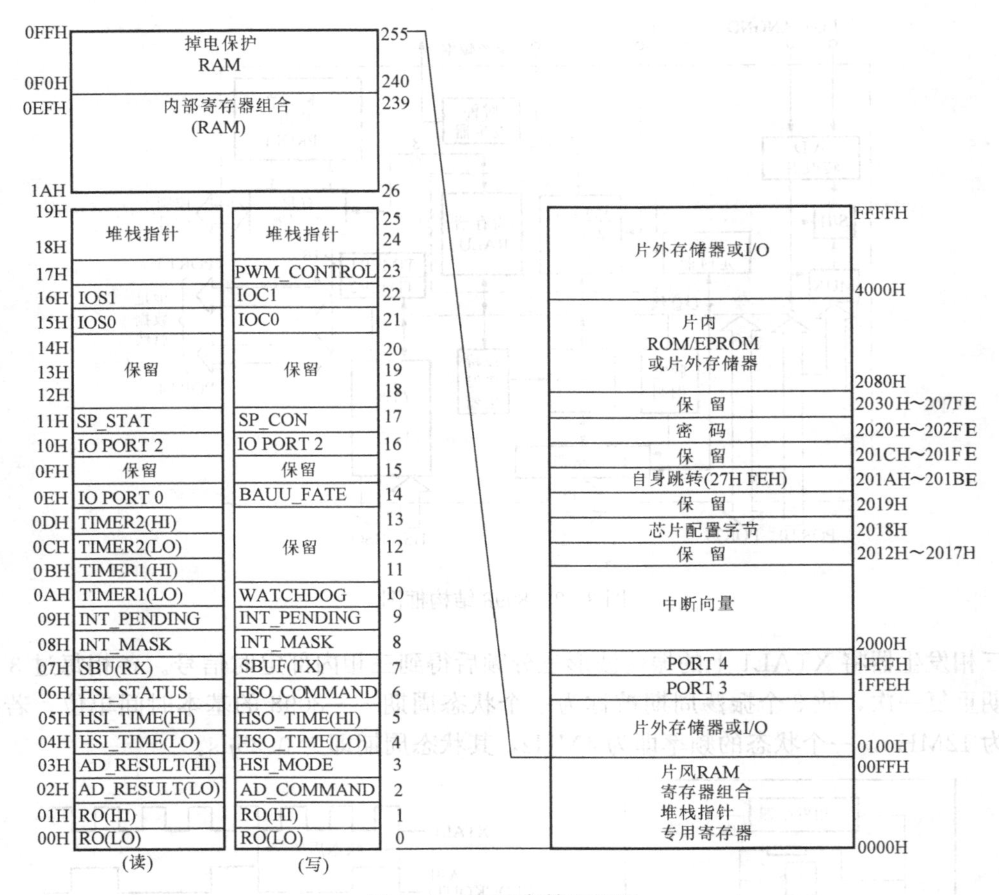

图 3-5　8098 存储空间图

间，芯片配置字节 CCB 被从 2018H 单元读出，并进而写入 8098 的芯片配置寄存器 CCR 中。

图 3-6 复位电路中 SA 为复位按钮，用于掉电后人工复位。二极管 V 用于掉电时 C 放电使 $\overline{\text{RESET}}$ 端电位很快下降到 O 电平。33kΩ 电阻为电容 C 充电电阻，保证电容充电不会过快，即在初充电时刻至少保持两个状态周期的低电平。图 3-7 为 8098 掉电前后的时序图。图 3-6 所示复位电路可保证在掉电情况下，$\overline{\text{RESET}}$ 被拉成低电平，约两个状态周期后，芯片即处于复位状态。这一点之所以必要，是为了防止在掉电过程中向 RAM 写入任何数据。此后电源便可从 V_{CC} 引脚撤消，而 V_{PD} 则应保持在 4.5～5.5V 间，以保证 OFOH～OFFH 单元（RAM 中掉电保护的 16 字节）内容不变。

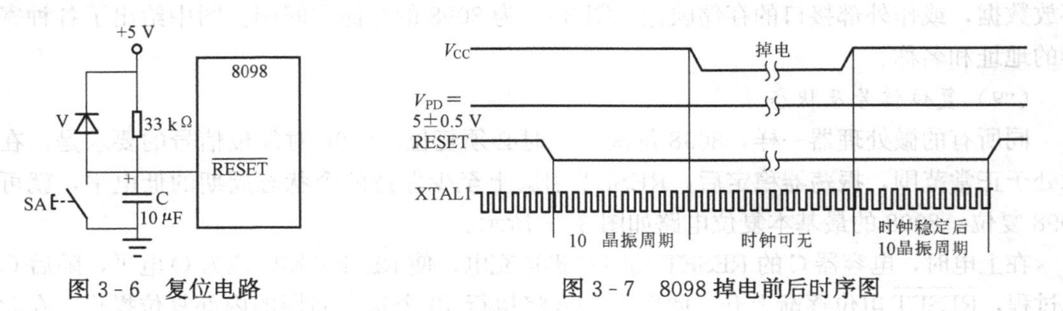

图 3-6　复位电路　　　　图 3-7　8098 掉电前后时序图

8098在复位后，即执行10个状态周期的内部复位操作后，8098的专用寄存器的状态大多发生变化，必须由软件对它们重新初始化。但是中断屏蔽、定时器1、定时器2、监视定时器及IOSO、IOSI、PWM、PSW及HSO等专用寄存器均为O值，以保证输入、输出停止工作，以防出现意外事件。另外，为防止存储器的写入、读出操作，此时$\overline{RD}$、$\overline{WR}$及ALE等输出引脚的复位状态均为高电平。复位后，中断是由屏蔽寄存器和PSW・9禁止的。

四、8098的中断控制原理

（一）8098的中断源

8098有8个中断类型的20个中断源，图3-8为8098的中断源示意图。中断控制源在CPU的控制中享有十分重要地位，下面详细介绍。

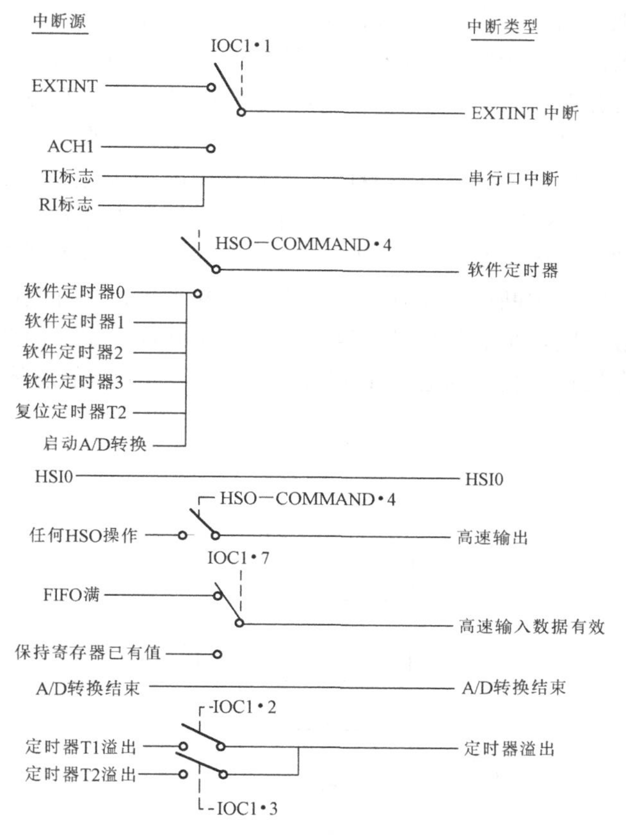

图3-8 8098的中断源示意图

1. 外部中断

外部中断源有两个，即P2・2的EXTINT和P0・7的ACH1。这两个外部中断源的切换由输入/输出控制寄存器IOC1的IOC1・1位控制。若该位为1则P0・7为外部中断源；若该位为0，则选P2・2为外部中断源。

2. 串行口中断

串行口有两个中断源。CPU在中断服务时，通过对串行口状态寄存器SP-STAT中的发送中断标志位TI和接收中断标志位RI进行查询的办法，来确定此次中断是何源所致，从而进行相应处理。

3. 软件定时器中断

软件定时器0～3、A/D触发和定时器2复位共6个中断源，由HSO-COMMAD・4位控制，当该位写1时6个中断源允许中断，写0时禁止中断。只有当软件定时器预定时间到时，输入/输出状态寄存器IOS1中相应标志位被置1才向CPU提出申请中断。但A/D触发和定时器2复位并没有标志位也可以产生软件定时中断。这两个中断源不计入20个中断源。

4. A/D转换器转换结束中断

A/D转换器转换结束时即向CPU申请中断，CPU按时读取转换结果。

5. 定时器中断

定时器1和定时器2两个中断源分别由IOC1・2和IOC1・3控制，当这两位为1时允许中断，否则禁止中断。这两个中断源在定时器溢出时可触发中断，并在IOS1中建立标志。

6. 其他中断源还有高速输入线HSI・O及HSI中断和高速输出线HSO・O～5中断。

每类中断源共用一个中断向量地址，并按优先等级（0～7级）排列外部中断最高级，定时器溢出最低。

（二）8098的中断控制

1. 中断控制系统

8098的中断控制系统如图3-9所示。在这个中断系统中有两个中断控制寄存器：中断挂号寄存器和中断屏蔽寄存器以及位于PSW中总中断控制开关。

图3-9中跳变检测器监视着任一中断源上出现的0到1的跳变。当出现正跳变时，即把中断挂号寄存器INT-PENDIND（09H）中相应位置1。在取到中断向量时，此挂号位便被清0。中断挂号寄存器如图3-10所示，它可作为字节寄存器来读，也可改写。通过读该寄存器可以知道任一时刻有哪些中断已挂号。改写该寄存器的目的在于撤消某中断挂号，或由软件替某中断源挂号，以期产生中断。修改该寄存器应使用逻辑运算指令。

中断屏蔽寄存器专门用于对各中断源决定是开放还是禁止。地址为08H的中断屏蔽寄存器INT-MASK的各位布置与中断挂号寄存器完全相同。中断屏蔽寄存器与中断挂号寄存器及总体中断开关PSW·9的关系如下：总体中断开关PSW·9如被清0，则所有中断均被关闭；中断屏蔽寄存器是决定各中断类型是否开放的，如某位被清0，该位对应中断类型即被关闭，虽然相应的中断源挂号已由硬件决定，但此挂号结构是不会被传递的。中断屏蔽寄存器位于程序状态字PSW的低8位；而中断的总体开关位于PSW的I位（第9位），并由指令“EI”（开中断）和“DI”（关中断）控制。应该指出，I位仅仅是控制中断响应，但在这个中断关闭期间发生的中断请求将一直记录在挂号寄存器中，一旦解禁，它们仍按优先级的高低逐一得到响应。

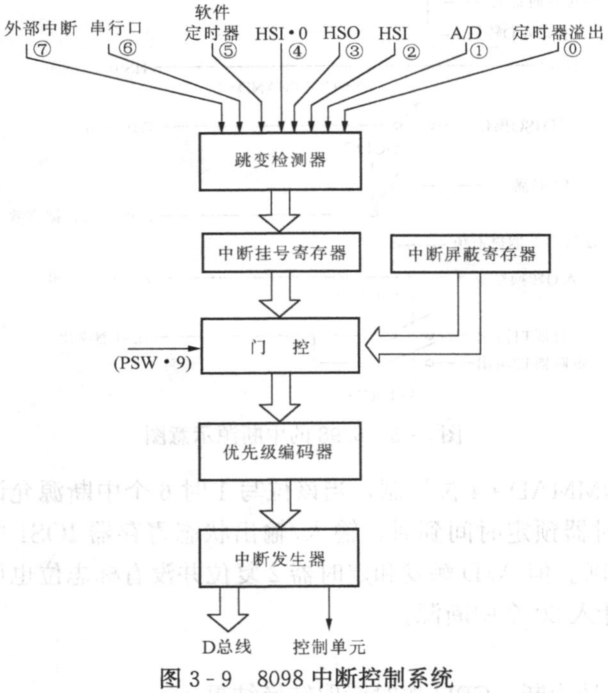

图3-9　8098中断控制系统

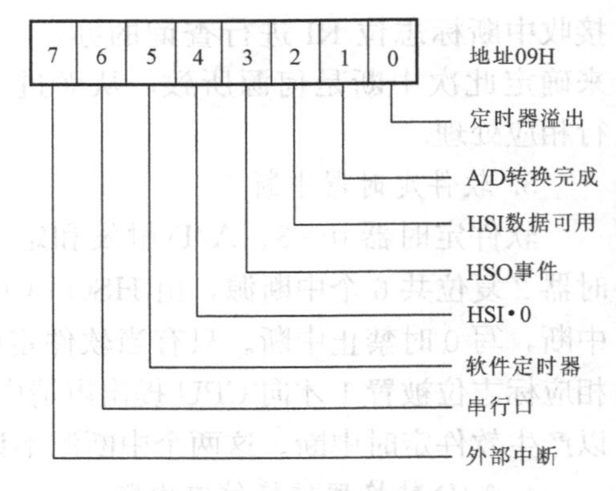

图3-10　中断挂号寄存器

2. 中断优先级及中断嵌套

优先级编码器注视着所有已挂号且被开放了的中断，择其优先级最高者申请响应。各源之中断优先级别已列于图3-9顶部，7级为最高，0级为最低。所谓响应，即中断发生器强迫CPU执行一条以中断向量地址的内容为目的地址的硬件调用指令CALL，此目的地址将作为中断服务程序的起始地址。而该起始地址存放的内容是一条SCALL或LCALL调用指令，该调用指令所转移的中断向量地址才是中断服务程序真正地址。

中断优先级还有另一层意思，即优先级高的中断申请可打断正在执行的优先级较低的中断，如图 3-11 所示，这就是中断嵌套。在中断响应或中断嵌套时，为了在中断响应结束时能准确返回到响应前所执行的后一条指令，也为了保护原执行程序中可能丢失的参数，8098 设有现场保护的指令，即堆栈指令。

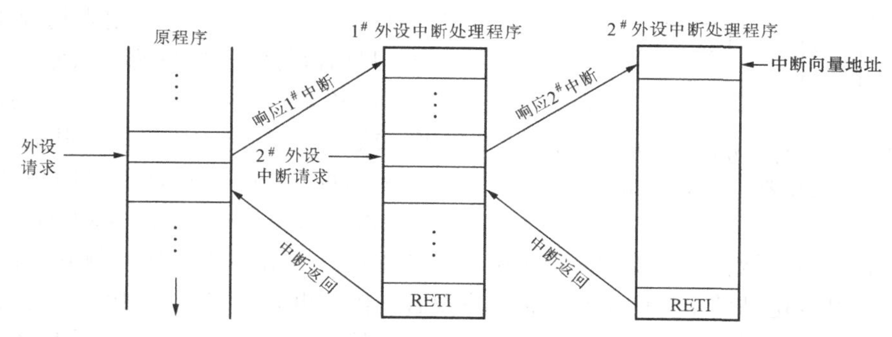

图 3-11　中断嵌套

*五、定时器

8098 芯片内含有三个 16 位定时器——定时器 1、定时器 2 以及一个特殊类型的监视定时器。定时器 1 的输入来自内部时钟发生电路，每过 8 个状态周期，定时器 1 计数值增 1。当计数值达到 FFFFH 时，下次增 1 就将使之恢复为全 0，也就是计数值最大为 $16^4=64\times1024$，恢复为全 0 时，称之为溢出。同时，溢出还将输入/输出状态寄存器 1 的 IOS1.5 位置 1；并向 CPU 申请中断。溢出后，新一轮计时便立即开始，定时器 1 的计时循环周期为 $64\times1024\times2\mu s=131.072ms$。

定时器 2 也是 16 位的，所要计数的脉冲（时钟源）是来自高速输入引脚 HSI·1。因此，它实际上是一个外部事件计数器。每当该引脚遇到一个正或负跳变时，定时器 2 的计数值就要加 1。定时器溢出时，将把 IOS1·4 位置 1，同时向 CPU 申请中断。

定时器 2 与定时器 1 相同之处是系统复位时其计数值也被复位；不同之处是定时器 2 可以被其他外部手段复位清 0，而定时器 1 是不允许的。

定时器 1 和定时器 2 均能触发定时器溢出中断，并同时在 I/O 状态寄存器 IOS1 中建立起相应的溢出标志。定时器 1 和定时器 2 共用一个中断向量地址：2000H。因此在进入中断服务程序后，软件往往要对这两个定时器的溢出标志进行测试，以确定此次中断究竟系何者溢出所致。关于定时器 1 和定时器 2 的中断控制，可由图 3-8～图 3-10 确定。

六、串行口及其通信

8098 串行口具有三种异步和一种同步通信方式。

其中异步通信方式 2 和方式 3 是 8098 的主要通信方式，是全双工通信，即接收和发送可同时进行。其结构原理是 8098 内有一种称作通用异步收发器（UART）的通信器件，如图 3-12 所示。

(1) 硬件机构。UART 的内部有两个物理上独立的串行数据缓冲器 SBUF、发送控制器、接收控制器、输入和输出移位寄存器组成。发送数据缓冲器 SBUF 只能写入，不能读出。接收数据缓冲器 SBUF 只能读出，不能写入。两个缓冲器地址为 07H。发送控制器和接收控制器受串行口控制寄存器（SP-CON）和串行口状态寄存器（SP-STAT）控制。发

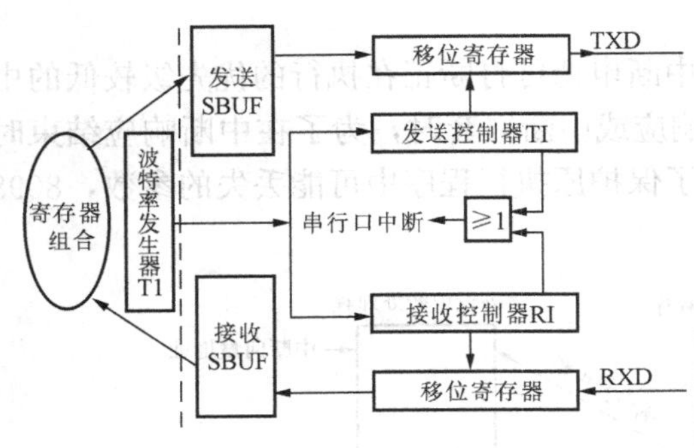

图 3-12　串行口方式 2 和方式 3 的异步收发器 UART 结构图

送和接收时的波特率是波特率寄存器设置的（OEH），并由波特率发生器决定发送和接收的速率，同时控制了移位寄存器移位速率。移位寄存器是串并行数据转换的机构。

（2）多机通信原理。8098 的全双工串行口，方式 2、方式 3 时可以用来构成多单片机系统。目前流行的多机系统，以分布式主从结构为较简单的一种。主机（8098）控制多台 8098（或 8051 系列）从机同时执行各自的监控程序。这些从机可以减轻主机的负担，形成廉价的数据采集系统。对某些处理比较复杂，且在物理上需进行分散控制，管理又需集中的系统采用这种分布式主从控制方式特别有效。例如，发电厂和变电站的主控制室与保护小室及各户内配电装置（110～10kV）相距一段不近的距离，各配电装置的保护及监控系统与主机的通信就可以采用这种数据采集系统。

有时这些从机虽然紧靠在一起，需同时执行两种以上任务，多台单片机又必须同时工作，又要相互联系时，也需要形成主从式的多机系统。特别是目前单片机成本十分低廉，性能越来越完善，组成一个多机系统并不困难，使这种主从式多机系统应用较为广泛。

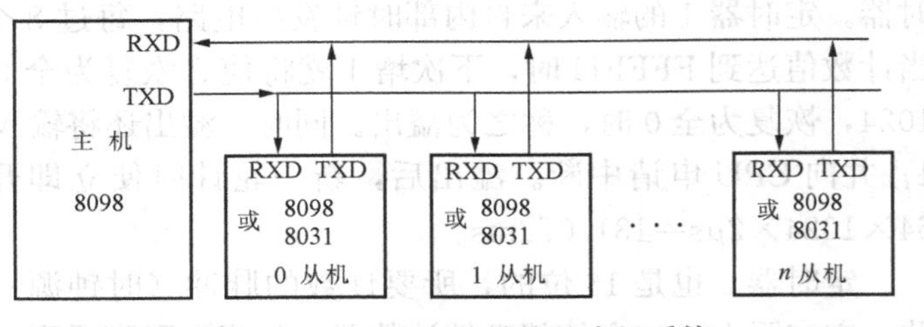

图 3-13　8098 主从结构的多机系统

由 8098 单片机（或 8096 系列单片机）构成的主从结构的多机系统如图 3-13 所示（从机部分也可以采用 MCS-51 系列）。

串行口的方式 2 和方式 3 为 8098 提供了多机通信功能。这两种方式的数据格式的简图称为帧格式，为了便于比较示于图 3-14。

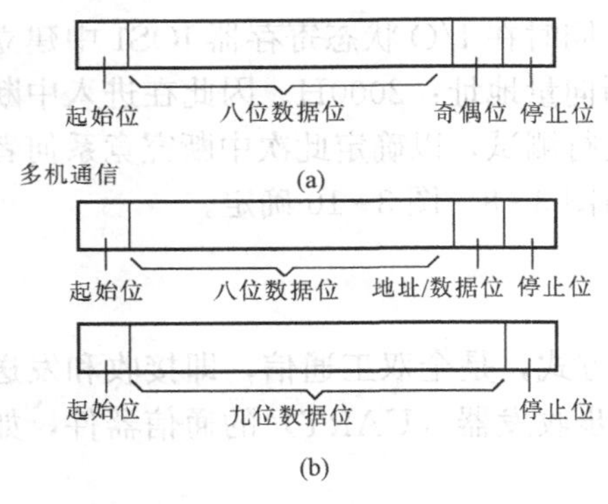

图 3-14　典型帧格式
(a) 方式 3；(b) 方式 2

多机通信开始前，主机和从机皆工作于方式 2，当主机要向某一从机发送数据时，它首先发送一帧地址，即从机代号，以确定目的从机。在方式 2 下只有地址帧才能使所有从机产生中断，而数据帧不会引起任何从机中断。各从机在各自的中断服务程序中检查所收到的地址帧中八位数据是否等于自己的地址，相等时即为被呼叫的从机，此时该从机便使其串行口转入方式 3，以接收主机随之发送的数据。而未被呼叫的各从机仍工作于方式 2 下，对主机发送的数据帧不予理睬，继续处理自己的程序。

一般情况下，从机确认自己即为被主机呼叫的从机时，串行口转为方式 3。但从机串行口也可能在方式 2 下工作，不过若有下列情况之一者，则从机串行口必须改换成方式 3：①主机有数据发给目的从机；②串行通信中启用奇偶校验。

七、8098单片机的扩展应用

通常MCS-96系列单片机在不扩展情况下要构成一个工业测控系统，要满足传感器接口、人机接口、开关量输入/输出接口等各种测控要求是很难做到的。特别是8098是片内无EPROM的单片机，为了存放程序指令、常数等，必须在片外扩展EPROM，这样才能构成一台完整的智能IED设备。

单片机一般都有较强的外部扩展功能，而且还有许多外围扩展电路芯片与单片机相兼容，很容易通过标准扩展电路来构成较大规模的应用系统。

（一）MCS-8096系列单片机的外部扩展功能

MCS-8096系列单片机为准16位单片机，即有16位机的运算能力，又有8位单片机一样的外部数据总线，所以能方便地与8位单片机的辅助芯片和总线兼容，扩展能力较强。

8098的扩展是通过三总线，即地址总线（AB）、数据总线（DB）、控制总线（CB）来扩展的，详见图3-2。

1. 地址总线（AB）

8098地址总线宽度为16位，故可寻址范围为$2^{16}=64$KB。地址总线由P3口提供低8位A0～A7，P4口提供高8位地址A8～A15。由于P3口还要作数据总线口，只能分时用作地址线，故P3口输出的低8位地址必须用锁存器锁存，锁存的控制信号为ALE。在ALE的下降沿将地址码的低8位锁入地址锁存器。在8098单片机中P3和P4口用作地址线后便不能用作一般I/O口使用。

2. 数据总线（DB）

数据总线由P3口提供，宽度为8位。数据总线要连到多个外围芯片上，而在同一时间内只能有一个有效的数据通道，至于哪一个芯片的数据通道有效，则应由地址线控制各个芯片的片选线来选择。

3. 控制总线（CB）

控制总线包括片外系统扩展用控制线和片外信号对单片机的控制线。

8098系统扩展用的控制线有$\overline{WR}/\overline{RD}$、ALE、$\overline{EA}$、READY。从图3-5中可以看出，8098存储空间不分程序存储空间和数据存储空间，也没有$\overline{PSEN}$控制线专门用于取指令。在8098单片机中，无论是取指令或读数都是用$\overline{RD}$来操作的。

关于$\overline{WR}/\overline{RD}$、ALE、$\overline{EA}$、READY引脚的扩展功能详见本单元课题二“8098的引脚功能”的说明。

（二）单片机系统中程序存储器扩展

在MCS-96系列单片机应用系统中，8098因片内无ROM，程序存储器的扩展是不可少的。而对8798因片内已有8K字节的存储器，所以只要该部分程序存储器够用，就不再扩展片外存储器。

图3-15为8098单片机的最小应用系统，在这个系统中只扩展了一片作为EPROM的87C257。87C257为32K×8的EPROM芯片。片内已含有相当于两片74HCT573的地址锁存器。所有15条地址输入都经锁存，因此片外就省去了地址锁存器。ALE/V_{PP}在读方式下作为地址锁存信号输入线，在编程（开发）期间则用以输入编程电压。当ALE高电平时，A0～A14上的地址信号直穿EPROM片内锁存器到达译码器，直到ALE变成低电平时，锁

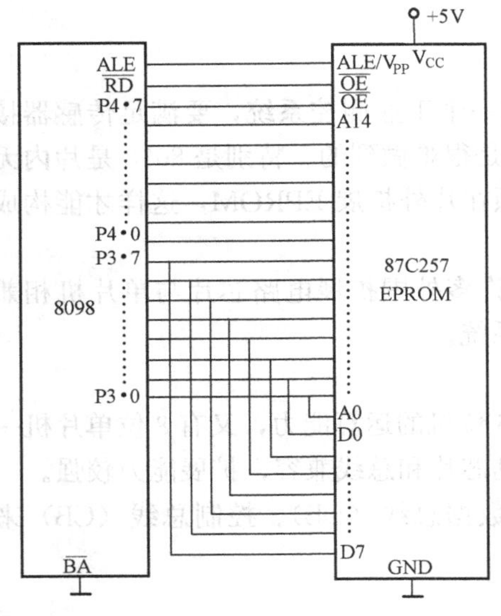

图 3-15　8098 单片机最小系统

存内容不再变化。8098 的 $\overline{EA}$ 引脚接地，这就告诉了 CPU 控制器，程序存储器为片外 EPROM。

P3 口的 8 条 I/O 线作为地址/数据多路切换总线，被接到了 87C257 的低 8 位地址线 A0～A7 和数据线 D0～D7 上。P4 口提供高 8 位地址，其引脚和 87C257 的 A8～A14 相连，而 P4・7 则用来作存储器的芯片允许信号 $\overline{CE}$。只要 A15（P4・7）为低电平，该 EPROM 芯片即被选中。因此其地址范围为 0000H～7FFFH。ALE 和 $\overline{RD}$ 分别接 87C257 的 ALE 和输出允许线，表示允许锁存和允许读取指令。

经扩展后的最小系统可组成数据采集系统。但当被测量的多路数据超过 4 个时（8098 片内仅有 4 路 10 位 A/D 转换器），可以在片外 A/D 转换器的每一路加一个八选一多路开关，这样就可扩展为 32 路 A/D 输入。

（三）8098 的 RAM 扩展

图 3-15 中 8098 只扩展了一片 EPROM，并没有扩展 RAM，这是考虑到 8098 片内 RAM 具有 256 个字节，扣除专用寄存器空间 24 个字节及部分指令操作使用的内部寄存器组合，至少还可以有 100～200 个字节可用作程序运行的 RAM，用来存放现场数据和中间运算结果。但如果在应用系统中感到 RAM 不够用，就可以着手扩展片外 RAM。

图 3-16 为 8098 扩展 RAM6264 的接口图。6264 为 8K×8，28 引脚双列直插式封装的 RAM。该芯片额定功耗为 200MW，典型存取时间为 200ns，由＋5V 电源供电。

8098 的片外存储器最大特点是片外程序存储器，片外 RAM 及 I/O，统一编址，详见图 3-5。因此在决定片外程序存储器空间后，再根据 RAM 芯片的存储空间大小，统一编址，然后设计扩展。

＊（四）8098 的键盘显示扩展

这一部分是属于人机接口扩展部分。从单片机结构分析来看，单片机内部并不带人机接口电路，因此如需在现场与单片机对话的时候，就应扩展键盘与显示部分。

人机接口部分如任务较多，可考虑设置专用人机接口 CPU，然后通过通信与单片机测控部分联系。但如果处理的任务不多，就很需要一种既能控制数据输入和显示，又

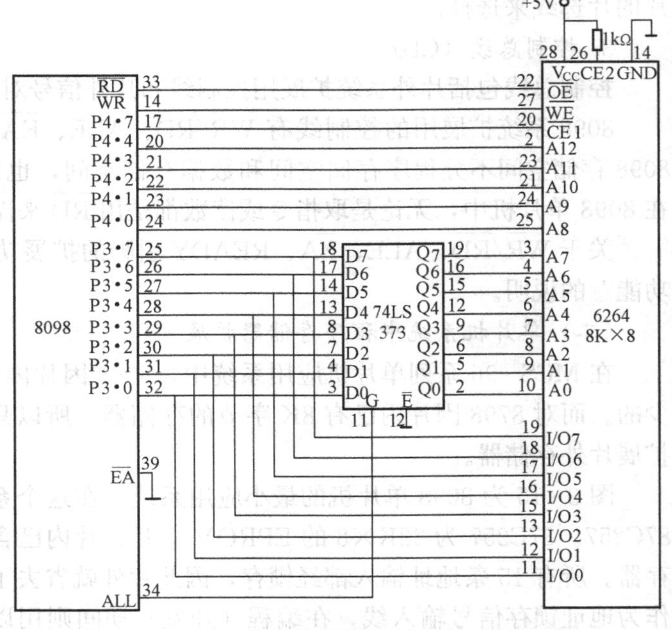

图 3-16　8098 单片机扩展 RAM6264 的接口图

不给 CPU 增加负担的接口器件。这个器件就是 8279 芯片。

8279 有键盘控制和显示控制两个部分，前者可与常规打字机型键盘或触摸开关接口；后者能驱动字符数字显示。这就把 CPU 从键盘扫描和显示更新中解放出来，让 CPU 集中处理开关量输入/输出，A/D 转换等数据采集工作。

图 3-17 为人机接口部分扩展 8279 芯片的数据采集系统。该系统 8098 还扩展了 RAM、EPROM、E^2PROM、I/O 扩展芯片及时钟校对 MC146818 芯片。

八、单片机监控单元应用举例

单片机监控单元在电力系统中使用十分广泛，这里仅介绍一种用于各电压等级线路、变压器、电压无功综合调节的监视、测量与控制的新一代微机监控产品 CSI-200E 系列分布分散式测控装置。

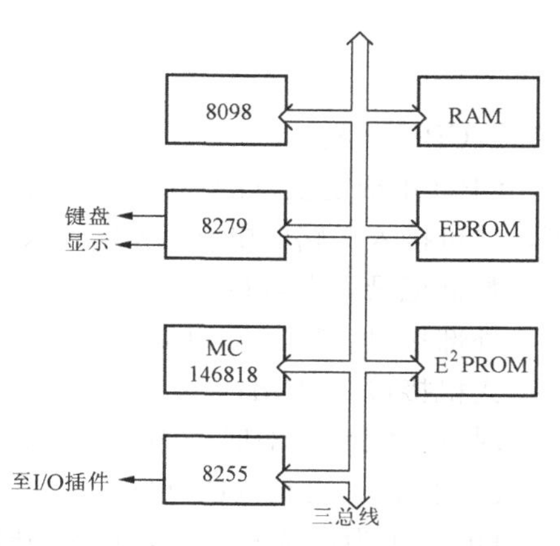

图 3-17 8098 扩展 8279 人机接口芯片的系统图

（一）测控装置 CSI-200E 主要功能

CSC-2000 系统中测控装置 CSI-200E 将变电站的大量测量、状态、控制和通信等功能集于单一装置，是一个综合的智能测控装置。CSI-200E 的主要功能有：开入量采集、交流及直流量采集、电量采集、遥控及就地控制功能，有载调压、同期及测频功能、五防闭锁及 VQC 功能、提供以太网及其他通信接口、GPS 对时、自我诊断等功能。

（二）测控装置 CSI-200E 硬件结构

测控装置硬件包括交流模块、COM 模块、CPU 模块、MMI 模块、开出模块、扩展开入/开出 DIO 模块、电源模块以及用于以上各模块间相互联系的母板模块。硬件结构如图 3-18 所示。

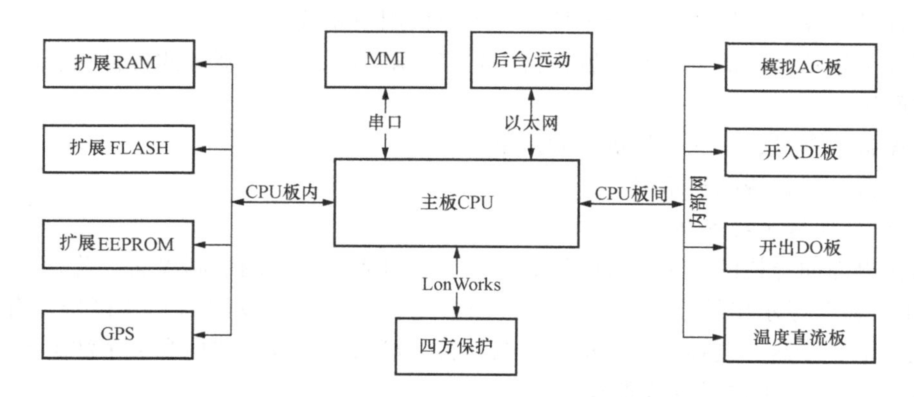

图 3-18 CSI-200E 测控装置硬件结构示意图

1. 模拟板（AC）

模拟板（AC）包括电压、电流变换器两部分。对于电流变换器，额定输入电流 5A，线性范围为 400mA～6A；额定输入电流 1A，线性范围为 80mA～1.2A。

硬件配置：4 路电压：U_{1a}，U_{1b}，U_{1c}，U_2；

3 路电流：I_1，I_2，I_3。

为保证测量精度，硬件设计上采用了硬件测频电路，保证了频率跟踪快速准确，测频回路原理图如图 3-19 所示。两路硬件测频回路分别测量 U_{1a} 和 U_2 的频率。

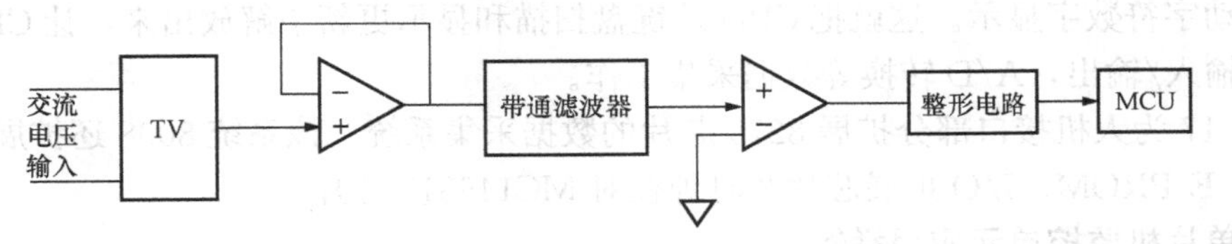

图 3-19　测频回路原理图

2. CPU 主板

CPU 主板是装置的核心插件，配合完成所有测控功能、A/D 转换、软硬件自检、对时等，并可接入 7 路弱电（24V）开入。主板 CPU 外硬件配置有：

数据记录：大容量的 RAM 及 FLASH，EEPROM 扩展板；

外部接口：10M 双以太网；

人机接口：MMI；

时钟：GPS 硬对时，内部时钟。

3. 开入/开出板（DI/O）

DI/O 板为可选配的扩展开入/开出板。DI/O 板主要接入扩展的开入 DI 和开出 DO。每块 DI 最多可以接入 9 路外部强电（220V 或 110V）开入，输出 6 副空触点。DO 板上的开出在硬件上采用了磁保持双线圈双位置继电器，适用于工程上需要开出长期闭合的情况，如接地隔离开关闭锁。也可以和开出插件的开出端子一样用于遥控操作或同期操作。每路输出脉冲的长短通过可编程逻辑可随意控制。

4. 人机接口板（MMI）

MMI 是装置的人机接口部分，采用大液晶显示，实时显示装置当前的测量值，当前投入的连接片及间隔主接线图。间隔主接线图可根据用户要求配置。

面板 5 个指示灯，清楚表明装置正常、告警、解锁、远方、就地的各种状态。

硬件配置有：

输入设备：键盘、就地操作键、调试串口。

输出设备：汉化液晶显示屏。

（三）绘制间隔主接线功能

点击主界面向导栏的“主接线图绘制”选项，进入主接线图绘制界面，首先要选中“查看/绘图工具栏”显示出绘图工具条，工具条上包含了所有可以用的元件符号，有断路器、隔离开关、主变压器、电容器、电抗器、接地符、箭头、直线、线框和文字注解等。

（四）可编程逻辑控制器功能原理简介

该装置所在间隔五防逻辑闭锁、间隔间五防逻辑闭锁、分合断路器、隔离开关、同期合闸、开关偷跳告警等功能，该装置均可通过 PLC 可编程控制逻辑来实现。用户及工程人员无需编写任何程序，只需要借助 CSI-200E 管理软件中的可编程逻辑器模块（利用 PLC 节点表），画出所需的梯形图（详见本单元课题三），然后通过串口下载到装置里即可完成所需功能。

用户可利用 CSI-200E 可编程逻辑控制器完成断路器或隔离开关的遥控闭锁及同期功能操作。

课题三　可编程控制器测控单元

一、可编程控制器概述

（一）可编程控制器的发展

可编程控制器（Programmable Controller，PC），是在继电器控制和计算机控制的基础上开发出来，并逐渐发展成为以微处理器为核心，将自动化技术、计算机技术、通信技术融为一体的新型工业自动控制装置，目前已被广泛应用于电力系统发电厂和变电站的逻辑控制及机械生产和过程中的自动控制。

早期的可编程控制器在功能上以二进制逻辑运算为主，因此被称为可编程逻辑控制器（简称 PLC），目前还有不少书籍还沿用这一名称。当初是采用继电器和接触器构成它的输出设备，而逻辑输入就是输入继电器的触点构成逻辑运算电路。随着电子技术的发展，这些逻辑运算电路均由半导体逻辑组件构成顺序控制电路，后来又出现了二极管矩阵式顺序控制装置。随着计算机技术的发明和发展，便出现了采用微处理器作为可编程控制器的中央处理单元（CPU），从而进一步扩大了可编程控制器的功能。这时它不仅能进行逻辑运算，还能进行各种数学运算、数据处理、程序控制及模拟量监测。此后，美国电器制造协会于 1978 年正式将它命名为可编程控制器，简称为 PC（注意切不可与个人计算机的 PC 相混淆，本书所指 PC，全部都是指可编程控制器）。后来国际电工委员会（IEC）于 1987 年对 PC 机作了如下定义："可编程控制器是一种数字运算操作的电子系统，专为工业环境下的应用而设计。它采用可编程序的存储器，用来在其内部存储执行逻辑运算、顺序控制、计时、计数和算术运算等操作的指令，并通过数字式或模拟式的输入/输出模件，控制各种机械动作或生产过程。"

此后经历了一段发展时期，在这段时期里 PC 的生产量年国际增长速度为 30%以上。在结构上，PC 机除了采用微处理器及 EPROM、E^2PROM、CMOSRAM 等电路外，还向多微处理器发展；还增加了浮点数运算、平方、三角函数、相关数、查表、列表等；编程语言也比较规范化和标准化。此外，自诊断功能及纠错技术也应用于 PC 之中，使 PC 系统的可靠性得到进一步提高。

目前，为了适应各种生产过程控制的不同需要，PC 正朝着两个方向发展。

（1）向大型化、多功能、分散型，多层分布式工厂全自动网络化方向发展。例如，发电厂中的输煤系统就是一种大型的分散而多层次的多功能的自动化系统，当它通过网络与电厂的计算机监控系统相连接，就成了一个综合自动化系统的组成部分。

（2）向简易和超小型方向发展。为了占领小型、分散、低要求的工业控制市场，国内外厂商正在开发简易经济的超小型 PC，以适应单机控制的"机电一体化"。

（二）PC 的主要特点

1. 可靠性高

工业控制的最重要特点就是要求可靠性高。因为工业控制的环境往往是较恶劣的，如温度高、温度变化大、电磁干扰特别强大、灰尘很大、湿度高等。在这种环境下一般的微机已无法适应。PC 由于采用了大规模集成电路，器件数量大大减少；大量的开关动作由无触点的半导体电路来完成，甚至由软件完成；PC 在硬件设计上和电源设计上采用屏蔽、滤波、隔离等抗干扰措施，系统采用模块化结构，分散了危险性，因此可靠性很高，故障率很低。

2. 编程、操作简单方便，具有在线修改功能

PC的编程无需计算机知识，只需经过较短时间的培训即可掌握编程方法，操作都用菜单方式提示，并用有限的专用键即可，操作非常方便。最重要的特点还在于可利用编程器在线（或离线）修改程序。

3. 采用模块化结构，通用性好，灵活性大

PC通常都采用模件式结构，构成系统时可以像搭积木那样。当控制要求改变时，可立即重新组合，灵活性很大。

4. 易于实现机电一体化

PC的发展，使其体积越来越小，并且不需要很多的外围芯片，往往可编程控制器加上可编程RAM就构成最小系统，可完成一系列独立的任务。因此PC可安装到每个机械设备的内部，与机械设备有机地融合在一起，真正做到机电一体化。

5. 具有较强的控制和驱动能力

由于PC与单片微机的结合，使得PC具有很强的控制能力，既能用于开关量控制，又能用于模拟量控制；由于其分散的特点，既能就地控制，又能远距离控制；由于模块化结构特点使它既能控制简单的系统，又能控制复杂的系统。

PC机可以直接与交直流信号相连接，输出可直接驱动2A以下负载，因此可直接与现场继电器、接触器及各种开关、电磁阀相连。

（三）PC的分类与应用

1. PC的分类

按结构形式的不同，PC可分为整体式和模件式两类。所谓整体式，就是把CPU、EPROM、I/O部件及电源都装在一个机体内。而模件式是把CPU和I/O部件及电源等分别按插件制作，然后根据不同的需要，配置不同的插件构成一个系统。PC的输出和输入点数多少决定了一个PC系统的规模大小，按I/O点数的大小，通常称256点以下为小型机，2048点以下256点以上为中型机，2048点以上为大型机。

按功能分类，可分为高、中、低三档。所谓低档和中档，区别在于模拟量的输入/输出、中断控制、PID闭环控制功能，通常具有这三种功能的为中档，否则为低档。而高档应有较强的通信网络功能及大规模的过程控制功能，又能构成全厂自动化网络的属高档。

2. PC的应用

PC主要用于开关量逻辑控制、闭环控制、分布式控制。在电力系统中这三大类的应用都十分广泛。开关量逻辑控制是PC系统的强项，一开始就是它的主要应用场所。自从PC具有模拟量输入/输出功能后，PC应用场所就扩大到闭环控制领域。当网络通信功能渗入PC系统后，PC应用领域就扩大到分布式控制中了。

二、可编程控制器结构原理

图3-20为PC结构示意图。它由中央处理单元、存储器、输入/输出接口电路及编程器组成，采用了类似计算机结构原理。

（一）中央处理单元（CPU）

PC所指中央处理单元与计算机系统中所讲的CPU概念有些不同。PC所指CPU多为包括微处理机在内的多个芯片组成的一块模板或者多块模板的组合。因此，PC所指CPU的

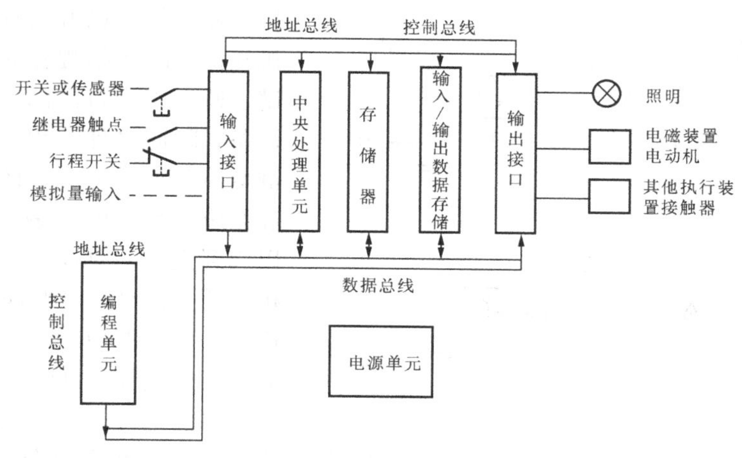

图 3-20　PC结构示意图

范围更大，而且有主控板的含义在内。

PC 的核心就是 CPU，通常它与其他模板是通过三总线相连接。不同型号的 PC 可能使用不同的 CPU 部件。例如，有的 PC 使用单片机，如 8031，8098 等；但有的使用高档的微处理器，如 80386、80486 等。PC 的制造厂家使用 CPU 部件的指令系统编写系统程序，即编程器的程序开发系统软件和可编程控制器的操作系统。后者包括编译程序、监控程序和诊断程序，其主要任务是编译和解读用户程序及机器故障诊断等。这些系统程序由制造厂家固化到 PC 的 ROM 中。

PC 的 CPU 的主要任务是：接收并存储从编程器键入的用户程序和数据，并将它们存入用户存储器；用扫描方式接收现场输入设备的状态或数据，并存入输入状态表或数据寄存器中；诊断电源、PC 内部工作状态和编程过程中的语法错误；PC 进入运行状态后，从存储器中逐条读取用户程序，经指令解释后，按指令规定的任务产生相应的控制信号，去控制有关电路；除完成一系列控制操作外，还要完成规定的逻辑运算、算术运算等；根据运算结果，更新有关标志位、状态表等内容；再由输出状态表内容实现输出控制、制表打印、通信等工作。CPU 按扫描方式工作，从 0000 地址存放的第一条用户程序开始，到用户程序的最后一条结束，不停地周期性扫描。每扫描一次，用户程序就执行一次。

（二）存储器

PC 的存储器有的直接安装在 CPU 模件上，有的则做成单独的存储器模件，对于同一型号 CPU 模件可以有不同容量的存储器模件供用户进行选择。关于存储器，即半导体存储器，详细内容可参阅本书第二单元课题二“工业监控用的半导体存储器”，尤其是 SRAM，目前使用较广泛。

（三）输入/输出模件

I/O 模件是 CPU 模件与现场 I/O 设备或其他设备之间的接口。其功能、要求规范等在第二单元课题四中已做过详细分析。PC 系统的 I/O 模件与一般工业监控用的 I/O 模件没有多大不同，基本原理也是相同的，抗干扰处理也是相似的。这里提供一批 I/O 基本电路，电路形式上有些差异、特点，有的与制造厂家的习惯性使用有关，如图 3-21 所示。

（四）编程器

编程器是 PC 系统中一个重要器件。由于编程器所编程序是用户应用程序，一般只需应

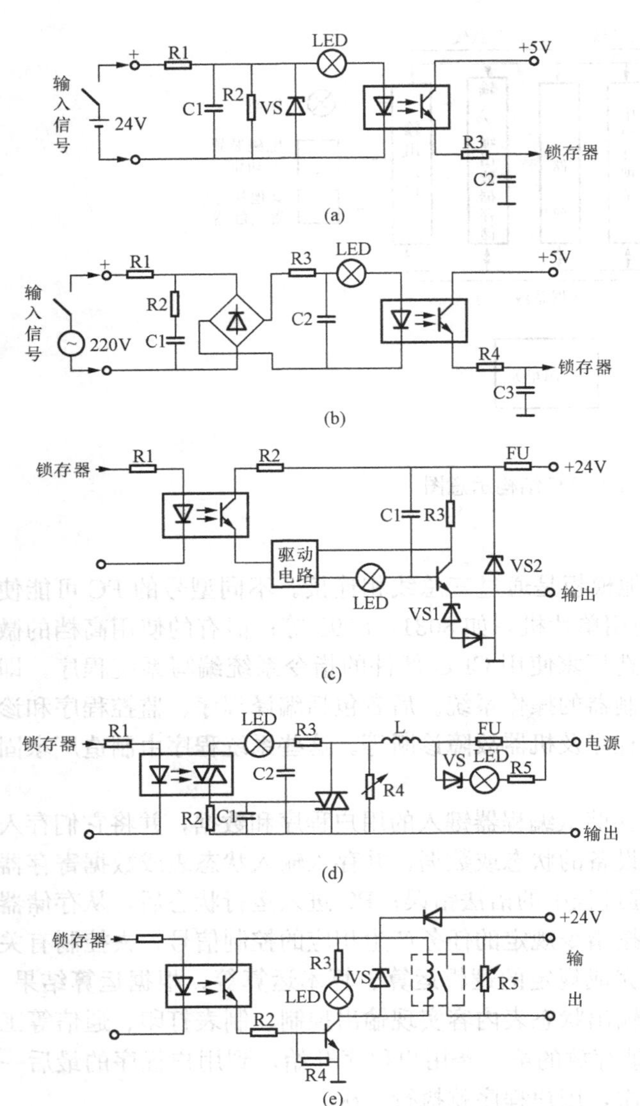

图 3-21 I/O模件信号输入/输出原理图
(a) 直流 24V 信号输入电路；(b) 交流 220V 信号输入电路；(c) 直流 24V 信号输出电路；(d) 交流 220V 信号输出电路；(e) 继电器信号输出电路

用专业人员自己开发而不必具备计算机知识，因此编程器是用户编辑、调试、监视用户自己的应用程序必用的设备。除此之外编程器还可以通过其键盘调用和显示 PC 的一些内部状态和系统参数，因此编程器实际上还可以起到人机对话接口的作用。这种人机对话接口可以对编程过程进行监视、修改，可以是在线修改或离线修改，对其运行过程也可以进行监视。

目前编程器多采用带接口卡的微机，当然也可采用专用的编程器。专用编程器是由键盘和显示器组成的。

（五）机架和电源

机架用来安装 PC 系统的各种模件。机架多少及其分布数量取决于应用系统的规模、I/O 点数以及所需模件的种类和数量。

机架分为 CPU 机架和 I/O 机架两类。CPU 机架主要安装 PC 的主机及部分 I/O 模件等。I/O 机架只能用来安装 I/O 模件而不能安装 PC 主机。机架通常带有电源。

电源一般有三类输出，即±5V、±15V、±12V。第一类是供 PC 机中 TTL 芯片或集成运放、大规模集成电路的电源；第二类是供输出模件使用的高电压大电流功率电源；第三类是供 SRAM 长期使用保存数据的锂电池及其充电电源。

三、PC 的编程语言

PC 是专为工业控制而开发的装置，其主要使用对象是广大电气技术人员及操作维护人员。为适应他们的传统习惯，通常 PC 不采用微机的高级编程语言，而采用与传统的继电器控制电路图相似的，面向控制过程的梯形图语言和其他专用语言。目前，PC 常用编程语言有梯形图（LAD）、语句表（STL）、控制系统流程图（CSF）及其他高级语言，如 BASIC、C 语言。

（一）梯形图

1. 梯形图与继电器控制电路的区别

梯形图在形式、编程符号以及逻辑控制功能等方面与继电器控制电路图大致相同，但又存在很多区别，主要区别在于：

（1）软继电器与硬件继电器的不同。梯形图使用的某个继电器，对应于 PC 内某个存储器的位，所用的触点对应于该位的状态（0 或 1），而且每一位的状态可以反复使用。因此，人们称 PC 内继电器为软继电器，它有无数对触点（动合和动断触点）。

而实际上继电器控制电路是硬件继电器，由实际的各类继电器构成，其触点数量是极有限的，且容易磨损及产生接触不良甚至烧损。虽然 PC 系统也使用真实的继电器作输出继电器，但输出继电器在 PC 内仍对应着某个存储器的位。

（2）梯形图编程容易而且易修改。梯形图编程，由于沿袭了继电器电路的习惯画法，因此显得易学且易修改，开发周期短。而在继电器电路中，一旦线路接好，要修改不但繁乱容易出错，而且周期长。

（3）PC 按循环扫描方式工作。PC 按循环扫描方式沿梯形图从上到下顺序执行，在同一扫描周期内，输出结果保留在输出状态表中。每个软继电器的采样时间极短，而继电器控制电路中，继电器在通电后始终是励磁状态。

2. 梯形图的格式和编程规则

梯形图的格式如图 3－22 所示。梯形图由顺序排列且相连的“梯级”组成，左右两竖线分别称为左干线和右干线，每个梯级从左干线开始，终于右干线（有的梯形图没有右干线）。多个梯级顺序地连接起来形成梯形图网络。

每个梯级由多个逻辑行（最多 8～16 行）组成，每个逻辑行从左干线开始，可以由多个编程指令组成（每个逻辑行最多可容纳的编程指令数量在 9～11 之间）。这些逻辑行最后组合在一起连到一个线圈上，与右干线相连，表示该梯级输出。每个梯级只能有一个输出线圈。

在左干线与右干线之间有一个假想的电源，如图 3－23 所示。该假想的电源（用虚线表示）将在左干线和右干线间产生能流，能流的方向只能从左干线到右干线和沿左干线自上而下。图中所画二极管方向仅用来表示能流方向，也是虚设的，假想的。

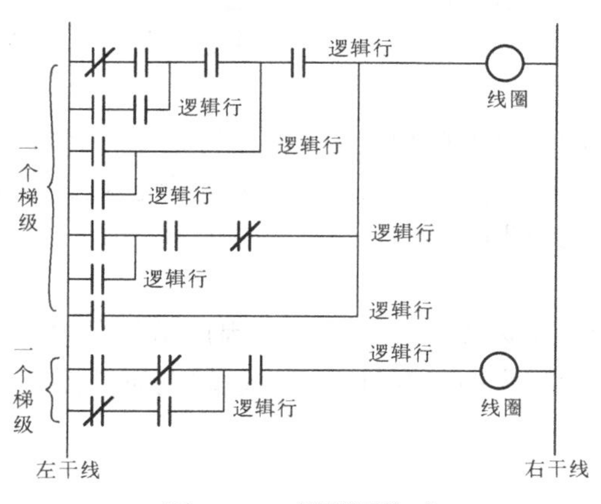

图 3－22 梯形图格式

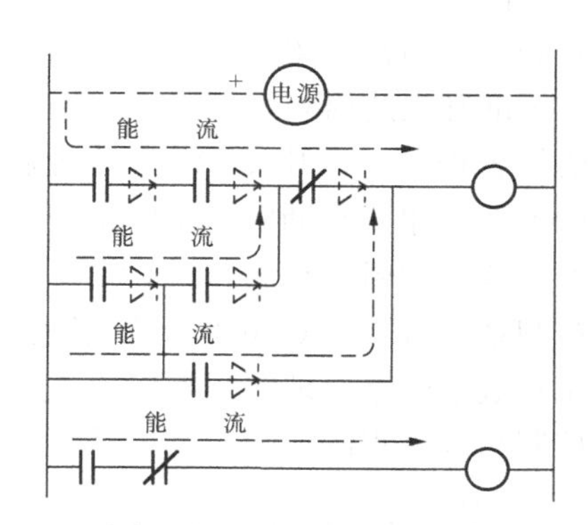

图 3－23 梯形图中的能流

梯形图的编程规则是根据上述格式要求而定，不同的制造厂家都遵循这些规则，所不同的仅是梯形图的符号和名称。现将这些规则列出如下。

（1）梯级规则。每个梯级由多个逻辑行和一个线圈组成。逻辑行按自上而下顺序排列，始于左干线，中间是触点，最后连到继电器线圈并终于右干线。

(2) 线圈规则。线圈是广义的，可以是实际的输出继电器线圈，也可以指辅助继电器线圈，计时器、计数器或移位寄存器的线圈，还可以是指 PC 内部继电器线圈。但该线圈不能作输出控制使用，只能供内部使用。但凡是线圈，在存储器中必然对应一个位，即软继电器状态位，状态“1”表示线圈励磁，动断触点打开动合触点闭合。梯形图中线圈只能并联不能串联。

(3) 触点规则。梯形图的触点只有动合（用┤├表示）和动断（用┤/├表示）两种。它们可以是外部继电器的输入触点，也可以是内部继电器的触点或寄存器位的状态。梯形图中的触点可以任意串联、并联，但逻辑行之间不能以触点连接。输入继电器的触点表示输入的信号，不能由内部继电器去驱动。

(4) 能流原则。梯形图中无实际的电流流向，只有假想的电流，称为能流的流动。能流只能从左向右，自上而下流动。能流是一种判断输出动作条件是否满足的一种形象表示方式。

(5) PC 梯形图的扫描方式顺序执行规则。梯形图编程开始应标志“START OF PROGRAM”，结束时应标志“END”。当 PC 梯形图处于运行状态时，PC 就开始按梯形图指令排列的先后顺序，自上而下、自左向右，逐一处理，即按扫描的方式顺序执行。因此，不存在几个梯级同时动作的情况。但前面已动作过的线圈或运算结果，马上可以为后面的用户程序解算所用。

（二）语句表

语句表类似计算机的汇编语言，是用指令助记符来编写的，但比汇编语言更简单易懂。因此，它也是一种编程语言。

语句表是由若干条语句组成的程序。每一个操作功能由一条或几条语句来执行。语句由指令助记符和指令操作数两部分组成。指令助记符是 PC 指令的功能代号，这种代号在梯形图上是用图形符号表示。指令操作数包括了执行某种操作所必需的信息。它由标识符和参数组成。标识符规定了操作数的数据类型，参数则表示操作数的数值与地址。各指令所需的操作数是不同的，少数指令不需要任何操作数，大多数需要 1～4 个操作数。图 3-24 为一段语句表和对应的梯形图。

为了准确表达语句表的程序，应先画梯形图，再根据相应 PC 助记符指令，将梯形图转化为语句表程序。图中 STR 为动合触点与左干线连接；OR 为单个动合触点并联指令；AND NOT 为单个动断触点串联指令；OUT 为线圈输出指令。

*（三）控制系统流程图 CSF

控制系统流程图 CSF 采用数字电路中常用的逻辑电路符号作为程序编制的基本符号，并采用和数字电路原理图相类似的表达方式表示程序中各变量之间的逻辑关系。图 3-24 对应的控制系统流程图如图 3-25 所示。

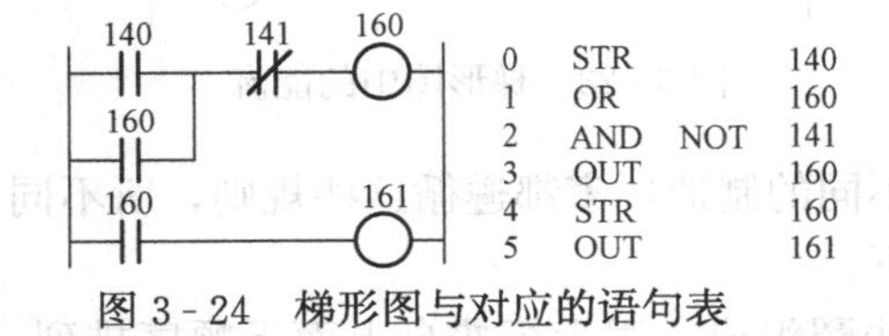

0	STR		140
1	OR		160
2	AND	NOT	141
3	OUT		160
4	STR		160
5	OUT		161

图 3-24　梯形图与对应的语句表

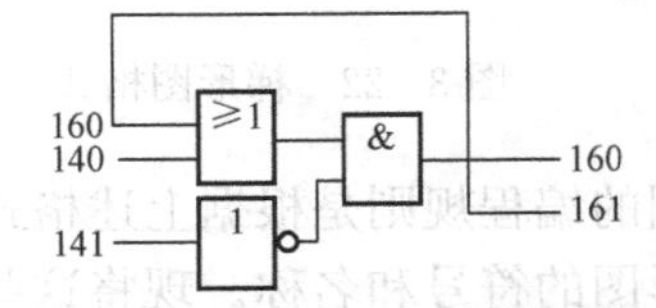

图 3-25　图 3-24 对应的控制系统流程图

四、PC的基本工作原理

（一）PC的三个主要工作阶段

PC的工作过程是基于扫描原理进行的。扫描是指CPU分时执行各种任务的方式。这些任务包括读输入状态、执行梯形图逻辑程序、刷新输出状态、外设服务和系统自检等。前三个任务是对用户程序执行所划分的三个阶段任务。CPU在执行完一次上述任务就构成一个CPU扫描周期，然后再从头开始扫描，并周而复始地重复下去。对于一个给定的PC，其每次CPU扫描所需时间基本上是一个常数，或者是一个可以预先确定的时间范围。PC的扫描周期中，对用户程序的执行所划分的三个阶段，如图3-26所示。而这三个阶段正是PC工作的主要阶段。

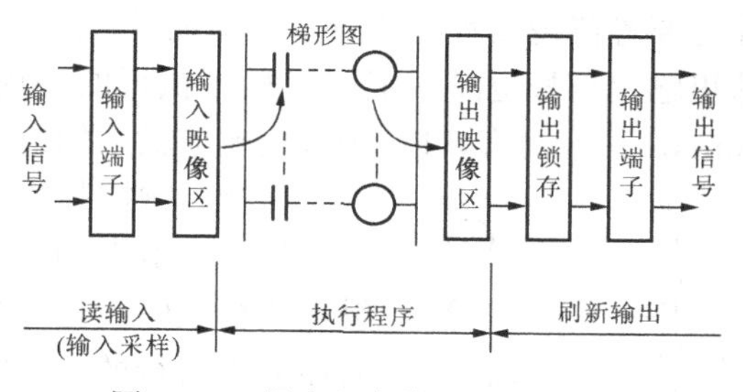

图3-26　用户程序执行的三个阶段

1. 读输入阶段

读输入阶段又称输入采样阶段。在读输入阶段，PC以扫描方式顺序地读入所有输入模件端子上的输入信号（ON/OFF），并将它们按其编号存入相应的寄存器（称为输入映像存储区）中。值得注意的是，在该CPU扫描周期中，这些寄存器中的内容不会改变，只有在进入下一个CPU扫描周期中的读输入阶段才被刷新。

2. 执行程序阶段

读进输入状态之后，PC开始执行梯形图逻辑程序。CPU从梯形图逻辑程序的顶部开始扫描用户的梯形图逻辑，并按照从左到右、从上向下的顺序进行扫描；同时，从输入映像存储区中读入执行各逻辑指令所需要的输入状态，然后进行由程序确定的逻辑运算或其他数学运算；其运算结果将会改变输出编号相应的寄存器（称为输出映像存储区）中的内容，同时将会影响本周期此后程序操作和运算结果。仍然要引起注意的是，该程序运算的结果，在本周期逻辑程序未结束前是不会被送到输出模件的端子上的。

3. 刷新输出阶段

当执行到整个梯形逻辑程序的底端时，程序执行完毕。PC将输出映像存储区的内容送到输出锁存器，然后由输出锁存器去驱动继电器的线圈，使输出模件端子上的信号变为本次CPU扫描周期中程序运行结果的实际输出。

上述三个阶段构成了PC的CPU扫描周期的主要部分。除此之外，在一个CPU扫描周期中，PC的任务还包括系统自检和外设服务两部分。

（二）系统自检与外设服务

系统自检是在加电之后和每一次程序扫描开始之前，都要进行的。系统自检包括各硬件设备的故障检测、存储器测试、CPU测试、系统软件的校验和总线的动态检测等。如果出现异常，PC将在作出相应处理后停止运行；如果未出现异常，则执行程序扫描。

操作员站、编程器、数据处理单元、通信模件或其他特殊功能模件要求服务时，在一个CPU扫描周期中，更新完所有输出后PC将进行外设服务。

（三）PC系统的实时性

PC系统采用扫描方式，并周期地循环进行，对提高系统可靠性大有好处，但是可能会导致输出对输入在时间上的滞后，从而影响控制要求的严格实时性。

如在扫描的第一周期将输入信号读入，但在第一周期内，这些输入信号并没有立即改变相应寄存器内容，而要到第二周期读输入阶段才被刷新，可见在读入阶段逻辑程序的执行就要滞后输入信号一周期时间。而在执行梯形图逻辑程序阶段，并没有将执行结果立即输出，而是要等待逻辑程序执行全部结束后，PC才将输出映像存储器中的内容输出到锁存器中去。这里输出信号也滞后了逻辑程序执行的一周期。一周期时间对于1.0K程序而言，约12～40ms。一般而言，PC中输出响应输入的最大滞后时间约为2～4个CPU扫描周期，可见这种滞后会影响控制的实时性。

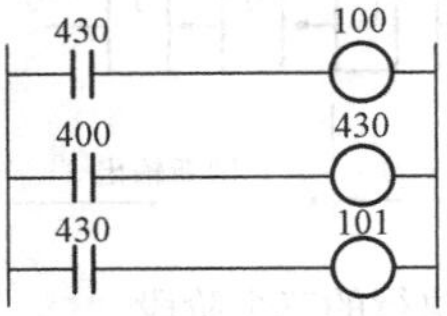

图3-27　输出滞后的例子

另外，由于PC采用周期扫描方式运行，如果梯形图中有线圈的触点执行顺序在先，线圈执行顺序在后的情况发生，那么线圈的触点所在的逻辑行的动作将会滞后线圈一周期。例如，图3-27所示就是这种情况的一个例子。因此，设计梯形图很重要，应尽量避免这种情况的发生。

五、GE Fanue PC系列可编程控制器

（一）GE Fanue PC系列编程语言

1. GE-I系列指令

GE Fanue PC系列有GE-Ⅰ～Ⅵ、Ⅵ/P及90等小、中、大型产品，这些系列编程语言的基本语句是大同小异的，本节以GE-I基本逻辑指令为基础，见表3-1。

表3-1　GE-Ⅰ系列PC的基本逻辑指令

指　令	梯形图符号	功　能	数据类型
STR	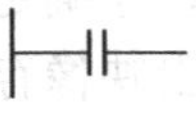	动合触点与右干线相连	计时器/计数器参考号除外
STR TMR		计时器动合触点与右干线相连	计时器参考号
STR CNT		计数器动合触点与右干线相连	计数器参考号
STR NOT	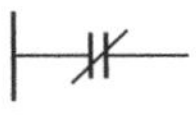	动断触点与右干线相连	计时器/计数器参考号除外
STR NOT TMR		计时器动断触点与右干线相连	计时器参考号
STR NOT CNT		计数器动断触点与右干线相连	计数器参考号
AND	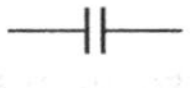	动合触点的串联	计时器/计数器参考号除外
AND TMR		计时器动合触点的串联	计时器参考号
AND CNT		计数器动合触点的串联	计数器参考号
AND NOT	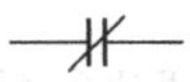	动断触点的串联	计时器/计数器参考号除外
AND NOT TMR		计时器动断触点的串联	计时器参考号
AND NOT CNT		计数器动断触点的串联	计数器参考号
OR	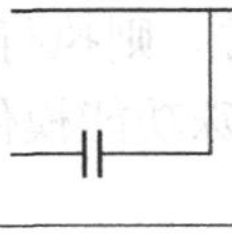	动合触点的并联	计时器/计数器参考号除外
OR TMR		计时器动合触点的并联	计时器参考号
OR CNT		计数器动合触点的并联	计数器参考号
OR NOT	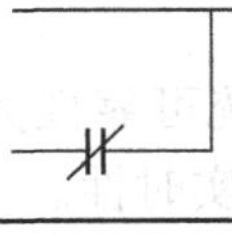	动断触点的并联	计时器/计数器参考号除外
OR NOT TMR		计时器动断触点的并联	计时器参考号
OR NOT CNT		计数器动断触点的并联	计数器参考号

续表

指令	梯形图符号	功能	数据类型
AND STR		触点组的串联	无数据
OR STR		触点组的并联	无数据
MCS	MCS	主控开始，公共逻辑条件控制多个线圈	无数据
MCR	MCR	主控结束时的返回右干线	无数据
OUT	—○—	输出梯级的逻辑运算结果	输出及内部线圈的参考号
SET	—(S)—	线圈的置位	输出、内部线圈和移位寄存器参考号
RST	—(R)—	线圈的复位	
SET OUT	—(SO)—	输出置位，使输出不受禁止输出继电器 376 的作用的影响	输出参考号
TMR	—○—	计时器（线圈），计时范围从 0 到预置值（预置值范围 0.1～999.9s）	计时器参考号
CNT	CNT	计数器（线圈），计时范围从 0 到预置值（预置值范围 1～9999）	计数器参考号
SR	SR	移位寄存器的移位操作	移位寄存器参考号 400～577

2. 各类继电器的编号及功能

在编制 PC 的控制程序时，所使用的各类软继电器（等效继电器）和输入、输出点都必须赋予编号，这是 PC 程序极其重要的部分。在 GE 系列 PC 中，采用一种叫做参考号的编号。在 GE - I 系列 PC 中参考号按八进制数进行编号，表 3 - 2 列出 GE - I 系列 PC 参考号的划分。GE - I 系列 PC 的 I/O 模件是机架式安装的，I/O 模件可以根据用户需要安装在 CPU 机架或 I/O 扩展机架中。模件安装好后，模件的实际安装位置就决定了模件上 I/O 点的确切参考号。

表 3-2　　GE-Ⅰ系列 PC 参考号一览表

参考号（八进制）	等效继电器名称	数量（十进制）
000～157	输入/输出继电器	112
160～337	内部继电器（无自保）	112
340～373	内部继电器（有自保）	28
374～377	特殊功能继电器	4
400～577	移位寄存器	128
600～677	计时器/计数器	64

3. GE - I 系列 PC 编程器简介

GE - I 系列 PC 编程器面板如图 3 - 28 所示。

(1) 工作方式开关。面板上左下角的工作方式选择开关有三挡位置，即三种不同的工作方式。

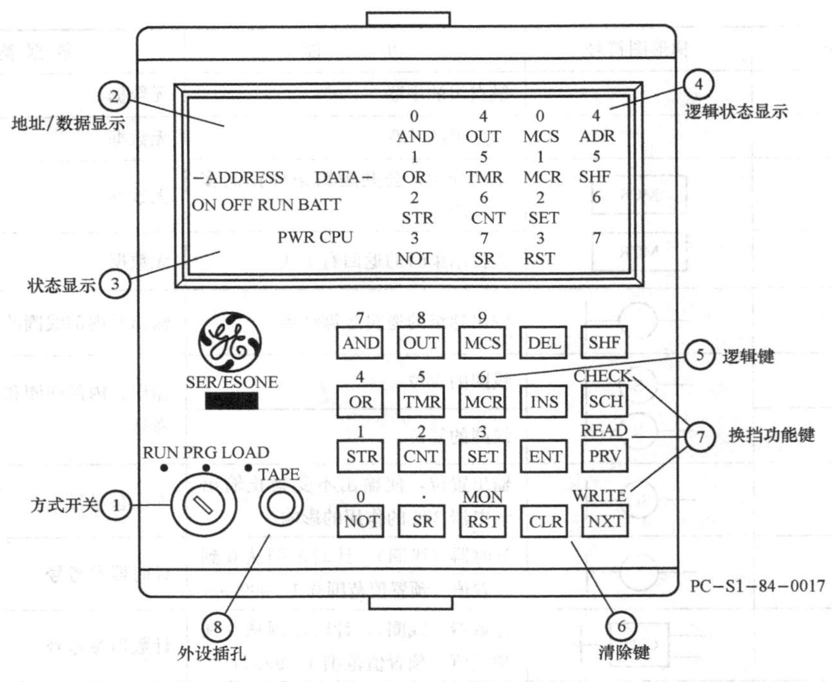

图 3-28　GE-I系列 PC 编程器面板

RUN：运行方式，允许程序执行并能产生输出，并显示计时器/计数器和继电器触点状态。

PRG：编程方式，可以以语句表的形式输入继电器梯形图逻辑程序或修改，但不执行程序。

LOAD：装载方式，这时编程器与外部设备如录音机或与打印机相连，如果与 PROM 写入器相连，就能将 PC 中用户程序写入并固化在 PROM 写入器上的 EPROM 中。

(2) 地址数据显示。地址数据显示在编程器的左上方，用来以十进制方式显示程序的存储器地址（在每个数的右下角带点）或程序逻辑所使用的参考号（八进制，右下角不带点）。

(3) 状态显示，用来显示下列功能和状态。

ON/OFF 灯：在运行方式时，该灯指示 I/O、内部线圈和移位寄存器的状态。

RUN 灯：当处于工作方式且 CPU 执行梯形图逻辑时，该灯亮。

BATT 灯：该灯亮时，表明用于 CMOS 存储器的内部锂电池电压低。

PWR 灯：该灯亮时，表明内部直流电源工作正常；如该灯不亮，则要检查机架电源。

CPU 灯：当在内部错误检查时，查出一个内部硬件故障，该灯亮。

(4) 逻辑显示，用于显示输入存储器的逻辑类型，它们具有双重显示含义。编程时，左边 3 列 12 个 LED 灯的意义由逻辑功能键定义，右边 4 个 LED 灯有如下专用功能。

ADR：当屏幕显示为一个地址值时，该灯亮。该地址以十进制方式显示。

SHF：当需要使用命令键的上标功能时，按下 SHF 键使用命令键的上标功能输入数字。

(5) 逻辑键。在编程方式下，可以输入前面介绍的各种指令。若先按下 SHF 功能键，则可以用上述功能键的上标功能输入数值和地址，其中 RST 键的上标功能“MON”为监控功能。

(6) 编辑键。

DEL 键：删除键，按下 DEL 键后，必须按 PRV 键，删除才有效。

INS 键：插入键，该功能必须用 NXT 键来确认。

ENT 键：输入键，用于最初建立 CPU 程序时完成逻辑的输入。

CLR 键：清除键，用于清除编程器中先前输入的命令。

SHF 键：上挡键，用于选择各键的上标功能。

SCH 键：搜索键，用于在整个程序中寻找特定的逻辑功能。

PRV 键：在显示逻辑或监视 I/O 状态时，显示当前逻辑或 I/O 点以前的逻辑。

NXT 键：在显示逻辑或监视 I/O 状态时，显示下一个逻辑或 I/O 点状态。

（二）梯形图和 GE-I 编程语言的举例

梯形图和 GE-I 编程语言的举例，见图 3-29。该梯形图为某断路器或电动操作的隔离开关控制的梯形图。

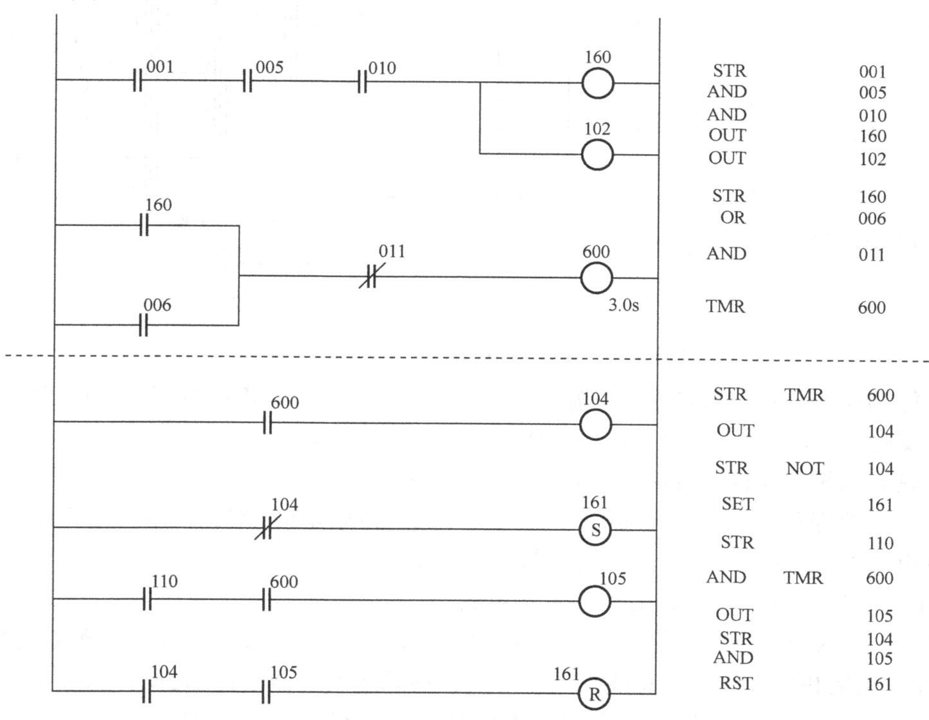

图 3-29　梯形图及编程语言举例

（三）90-70 系列 PC

1. 90-70 系列 PC 主要性能

如图 3-30 所示为 90-70 系列 PC，由于采用了较先进的设计以及开放的 VME 总线结构，使得该产品除了具备常规 PC 的性能外，还有许多特殊的性能，主要包括以下几点。

(1) 在 CPU 模件上有两个主要的处理器，一个是用于处理模拟量微处理器，另一个是用于执行高速开关量控制的布尔运算、浮点运算功能的协处理器。

(2) 系统机架采用标准的 VME 总线结构，可支持其他生产厂家的 VME 总线标准模件。

(3) PC 的 I/O 最大容量为开关量 12888 点，模拟量 8192 点。

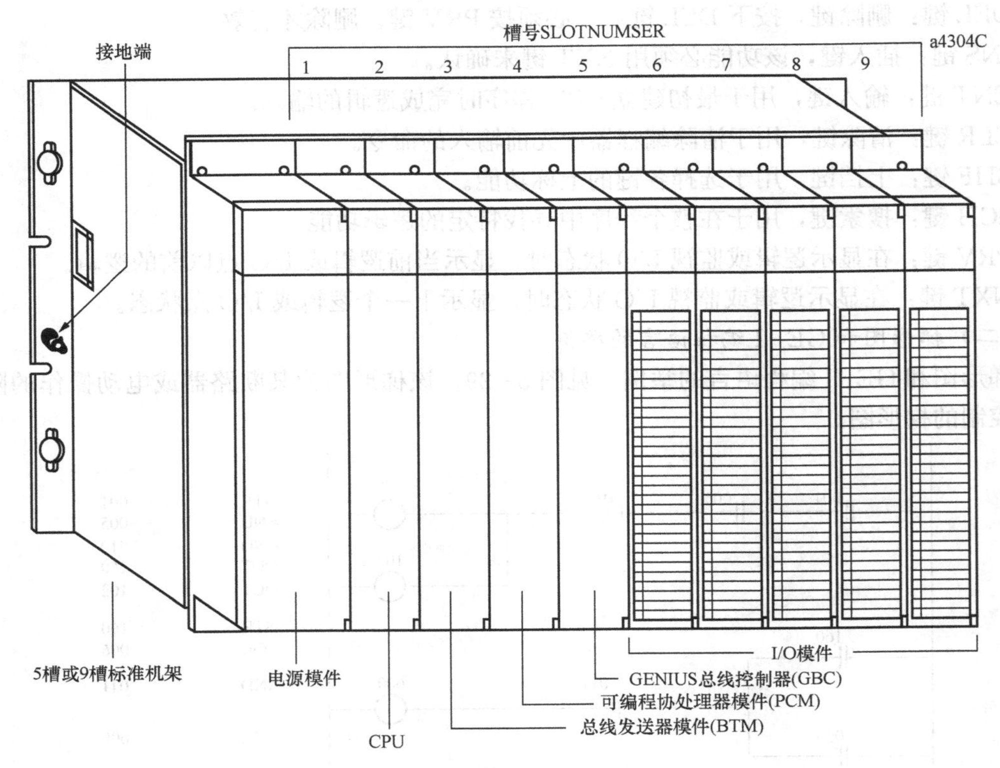

图 3-30　GE Fanue 90-70 可编程控制器

（4）能响应开关量或模拟量中断输入，可处理 64 个事故中断和 16 个时间中断。

（5）支持 Genius I/O 系统，可以构成双总线的系统冗余配置。

（6）具有系统和模件自诊断功能，能进行故障排除。

（7）具有编程和组态软件 Logicmaster 90。可以在线或离线编程，编程语言除了可以采用一般的继电器梯形图语言外，还可以采用 C 语言。

2. GE 90-70 系列 PC 系统的硬件基本组成

图 3-31 所示为一个典型的 90-70 系列 PC 系统。90-70 系列 PC 系统的配置通常包括：CPU 模件，机架和电源模件，总线扩展模件（包括总线发送器模件 BTM，总线接收器模件 BRM，远程 I/O 扫描器模件），各种机架安装型 I/O 模件，分布式 Genius I/O 系统，可编程协处理器模件（PCM），CPU 和 PCM 模件的内存扩展单元，Genius 总线控制器模件（GBC），网络控制器和通信协处理器模件，用于连接其他 I/O 接口模件等。

3. GE Fanue 90 系列 PC 的编程

Loglemaster 90 软件分为组态软件和编程软件两部分，有离线（OFF-LINE）、在线（ON-LINE）和监视（MONITOR）三种工作方式。

90 系列 PC 的程序结构和编程指令。除可以运行梯形图程序外，还可以采用多种语言。

（1）采用 C 语言编程：通常比梯形图程序执行速度快 5～10 倍，可以实现更复杂的控制功能。

（2）采用 SFC 语言编程：用户可以用图形方式表示工艺控制过程，更容易理解和编写。

（3）状态逻辑语言是一种高水平的编程语言，它是采用自然的语言来描述控制过程的。

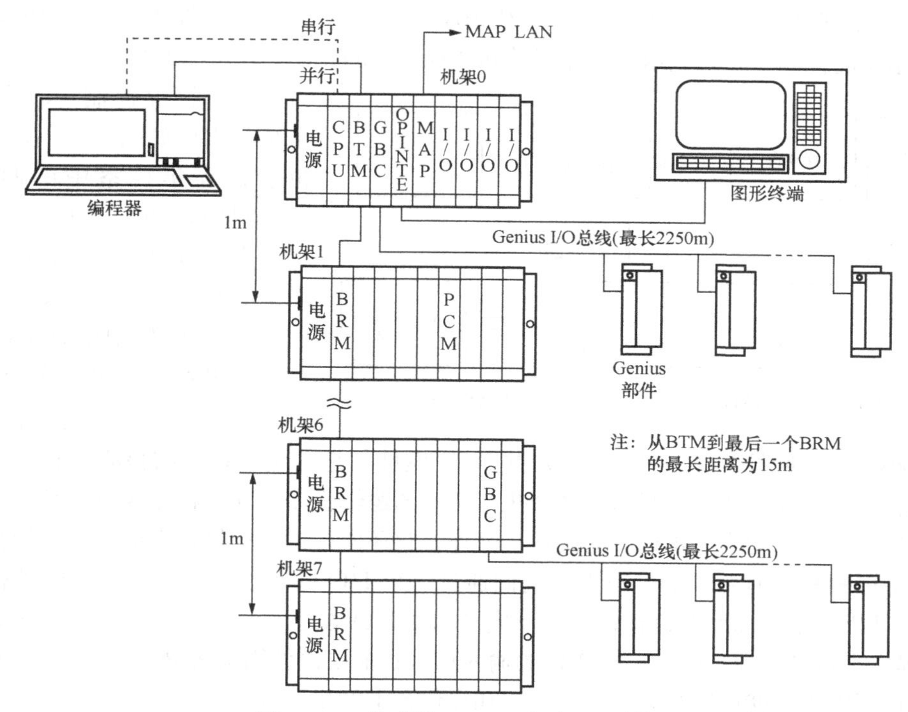

图 3-31　典型的 90-70 系列 PC 系统

(4) 手握式编程器（HHP）。对于 90-30/90-20 系列 PC 系统，可以使用简易的手握式编程器开发、调试和监视程序，监视数据表，以及对 PC 和 I/O 参数进行组态，如图 3-32 所示。

六、电厂输煤系统及 PC 控制

1. 输煤控制系统

电厂输煤系统的任务主要是卸煤、储煤、上煤和配煤。输煤控制系统的 PC 控制就是要对输煤系统的设备进行控制，使其能按一定的逻辑顺序运行，以便完成上述任务。

输煤系统的控制方式从就地手动控制发展到集中控制（集中手动控制和集中程序控制），再到 PC 控制。随着大型机组的投产，有越来越多的电厂输煤系统采用了 PC 控制。PC 控制系统已成为输煤控制系统的发展趋势。

(1) 计算机监督控制系统。计算机监督控制系统由工业控制计算机、大屏幕显示器、键盘和打印机组成，如

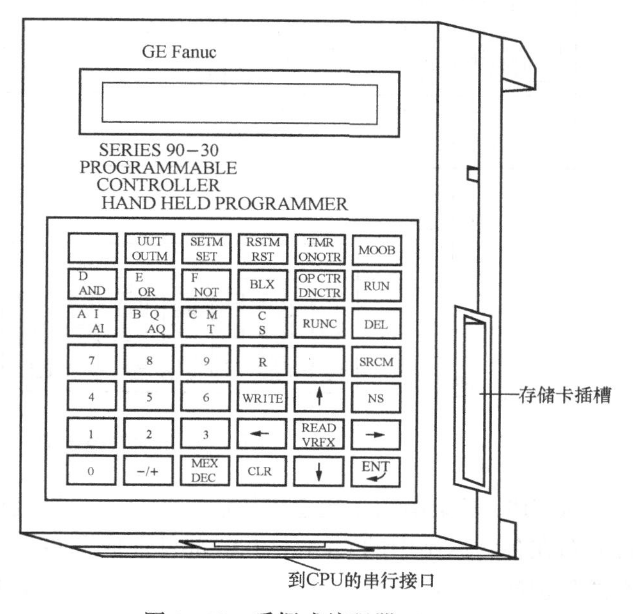

图 3-32　手握式编程器（HHP）

图3-33所示。它通过一串行电缆与PC系统相连，通过PC系统，监督计算机系统可以实现对整个输煤系统的控制、状态显示、故障报警和各种信息的打印，还可以对控制系统进行组态。

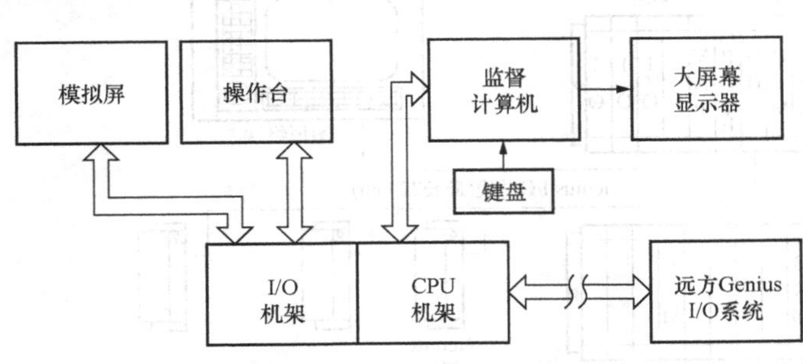

图3-33　输煤计算机监督控制系统组成框图

（2）输煤控制PC系统。PC系统的组成如图3-34所示，它由位于输煤集控室中的两个机柜（一个是GE 90-70CPU机柜，另一个为I/O机柜）和分布在各转运塔中的Genius　I/O系统三部分组成。在CPU机架中有I/O控制模件、逻辑控制模件、算术控制模件、存储器模件、通信控制模件、辅助I/O模件、总线控制器模件（4块）共10块模件，它是整个系统的核心，它按照来自监督计算机、操作台和各就地控制箱的命令执行梯形图逻辑程序，并将程序执行的结果送到相应的输出模件，以便启动或停止相应的设备。另外，它还向模拟屏提供输出信号以便模拟屏进行显示。在I/O机柜中有两个I/O机架，它们通过每个I/O机架中的I/O就地接收器模件串行连接到CPU机架中的辅助I/O模件上，形成了辅助I/O通道（AI和AO）。这些输入模件用来向CPU提供来自马达控制中心、操作台的输入信号；输出模件用来将PC逻辑程序运算的结果送到马达控制中心、就地控制装置、模拟屏和操作台上的指示灯。

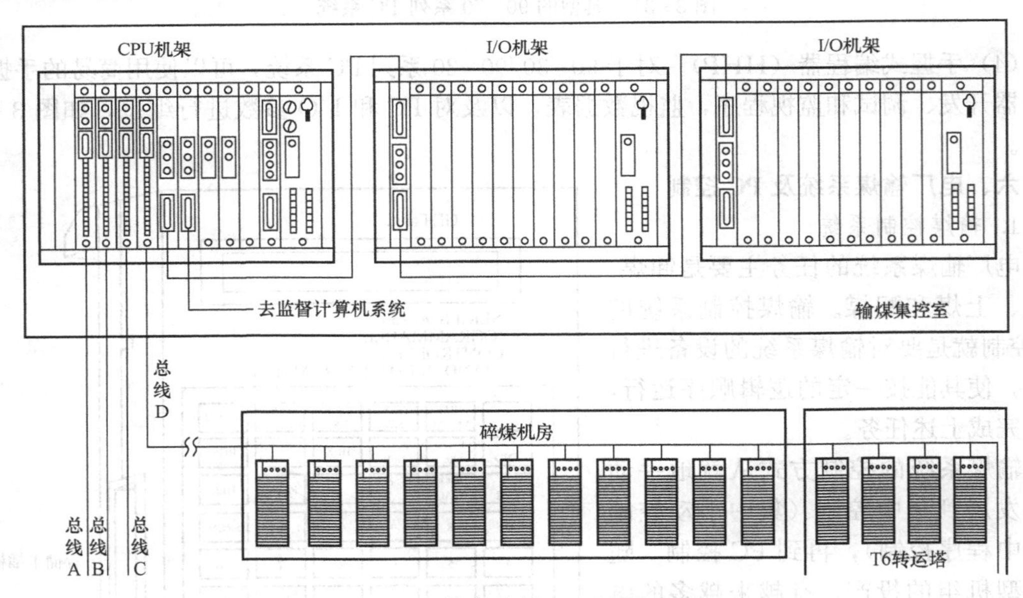

图3-34　输煤控制PC系统的组成

从CPU机架中的4块总线控制器模件上分别接出4条串行总线（A、B、C、D），它们将分布在各转运站中的Genius I/O部件连成了Genius I/O系统，各条总线上的Genius I/O部件分别连接至：总线A——总线D的第一条—第四条皮带运输线、码头、皮带给煤机等设备。

输煤顺序应有三种控制方式，即计算机控制方式、操作台控制方式和就地控制方式。控制方式通过操作台上的开关和按钮选择控制方式，如图 3-33 所示。

课题四　工控机测控单元

一、工控机测控单元概述

工业控制计算机也称作工业个人计算机（Industry Personal Computer，IPC），简称为工控机。

从工业监控角度来讲，工控机应包括单片机和可编程控制器构成的测控单元。但这里所指的工控机是具有一个国际通用标准总线并能构成集散控制系统（DCS）的工业控制微机。在这种工控机的插槽里可以插入适合自己总线系统的 CPU、存储器、I/O、通信及电源模板等。因此，它本身就可以构成一个测控单元，同时具有开放式扩展功能，能与其他工控机、主机等构成一个集散控制系统。显然，单片机和可编程控制器构成的基本测控单元与工控机测控单元是不同的。通常，前二者不具有一个国际通用标准总线（指并行总线），当然工控机里 CPU 使用单片机也是常有的，但它必须做成符合国际标准总线的 CPU 插板。

通常，一个完整的集散控制系统是分层（级）的，如图 3-35 所示。电力系统里许多集散控制系统也是分层的，图中控制级、监管级、管理级，在电力系统通常又称作间隔层、通信控制层、管理层。工控机可以位于控制级和监管级层次。而单片机测控单元和可编程控制器通常只位于控制级（间隔层）。

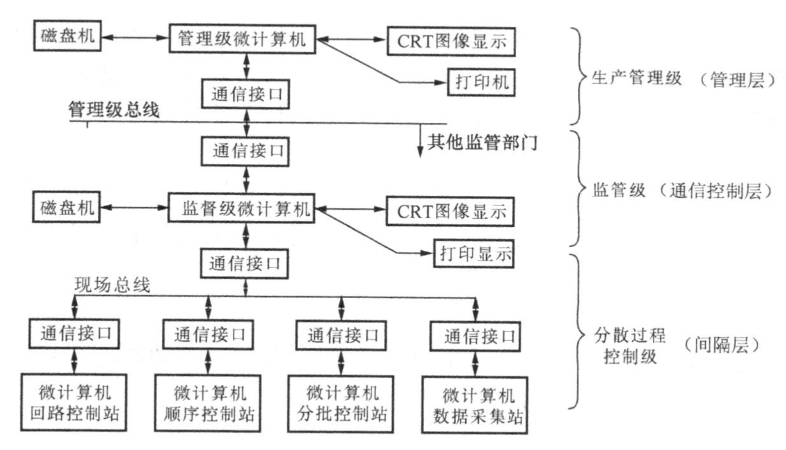

图 3-35　分级式集散型控制系统的组成

那么工业控制微机与通常所说的微机有何差别呢？通常工控机为了适应工业测控要求，取消了微机中的大主板，改成通用的底板总线插座系统，将大主板分成几块插件，如 CPU、存储器等模板，改换工业用电源，密封其机箱，加上内部正压送风，配上相应的工业用软件，并在可靠性、抗干扰能力及模板设计等方面采取相应措施，就构成了工业控制微机，通常简称为工控机，如图 3-36 所示。原 IBM-PC 机是 PC 总线标准，改换后将 PC 总线放到底板总线插座板上。经如上改头换面再加上上述的有效措施后，就构成了工控机。工控机应具有如下几个主要特点。

1. 具有丰富的过程输入/输出功能

工控机必须是与工业监控系统紧密结合的，面向控制应用的，而且有与各种生产工艺过

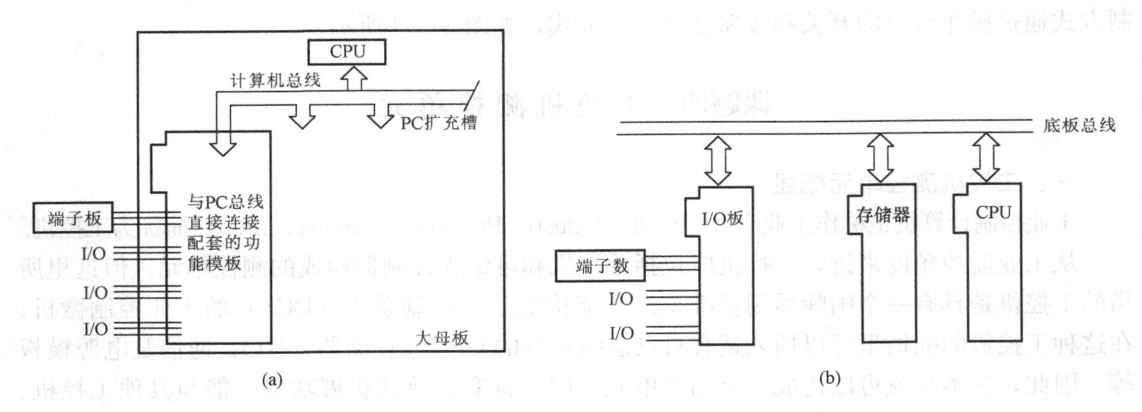

图 3-36　IBM-PC 机与 PC 总线工控机的差别示意图

(a) IBM-PC 机基本组成框图；(b) 工业 PC 机基本组成框图

程相匹配的组成部分，才能完成各种设备和工艺装置的监控任务。因此，除了计算机的基本部分如 CPU，存储器外还必须有丰富的过程输入/输出功能的插件板（或称接口板）。在工控机的行业里，总线的力量不在其理论上多么先进，而在于为这种总线研制的各种输入/输出功能模板的数量和种类的丰富程度。

2. 实时性

工控机应具有时间驱动和事件驱动的能力，要能对生产过程工况变化实时地进行监控，当过程参数出现偏差甚至故障时能迅速响应、判断，并及时处理。为此，需配有实时操作系统、过程中断系统等。没有这些工控机就无法很好地执行工业控制任务。

3. 高可靠性

一般工业监控是连续不停地工作，因此要求工控机可靠性尽可能地高，故障率低，即平均无故障工作时间（MTBF）不应低于数千至上万小时，短的故障修复时间（MTTR），运行效率高，一年时间内运行时间所占比率为 99%以上。

4. 环境适应性

工控机必须适应恶劣的工业环境，如高温、高湿、腐蚀、振动冲击、灰尘等环境。要求工控机有极高的电磁兼容性、高抗干扰能力和共模抑制能力。

5. 丰富的应用软件

目前，工控机软件正向模块化、组态化发展，而这就要求正确建立反映生产过程规律的数学模型，建立模型和标准控制算法。

6. 技术综合性

工控原本就是一个系统工程问题，除了计算机的基本部分以外，需要解决如何与被测控对象建立接口关系，如何适应复杂的工业环境及如何与工艺过程结合等一系列问题。这里涉及专业多，例如过程知识、测量技术、计算机技术、通信技术和自动控制技术等。因此，工控机综合性强。

二、工控机的总线标准

在工控机系统和大量工业测量控制系统中，都不支持微机的大母板的工艺标准，而广泛采用图 3-37 所示的底板总线结构。这种并行底板总线的特点是抗冲击和振动能力强，能以简单的硬件支持高速的数据传输和处理，并使整个系统具备较高兼容性及灵活的配置，给系统提供在原设计的基础上以最小的变动来跟随市场变化的可能性。由于采用标准总线连接现成的模板，使系统的设计工作变得非常简单。在这种情况下，系统性的最终限制可能就是总线本身的结构。但是值得提醒的是，没有一种总线结构能够满足每个用户的需要，其结果是市场上流行着多种总线。因此，用户应根据应用系统的需要来评估总线的性能和特点。

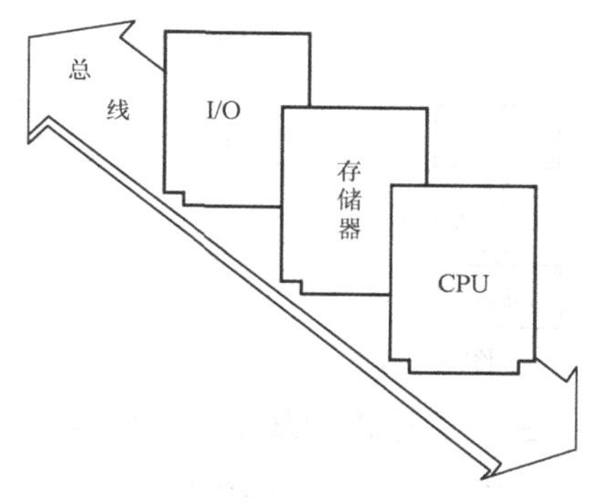

图 3-37　底板总线结构图

工控机总线包括 STD 总线、PC 总线、VME 总线、PXT 总线、PC104/PC104Plus、PCMCIA 总线、PMC 总线、Compact PCI 总线等。要指出的是，任何一种总线都不会被工业界完全地认可或普遍接受，而且通常也不存在一种总线能做到而另一种总线做不到的事情。因此，总线的最终区别是总线面向的用途的不一样。

总线本质上是数据总线、地址总线和控制总线，再加上电源和地线。数据总线与地址总线变化不会很大，总是 8 位机、16 位机和 32 位机的区别，但控制总线将随着应用范围及要求而有所不同。下面主要根据国际工控市场占有份额较大的两种总线（CPCI 总线和 STD 总线）作一些介绍（注意本课题所讲到的 PC 是指 PC 总线，而不是 PC 机，也不是指 PLC 的 PC）。

1. CPCI 总线

Compact PCI 总线简称 CPCI，中文又称紧凑型 PCI，是国际 PICMG 协会于 1994 年提出来的一种总线接口标准。CPCI 总线工控机之所以被业界所青睐，是因为其既具有 PCI 总线的高性能又具有欧洲卡结构的高可靠性，是符合国际标准的真正工业型计算机，适合在可靠性要求较高的工业、电力和军事设备上应用，保证了很高的可靠性，极大降低了硬件和软件开发成本。目前 PCI 总线已成为计算机的标准总线。

CPCI 技术是在 PCI 技术基础之上经过改造而成，具有如下几个特点：继续采用传统的桌面 PCI 总线技术，因此用户的软件和普通 PC 兼容；抛弃 IPC 传统机械结构，采用了高可靠的欧洲卡结构，改善了散热条件、提高了抗振动冲击能力；抛弃 PCI 的金手指式互连方式，改用 2mm 密度的针孔连接器，具有气密性、防腐性，进一步提高了可靠性，并增加了负载能力；支持热插拔和热切换，使更换和维修板卡极为方便；支持后走线，便于方便配线；PCI 卡片下端具有静电导出条，静电可以导出到地面；Compact PCI 规定系统的逻辑地和机箱地隔离，保持系统不受外界干扰。

2. STD 总线

STD 是英文“Standard”（标准）的缩写。1987 年 STD 总线被批准为 IEEE 961 标准。由于当时主要针对所有 8 位微处理机设计的，后来采用总线复用和周期窃取技术，使它也能和所有 16 位微处理器兼容；此后又发展有 STD32 总线，可以与 32 位微处理器兼容，开始可与高性能微型机系统比拟。

STD 总线的特点是小板尺寸，垂直放置无源背板的直插式结构；低成本、低功耗、高可靠性；具有丰富的工业 I/O 模板，使得 STD 总线在工业自动化领域获得了广泛应用。

工控机系统总线是工控机实现组合和功能扩展而使用的。而微处理器总线（芯片级总线）是经信号转换挂在工控机系统总线上，通过系统总线与存储器、I/O 部分进行信息传送

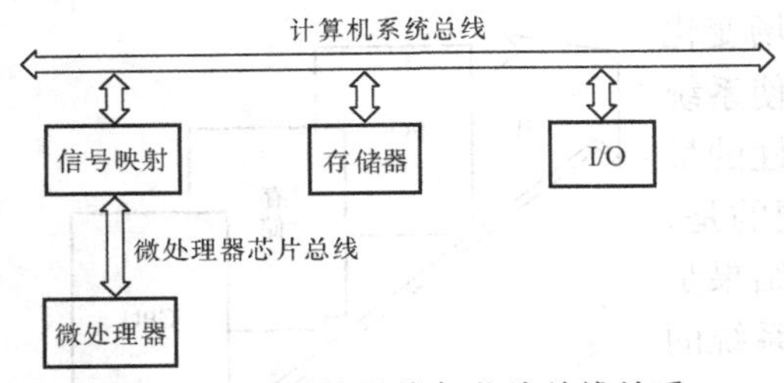

图 3-38　系统总线与芯片总线关系

和交换的，如图 3-38 所示。由图 3-38 还可知，为什么当微处理器更新发展后，总线标准仍不变，而只需系统总线的 CPU 插件板做一些更改，就可使用新型的 CPU 的原因。这时只需根据更新后的 CPU 芯片总线设计新的信号转换部分，而无需更改其他 I/O 输入/输出模板。

三、工控机的基本系统组成

（一）工控机系统组成特点

一台典型的微型机（如 IBM-PC）是由 CPU、存储器、操作键盘和显示器、打印机以及软、硬磁盘等组成的。

然而，用于工业测控的计算机，除了具有上述成分外，还必须具有能与工业对象的传感器、执行机构等连接的 A/D、D/A 和开关量 I/O 接口等。

因此，严格来说，所谓工业控制微机是指满足下述条件的计算机系统：①能够提供各种数据采集和控制功能；②能够和工业对象的传感器、执行机构直接接口；③能够在苛刻条件的工业环境中可靠运行。为了将这三个条件描述得更清楚，可以用表 3-3 表示。

表 3-3　**数据处理机与工控机的差异**

项目	面向控制	面向数据处理
用途	过程控制 设备控制 智能化仪表	科学计算 数据处理 信息管理（办公室自动化）
主要考虑因素	成本 环境条件、干扰 I/O 功能、可靠性	容易编程 处理速度
使用方法	操作简单 一旦加电即开始工作 程序灵活（固化 EPROM） 选择/设计片级或板级模块 模块的内部连接和维护	需专门的操作人员 必须装入程序才开始工作 程序灵活（磁盘操作系统） 选择子系统或系统 与子系统接口和维护
处理机结构	逻辑处理机 指令面向寄存器 有限的存储器寻址范围 高效的 I/O	数据处理机 指令面向存储器 大存储空间 DMA
存储器	存储器尽可能小 固定程序 主要类型：ROM RAM 用静态存储器 外存用半导体盘	存储器要足够大 可装载程序 RAM RAM 用动态存储器 外存用软、硬磁盘
I/O 类型	除标准外部设备外 要和工业级电压、电流信息直接接口	标准外部设备

续表

项目	面　向　控　制	面　向　数　据　处　理
开发工具	组态软件 应用程序包 测试设备 EPROM 编程器	操作系统 汇编、编译 高级语言 各种通用软件
主要成本	产品＋维护	开发
设计方法	工程设计概念	计算机概念

（二）工控机基本系统的组成

由表 3-3 中的比较可以发现，在系统组成方面，工业控制机与通用微机或称个人计算机相比较，最大的不同在于工业控制机要有各种各样的丰富的工控 I/O 功能，我们称之为 I/O 子系统；除此之外，工控机的基本组成和操作原理是和通用微机或个人计算机相类似的，我们将这部分称为工控机的基本系统，其中包括 CPU、存储器、人机接口等。

由表 3-4 中的比较可以看出，这些基本系统部分工控机与微机有什么不同。

表 3-4　IBM-PC/XT 与 STD 系统Ⅱ的基本系统部分比较

项目	IBM PC/XT	STD 系统Ⅱ
CPU	Intel 8088	Intel 8088，NEC V20，V40
存储器	DRAM	EPROM＋SRAM
人机接口	PC 键盘，CGA/EGA 彩色显示，打印机	PC 键盘，MDA/CGA/EGA 显示，打印机
系统支持功能		Watchdog，电源掉电检测，实时日历钟，总线匹配，语音报警等

在表 3-3 的系统支持功能一栏中可以看出，工控机的系统支持功能包括如下几个部分。

（1）监控定时器，俗称“看门狗”（Watchdog）。其主要作用是：当系统因干扰或软故障等原因出现异常时，如“飞程序”或程序进入死循环，Watchdog 可以使系统自动恢复运行，从而提高系统可靠性。

（2）电源掉电检测。工业控制机在工业现场运行过程中如出现电源掉电故障，首先应及时发现并保护当时的重要数据和计算机各寄存器的状态；其次，一旦上电后，工业控制机能从断电处继续运行。电源掉电检测目的正是为了检测交流电源掉电，以便保护现场。

图 3-39 和图 3-40 分别表示开关电源的掉电过程和掉电检测电路。掉电信号应产生非屏蔽中断，使系统以最快速度响应中断，采取措施保护现场。

（3）保护重要数据的后备存储体。Watchdog 和掉电检测功能均要有能保存重要数据的后备存储器。为了保证可靠、安全，这个存储体不应与工作存储器共用一个存储体，而应采用另一个后备存储体。后备存储体通常容量不大，能在系统掉电后保证所存数据不丢失，故通常采用 NOVRAM，E^2PROM 或采用后备电池的 SRAM。

（4）实时日历钟。在实际工业过程控制系统中往往要有事件驱动和时间驱动的能力。一种情况是在某时刻预置某些控制功能，届时工业控制机应自动执行；另一种情况是工控机应能自动记录某个动作是在何时发生的。凡此种种，都必须配备实时时钟，且能在系统掉电后仍不停顿地工作。

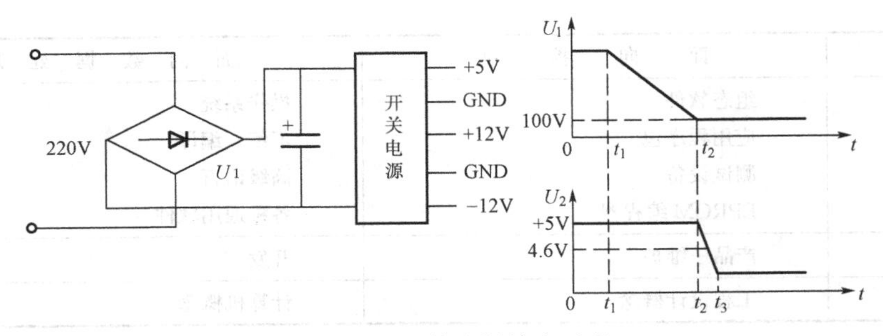

图 3-39　开关电源掉电过程

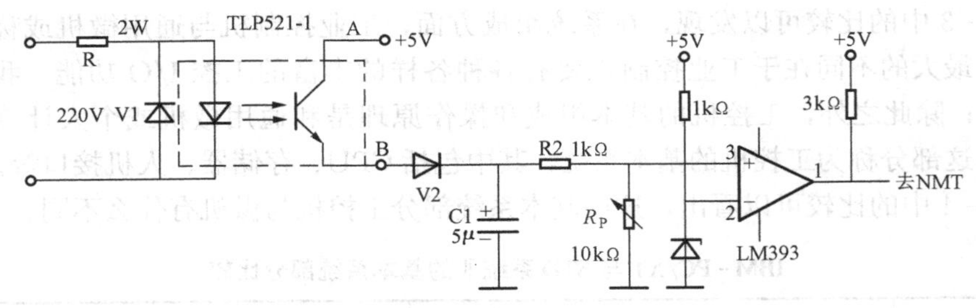

图 3-40　交流掉电检测电路

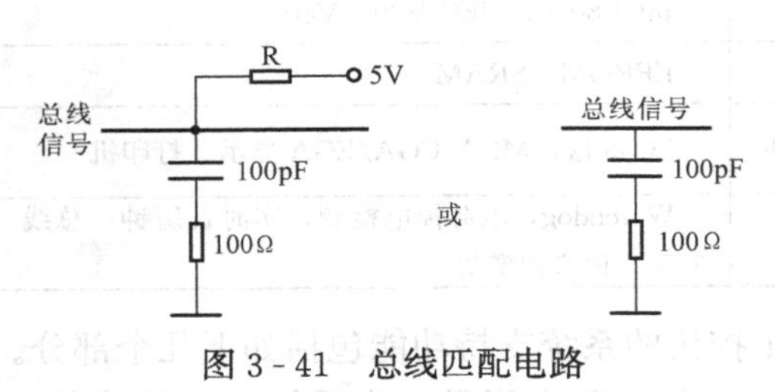

图 3-41　总线匹配电路

（5）总线匹配（或端接）。系统总线母板上的信号线在高速时钟频率下运行时均为传输长线，很可能产生反射和干扰信号，这可以采用 RC 滤波予以克服。目前采用的两种端接匹配电路，如图 3-41 所示。

四、I/O 子系统

工控机与通用微机最大的不同在于工控机有各种各样的丰富的工控 I/O 功能模板及支持这些模板发挥正常功能的相应软件模块。工控 I/O 功能模板的总称为 I/O 子系统。

表 3-5 列出了 PC 总线 6000 系列的 I/O 子系统模板。由表 3-5 可以看出 6000 系列的数据采集模板是很丰富的。从 A/D 数据采集功能来看，在一块模板中有 16 路、32 路 A/D 转换，还有 8 通道的，甚至有的只有 4 通道等；从转换精度要求有 12 位，8 位；A/D 转换有带光隔和不带光隔处理的；有高速的，也有常规转换速率的；有带放大增益和不带放大增益的 A/D 转换，等等。从多功能 I/O 模板来看，在一块模板中有 A/D 转换，也有 D/A 转换；有的既有 A/D 转换，又有定时/计数功能；还有的带 A/D 转换，又有开关量 I/O 功能的；有的采用一般读入方式，有的采用中断输入方式等，I/O 功能子系统的确是丰富多彩的。STD 总线标准的 I/O 子系统，也是十分丰富多彩的。

表 3-5　PC 总线 6000 系列数据采集模板

PC-6330	12 位 16 通道 100kHz A/D
PC-6310	12 位 32 通道 100kHz A/D
PC-6320	8 位 8 通道 A/D，8 位 2 通道 D/A

续表

PC-6360	12位8通道A/D，DI：4CH、D0：4CH、计数定时通道：16bit×1CH，可级联8块PS-010/PS-011/PS-013
PC-6319	12位32通道光隔A/D，可1000倍放大增益
PC-6326	12位32通道高速光隔A/D，转换速率66kHz，带1KB FIF0存储器（程控增益1、2、4、8、16）
PC-6325A	12位32通道高速光隔A/D，转换速率66kHz
PC-6318	12位32通道光隔A/D，多挡程式控增益1、10、100、1000倍或1、2、4、8倍转换速率66kHz
PC-6325B	16位32通道高速高精度光隔A/D，转换速率66kHz
PC-6333	12位16通道1000kHz A/D，1路12位D/A，计数定时通道：16bit×1CH，DI：6CH；D0：6CH
PC-6311	12位32通道A/D，12位2路D/A，DI：8CH；D0：8CH
PC-6313	12位32通道A/D，12位2路D/A，24点数字量I/O（8255）计数定时通道：16bit×1CH
PC-6312	12位32通道A/D，带1000倍增益，转换速率：100kHz、12位2路D/A
PC-6340	12位16通道A/D200kHz（DMA）
PC-6342	12位16通道超高速A/D，通道率1MHz数据缓存器容量；128K×16bit（可扩充至256Kbit）
PC-6344	12位4通道AD并行同时转换（4片1674）
PC-6322	8位/12位独立4路光隔D/A，自带离电源模块
PC-6323	8位/12位独立8路光隔D/A
PC-6324	16位4路D/A
PC-6405	32点输入光隔I/O
PC-6407	32点输出光隔I/O，可直接驱动继电器板（PS-002）
PC-6408	16点输入，16点输出，光隔I/O
PC-6403	32点输入，32点输出，光隔I/O，可用中断输入方式
PC-6401	DI/DO：120CH计数器：16bit×3CH，（接PS-004板可实现光隔输入输出）
PC-6501	光隔计数定时，15通道×16位
PC-6508A	光隔计数通道：16bit×12CH，可编程闸门宽度，使用频率范围：0～2MHz光隔DI/DO，各4CH
PC-6506	光隔离16通道电阻信号调理板

五、工控机测控单元应用实例

VQC控制装置采用STD标准工业控制总线结构，其结构框图如图3-42所示。

VQC（电压无功控制装置）由8个主要功能模块构成。这些模块板全部挂靠在STD总线上，并全部采用STD总线标准。CPU为适应STD总线标准的工业控制微处理器V20，在这块STD的CPU模板上集成的RAM、EPROM及E^2PROM等芯片组成了工控机STD的CPU模板。在该CPU模板上，还有系统支持的功能硬件，如“看门狗”、电源掉电检测、后备存储体、实时日历钟等功能电路。在STD后背底板总线两端设有总线匹配滤波电路。

在STD总线底板上还插有I/O子系统，即模拟量调理板、A/D转换板、开关量输入板、开关量输出板等STD的I/O模板。人机接口模板有显示接口板、键盘接口板。此外，

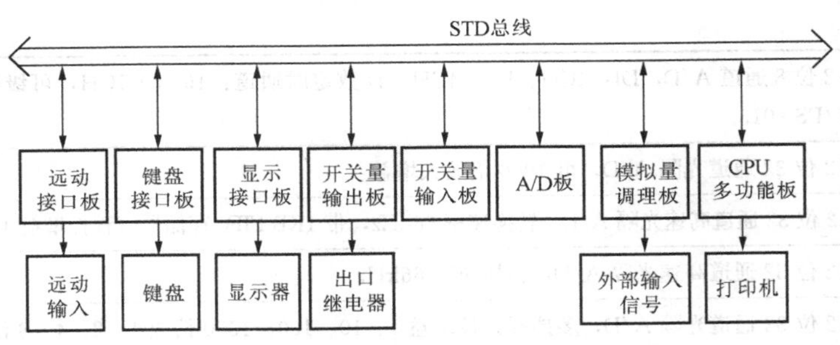

图 3-42　STD 总线型的 VQC 控制装置结构框图

为了与变电站综合自动化系统构成主从分布式的测控系统，配置了通信接口板：远动输入调度命令通过通信接口板到 STD 总线，由 CPU 执行调度命令调节主变压器分接头挡位和电容器无功挡位。

实　　验

题目一　单片机测控实验

一、实验目的

(1) 了解单片机 8098 测控单元的系统结构。

(2) 学习用 8098 单片机片内 A/D 转换器将模拟量转换成数字量的基本原理。

(3) 学习用 8098 单片机测控单元实现开关量输入和输出的基本原理。

二、实验目标

(1) 说明单片机 8098 测控单元的系统构成。

(2) 实测电流 1A、电压 100V，并在单片机 9098 测控单元的 LED 上显示出来。

(3) 使用单片机测控单元控制两只中间继电器，动作后用灯光显示。

(4) 实测两个无源触点的通断，利用单片机 8098 测控单元 4 只信号灯显示触点通断状态。

三、实验设备

通用 8098 测控单元系统电路板 1 套；8098 测控单元软件 1 套；24V 小型中间继电器 2 只；对线灯 2 套；500W 单相自耦变压器 1 台；绕线式电位器 1A、3kΩ 1 台；500W 行灯变压器（变流器）1 台。

题目二　可编程控制器（PC）的使用实验

一、实验目的

(1) 学习可编程控制器 PC 的使用方法。

(2) 学习程序的输入、检查和编辑。

(3) 学习程序的运行和状态的监控。

二、实验目标

(1) 说明编程器编程状态进入和内存清除的方法。

（2）输入图 3 - 29 的程序，并检查修改及编辑程序。

（3）说明可编程控制器 PC 程序运行的状态控制（包括单点和多点监视）。

三、实验设备

GE - I（或其他 PC）1 台；输入实验板 1 块；编程器 1 个；接线若干。

习　　题

1. 综合自动化系统中的基本测控单元的任务是什么？
2. 为什么说单片机 MCS - 96 系列很适合做现场实时测控单元？
3. 计算机监控系统有哪些基本测控单元？基本特点是什么？
4. 画出 8098 通用复位电路，并说明其工作原理。
5. 8098 单片机有哪些中断源和中断类型？并说明中断的发生受哪些因素控制？
6. 何谓 CPU 响应中断？响应中断后为什么要保护现场？
7. 试说明 8098 组成的多机系统通信原理。
8. 单片机 8098 外部扩展功能的机理是什么？
9. 8098 单片机为什么需要扩展 EPROM？什么是 8098 的最小应用系统？
10. CSI - 200E 监控单元有哪些主要功能？可编程控制器能实现哪些逻辑功能？
11. IEC 对 PC 机做了何种定义的描述？PC 机有哪些主要特点？
12. PC 机的编程器有何作用？PC 机的梯形图与继电器的控制电路有何不同？
13. 画梯形图的线圈、触点有何规则？试说明 PC 机的三个主要工作阶段过程。
14. PC 机系统中输出响应滞后输入的主要原因是什么？什么是控制系统 CSF 流程图？
15. 试画出某 220kV 线路的分闸和合闸操作闭锁的梯形图（用 GE - I 逻辑指令）。设该线路断路器合闸时间为 20ms，分闸时间为 8ms，隔离开关为电动操动机构，其合分闸时间均为 2.5s。
16. 工控机与单片机基本测控单元及可编程控制器测控单元有何区别？工控机与个人计算机有何区别？工控机如何处理掉电保护问题？

发电厂计算机监控系统

内 容 提 要

发电厂计算机监控系统的发展过程及趋势、实现计算机监控的优越性；计算机监控系统的基本控制方式及结构；计算机监控系统的基本构成及特点；发电厂计算机监控系统实例。

课题一　发电厂生产过程自动化的发展史

计算机监控系统（Supervisory Computer Control System）是以计算机为核心，由计算机全部或部分取代常规的控制设备和监视仪表，对动态过程进行控制和监视的自动化系统，是自动控制系统发展到目前阶段的一种主流形式。

1766 年波尔佐诺夫发明的锅炉给水调节装置和 1784 年瓦特发明的蒸汽机离心摆调速装置，是热能动力设备最早的自动控制装置，也是整个自动化领域的早期成果。

在近百年的火力发电厂建设历史中，由于初始阶段的机组容量都很小，其生产过程的控制和一切操作几乎全部由运行人员手动工作来实现。直至 1920 年前后，火力发电厂开始普遍采用链条炉，同时出现煤粉炉，机组容量逐渐增大到 60MW 左右的时候，明显体现出用人工控制火力发电厂的生产过程已是极为困难或不可能的事了。为减轻人们的劳动强度，提高机组的安全性和运行效率，保证电能质量，发电厂陆续开始采用各种自动调节装置，实现部分生产过程的自动控制。发电厂的自动化水平日益提高和发展，就其控制方式而言，发电厂生产过程自动化的发展过程，大体经历了以下三个阶段。

一、就地控制阶段

在 20 世纪 20 年代至 30 年代期间，电力生产过程对自动控制的要求以及当时所具备的技术条件有限，仅能对发电机组实现简单的自动控制，例如锅炉蒸汽压力、汽包水位、汽轮机转速等的控制。所有控制系统基本上分散在各控制对象所在的车间，各控制系统间相互独立。运行人员在就地设置的控制表盘上进行监视和操作。

二、集中控制阶段

20 世纪 40 年代初期，由于中间再热式机组的出现，进一步密切了锅炉与汽轮机之间的关系，为了协调机、炉间的运行，加强机组的操作管理和事故处理，满足负荷变化对动力设备的要求，维持运行参数的稳定等，要求对锅炉和汽轮机实现集中控制，即将锅炉和汽轮机的控制系统表盘相对集中地安装在一起，由运行人员同时监视和控制机、炉的运行，保证机组的正常运行。当时所采用的控制设备主要是气动或电动单元组合仪表，这个时期发电厂大都采用局部集中控制方式。

进入 20 世纪 50 年代后，随着发电机组容量的增大，机、炉、电三者的关系更为密切，生产迫切需要对机、炉、电三者实现集中控制与管理。同时，由于仪表和控制设备的尺寸缩小，新型巡回检测仪表和局部程控装置的出现，使得整个机组的监视和控制表盘集中在一个控制室内的要求成为现实。此时采用的控制设备有电动单元组合仪表、组件组装式仪表，也有以微处理机为核心的数字式仪表。这时期发电厂大都采用机组集中控制方式。

三、计算机控制阶段

随着火力发电机组向着大容量、高参数、高效率的方向发展，生产设备走向大型化，生产系统日趋复杂，运行人员的监视面越来越大，对运行参数与操作的要求变得非常严格，仅靠人工监控已十分困难甚至不可能，不同机组的监视与操作项目见表 4-1。

表 4-1　　不同机组的监视与操作项目数量表

机组容量（MW） 监视数量	50	125	200	300
监测项目（测点数）	125～135	540～600	～600	950～1050
操作项目（执行器数）	70～75	142	280	410～450

世界的能源危机和剧烈的市场竞争对节约能源和减少燃料消耗的要求不断提高，环境保护和文明生产的呼声日益高涨等，反映出以往的生产自动化方式逐渐不能适应时代的发展，火力发电厂自动化面临着严重的挑战。另外，计算机的发展与普及，现代控制理论的产生与应用以及二者相结合的计算机控制技术的形成，为在电力系统中进一步提高自动化水平创造了有利条件。这个时期电力系统的计算机控制经历了由集中型计算机控制向分散型计算机控制的变化。

1. 集中型计算机控制

计算机控制技术在电厂的应用，始于 20 世纪 50 年代末 60 年代初。1958 年 9 月，美国斯特林（Sterling）电厂安装了第一个电厂计算机安全监测系统。1962 年，美国爱旺达电厂利用计算机进行机组起停、监控的研究取得了良好的效果。

从那时起，发电厂开始步入了计算机监控的发展进程。

电力系统计算机控制技术应用的初始阶段，普遍采用的是集中型计算机控制方式，即用一台计算机实现几十个甚至几百个控制回路和若干过程变量的控制、显示及操作、管理等。

2. 分散型计算机控制

20 世纪 70 年代初，大规模集成电路的成功制造和微处理器的问世，使得计算机的可靠性和运算速度大大提高，计算功能增强、体积缩小，而价格大幅度下降。计算机通信技术的发展与日益成熟的分散型计算机控制思想相结合，促使电力系统自动化技术进入了分散型计算机控制的时代。

所谓分散型计算机控制，是指控制过程所采用的系统，是一种控制功能分散、操作管理集中、兼顾复杂生产过程的局部自治与整体协调的分布式计算机控制系统（又称集散控制系统）。

自 1975 年以来，美国霍尼威尔（Honeywell）公司首先向市场推出了以微处理器为基础的 TDC-2000 分散控制系统，世界各国的一些主要仪表厂家也相继研制出各具特色的各种分散控制系统。

20 世纪 80 年代中期，我国开始在火电机组上应用分散控制系统。如今，国内已投运和正在兴建的发电厂中，普遍采用分散控制系统。

分散控制系统的应用及其自身的不断完善与发展，加速了发电厂自动化的进程。目前，分散控制系统的应用方兴未艾，在此基础上，又推出了现场总线控制系统，并正向着更加完善、更高层次的综合自动化方向发展。

3. 综合自动化

综合自动化是一种集控制、管理、决策为一体的全局自动化模式。它是在对各局部生产过程实现自动控制的基础上，从全局最优的观点出发，把火力发电厂的运作体系视为一个整体，在新的管理模式和工艺指导下，运用通信网络，将各自独立的局部自动化子系统有机地综合成一个较完整的大系统，对生产过程的物质流、管理过程的信息流、决策过程的决策流等进行有效的控制和协调，实现生产系统的全局自动化，以适应生产和管理过程在社会发展的新形势下提出的高质量、高速度、高效率、高性能、高灵活性和低成本的综合要求。

开放型分散控制系统的应用，为综合自动化的实现奠定了良好的基础。目前，综合自动化的研究和应用正向着纵深发展，已成为火力发电厂自动化的重要发展方向。

总之，电力系统采用计算机监控系统的优点为：

（1）可提高机组、全厂和电力系统的运行效率，使机组运行稳定；

（2）可进行电力系统的安全分析、经济调度等，可减少事故，避免重大事故和事故扩大；

（3）控制方式灵活，控制质量提高；

（4）减轻劳动强度，减员增效，提高管理水平；

（5）提高电能质量，提高电力系统的稳定性。

课题二　发电厂计算机监控系统的控制方式及其结构

一、发电厂计算机监控系统的基本构成及特点

发电厂计算机监控系统是由硬件系统和软件系统两部分构成的有机统一体。

（一）硬件系统

硬件是计算机监控系统的物质基础。组成计算机监控系统的硬件一般包括被控对象、主机、过程通道、外部设备、通信设备、接口、工作站等。其基本结构如图 4-1 所示。

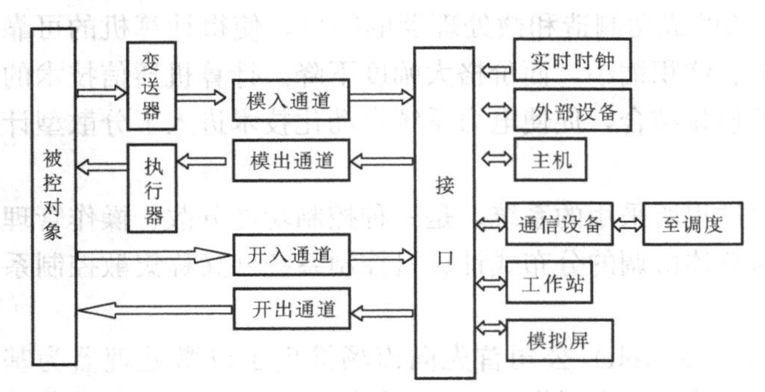

图 4-1　计算机监控系统的硬件组成

1. 被控对象

被控对象是被控制的生产设备或生产过程，是控制系统构成的必然客体。

2. 主机

主机是计算机控制系统的核心，它由中央处理器（CPU）、内存储器（RAM、ROM）、输入/输出（I/O）电路和其他支持电路等组成。主机根据过程通道送来的反映生产过程工作状态的各种实时信息，按预定的控制算法自动地对过程信息进行相应的处理、分析、判断、运算，产生所需要的控制作用，并及时通过过程通道向被控对象发送控制指令。

3. 外部设备

外部设备是指计算机系统除主机之外的其他必备的支撑设备。它按功能可分成三类，即输入设备、输出设备、外存储器。

常用的输入设备有键盘、鼠标、轨迹球、触摸屏等，用来输入程序、数据和操作命令。常用的输出设备有打印机、绘图机、拷贝机、记录仪以及CRT显示器等，用来显示或记录系统中的各种信息。常用的外存储器有磁带、软磁盘、硬磁盘、光盘等，用来存储程序软件、历史数据，是计算机内存储器的扩充和后备存储设备。

4. 过程通道

过程通道又称过程输入/输出（Process Input Output，PIO）通道，是计算机和生产过程之间信息传递和变换的桥梁和纽带。

过程输入通道有模拟量输入通道和开关量输入通道两类，分别用来输入模拟量信号（如电流、电压、温度、流量、压力等）和开关量信号（如断路器、隔离开关、继电器触点状态），并将这些输入的过程信息转换成计算机所能接收和识别的代码。

过程输出通道也有模拟量输出通道和开关量输出通道两类，分别用来将计算机输出的控制命令和数据转换成能控制被控对象运行的模拟量和开关量信号。

5. 系统总线与接口

系统总线是主机与系统其他设备进行信息交换的某种统一数据格式的信息通路，一般有单总线、双总线和多总线之分。

接口是外部设备、过程通道等与系统总线之间的挂接部件，用来进行数据格式或电平的转换、信息的传输和缓冲。通常接口有串行和并行之分，也有专用和标准之别。

6. 工作站

工作站是工作人员与计算机控制系统之间实现信息交换的设备，常被称为“人机联系设备”、“人机接口设备”。工作站一般由CRT显示装置、触摸屏、计算机通用键盘、专用键盘、鼠标和轨迹球以及专用的显示面板等组成，用于实现对系统运行的有关操作、操作结果的显示、生产过程的状态监视。

根据使用人员不同、职责范围不同，工作站可分为系统员工作站、工程师工作站、运行员操作站。系统员工作站用来实现系统软件编制、系统组态、控制系统的生成。工程师工作站负责控制系统的组态修改和运行调试、有关参数的设置和整定、系统运行的检查与监督等。运行员操作站负责控制系统的运行操作，保证生产过程的正常进行。工作站的设立是随系统而异的，并非所有系统都具备上述三种工作站，对于某种工作站也有可能设立多个。例如：有的计算机控制系统，工程师和运行员的工作设计在同一工作站上进行，为保证二者分别行使各自的工作职责，可通过工作站上的密码软开关决定不同的操作；有的计算机控制系统将系统员工作站和工程师工作站合二为一；也有的计算机控制系统具有多台运行员操作站。

在分散控制系统中，由于采用了面向问题的语言和功能块的系统组态方法，使得控制系统的建立与修改简单方便，这部分工作完全可由工程师完成，因此，分散控制系统一般没有单独设立系统员工作站。

7. 通信设备

通信设备是实现在不同功能、不同地理位置的计算机（或有关设备）之间进行信息交换的设备，如计算机通信网络、网络适配器、通信媒体等。

8. 模拟屏

由模拟屏驱动器驱动，具有模拟接线、灯光信号、数字显示，并能实时反映一次系统运行方式的一种模拟电路屏。

9. 实时时钟

给各种操作提供统一精确的时间。目前广泛采用 GPS（Global Positioning System）全球卫星定位系统。GPS 用于军事、电力、航海、交通、公安等，分辨率为 0.1μs，它拥有 24 颗通信卫星，将接收的卫星标准时钟送入监控系统，以便时钟统一。厂站端通过安装价格低廉的 GPS 接收器接收标准时钟。

10. 变送器和执行器

变送器是一种将电量和非电量变换为计算机监控系统能够接收的电信号的装置。

执行器把操作指令变为具体的操作行为，迫使生产过程按照调节器或操作者的意图进行。

（二）软件系统

硬件为计算机监控系统提供的是物质基础，是一个无知识、无思维、无智能的系统躯干。软件是计算机控制系统中所有程序的统称，是系统的灵魂，是人的知识、智慧和思维逻辑在系统中的具体体现。硬件和软件是相互依赖和并存的。计算机软件通常分为两大类，即系统软件和应用软件。

1. 系统软件

系统软件一般包括汇编语言、高级算法语言、过程控制语言等语言加工程序、数据结构、数据库系统、管理计算机资源的操作系统、网络通信软件、系统诊断程序等，一般由计算机设计人员研制，由计算机厂商提供。对于计算机控制系统的设计和维护人员，要对系统软件有一定程度的了解，并会使用系统软件，以更好地编制应用软件。

2. 应用软件

应用软件是根据用户所要解决的实际问题而编制的具有一定针对性的计算机程序。这些程序决定了信息在计算机内的处理方式和算法。计算机控制系统的应用软件一般有过程输入程序，数据处理程序，过程控制程序，过程输出程序，人机接口程序，显示、报警、打印程序以及各种公用子程序等。对于分散型计算机控制系统，为了对整个分散控制系统的配置做出合理而正确的组合，采用了系统组态软件。这种组态软件提供了系统过程控制的组态、人机接口方面的组态、通信接口方面的组态设计软件。

应用软件的开发与被控对象的动态特性以及运行方式密切相关，因此，应用软件的开发人员除掌握计算机应用技术外，还应了解被控对象的特性和运行要求，才有可能开发合理的应用软件。

计算机控制系统的软件优劣与否，既关系到系统硬件的功能发挥，也关系到对生产过程的控制品质和管理水平，同时还影响计算机系统工作的稳定性和可靠性。例如，同样的硬件配置，采用高性能的软件，可以获得更好的控制效果，反之，硬件功能难以充分发挥，达不到预定的控制目的，甚至会造成系统“死机”等不良现象。计算机控制和管理的实时性，不仅取决于硬件指标，同样在很大程度上依赖于系统软件和应用软件。

（三）计算机监控系统的基本特点

计算机控制系统除了具备卓越的数据处理能力和富有竞争的性能价格比外，电力系统计算机监控系统还有以下几个基本特点。

1. 可靠性高

发电厂计算机控制系统具有较高的可靠性，在数量级上高于被控机组的可靠性，通常计算机控制系统的可用率指标在99.6%以上。计算机控制系统的高可靠性，是由于采用分散结构的计算机控制系统，对系统的关键部件采取冗余措施，增强系统的容错能力和诊断能力。计算机控制系统的高可靠性保证了电力系统的安全运行。

2. 实时性好

所谓实时性，是指计算机系统完成生产过程指定任务的即时性，即计算机控制系统的采样、运算和操作速度与它所控制的生产过程的实际运行速度相适应，能对生产过程的微小变化及时察觉，及时地进行计算和控制，以保证系统良好的实时性。系统的实时性依赖于系统的硬件和软件两个方面，系统的实时时钟和时钟管理程序、中断优先级处理电路和中断处理程序、实时操作系统等使实时性得到基本保证。

3. 适应性强

由于计算机控制系统大量采用工业控制机，因此能适应高温、潮湿、粉尘、震动、腐蚀、磁场等现场环境，并在环境条件有所恶化的情况下仍能正常运行。另外，计算机控制系统具备与过程设备连接的良好接口，能适应发电厂各种设备硬件系统的需要。

4. 完善的人机联系

在以CRT为中心的监控模式下，人机对话显得十分灵活。发电厂电能生产的计算机控制系统具备完善的人机接口和人机界面，能及时有效地进行参数监视、运行操作、系统组态以及异常情况下的故障诊断和处理等，而且人机联系方式简单、直观、明确、方便、快捷、规范、安全。

5. 综合功能强

计算机控制系统除具备驱动计算机系统各组成部分正常运转的常规系统软件外，还具备完善的实时操作系统、数据库管理系统、文件管理系统软件以及满足大型工业生产过程控制需要的各种应用软件，例如控制策略和控制算法软件、系统的组态软件、系统的通信软件、图形显示软件、历史数据记录软件、图符库软件、用户操作键定义软件等。性能优良的计算机控制系统具备功能齐全的软件系统支持，这就使得计算机控制系统能根据实际过程控制的需要综合各种系统功能。

二、发电厂计算机监控系统的基本控制方式及其结构

目前，在生产过程自动化领域中，计算机的应用已十分广泛。其应用目的和方式是多种多样的。因此，计算机监控系统的控制方式也很多。

（一）计算机控制的基本方式

1. 计算机监控系统的基础——数据采集与处理系统

数据采集与处理系统（Data Acquisition System，DAS）。严格地说，DAS不属于计算机控制的范畴，其输出并不直接控制生产过程，但是，任何计算机监控系统都离不开数据的采集和处理，因此，DAS是计算机控制系统的基础和先决条件。

应用计算机对生产过程运行参数进行采集和必要的处理，是计算机在工业生产过程中应

用的一种最初级、最为普遍的形式。该系统原理框图如图 4-2 所示。

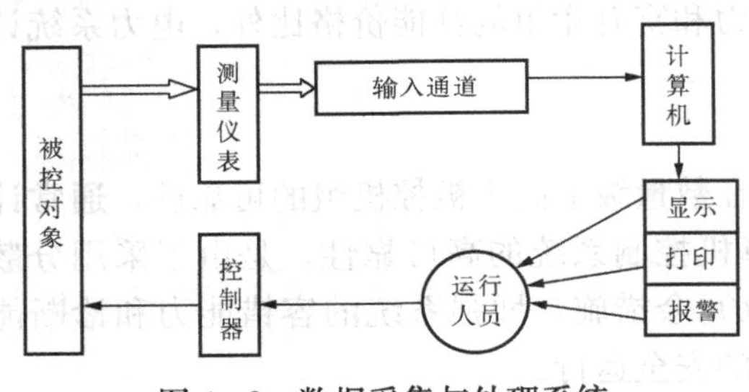

图 4-2　数据采集与处理系统

DAS系统对生产过程中的各种参数进行巡回检测，并将所测参数经过程输入通道采入计算机。计算机根据预定的要求对输入信息进行判断、处理和运算，需要时，以易于接受的形式向运行人员屏幕显示和打印出各种数据和图表。当发现异常工况时，系统可发出声光报警信号，运行人员可据此对设备运行情况集中监视，并根据计算机提供的信息去调整和控制生产过程。

在数据采集和处理的基础上，计算机还可以进行必要的控制计算和逻辑判断，将参数的变化趋势及操作指导通过 CRT 或打印机提供给运行人员，作为运行操作的依据。这就是计算机开环控制的操作指导系统。

2. 直接数字控制（DDC）方式

直接数字控制（Direct Digital Control，DDC）系统，是由计算机或以微处理器为基础的数字控制器取代常规模拟控制器，直接对生产过程进行闭环控制的系统，如图 4-3 所示。

在 DDC 系统中，计算机通过过程输入通道对被控对象的有关参数进行巡回检测，并将所测参数按一定的控制规律进行运算处理，其结果经系统的过程输出通道作用于被控对象，使被控参数达到生产要求的性能指标。

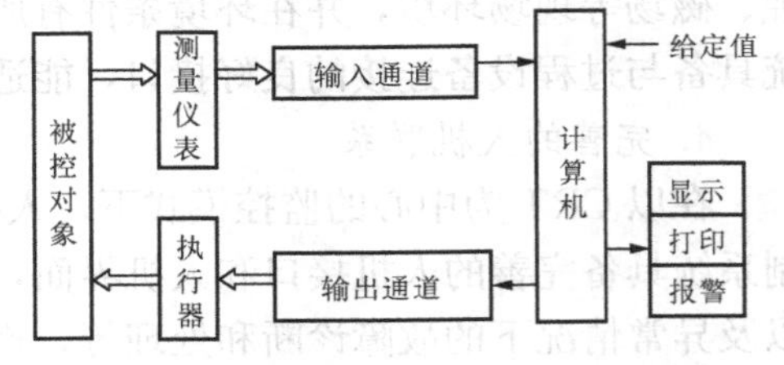

图 4-3　直接数字控制方式（DDC）

为了充分发挥计算机的利用率，DDC 系统中的计算机通常用来代替多台模拟控制器，控制几个或几十个控制回路。

随着微处理器技术的高速发展及其性能价格比的大幅度提高，用一个微处理器控制一个被控回路已成为现实，这使得 DDC 系统的危险性得到了分散，系统的可靠性大大提高，促进了 DDC 系统的广泛应用。

3. 计算机监督控制（SCC）方式

计算机监督控制（Supervisory Computer Control，SCC）是在 DDC 控制方式基础上发展起来的。该系统原理框图如图 4-4 所示。

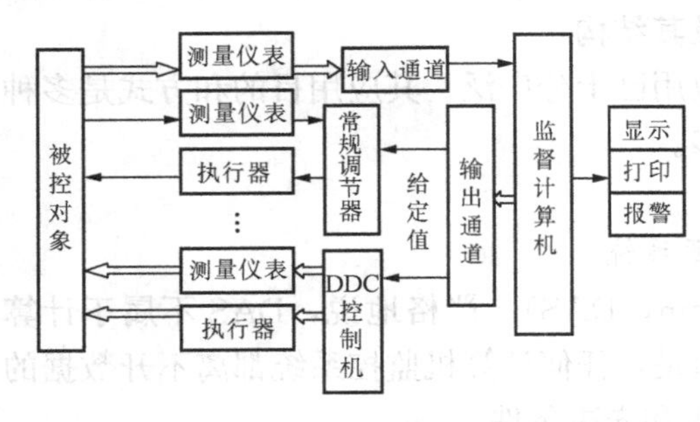

图 4-4　计算机监督控制方式

系统中的监督计算机根据反映生产过程工况的实时数据和数学模型，计算出各控制回路的最佳设定值，并对系统中的模拟控制器或数字控制器（一般为 DDC）的设定值直接进行修改。显然，该系统与 DDC 控制方式相比，自动化程度更高。

监督控制系统是一个闭环控制系统。它监督控制计算机，但不直接控制生产过程，而是完成最优工况及其设定值的计算；它对生产过程的控制作用是通过改变模拟量或数字控制器的设定值来体现的。

监督控制系统的初期是一个两级控制系统，上位机是以微型机或中、小型机为主体的监督控制级，下位机是以模拟控制器或微处理器为主体的直接控制级。采用这种系统的主要控制目的在于实现生产过程的最优化。上位机与下位机之间，可通过串行通讯方式联系。

目前，监督计算机在执行监督控制的同时兼有直接数字控制功能。这样可进一步提高系统的可靠性，即当模拟或数字控制器所在的直接控制级发生故障时，监督计算机可以代为完成控制任务；而在监督控制级发生故障时，直接控制级仍可独立完成控制操作，只是此时的设定值不能按优化的要求自动修改而已。

（二）计算机控制系统组成结构

计算机控制系统的结构，有集中型和分散型两类。

1. 集中型计算机控制系统结构

该系统将几十个甚至几百个控制回路以及上千个过程变量的控制、显示、操作等集中在监控中心的计算机上实现，即在监控中心计算机上实现数据采集、数据处理、数据存储、过程监视、过程控制、参数报警、故障检测、生产调度、生产协调、生产管理等众多功能。系统基本结构如图 4-5 所示。目前，这种集中型只适用于小型生产过程。

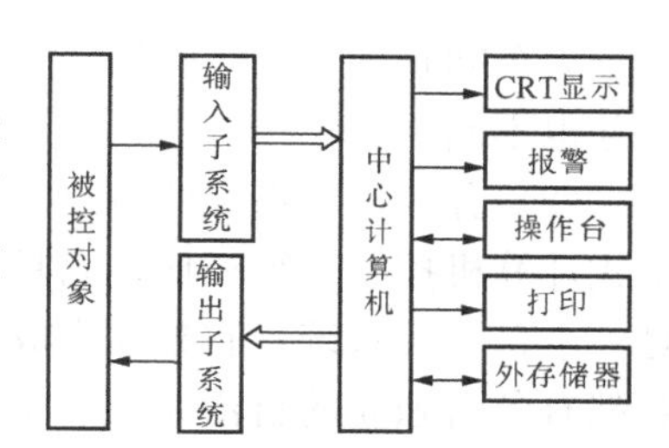

图 4-5　集中型计算机控制系统的基本结构

2. 分散型计算机控制（DCS 系统）的结构

分散型控制系统（Distributed Control System，DCS）又称集散型控制系统。

分散型计算机控制系统是以计算机技术为核心，与信号处理技术、测量控制技术、通信网络技术、人机接口和 CRT 显示技术密切结合，在不断以新技术成果充实的条件下，针对大型工业生产和日益复杂的过程控制要求，从综合自动化的角度出发，在吸收分散式仪表控制系统和集中型计算机控制系统的优点的基础上，按照控制功能分散、操作管理集中、兼顾复杂生产过程的局部自治和整体协调的控制系统。

（1）三级体系结构。集散控制系统具有三级体系结构，即过程控制级、集中操作监控级和综合信息管理级，如图 4-6 所示。各级有一台或多台计算机，级内计算机和级间计算机都通过网络进行通信，相互协调，构成一个严密的整体。

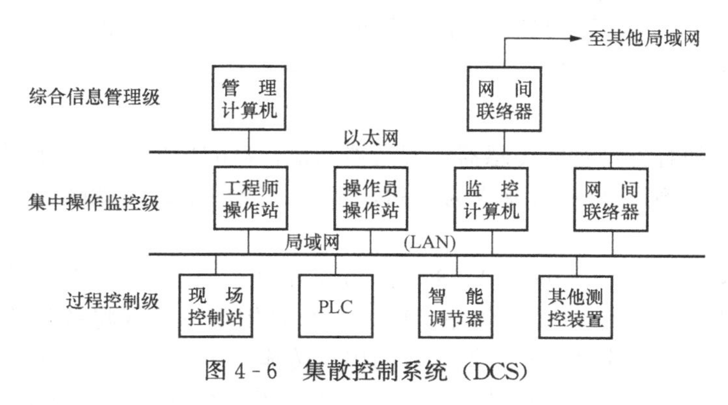

图 4-6　集散控制系统（DCS）

1）过程控制级。过程控制级是 DCS 的基础，用于直接控制生产过程。在这一级有许多现场控制站（水电站中称作现地控制单元 LCU），一般工控中称过程控制站，即分布式处理单元 DPU。现场控制站中主控器可以由微处理器或单片微机组成，也可以由可编程控制器（PLC）或智能调节器及其他测控装置构成。过程控制站分布在生产现场，完成对现场设备的直接监测和控制、收集的数据供监控级调用，同时接收监控级发送的信息。由于生产过程的控制由各过程控制站分散控制，分散了危险，局部的故障不会影响整个系统的工作，提高了系统工作的可靠性。

2）集中操作监控级。集中操作监控级用于监视控制各过程控制站点的所有信息，实现信息的集中显示和对生产过程的集中控制操作，实现对各控制回路的组态、参数的设定和修改以及实现优化控制等。监控级有监控计算机、工程师工作站、操作员操作站。由于监控级能全面地反映各过程控制站的情况，提供充分的信息，因此该级的操作人员可以直接干预系统的运行。

3）综合信息管理级。综合信息管理级一般采用大、中型计算机作为管理计算机，根据监控级提供的信息及生产任务的要求，向决策者提供各种信息，如生产计划、调度和管理方案，实现生产、人、财、物等的综合管理和办公自动化。根据电厂的各部门管理范围，它又可分为车间管理、厂级管理、公司级管理等。按照各部门的职责不同，每一管理级的计算机任务也不同。

（2）分散控制系统的特点。分散控制系统由于采用了分级分散式的体系结构，所以与集中式计算机控制系统相比，它具有许多特点：①自治性、可靠性：过程控制级各过程控制站是一个自治的系统，它独立完成数据的采集、信号处理、数据输出。监控级和综合信息管理级都有各自独立的自治系统。其控制功能分散，危险分散的特点，提高了系统的可靠性。②协调性：监控级各工作站能够通过通信网络传送各种信息并协调工作，以完成控制系统的总体功能。③人机交互友好性："人—过程"和"过程—人"的双向式的人机信息交换方式，提高了操作的正确率。④灵活性、可扩充性：由于集散控制系统的硬软件均采用开放式、模块化设计，系统为积木式结构，使得系统配置灵活，如增加或拆除部分单元，系统不会受到任何影响。⑤系统组态灵活方便：集散控制系统向用户提供系统组态软件，对控制系统组态。系统组态一般在工程师工作站上进行，用填表组态方式极大提高了系统设计效率，解除了用户使用计算机必须编程的困扰。使用组态软件可以生成相应的实用系统，易于用户设计新的控制系统，便于灵活更改与扩充。

（3）DCS的组态软件。组态是用应用软件中提供的工具和方法，去完成工程中某一具体任务的过程。通常组态环境支持五种组态语言，即功能块、梯形图、顺序功能图、指令列表和结构化文本，但一般不需要编写传统意义上的程序就能实现特定的功能要求。

一般组态过程是，首先在工程师站完成具体工程需要的控制方案，编译生成过程控制器需要的运算程序，下载到过程控制器，然后控制器内部软件通过调度，实现算法程序的执行。从本质上看，控制方案的组态过程就是控制运算程序的编程过程。

3. 现场总线控制系统

（1）现场总线控制系统概述。随着各种智能传感器、变送器和执行器的出现，数字化到现场、控制功能到现场、设备管理到现场的要求就成为必然，现场总线控制系统就随之产生了。

现场总线控制系统（Fieldbus Control System，FCS）是20世纪90年代兴起的新型计算机控制系统，已广泛应用在工业生产过程自动化领域。FCS系统是用现场总线将各智能现场设备和自动化系统互连，形成一个数字式、全分散、双向串行传输、多分支结构、多点通信的通信网络，如图4-7所示。在现场总线控制系统中，生产过程现场的各种传感器、变送器、仪表、执行器、控制器等都配置有单片微机或可编程控制器PLC，属于智能现场设备，各自都具有数字计算和通信能力，可完成数据测量、判断、分析、处理、决策和调节控制等功能，实现将DCS中的控制站的功能分散到智能设备中。FCS系统采用了规范的全开放式总线标准，所有符合标准的现场总线设备都可互连，共享网络资源，实现相互操作，统一组态。

(2) 现场总线控制系统结构。单从控制角度出发，这里将讨论重点放在监控级、控制级和现场级。监控级之上的管理级、决策级暂不予考虑。为此可把FCS分为三类：一类是由现场设备和人机接口组成的两层结构的FCS，一类是由现场设备、控制站和人机接口组成的三层结构的FCS，还有一类是由DCS扩充了现场总线接口模件所构成的FCS；二层结构现场总线控制系统结构适合于控制规模相对较小、控制回路相对独立、不需要复杂协调控制功能的生产过程。具有三层结构的FCS如图4-7所示。由DCS扩充了现场总线接口模件所构成的系统如图4-8所示。

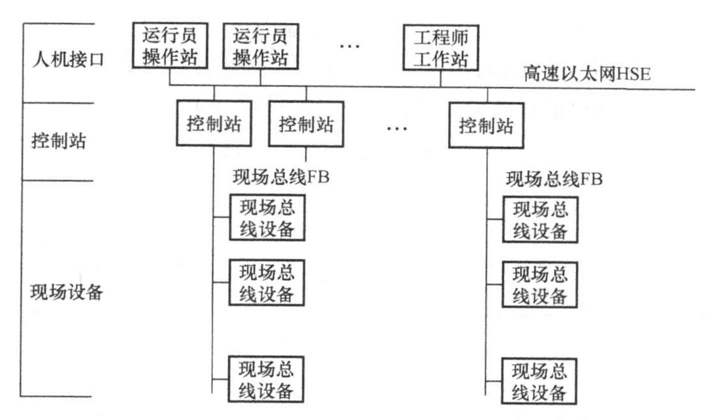

图4-7　具有三层结构的现场总线控制系统

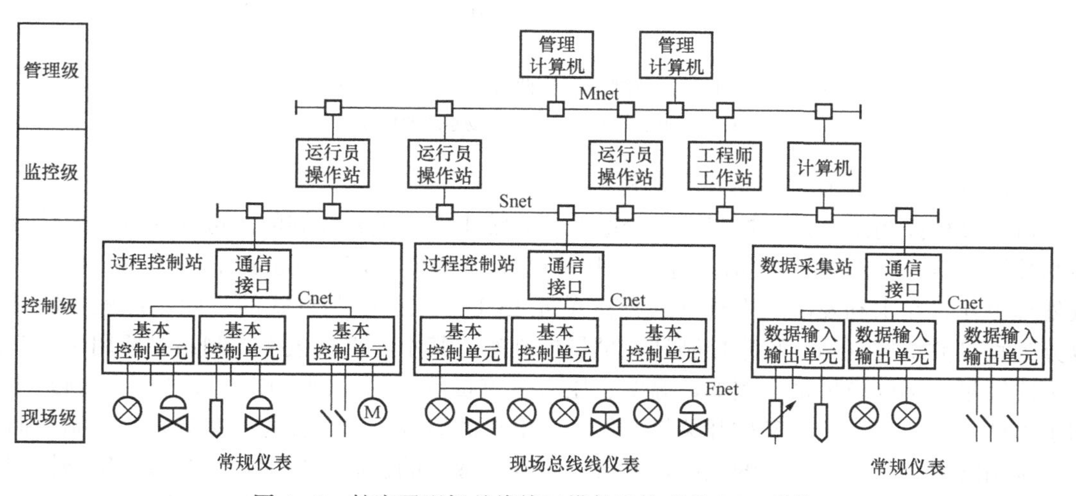

图4-8　扩充了现场总线接口模件后构成的DCS系统

现将构成FCS系统关键的三层作如下简要说明。

1) 现场级：现场级的现场设备包括符合现场总线通信协议的各种智能仪表和设备，例如现场总线变送器、变换器、执行器和分析仪表。由于现场设备智能化的结果，使得系统的控制功能可由现场总线设备完成，这是区别过去所有自动控制系统的关键所在。

2）监控级：监控级的人机接口设备一般有运行操作站和工程师等各种工作站。操作站或工作站通过位于机内的现场总线接口卡与现场设备交换信息，人机接口设备之间或与更高层设备之间的信息交换，通过高速以太网实现。

3）控制级：控制级中的控制站所实现的功能与传统的DCS有很大区别。在传统的DCS中，所有的控制功能均由控制站实现。但在FCS中，低层的基本控制功能一般是由现场设备实现的，控制站仅完成协调控制或监督控制功能（当然，如有必要控制站本身是完全可以实现基本控制功能的）。

应该指出，目前FCS还在发展中，现场设备中还有一些未能做到完全智能化，因此目前还有不少自动化控制系统中，是在DCS系统的基础上扩充了现场总线接口模件构成的FCS。

（3）现场总线控制系统特点。由于采用数字传输方式，可以实现高精度的信息处理，提高控制质量。现场设备与控制站的通信是采用双向数字通信方式，它取代了现场仪表过去广泛使用的4～20mA标准模拟通信方式，因此它们的精度比较高，如图4-9所示。此外，现场总线控制系统可减少大量电缆；实现仪表之间通信；保证了不同厂家的设备的互操作性；实现现场设备的管理、调试与维修。

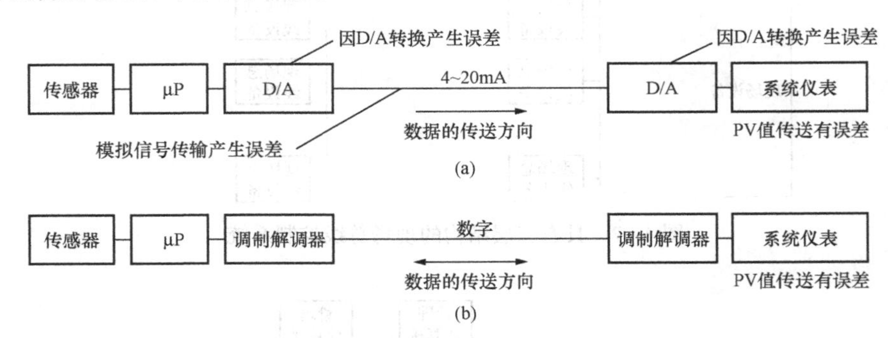

图4-9　控制系统的两种通信方式的比较

（a）模拟通信方式；（b）现场总线通信方式

4. DCS系统中过程控制站及其结构和功能

（1）过程控制站。过程控制站是分散控制系统中实现过程控制的。可独立运行的计算机检测控制设备，如图4-8所示。过程控制站也称为DPU（Distributed Processing Unit）分散处理单元，在水利发电厂里称现地控制单元LCU。根据控制方式的不同，过程控制站可以分为直接数字控制站、顺序控制站和批量控制站。其中，直接数字控制站主要用于生产过程中连续量（又称模拟量，例如，温度、压力、流量等）的控制（DDC）；顺序控制站主要用于生产过程中离散量（又称开关量，例如，电机的启/停、阀门的开/关等）的控制；而批量控制站既可以实现连续量的控制，又可以实现离散量的控制。目前，大多数分散型控制系统中的过程控制站均能同时实现连续控制、顺序控制和逻辑控制功能，它们统称为过程控制站。

（2）计算机的过程控制方法。计算机控制与常规控制方法主要区别是数字式与模拟式、软件（程序）与硬件控制方式的不同。但就其控制规律而言是基本相同的。计算机控制方法不但不会引入附加的惯性环节，而且可获得较理想的特性。

1）比例积分微分（简称 PID）控制方法。PID 控制是一种按偏差的比例、积分、微分的控制。PID 控制结构简单，参数容易调整，是一种技术成熟、应用最广的控制系统。计算机构成的 PID 控制具有更大的灵活性和适用性。

2）程序和顺序控制方法。早先程序控制是使被控量按照一定的或预先设置的时间函数变化的系统，被控量仅为时间的函数。顺序控制系统是程序控制系统的扩展。其特点是：系统的设定值在各个时期可以是不同的物理量，且每次给出的设定值既是时间的函数，又取决于对以前控制结果的逻辑判断。顺序控制在火力发电厂的应用十分广泛，涉及风机、给水泵、磨煤机等大型辅机的启停和输煤系统、吹灰系统、除灰除渣系统及化学水处理等系统。

3）复杂规律控制方法。控制系统的性能指标除过渡过程的品质外，从生产的整体效果看，还包括能耗最小、时间最短、产量最高、质量最好等综合性指标。对于客观存在的随机扰动，仅采用 PID 控制难以同时满足各项性能指标的要求。此时，可根据生产的实际需要，引进相应的复杂控制规律来改善和提高系统的性能指标。例如，前馈控制、纯滞后补偿控制、串级控制是实际应用系统中最常见的复杂控制规律，除此之外，还有多变量解耦控制、最少拍控制、最优控制、自适应控制、自学习控制等。

4）智能控制方法。智能控制是人工智能、运筹学和控制理论的应用体现，是计算机控制的发展的必然结果。智能控制可模仿人的思维过程、处理方法，具有很强的综合分析和决策能力。目前，智能控制在火力发电厂的应用尚处于摸索、起步阶段，例如人工神经网络的应用研究，故障诊断专家系统的开发研究等。可以预料，在走向火力发电厂全面综合自动化的道路上，智能控制的渗透将越来越深入，应用将更广泛。

（3）过程控制站结构及其功能。

1）过程控制站结构。过程控制站是专为过程检测、控制而设计的通用型设备，所以其机柜、电流、输入/输出通道和控制计算机等与一般计算机系统相比又有所不同。

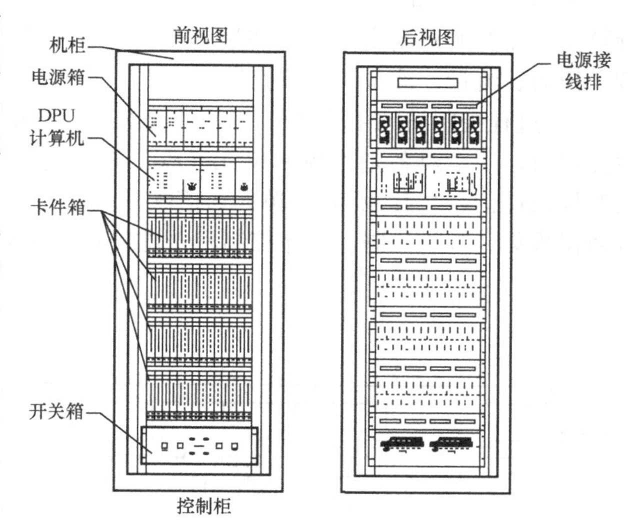

图 4-10　DPU 控制柜外观图

DPU 分散处理单元中的主处理机及各种卡件统一安装在机柜中，机柜是按国际标准制作，机柜主要分成两种形式：一种主要安装主控计算机 DPU、I/O 导轨箱与 I/O 卡件、站控制卡、总线、直流电源组件、交流进线配电箱等，简称控制柜，图 4-10 是控制柜的外观图；另一种主要用于安装各类信号调理端子板和用于现场电缆的接线，简称端子柜。

控制机柜的顶部装有风扇组件，其目的是带走机柜内部电子部件所散发出来的热量，机柜内部设若干层模件安装单元。图中上层安装处理器模件和通信模件，中间安装输入、输出模件，最下边安装电源组件，它为整个机柜提供电源。

2）过程控制站的网络结构。过程控制站的网络结构如图 4 - 11 所示。一个过程控制站中可能包含一个或多个基本控制单元（简称 BCU）。基本控制单元就是由一个完成控制或数据处理任务的微处理器模件以及与其相连的若干个输入/输出模件所构成的。基本控制单元之间，通过控制网络 Cnet（现场总线网络）连接在一起，Cnet 网络上的上传信息通过通信模件，送到监控网络 Snet（以太网），同理 Snet 的下传信息，也通过通信模件和 Cnet 传到各个基本控制单元。当将图 4 - 10 与 DCS 系统结构（图 4 - 8）相比较，图 4 - 11 所示的过程控制站的结构，实际上就是 DCS 系统中过程控制层的部分网络，也可以看作过程控制站的网络嵌套在 DCS 系统网络中。

在图 4 - 11 每一个基本控制单元（BCU）中，微处理器模件与输入/输出模件之间的信息交换由内部总线完成，简化了系统结构，提高了信息传输的可靠性。

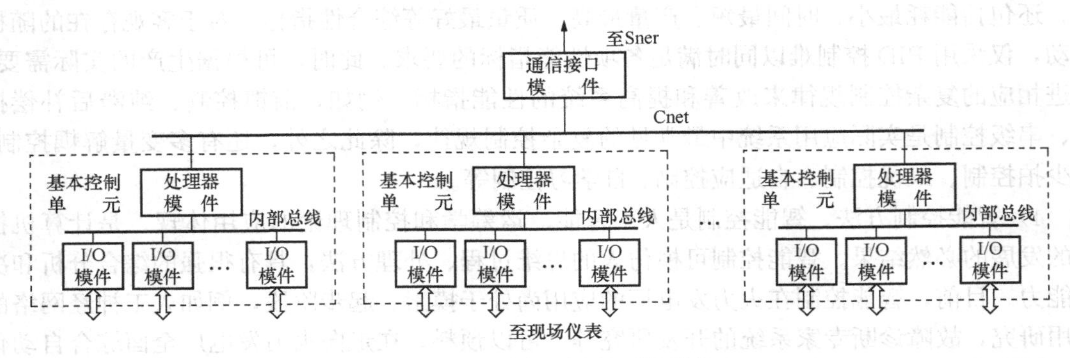

图 4 - 11　过程控制站的系统结构

基本控制单元的功能是：接收来自传感器或变送器的过程变量，并按照一定的控制策略计算出所需要的控制变量，再回送到生产过程中去，通过执行机构去调整生产过程中的温度、压力、流量、液位等被控变量。

3）过程控制站的主控制机。DPU 分布式处理单元中的 DPU 主处理机有时也称为 DPU 主控制机，用于对各基本控制单元（BCU）的过程控制、存储系统信息和与数据、与上一层监控级通信、与其他 DPU 单元通信联系。它的功能包括实现各种先进控制策略、完成过程数据采集、常规控制、顺序控制和先进控制、专家系统、智能控制等高级控制，并且能根据用户的不同控制要求完成特殊的控制策略。

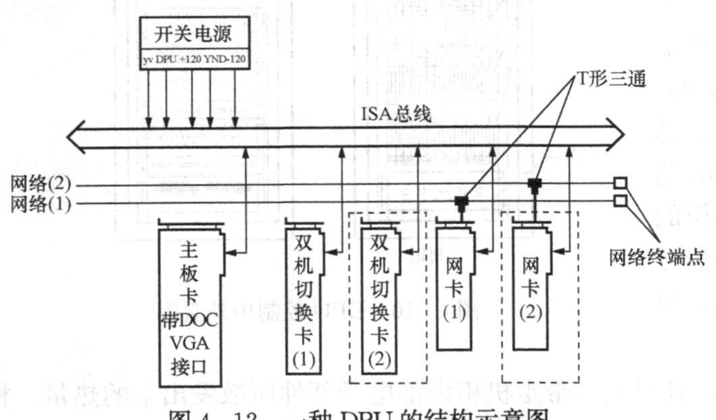

图 4 - 12　一种 DPU 的结构示意图

图 4 - 12 是一种 DPU 结构示意图，其中 DPU 主板卡是高集成度的工控单板机，采用 16 位的 ISA 总线，CPU 可以采用工控单片机或者 Pentium 型芯片，外围芯片与其他工控机相同，DPU 主板卡直接插在主板卡的插座上，可靠性较高。DPU 主控制机通常由 2 台完全相同独立的、

互为冗余的计算机系统组成，每台计算机系统含有一块 DPU 主板卡及多种计算机卡件和 I/O 卡件，通过冗余的 Ethernet（以太）网络（1、2）与其他 DPU 连接。

课题三　发电厂电气自动化系统

由于传统发电厂电气自动化系统采用物理硬接线和变送器屏等大量硬件设备，来监控电厂电气设备，因此电气系统的测量量、保护动作、整定、事故追忆等信息在机炉热工监控系统（DCS/FCS）无法在线实时反应，电气设备保护测控功能与机炉热工系统的联系依赖于后台系统，系统一旦出现问题或瘫痪便会失去保护测控功能，保护测控功能在系统级实现风险性较大。现代的电厂电气自动化系统采用先进、可靠的通信网络技术，取消原有硬接线、变送器屏等传统设备，使全厂全面信息化、数字化，电气设备保护测控功能分散就地实现，后台系统通过通信网络和就地综合保护测控设备通信，实现遥测、遥信、遥控、SOE、事故追忆等功能，综保测控设备的保护控制功能不依赖于系统，风险最大程度降低，设备自诊断信息丰富，提高了整个发电厂电气系统的可靠性，它拓宽和完善了 DCS/FCS 系统的监控范围和自动化程度。

一、火电厂自动化控制系统的组成

火电厂自动化控制系统包括有发电厂电气自动化和机炉热工自动化两大系统。但是由于火电厂过程控制的复杂性，机炉热工自动化系统内就含有多个复杂控制的子系统，每一个子系统都是相对独立的 DCS/FCS 系统，例如单元机组协调控制系统、炉膛安全监控系统、数字电液控制系统、汽轮机监测仪表系统等；而发电厂电气自动化系统包括有发电厂电气监控系统（ECS）和发电厂网控自动化系统（NCS），这两个子系统也是相对独立的 DCS/FCS 系统，如图 4 - 13 所示。发电厂电气监控系统（ECS）包括发电机组监控系统（一台发电机组配一套监控系统）和公共部分系统。每套发电机组监控子系统相应配置有发变组保护、滤波、同期、励磁、直流、UPS 等保护测控装置。公共部分有高压和低压厂用电保护测控装置及厂用电快切换装置等。另外，ECS 和机炉 DCS 监控系统分别通过网关与 SIS 厂控级相连。本课题主要讨论发电厂电气监控系统，关于发电厂网控自动化系统因类同变电站自动化，将放在变电站综合自动化中讨论。

二、发电厂电气自动化系统的三级体系结构

发电厂电气自动化系统采用分层分布式结构，系统分监控层、通信管理层和间隔层三层。

1. 监控层

监控层是整个 ECS 系统的控制中心，完成对整个 ECS 系统的数据收集、处理、显示、监视功能，并且经过授权，能对相应的设备进行控制。监控层应配置有后台服务器、操作员工作站、工程师站、WEB 服务器（可选）、五防工作站（可选，可以单独配置，也可以在操作员站实现）、网关（和其他系统相连用）和卫星对时装置 GPS（可选）。（以上配置数量可以根据系统规模和要求确定）

2. 通信管理层

通信管理层由通信控制器及相关的通信网络设备组成。通信管理层是整个系统构成的关键纽带，完成监控层和间隔层之间的实时信息交换，并可以通过 RS - 485 直接与 DCS 系统（热工自动化系统）的 DPU 进行通信，并完成各种自动化装置的接入，实现通信物理介质

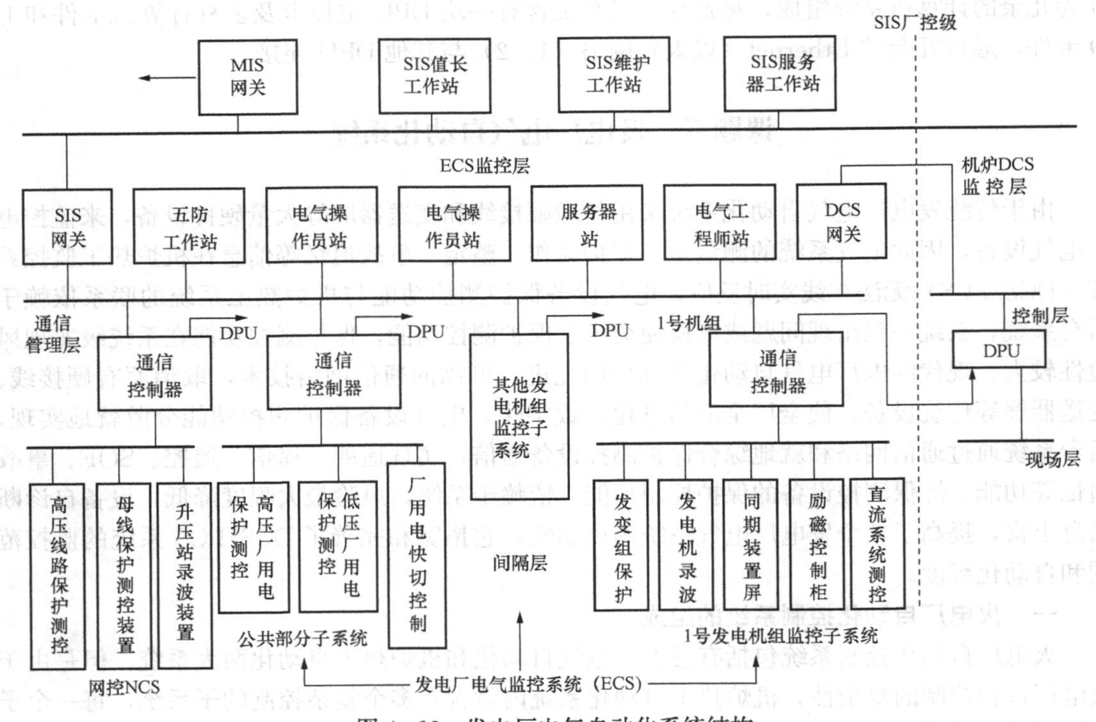

图 4-13　发电厂电气自动化系统结构

和通信规约的转换、接入功能。通信管理层支持现场总线、以太网、RS-485 等通信方式。通信管理层可采用双网冗余配置，有效保证网络传输的可靠性。

3. 间隔层

间隔层设备包括发变组保护测控装置、励磁、同期、UPS、直流系统测控装置、厂用电保护测控装置及厂用电快切装置，它们对相关电气设备进行保护、测量和控制，各间隔单元互相独立、互不影响。

三、火电电气监控系统（ECS）与热工计算机监控系统（DCS/FCS）的接口

1. 电气与热工计算机监控系统之间的联系要求

电厂生产过程的主要特点表现在系统复杂程度高，多变量耦合程度高，逻辑关系复杂，开关量控制系统与模拟量控制系统关系密切，可靠性要求较高等方面。例如，在电厂的主机和辅机之间、辅机和辅机之间、热工监控的 DCS 系统和火电电气监控的 ECS 系统之间，存在着大量的连锁、保护、启停等逻辑控制关系。

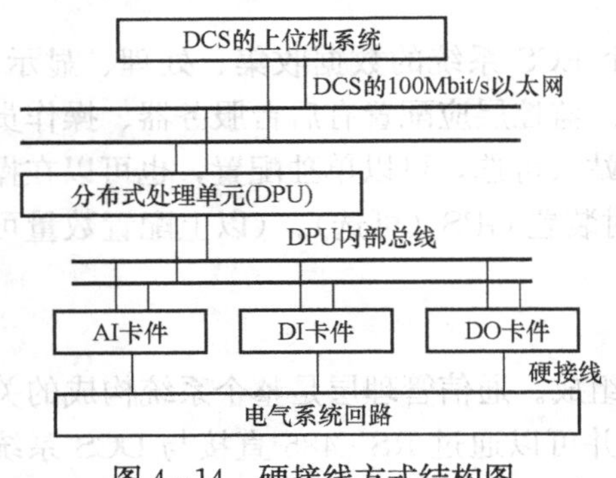

图 4-14　硬接线方式结构图

在火电电气的常规控制系统中，开关量接入方式为空接点的硬接线及模拟量接入方式为 4～20mA 直流信号（变送器输出信号）的硬接线，这些硬接线接至机炉热工监控系统 DCS 作数据采集。所谓硬接线，是指 DCS 系统的 DPU 与电气控制回路的连接方式，如图 4-14 所示。硬接线联系方式虽然传输迅速、可靠性高，但需要大量的变送器、

连接电缆、施工复杂成本高，系统的扩展性能差，电气系统的整体自动化水平较低。为了提高电厂的整体自动化水平，鉴于现代的网络通信技术的发展，采用基于网络通信的ECS系统，以全数字通信方式取代模拟式硬接线，实现电气与热工计算机监控系统之间的通信联系要求。

2. 电气与热工计算机监控系统之间的网络通信方式

图4-15中，通信管理机可经串行接口与对应的机组DCS的分布式处理单元（DPU）相连，进行信息交换，实现电气与热工计算机监控系统之间的数字通信。通信管理机与DPU之间一般采用RS-485接口相对简单易行，这就为电气信息参与工艺连锁，为火电厂计算机综合自动化的实现提供了可靠的方式。

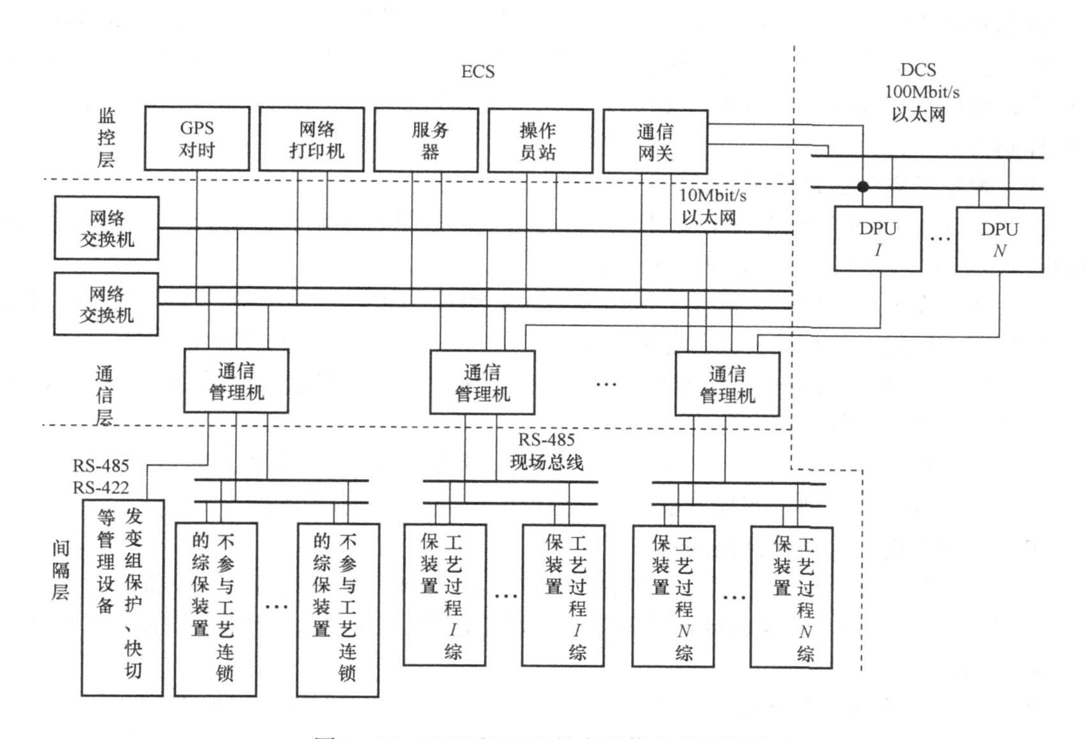

图4-15　ECS和DCS的全通信方式结构图

图4-15中，电气与热工计算机监控系统之间为全通信方式，这种方式中发电厂电气监控系统（ECS）与机炉热工自动化系统DCS接口有两种方式：

（1）间隔层保护和测控等装置通过通信控制器到监控层后台，通过通信网关与机炉热工自动化系统DCS以太网通信，实现厂级通信；

（2）间隔层保护和测控等装置通过通信控制器直接与热工计算机监控系统DCS的DPU通信，接收DCS系统的控制命令。

全通信方式中，通信管理机按电厂工艺过程配置，参与工艺连锁控制的通信管理机与相应的DPU一对一进行通信，由于每个工艺过程的电动机保护监控装置数量较少，因而通信实时性较高，完全可以满足电厂工艺连锁控制的要求。在实际应用中，对于不参与工艺连锁的电气信息，通过ECS监控层通信网关接入DCS。对于参与工艺连锁的保护监控装置应把控制信息和非控制信息分开，分别通过通信管理机的独立通信接口接入DPU和ECS监控层的通信网关接入DCS。这样总体来说，实时性和可靠性均能满足技术规范要求。

目前，发电机组的电压、电流、功率、电量和保护动作信号及厂用电源回路的控制等信息通过通信方式接入相应DPU（而与工艺连锁和控制相关的开关量的接线，在有的电厂里还保留部分硬接线），这种通信的联络方式具有如下优点：

(1) ECS取消了数据采集中大量的变送器、I/O卡件、机柜和连接电缆，成本降低。

(2) 接入DCS的信息全面、丰富，信息数量基本与投资无关，系统扩展性强。

发电厂电气自动化系统涉及的点多面广，不可能将所有的间隔层保护监控设备采集的数据、计算的参数直接上传到监控层，只有将间隔层设备的保护、测控信息分析、处理，才能提高效率和响应速度；另外，为了满足火电厂工艺连锁控制的要求，采用通信方式直接与相应DPU通信，不再经过ECS监控层、DCS网关和监控级的层层传输，保证了必要的响应速度要求，所以在ECS系统中增设了通信管理层（通信管理机的结构原理详见第五单元中的通信控制器）。

四、发电厂电气自动化系统功能

(1) 实现在DCS的操作员站上对电厂所有电气部分进行控制和设备管理，DCS系统也可以授权在ECS操作员站上实现电气操作。

(2) 实现发电厂厂用电自动化：使用综合保护测控一体化智能设备，实现高压厂用电、低压厂用电、厂用电快切及公共部分的继电保护、监控、信息管理和设备维护。

(3) 实现发电厂机组电气自动化，包括发变组保护、发电机录波、励磁、同期、UPS、直流系统、电能表等的监控和管理。

(4) 发电厂网控自动化系统（NCS）实现对升压站的高压设备保护、监控和远动功能。

(5) 配合五防工作站，实现发电厂电气系统的防误闭锁及操作票。

五、发电厂电气自动化系统的特点

(1) 全厂数字化、信息化：采用网络通信技术替代DCS硬接线对电气设备的监控方式，实现全厂数字化，减少了DCS硬接线电缆、测量变送器、I/O接口柜等设备的一次性投资，大大减少用户维护工作量。

(2) 分布式系统：系统采用分布式面向对象的设计理念，采用分层分布的配置方法。间隔层装置面向被控设备对象设计，综合保护测控装置集保护、测控、通信于一体。

(3) 开放式结构：系统具有良好的开放性，备有完整的通信规约库，并提供规约开发平台，方便地与各类系统和设备接口；可挂接各种设备和仪表，可方便地与其他厂家的多种智能设备接口，方便地与DCS、厂级生产监控信息系统（SIS）、厂级管理信息系统（MIS）等系统完全接口，实现不同系统的无缝接入。

(4) 灵活配置系统：系统组网和设备配置灵活，规模扩展不受限制，针对不同装机容量和使用场合提供性价比高的组网和设备配置解决方案。

(5) 先进、可靠、冗余网络设计：系统采用成熟、先进的网络通信技术，可采用双机冗余配置，通信速度快，通信速率高，系统具备高度的实时性和可靠性。

(6) 易于实现全厂的综合自动化：通过全通信方式，将ECS与DCS两大系统完美地结合，实现机、炉、电的全厂综合自动化成为可能。

课题四* 发电厂的频率和有功功率自动控制

一、电力系统频率和有功功率控制的重要性

电力系统频率的变化会引起电动机转速变化和输出功率降低，影响电力用户设备的正常运行；频率过低时有些设备将无法工作，某些测量和控制用的电子设备的准确性和性能将受到很大影响，特别是对一些重要工业和国防是不能允许的。

对于额定频率为50Hz的电力系统，当频率低到45Hz附近时，某些汽轮机的叶片可能因发生共振而断裂，造成重大事故。频率下降到47～48Hz时，由异步电动机驱动的送风机、吸风机、给水泵、循环水泵和磨煤机等火电厂厂用机械的功率随之下降，使火电厂锅炉和汽轮机的功率随之下降，甚至使整个系统瓦解。

电力系统频率下降时，还会引起励磁机功率下降，并使发电机电动势下降，导致全系统电压水平降低。最严重时会发生所谓电压雪崩现象，造成大面积停电，甚至使系统瓦解。

由此可见，控制好电力系统的频率，无论是对电厂维持正常运行，保证电力系统的安全，还是保证用户的正常运行都是极其重要的。电力系统的重要任务就是要及时调节系统内并联运行机组原动机的输入功率，保证电力系统频率在允许范围之内。

电力系统有功功率和频率控制最终是靠发电厂控制燃气轮机、汽轮机或水轮机这些原动机的转速自动调节来达到目的，这种自动控制涉及电气、机械、热工等范畴，这对于现代科学来说是门综合自动化学科。本节内容主要是概述发电厂原动机的转速调节基本原理，介绍如何通过计算机的综合控制来实现发电机组的有功功率和频率的调节。

二、发电机组调速控制的基本原理

1. 发电机频率与机组转速的关系

发电机组单独运行时机组不并网，发电机端交流正弦电压的频率和机组转速的关系为

$$f = Pn/60 \tag{4-1}$$

式中：f 为发电机频率，Hz；P 为发电机转子的极对数；n 为机组转速，r/min 。

由式（4-1）可知，要控制发电机频率就要控制机组转速。

2. 发电机组调速系统的静态特性

为了保证并联运行的机组能够在某一确定的有功功率运行并合理分配并联运行机组间的有功功率，要求发电机组调速系统具有图4-16所示的静态特性。其中 P_G 为发电机输出的有功功率。图4-16说明，机组调速系统对发电机频率调节的结果，并没有保证发电机频率恒定不变，而是“有差”的。因此，图4-16的特性也称为调差特性。

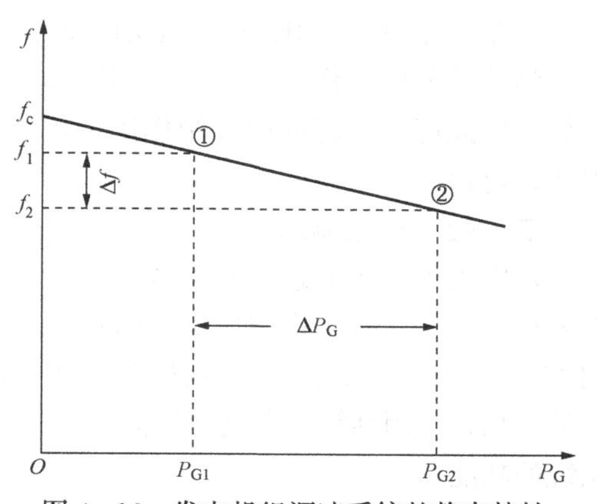

图4-16　发电机组调速系统的静态特性

假定机组稳定在图4-16中①点（$P_G = P_{G1}$、$f = f_1$、n_1）运行。当机组负荷突然增加（如增加到 P_{G2}），在调速器没有开始调节时，由于输入原动机的功率小于发电机输出的功率，机组的转速（频率）会下降。

当调速系统调节汽阀开度增加，使进入汽轮机的蒸汽量增加，机组转速就开始上升，调速系统调节的结果是使汽轮机输出的机械转矩 M_T（正力矩）增大，带动发电机输出有功功率由原来的 P_{G1} 逐渐增加，由于发电机的电磁转矩 M_G（阻力矩）随负荷增加而变大，所以转速不可能再上升到原来的 n_1 处，只能维持在一个新的 n_2 平衡点②上（$M_T=M_G$ 平衡点），其频率对应为 f_2、机组输出的有功功率对应为 P_{G2}。

调速系统调节汽阀开度是基于液压的调整和控制，液压部分采用电液伺服控制系统EH。由数字式的电液控制系统（DEH）与EH组成的电液控制系统通过控制汽轮机主汽门和阀门的开度，实现汽轮发电机组的转速和有功功率的实时控制。

3. 调节量计算——PID调节原理

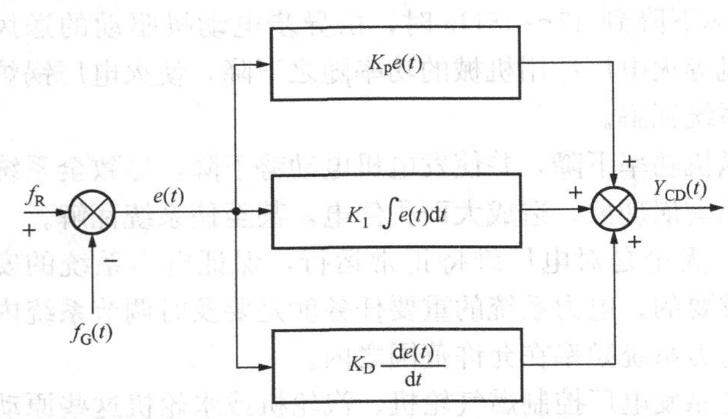

图4-17　按频差的PID调节原理框图

由于数字电液调速器的调节规律是由软件实现的，不同的调节规律只表现在软件的不同上，不需要修改硬件，因此可以很方便地实现各种不同的控制规律。目前，数字电液调速器较普遍采用按频差的比例、积分和微分调节，称为PID调节。

按频差的PID调节的目的是减少频率偏差，消除稳态误差，提高无差度；产生超前的频差控制作用。图4-17是PID调节原理框图，根据图4-17所示，PID调节用下列公式表示

$$\left.\begin{aligned} Y_{CD}(t) &= K_P e(t) + K_I \int e(t)\mathrm{d}t + K_D \frac{\mathrm{d}e(t)}{\mathrm{d}t} \\ e(t) &= f_G(t) - f_R \end{aligned}\right\} \tag{4-2}$$

式中：$Y_{CD}(t)$ 为PID控制的输出；f_R 为发电机频率的给定值；$f_G(t)$ 为发电机频率；$e(t)$ 为频率偏差；K_P、K_I、K_D 为比例系数、积分系数和微分系数。

图4-17和式（4-2）中的比例、积分、微分表达式均在单片微机中由程序完成。

频差比例调节作用：是按比例反应系统频率的偏差，系统一旦出现了频率偏差，比例调节立即产生调节，以减少频率偏差。比例调节环节具有放大的作用，可以加快调节，减少误差。

频差积分调节作用：使系统消除稳态误差，提高无差度。积分调节使系统动态响应变慢。

频差微分调节作用：微分作用反映系统频率偏差信号的变化率，能预见频率偏差变化的趋势，因此能产生超前的控制作用，在频率偏差还没有形成之前，已被微分调节作用消除。因此，可以改善系统的动态性能。

三、数字电液调速器

从电力工业诞生起到20世纪50年代，调速器都是采用机械液压调速。50年代后电子技术发展很快，电气液压式调速器（EHC）逐渐取代了机械液压调速器。数字电液调速器（简称DEH）出现于20世纪70年代初期，数字电液调速（简称数字电调）是自动控制与计算机相结合的产物，利用计算机存储大量信息的能力、完善的逻辑判断和快速运算能力来实现机组调速系统的功能。

电气液压式调速器的控制规律是用模拟电路实现的，比用机械机构实现要容易得多，但

比起用数字方式实现要差得多，数字电调可以很方便地实现机组运行全过程最优控制，还可以实现自适应控制、智能控制等高级控制来提高调速系统的调节品质；模拟电调控制机组时，机组开停机控制、发电机并列等与调速器是分开设置的。以数字电调的硬件为基础开发的机组是一套开停机逻辑控制、调速和机组同期并列的装置，具有一套设备实现多项功能的特点；由于计算机工作对环境温度和电源电压的变化不敏感，这就克服了模拟电路受各种漂移的影响。因此，数字电调的工作稳定性好、可靠性较高，加上采用自检和自恢复、数字滤波等技术措施使数字电调具有较强的抗干扰能力。

1. 数字电液调速器系统结构

数字电液调速器由微机控制器、电液转换器和机液随动系统组成，如图 4-18 所示。电液转换器将微机控制器输出的控制电量转换成非电量油压变化，而机液随动系统将非电量的油压变化经油门放大送至接力器是一种油动机，其作用是控制油动机的活塞位移量来调节汽阀的开度。

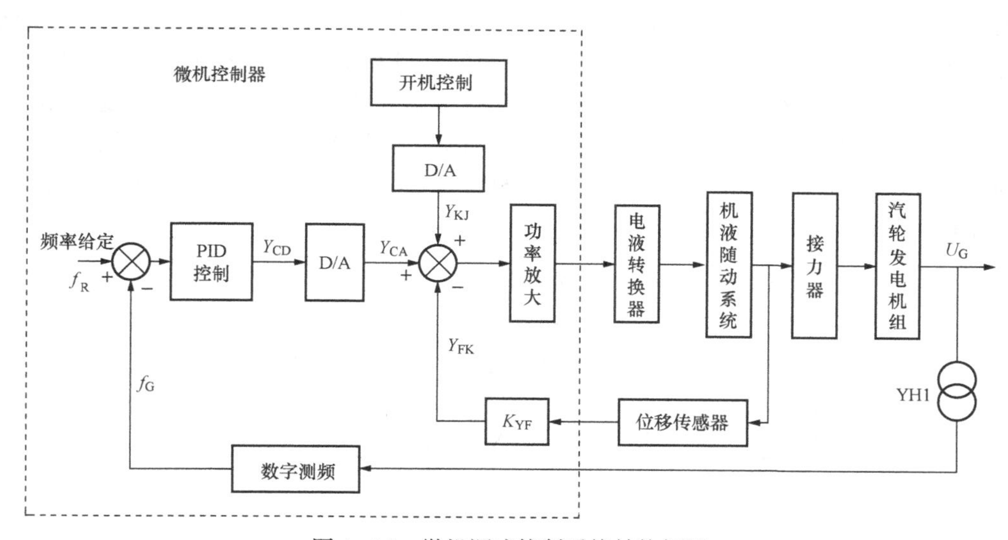

图 4-18　微机调速控制系统结构框图

图 4-18 是简化了的微机调速控制系统结构框图，虚线框内的数字测频是电压模拟量输入测频卡，经测量后输出为发电机端口电压 U_G 的数字频率 f_G，与给定的频率整定值 f_R 相比较后为频差。频差经 PID 比例、积分、微分调节环节数字处理后为 Y_{CD} 数字电压量，经 D/A 数模转换后表征微机控制器要求接力器所走的行程 Y_{CA}（即机液随动机构的汽阀控制接力器的行程）；经过位移传感器、位移反馈放大器 KYF 放大后的接力器实际位移量为 Y_{FK}；Y_{KJ} 是开机控制软件要求接力器所走的行程（模拟量）。Y_{CA}、Y_{FK}、Y_{KJ} 三个模拟量电压加在功率放大器的加法器输入端，经功率放大后输出电压决定接力器的实际调节行程。

图 4-18 中微机控制器由专用控制计算机组成。计算机控制系统的硬件由主机、接口电路、输入/输出过程通道和人机联系设备组成。

(1) 主机。微处理器（单片微控制器）是控制器的核心，它与存储器（RAM、ROM 或 EPROM、E^2PROM）一起，通常称为主机。发电机组和调速系统的运行状态变量经采样输入存放在可读写的随机存储器 RAM 中。主机的主要功能是对从输入通道采集的运行状态变量的数值进行调节计算和逻辑判断，按照预定的程序进行信息处理求得控制量 Y_{CD}。

(2) 输入/输出过程通道。为了实现机组调速控制的各种功能，需将发电机的频率、接力器机械行程等状态量按照要求送到接口电路。计算机计算出的调节量要去控制原动机闸阀开度，也需要将计算机接口电路输出的信号变换为适合电液转换器输入的电量。在工业控制中，将控制计算机的接口电路与被控制对象之间的信息传输和变换设备称为输入/输出过程通道，并要求在接口电路和被控对象之间相互匹配好。数字电液调速器的输入/输出过程通道主要指数字测频率和数字测相角、位移传感器、功率放大器与控制微机的接口电路之间通道。

1）数字测频。数字测频的具体任务是频率和相角测量，其作用是将发电机电压和系统电压的频率以及两个电压之间的相角变换成数字电量。经测量反馈后求得频差，经计算机的PID调节量计算和逻辑判断，求得控制量 Y_{CD}。

2）位移传感器。位移传感器的作用是将接力器的行程变成与其成正比的0～5V直流电压信号，以便于规范比较。图 4 - 19 是位移传感器的结构框图。图中虚线框内为差动变压器。变压器一次绕组和二次绕组绕在一个中空的绝缘管外面。变压器铁芯是一个导磁金属杆，插入绕有线圈的绝缘管中。由图中可以看出，金属杆插入绝缘管内越深，变压器二次侧电压越高，即变压器二次侧电压与金属杆的位移有关。变压器二次侧电压经检波、滤波后变成直流电压，其值与金属杆的位移成正比。位移传感器的相敏检波及其滤波电路原理详见图 2 - 55～图 2 - 57。

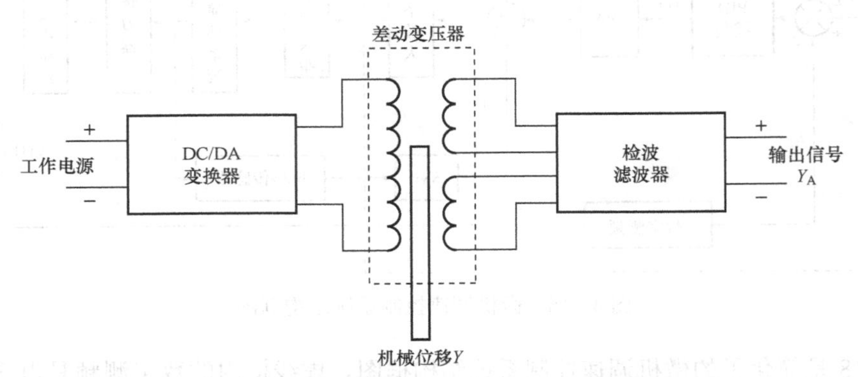

图 4 - 19　位移传感器的结构框图

3）功率放大器。功率放大器是微机控制系统的输出通道，其功能是对D/A转换输出的模拟电压 Y_{CA} 进行功率放大，以便能推动电液转换器工作，如图 4 - 17 所示。功率放大器和加法器做在同一块模板卡上的，用加法器对 Y_{CA}、Y_{KJ} 和 Y_{FK} 进行加法运算，然后对模拟电压功率放大。

2. 数字电液调速器 DEH 系统的构成

发电机组的数字式电液控制系统 DEH 是火电厂汽轮发电机组不可或缺的组成部分，是汽轮机启动、停止、正常运行和事故工况下的调节控制器。DEH 系统与 EHC 系统组成的电液控制系统都是通过控制汽轮机主汽门阀门的开度，实现对汽轮发电机组的转速、负荷、压力等的控制。

以新华 DEH - V 型为例，其结构是典型的 DCS/FCS 控制系统，其过程控制站的 DPU

通过冗余通信总线，实现对基本控制单元 BCU 的通信及控制。同时通过网络接口模件实现 DPU 联网。该系统有两套冗余的 DPU 控制，互为热备用。

用于 DEH 系统的 DPU 模件主要有：①开关量输入模件（DI）；②开关量输出模件（DO）；③模拟量输入模件（AI）；④模拟量输出模件（AO）；⑤阀门控制模件（VPC）；⑥转速测量与保护模件（SDP）。图 4-20 是 DEH-V 型系统结构图。

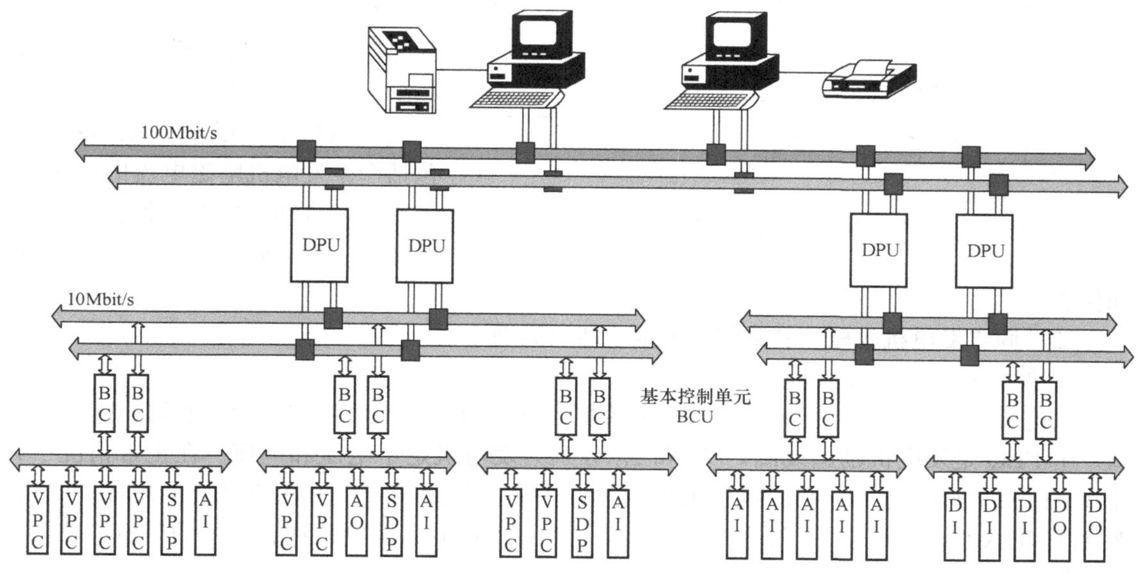

图 4-20　DEH-V 型系统结构图

VPC 模件用于汽轮机阀门伺服驱动控制。该模件与功率放大模件相配合，可以实现对电液转换器的驱动。VPC 模件还具有手动、自动切换、跟踪功能，以及与液压安全油系统的连锁保护功能。VPC 模件采用智能数字整定，无需人为调整阀门开度和零位，避免了手动调整，提高了自动化程度和位置精度；采用 PWM 脉宽调制技术，实现低压电调系统的大电流驱动，减少了功耗，使部件工作更加可靠。

SDP 模件为 DEH 控制系统中专用的测速及超速保护模件，该模件还具有甩负荷预测（LDA）功能、功率—负荷不平衡（PLU）功能等。SDP 模件可以在 20ms 内完成转速的判断，保证汽轮机甩额定负荷转速飞升不超过 7%。为了保证超速保护系统的可靠性，采用了 3 块独立的 SDP 模件，其输出结果进行“3 选 2”判断，可以最大程度上防止误动和拒动。

DPU 为了获取发电机的电气运行参数，SDP 模件有 6 路模拟量输入，其中发电机电压、电流、有功功率等由变送器屏通过硬接线接过来。火电厂综合自动化后，这些参数改由 ECS 的发电机组监控系统中获取，通过全通信方式由 ECS 的通信控制器与 DPU 通信接口。

课题五*　发电机自动励磁调节和电压控制

自动励磁调节器是根据发电机电压和电流的变化以及其他输入信号，按事先确定的调节准则控制励磁功率单元输出励磁电流的自动控制装置。

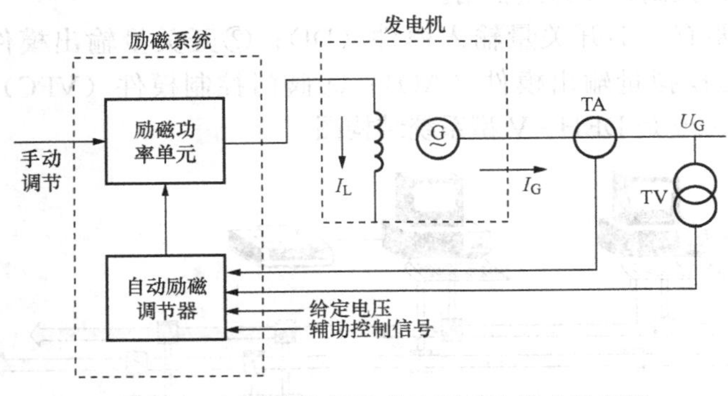

图 4-21　同步发电机励磁控制系统构成示意图

一、同步发电机励磁控制系统的构成

同步发电机励磁控制系统的构成如图 4-21 所示。它是由同步发电机及其电压互感器（TV）、电流互感器（TA）和励磁系统组成的一个反馈自动控制系统。励磁系统是向发电机供给励磁电流的系统，包括产生发电机励磁电流的励磁功率单元、自动励磁调节器、手动调节部分以及灭磁、保护、监视装置和仪表等。

二、同步发电机励磁控制系统的主要功能及原理

1. 控制发电机电压

发电机单机带负荷运行时，励磁控制系统的电压调节作用可用图 4-22 说明。图 4-22（a）中 FLQ 是发电机励磁线圈，U_G 和 I_G 分别为发电机定子电压和电流。在正常情况下，流经 FLQ 的励磁电流 I_L 在同步发电机内建立磁场，使定子绕组产生空载感应电动势 E_q；改变 I_L 的大小，就可使 E_q 发生相应变化。图 4-22（b）是发电机稳态运行的等值电路图，用数学式表达为

$$\dot{E}_q=\dot{U}_G+j\dot{I}_GX_d \tag{4-3}$$

式中：X_d 为发电机的直轴电抗。根据图中所示相量关系，可以得出

$$E_q\cos\delta=U_G+I_qX_d \tag{4-4}$$

一般 δ 的值很小，可近似地认为 $\cos\delta\approx1$，于是式（4-4）可简化为

$$E_q\approx U_G+I_qX_d \tag{4-5}$$

$$U_G\approx E_q-I_qX_d \tag{4-6}$$

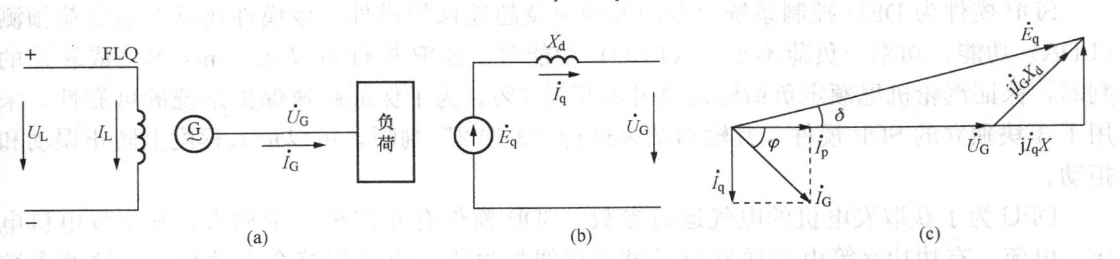

图 4-22　发电机稳定运行图

（a）原理图；（b）等值电路图；（c）相量图

δ—E_q 和 U_G 之间的夹角，即发电机的功率角；I_q 和 I_p—发电机的无功和有功电流分量；φ—发电机的功率因数角

式（4-5）中 E_q 和发电机励磁电流 I_L 成正比。式（4-5）说明，当 I_L 不变时，I_q 变化将引起 U_G 变化，即发电机单机带负荷运行时，电压变化主要是由定子电流的无功分量 I_q 的

变化引起的。式（4-5）还说明，如果发电机无功电流 I_q 不变，改变 I_L 可以改变 E_q，进而可以改变 U_G 或使 U_G 保持恒定，即发电机单机运行时，调节励磁电流可以改变发电机电压。

2. 调节送入系统的无功功率，实现无功功率在额定电压下的平衡

在发电机并入电力系统运行时，已不可能由某一发电机单独调节励磁电流来控制系统电压。这时，电力系统的电压水平是由系统中无功电源发出的无功功率总和与系统中负荷所消耗的无功功率总和之间的平衡关系确定的。采用简单系统分析可以定性说明此问题。

实际上，由于系统中负荷主要成分是感应电动机，负荷所消耗的无功总和 Q 与系统电压 U 的关系曲线如图 4-23 中的 2 曲线所示；而无功电源发出的无功功率与系统电压 U 的关系曲线如图中的 1 曲线，是一条向下开口的抛物线。两曲线相交于平衡点 a，对应电压为 U_a。

当负荷增加时，其无功电压特性如曲线 2′所示。如果系统的无功电源没有相应增加（发电机励磁电流不变，电动势也就不变），电源的无功特性仍然是曲线 1。这时曲线 1 和 2′的交点 a′就代表了新的无功平衡点，并由此决定了负荷点的电压为 U'_a 显然 $U'_a < U_a$。这说明负荷增加后，系统的无功电源已不能满足在电压 U_a 下无功平衡的需要，只好降低电压运行，以取得在较低电压下的无功平衡。如果发电机具有充足的无功备用，通过调节励磁电流，增大发电机的电动势 E_q，则发电机的无功特性曲线将上移到曲线 1′的位置，从而使曲线 1′和 2′有交点 c，所确定的负荷节点电压达到或接近原来的数值 U_a。由此可见，系统的无功电源比较充足，能满足较高电压水平下的无功平衡的需要，系统就有较高的运行电压水平；反之，无功不足就反映为运行电压水平偏低。因此，应该力求实现在额定电压下的系统无功功率平衡，并根据这个要求装设必要的无功补偿装置。总之，实现无功功率在额定电压下的平衡，是保证电压质量的基本条件。

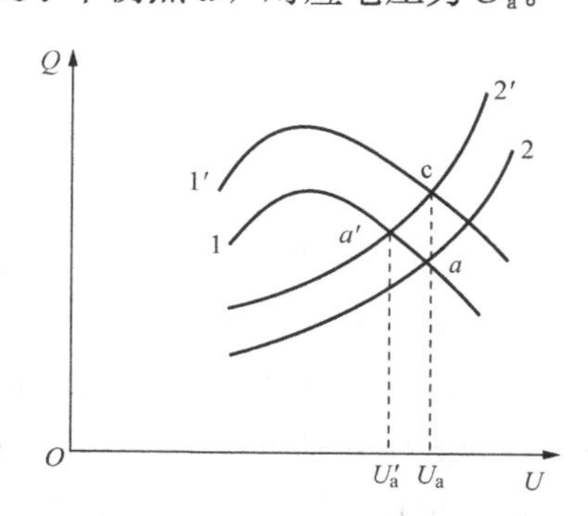

图 4-23　按无功功率平衡确定电压

3. 改善电力系统的运行条件

当电力系统由于种种原因出现短时低电压时，发电机励磁自动控制系统可发挥调节功能，大幅度地增加励磁电流以提高系统电压，可以改善系统的运行条件。例如，采用自动强励办法可以加速电网电压的恢复。

另外，由于水轮发电机组的机械转动惯量（或机械时间常数）很大，在机组甩负荷时不能以最快的速度来关闭水轮机导水叶，而励磁绕组中的电流又不能很快衰减下来，往往使得水轮发电机甩负荷时端电压上升得很高，即产生了过电压。

在励磁调节器中，为防止水轮发电机过电压，设有强行减磁装置，强行减磁动作，减少励磁电流。而半导体晶闸管励磁调节器和微机励磁调节器可控制触发脉冲触发角 α，使励磁电流即时减磁，它本身就有较强的强行减磁能力，可以有效防止同步发电机过电压。

4. 保证发电机电压调差率有足够调节范围

（1）发电机电压调差率。发电机电压调差率又称作发电机励磁控制系统的静态工作特性，它是指在没有人工参与调节的情况下，发电机机端电压 U_G 与发电机电流的无功分量 I_q 之间的静态特性。

图 4-24 是同步发电机励磁控制系统静态工作特性的三种类型，其中 δ_T 称为发电机端

电压调差率或调差系数。$\delta_T>0$ 称为正调差，调节特性曲线向下倾斜，表示发电机机端电压随无功电流的增大而下降；$\delta_T<0$ 称为负调差，调节特性曲线向上翘起，表示发电机机端电压随无功电流的增加而上升；$\delta_T=0$ 称为无差特性，表示发电机机端电压不随无功电流变化。

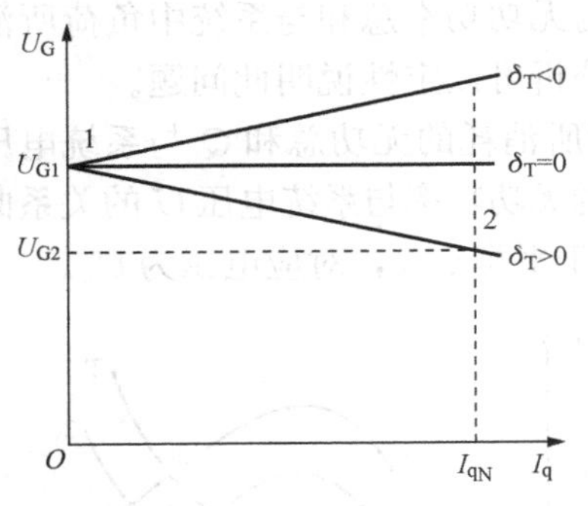

图 4-24　发电机电压调节特性

发电机机端电压调差率是在电压给定值不变、发电机功率因数为零的情况下，发电机无功负荷从零变化到额定值时，用发电机额定电压的百分数表示的发电机机端电压变化率。发电机机端电压调差率 δ_T 按式（4-7）计算

$$\delta_T(\%)=\frac{U_{G1}-U_{G2}}{U_{GN}}\times 100\% \tag{4-7}$$

式中：U_{G1} 为发电机空载电压；U_{G2} 为发电机带额定无功负荷 I_{qN} 时的电压；U_{GN} 为发电机额定电压。

对于大中型发电机，要求自动励磁调节器应保证发电机机端电压调差率整定范围不小于 $\pm10\%\sim15\%$，调差特性应有较好的线性度。

（2）电压调节算法。调差计算是为了保证并联运行机组间合理分配无功功率而进行的计算。在全数字式励磁控制系统中，调差量不再是通过模拟式的调差单元电路输出，而是通过软件调差量程序计算方式完成的。

图 4-25 是电压调节计算流程图。采样程序的作用是将各种变送器送来的电气量经 A/D 转换成微机能识别的数字量，供电压调节计算使用。被采集的量有发电机电压、有功功率、电感性无功功率、电容性无功功率、转子电流和发电机电压给定值。采样后由程序进行调差计算，即计算发电机端电压与给定值的差值。与其他调节量控制一样，最后调节量必须经 PID 纠偏环节，才能输出控制。

图 4-26 是理想 PID 调节的示意图。PID 算法可表示为

$$\left.\begin{aligned} Y(t)&=K_p e(t)+K_I\int e(t)\,dt+K_D\frac{de(t)}{dt}\\ e(t)&=U_G(t)-U_R \end{aligned}\right\} \tag{4-8}$$

式中：$Y(t)$ 为调差计算输出；U_R 为发电机电压的给定值；$U_G(t)$ 为发电机端电压；K_P、K_I、K_D 为比例系数、积分系数和微分系数。

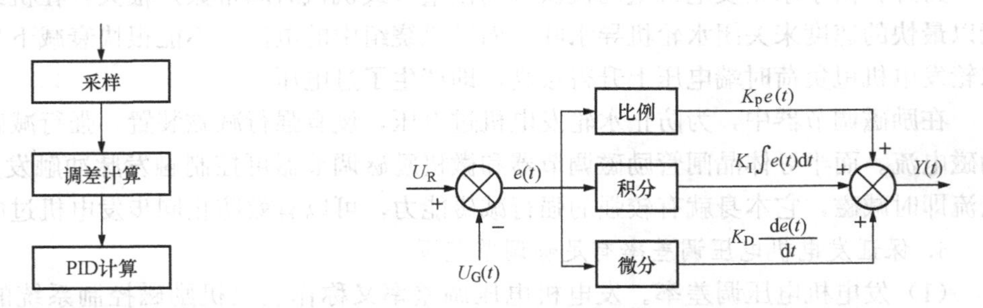

图 4-25　电压调节计算流程图

图 4-26　理想 PID 调节示意图

现在电力系统中实际运行的微机励磁调节器一般都采用 PID 控制，而且可以很方便地在线修改系统的控制结构和控制参数。式（4-8）中比例、积分、微分项的调节意义同式

(4-2)。

三、数字式励磁控制系统

随着大容量发电机组的使用和大规模电力系统的形成，对发电机励磁系统的可靠性和技术性能的要求越来越高，而自并励式半导体励磁系统能适合在大、中容量的发电机上应用。最简单的发电机自并励系统是直接使用发电机的端电压作励磁电流的电源，由自动励磁调节器控制励磁电流的大小，称为自并励晶闸管励磁系统，简称自并励系统。自并励系统中，没有因供应励磁电流而采用的机械转动或机械接触类元件，所以又称为全静止式励磁系统。自并励静止系统与三机励磁系统相比，取消了主、副励磁机，缩短了轴系长度，减少了大轴联接环节，提高了轴系稳定性，同时降低厂房造价，减少机组投资。

随着计算机技术和自动控制理论的发展，励磁调节器已从模拟式发展为数字式，目前已实现了以微型计算机为核心的全数字式发电机励磁调节。数字式励磁调节器具有可靠性高、功能多、性能好、运行维护方便等优点。

数字式励磁控制系统由基本监控单元——工控微机、过程通道、励磁功率单元三部分组成。数字式励磁系统的最本质特征是它的励磁调节器是数字式的，而励磁功率单元可以各种型式的组合，构成了各种不同型式的励磁系统。图 4-27 是自并励式微机励磁系统原理框图。

(1) 工控微机及其作用。图 4-27 中，虚线框内为数字励磁调节器配用的工业控制微型计算机。目前正从单微处理器、多微处理器向多微机集散式和网络化方向发展。图 4-27 是微机励磁调节器的一种原则性结构示意图。图中微处理器（CPU）和 RAM、ROM 等合在一起通常称为主机。发电机运行状态变量的实时采样数据、控制计算过程中的一些中间数据和主程序中控制用的计数值等存放在可读写的随机存储器 RAM 中。固定系数、设定值、应用软件和系统软件等事先固化存放在只读存储器 ROM 或 EPROM、E^2PROM 中。主机是励磁调节器的核心部件。它根据从输入通道采集的发电机运行状态变量的实时数据，进行控制计算和逻辑判断，求得控制量。该控制量即要求将晶闸管的控制角 α 控制到多少度。该控制量输入到“同步和数字触发控制”单元，发出载有控制角 α 的触发脉冲信号，经脉冲放大器放大和脉冲变压器整形后送到晶闸管整流器的 SCR1～SCR6，从而实现对发电机励磁电流 I_L 的控制。

(2) 模拟量输入和电量变送器。模拟量输入和电量变送器是数字式励磁控制系统中的一个输入过程通道，是发电机运行参数测量电路与计算机励磁控制系统的接口。

一般而言，发电机全数字式励磁系统的模拟量输入为发电机电压 U_G、电流 I_G。输入两路发电机电压 U_{G1} 和 U_{G2}。这是为了防止电压互感器断线（如熔丝熔断）时产生误调节。模拟电量输入有电量变送器和全数字式交流采样两种。

1) 采用电量变送器。图 4-27 是采用电量变送器方式的，电量变送器输出的直流电压与其输入电量成正比。发电机的运行参数 U_G、I_G、P_G、Q_G、f、I'_L等分别经过各自的变送器变成直流电压。经多路采样及 A/D 转换，将模拟量转换成数字量送入微型计算机。

2) 采用交流采样。采用交流采样时，对励磁所需的发电机运行参数通过对交流电压和交流电流采样，然后用一定的算法（如富氏算法）计算 U_G、I_G、P_G、Q_G、f、I'_L。交流采样方法可以节省大量变送器、电缆、箱柜等设备。

(3) 励磁功率单元。自并励静止励磁系统由励磁变压器 LB、励磁调节装置、功率整流

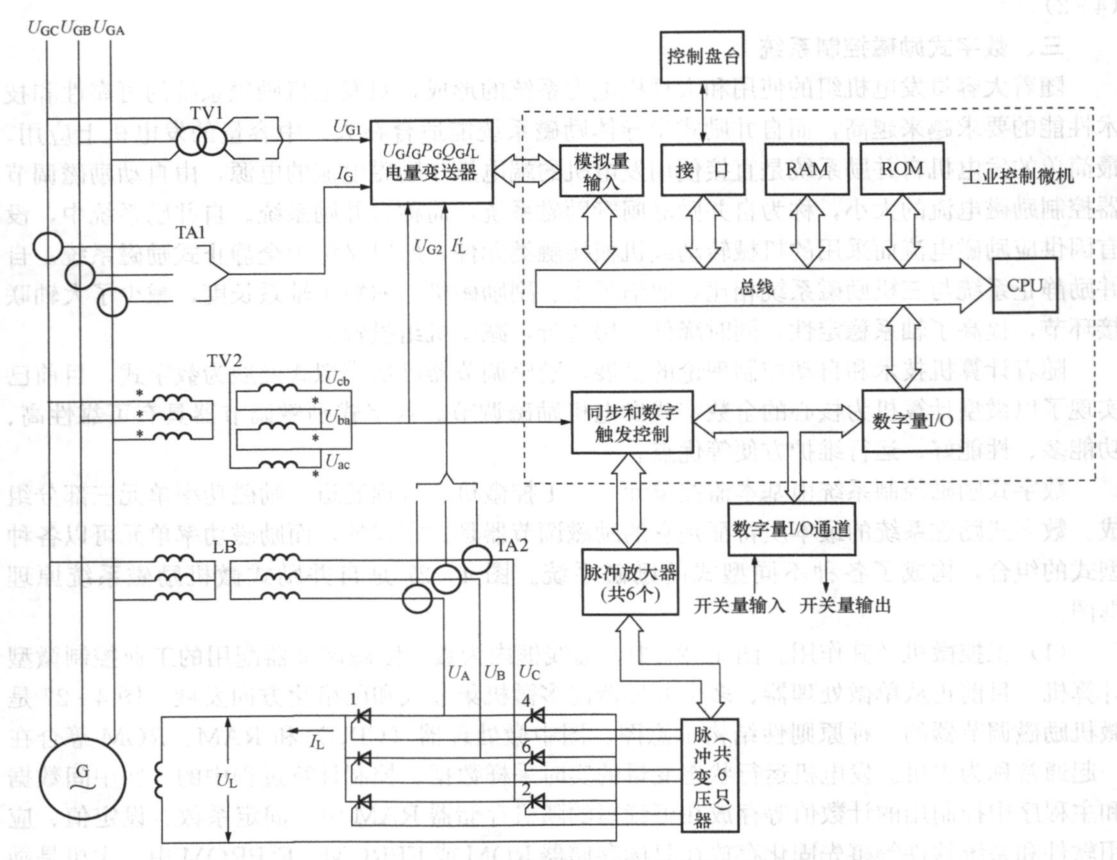

图 4-27　自并励式微机励磁控制系统原理框图

装置、发电机灭磁及过电压保护装置、起励设备及励磁操作设备等部分组成。

1）励磁变压器。励磁变压器绕组的联结组别，通常为 Yy0。励磁变压器必须可靠，强励时要有一定的过载能力，且励磁电源一般不设计备用电源，因此多采用维护简单、过载能力强的干式变压器。

励磁变压器通常接于发电机出口母线，接线方式比较简单，只要发电机在运行，就有励磁电源。该接线方式可靠性高、晶闸管整流励磁响应速度快。当发电机端外部三相短路时，由于发电机经封闭母线接到变压器后直接接至高压电网，而现代电网都配有快速动作的继电保护装置及快速断路器，能够将短路在 0.1s 内迅速切除，而大中容量的发电机转子时间常数较大，转子电流要在 0.5s 以后才显著衰减，因此在短路切除后发电机电压能迅速恢复，强励能力也就跟着恢复。所以说，接于发电机出口母线的励磁系统，在发电机出口三相短路时能及时提供足够的强励电压，试验也证明了这种接线方式的可靠性。

2）励磁调节装置。励磁调节中最重要的环节是同步和数字触发控制电路，它是微机型励磁调节系统的一个专用输出过程通道。它的作用是将微型计算机 CPU 计算出来的、用数字量表示的晶闸管控制角转换成晶闸管的触发脉冲。实现上述转换有两种方式：其一，是将 CPU 输出的表征晶闸管控制角的数字量转换成模拟量，再经过模拟式触发电路产生触发脉冲，经放大后去触发可控硅整流桥中的晶闸管；其二，是用数字电路将 CPU 输出的表征晶闸管控制角的数字量直接转换成触发脉冲，经放大后去触发晶闸管，这种方式称为直接数字触发。

3）功率整流装置。励磁功率整流桥的接线方式一般为全控或半控整流桥，较普遍采用晶闸管全控桥。随着电力电子技术的飞速发展，大容量、高参数的励磁功率柜相继问世，其特点是在单个晶闸管元件选择上向大电流、高电压方向发展，以简化由过多的串、并联元件组成的整流桥，据有关资料，单个晶闸管元件的参数已达 2000A/4000V，使得晶闸管整流桥得以简化，方便装置检修、运行，同时使各支路均流、均压问题相对易解决。

晶闸管励磁功率柜中配置有交流过电压保护装置，据现场情况采用风冷、水冷等不同的冷却方式，并采取一定措施保证并联整流柜均流系数达到要求。

4）起励设备。当发电机启动至额定转速时，发电机转子铁芯剩磁可能使发电机电压升至几十伏或数百伏（约为额定电压的 1%～2%），励磁调节器由于同步电压太低，无法形成触发脉冲，励磁回路无法导通，这就需要采取措施，其中最常见的办法就是他励方式—外加起励电源，供给初始励磁，待发电机电压升到一定值时自动退出，由调节器自动升压到额定值。

除他励方式外还有残压起励方式，即对残压进行全波整流作为发电机的初始电流，具体方法可以用外加触发脉冲，使晶闸管整流桥在起励初始时完全导通。在选择起励方式时，可以将他励方式和残压起励方式结合起来，既可以保证残压起励的可靠性，又可以降低外加起励电源的容量。

课题六　发电厂计算机监控系统实例

下面以水力发电厂计算机监控系统为例进行分析。

A 水电站装有四台 300MW 水轮发电机组，由 2 回 220kV 线路和 1 回 500kV 线路接入电网，A 水电站计算机监控系统采用分层分布双冗余以太网结构，现地控制单元共分为 5 类 13 个节点，系统接线图如图 4-28 所示。

一、A 水电站计算机监控系统配置

1. 计算机子系统（VAX1～3）

本系统采用两台冗余主计算机和双口共享存储器，一主一备方式在线同步运行。其主工作机可以输出信息，后备工作机不输出信息，当主工作机故障时后备机完全顶替主工作机工作。另外，配置一台同型计算机执行离线开发和培训任务。三台计算机型号均为 VAX3800，内存 16MB，硬盘 1.2GB。

2. 人机接口子系统（TC1～3，MP）

主控级配置了结构相同的控制台，其中 2 台为运行人员使用，第 3 台用于开发和培训，每个控制台除微机模件外，还配有两个 1024×768 监视器，两台打印机和两组键盘。模拟盘驱动器 MP 由微机模件组成，给模拟盘提供显示信息。

3. 通信子系统

本系统采用 50Ω 同轴电缆双冗余以太网总线，长 240m 的总线贯穿全厂各个节点，每根总线上现有 21 个节点。

电厂与某网调和某省调度中心配有 2 回外部数据链路通信接口（FEP）和微波通道进行

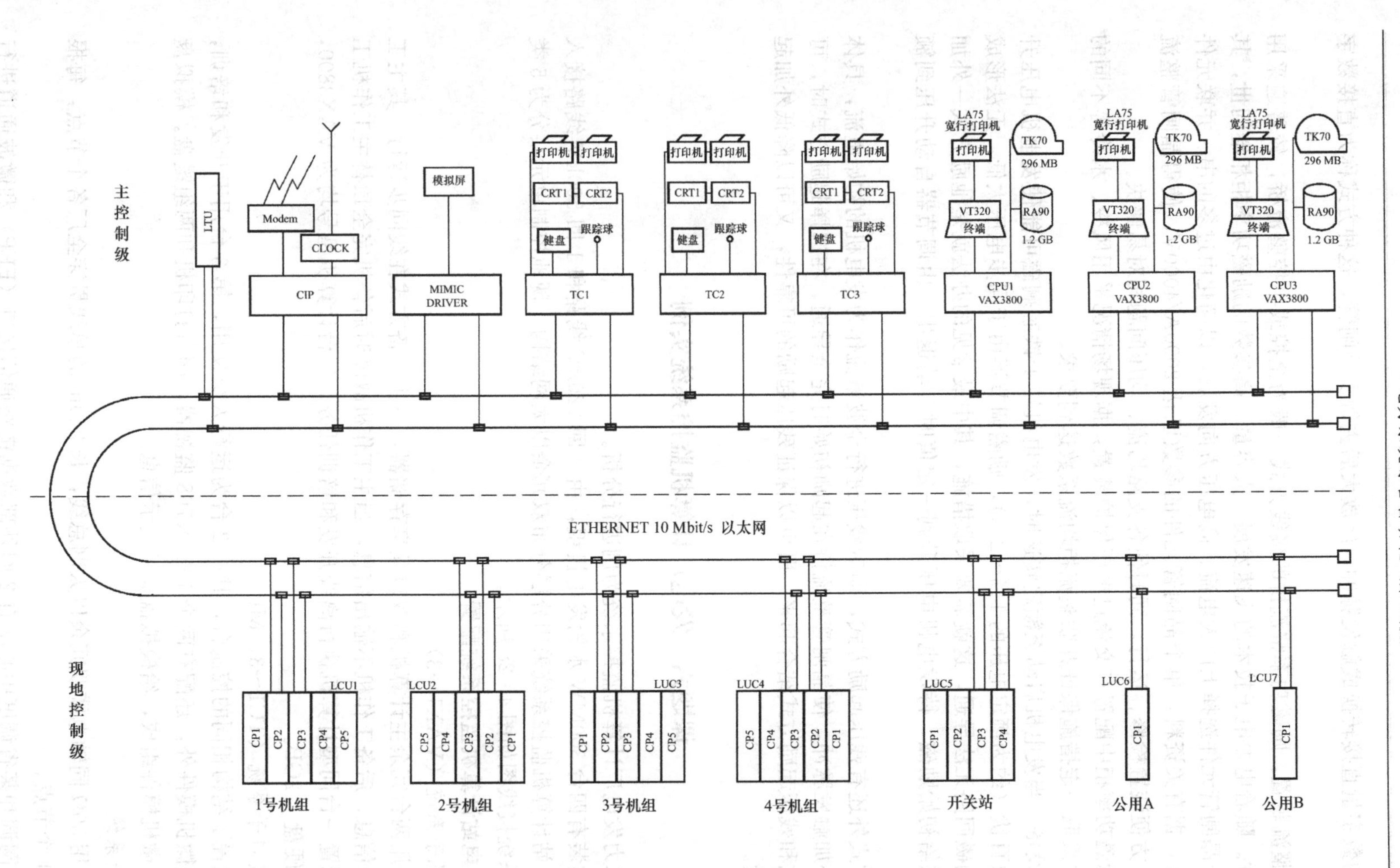

图4-28 A水电站计算机监控系统框图

TC—CRT控制台；CIP—通信接口盘；LCU—现地控制单元；CP—控制盘；LTU—接口盘

联系。

4. 现地控制单元子系统（LCU1～7，LTU）

厂内 LCU 共分 5 类 13 个节点，每个节点包括机柜和组件，功能处理机和通信接口组件采用 80186CPU 芯片，机柜分别布置在机组、开关站和全厂公共系统现场。

5. 电源系统

供电给主控机各节点设备的电源采用 1+1 并行冗余 AC-UPS，额定容量为 2×20kVA，UPS 的逆变器的 110V 蓄电池电源来自厂内 110V 直流电源系统。

二、A 水电站计算机监控系统的特点

A 水电站计算机监控系统的特点主要有：

(1) 实现完全的计算机控制，取消了常规仪表；

(2) 采用分层分布系统处理结构，保证了系统的可靠性和实时性；

(3) 全厂同轴电缆以太网总线可全面提高系统性能；

(4) 系统各层各级采用不同冗余结构，有利于技术经济合理性。

三、计算机监控系统主控级的功能

主控级的功能主要是实现电厂的集中监视、控制、记录和管理，具体的功能有人机接口功能（HMI）、数据采集和处理功能、控制功能、通信及诊断功能。现将控制功能介绍如下。

该系统控制功能的特点是顺序操作与设点控制。

(1) 设备控制。对于所有与 LCU 接口的过程设备能在控制台上实现手动控制，且具有设备的闭锁能力。

(2) 顺序控制。机组开停机顺序操作分别按设计的九步（如开机过程为：①开机准备；②断路器、隔离开关检查/操作；③机组闭锁解除；④技术供水投入；⑤高压油顶转子投入；⑥机组启动操作；⑦励磁系统投入；⑧并网操作；⑨增开限加负荷）执行，且在执行过程中可任选控制步。

(3) 设点控制。机组的速度、有功功率、电压、导叶开限和无功功率应能按设定值进行闭环控制，且其调节品质在规定的范围内。设点控制源可分别为系统调度中心、电厂主控级人机接口、LCU 人机接口。设点控制类型可分为日计划设点、周期设点和操作员设点。设点控制项目有机组有功功率及机组频率设点控制、机组开限设点控制、机组端电压等设点控制。

四、计算机监控系统现地控制级 LCU

现地控制级 LCU 共分为 5 类 13 个节点，其中 LCU1～LCU4 分别控制 1～4 号机组，每一个 LCU 组包括两个节点（CP2、CP3），一个主管控制兼作监测，另一个主管监测兼作后备控制；LCU5 用于开关站监控，含两个节点（CP3、CP4），一个主管控制兼作监测，另一个只作监测；LCU6 用于厂用电气设备监控；LCU7 用于全厂辅助设备监控；LTU 用于远动设备接口，如图 4-28 所示。

1. 现地控制级 LCU 的功能

(1) 过程接口功能：

1）模拟输入点应检测点的实际值，点值变化大于规定死区的点和超过规定限值的点或超过 A/D 变换范围的点；还应实现板扫查率选择，板故障和 A/D 变换精度检查、板故障禁扫和试恢复。

2）数字输入点应实现点状态检测、点组扫查率选择、板故障检查、板故障禁扫和试恢复。

3）数字输出点应能实现选择—校核双重控制的继电器瞬时输出和单一控制的锁存输出，还应实现输出信号监视和板故障禁止输出等。

（2）通信接口功能：

A 水电站 LCU 与电站主控级的通信采用 Ethernet IEEE802.3 和 802.2 规约等实现数据传输，包括下装、初始化、数据采集、控制命令、诊断和时钟同步等报文交换。

（3）人机接口功能（指 LCU 配置的便携式终端具备的功能）：

1）LCU 与电站主控级的所有报文能在现地终端上得到，如模拟事件、数字事件、SOE 事件、BCD 事件、板故障以及系统报文；

2）在现地终端上实现单项设备的控制，闭环控制和顺序控制；

3）通过现地终端进行 LCU 软件编辑处理，如数据库编辑、顺控软件编辑等；

4）离线诊断。诊断模件板或点设备的故障。

（4）顺序控制功能（为机组设计的控制逻辑）：

1）开、停机顺序各九步，可任选执行步数，并保证机组处于安全状态；

2）机组运转监视能从过零转速开始监视有关过程设备状态变化，并能自动报警和进行紧急停机处理；

3）机组静止监视能对机组蠕动报警和进行紧急处理；

4）顺序控制中冗余过程设备可按其运行时间或次数或手动命令进行工作选择。

（5）闭环控制功能：

1）机组的有功功率或速度采取 PID 微机控制。它是由 LCU 设定值与调速器的反馈值的偏差计算出数字控制电量，再将其与实际的控制机械位移成正比的数字电量比较，计算出 LCU 输出的偏差控制电量，去控制步进电动机。

2）机组的电压控制也是采用 PID 控制方式。它采用 LCU 设定机端电压值和实际机端电压反馈值的偏差，计算出控制电压及其相位，最终送至励磁绕组的控制回路。

（6）诊断功能：

在线诊断到板设备，查出故障时能报警和退出故障点；离线诊断到点设备，应能在仅旁路被诊断点设备在线软件的方式下进行。

（7）后备冗余功能：

1）机组 LCU 对事故停机采用三重冗余，即由两个完全独立的模件子系统和一个机械保护子系统组成；

2）机组和开关站 LCU 现地手动后备操作；

3）机组和开关站电量检测双重冗余。

2. LCU 操作方式

机组和开关站的 LCU 具有如下三种操作方式可供灵活选择：电站主控级对 LCU 的远方控制方式、现地终端控制方式、LCU 模拟盘手动控制方式（与近邻布置的调速器电气柜和励磁控制柜配合操作）。对其余 LCU 仅采用上述前两种方式，不设模拟盘手动控制方式；LCU 设远方/现地控制开关，可在任何运行方式下任意切换，但只是切换主控级和现地级的控制功能，而不切换其他功能；LCU 设自动/手动切换开关，切 LCU 控制输出电源，以便只允许自动或手动控制方式所辖子系统之一能有控制输出。

3. LCU 硬件结构

机组 LCU 由 5 个通用柜 CP1～CP5 组成，其中 CP1 为手动控制柜（含同期设备），CP2、CP3 为自动控制和监视柜，CP4 为电气测量柜，CP5 为温度测量柜。

开关站 LCU5 由 4 个通用柜 CP1～CP4 组成，详见图 4 - 28，其中 CP1、CP2 为手动控制柜，CP3、CP4 为自动控制柜；本系统的其余 3 个 LCU 各用 1 个通用柜。LCU 采用电厂两组 110kV 蓄电池直流电源和两组共用交流电源作为外供电源。

实习题目　计算机控制系统的运行操作

人机接口设备是人与系统互通信息、交互作用的设备。在生产过程高度自动化的今天，仍需要运行（操作）人员对生产过程、设备状态进行监视、判断、分析、决策和某些干预，特别是生产过程发生故障时更是如此。运行人员的决策依赖于生产过程的大量信息，运行人员的干预又是通过控制信息的传递作用于生产过程的。计算机控制系统的运行操作控制正是通过人机接口设备来完成这种信息相互传递的任务。

人机接口设备包括输入设备和输出设备。输入设备用来接受运行人员的各种操作控制命令，输出设备用来向运行、管理人员提供生产过程和设备状态的有关信息。分散控制系统的人机接口设备一般有两种形式：一种是以 CRT 为基础的显示操作站，从它的功能上看又可划分为操作员接口站（Operator Interface Station，OIS）、工程师工作站（Engineering Working Station，EWS）等；另一种是具有显示操作的功能仪表。

OIS 是一个集中的操作员工作台，设置在机组的集控室内，是运行操作人员与生产过程之间的一个交互窗口。在现代化的大生产过程中，需要监视和收集的信息量很大，要求控制的对象众多。例如，一台 300MW 的单元制火力发电机组，需要监控的测点信息达 3000～4000 之多。为了能使运行操作人员方便地了解各种工况下的运行参数，及时掌握设备操作信息和系统故障信息，准确无误地作出操作决策，提供一种现代化的监控工具是十分必要的。为此，分散控制系统产品，普遍设立了以 CRT 为基础的操作员接口站，把系统的绝大多数显示和操作内容集中在 CRT 的不同画面和操作键盘上，从而大大减少了运行操作人员的控制台盘体积和人工监视面，且对系统的操作也更为方便。

（一）OIS 的基本功能与基本结构

OIS 是运行操作人员用来监视和干预分散控制系统的有关设备，在发电机组的自动化过程中主要用来完成各种设备的启动、停止（或开、闭）操作，物质或能量的增、减操作以及生产过程的监视等任务。以火电厂为例，其 OIS 的基本功能包括：

（1）收集各现场控制单元的过程信息，建立数据库；

（2）自动检测和控制整个系统的工作状态；

（3）在 CRT 上进行各种显示，如总貌、分组、回路、细目、报警、趋势、报表、系统状态、过程状态、生产状态、模拟流程、特殊数据、历史数据、统计结果等各种参数和画面的显示以及用户自定义显示；

（4）进行生产记录、统计报表、操作信息、状态信息、报警信息、历史数据、过程趋势等的制表打印或曲线打印以及 CRT 的屏幕拷贝；

（5）可进行在线变量计算、控制方式切换，实现 DDC 控制、逻辑控制和设定值指导控制等；

（6）利用在线数据库进行生产效率、能源消耗、设备寿命、成本核算等综合计算，实现生产过程管理；

（7）具有磁盘操作、数据库组织、显示格式编辑、程序诊断处理等在线辅助功能。

在结构上，OIS 主要由高档微处理器（CPU）、信息存储设备（RAM、ROM、硬磁盘、软磁盘、光盘等）、CRT 显示器、操作键盘、记录设备（打印机、拷贝机）、鼠标或轨迹球、通信接口以及支撑和固定这些设备的台架（操作台）等构成，如图 4 - 29 所示。

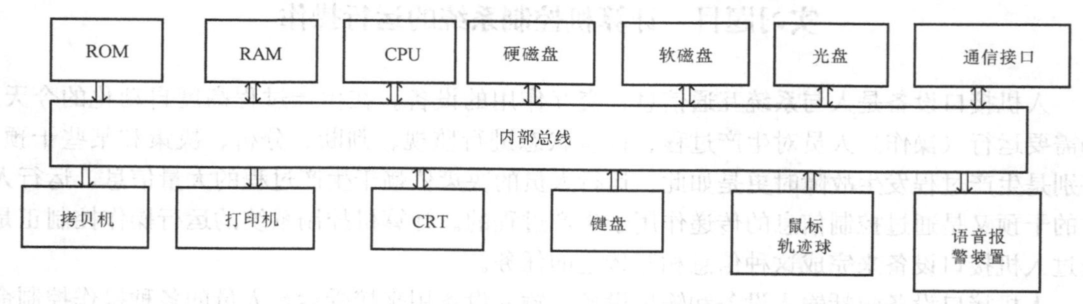

图 4 - 29　操作员接口站的基本结构

由此可见，操作员接口站实际上是一个融当代先进的计算机技术、CRT 图形显示技术、内部通信技术为一体的，适应过程控制需要的专用计算机子系统。

（二）操作台

操作员接口站是运行操作人员时刻进行生产过程监视和运行操作的设备。其操作台既是固定和保护计算机和各种外设的设施，又是运行操作人员经常性工作的台面。因此，操作台既要满足设备固定和保护的要求，又必须为操作人员提供工作的便利和舒适的条件。

由于现代分散控制系统的控制部件广泛采用模块结构，组态十分灵活，因此，可根据不同的用户要求选用不同的电子模件安装在操作台内，并配置相应的外设，可构成实现不同功能的操作员接口站。每个操作员接口站在系统通信网络中都是一个节点，而每个节点上可配置一个到几个 CRT 显示器和操作键盘，这样，一个操作员接口站可能有几个操作台。而且，用户可在基本硬件配置的基础上，随着系统规模的扩大而增选所需的硬件，使操作员接口站能适应新的功能要求；在适当的组态下，一个操作员接口站可以包括另一个操作员接口站的全部功能。火力发电厂通常利用这一特点实现操作员接口站的冗余，以提高分散控制系统的可靠性。正是由于这些原因，一台 300MW 火力发电机组一般配置有多个操作台。

（三）CRT 显示处理设备

早期火力发电机组的监视过程是由许多模拟仪表组成的大型仪表盘实现，而现在则由分散控制系统所采用的 CRT 显示器取而代之。CRT 显示器的显示功能比大型仪表盘的更强大，优越性也更多，是分散控制系统中最常用的主要显示设备，人机对话的重要工具，操作员接口站不可缺少的组成部分。

CRT 主要由电子枪、偏转线圈、荧光屏三大部分组成。

（四）输入设备

目前，操作员接口站常用的输入设备有键盘、鼠标和轨迹球、触摸屏等，其中键盘和鼠标是最主要的输入设备。

1. 键盘

键盘与CRT有着同等重要的地位，是运行操作人员进行各种操作的主要设备。当今，操作员接口站的键盘多采用表面覆盖聚酯、有防水防尘能力、有明确图案或字符标志的工程化、触摸式、平面薄膜键盘。这种键盘是一种非机械式键盘，内部采用薄膜式开关，没有机械触点，可靠性高，至少可以正常工作1000万次以上。

专用操作员键盘上的按键是根据系统操作的实际需要设立的。不同系统、不同的键盘在按键的多少、按键的功能和按键的排列设计上各有不同、各具风格，但通常具有数字和字母输入键、光标控制键、画面显示操作键、报警确认和消音键、运行控制键、自定义功能键等几类基本按键，而且这些按键在键盘上一般是按功能相似的方法分组排列的，如图4-30所示。

2. 触摸屏

随着显示技术的发展，许多分散控制系统厂家引入了触摸屏显示技术应用于操作接口站。触摸屏是安装在CRT屏幕表面上的一个细网络状敏感区（敏感区一般采用透明接触线，红外线发射/接收器，薄膜导体或电容敏感元件），与相应的外围电路（触摸屏控制卡）配合起来可以识别运行操作人员的手指接触屏幕的位置。它可以看作是装在CRT屏幕上的一个“透明键盘”。运行操作人员只要用手指接触该屏幕上的某一区域，就可以达到操作该区域显示内容的目的。

触摸屏是键盘的一种新的补充形式，提供了一种新的显示操作方法，可直接通过触摸屏幕上的某个区域来实现相应的操作和选择所需的显示画面，使光标和键盘的操作一次完成。因此，触摸屏的显著特点是将操作与画面显示统一起来，使操作更为直观化。

3. 鼠标或轨迹球

它们也是系统的输入设备之一，是专门用于CRT上的光标移动的设备。尽管在输入键盘上设有光标移动键，但用鼠标或轨迹球移动光标更为便捷。所以，操作员接口站一般都配备这种输入设备。鼠标或轨迹球是绝大多数计算机普遍采用的设备。

（五）外部存储设备

通常计算机控制系统中有大量的信息需要记录和保存。外部存储设备（简称外存）作为主机内存（ROM、RAM）的补充，是操作员接口站的一个重要组成部分。这是因为内存受CPU寻址范围的限制，容量不是很大，而且RAM在断电时又会丢失内存信息，因此，操作员接口站与其他计算机系统一样，需要有外存的支持才能具备完善的存储功能。

目前，在分散控制系统中应用的外存主要有硬磁盘、软磁盘、磁带、光盘等，其中硬磁盘和软磁盘的应用最为普遍。实际上，任何一种形式的外存大都由存储控制器、驱动器和存储介质三大部分组成。

（六）打印/拷贝输出设备

为了提高永久性的，供多数人阅读的信息记录，操作员接口站都配置了打印机，有的还配置了专用的拷贝机。打印机是操作员接口站不可缺少的输出设备。每个操作员接口站至少要有两台打印机，一台用于输出生产记录及报表，一台用于输出报警和突发事件的记录。

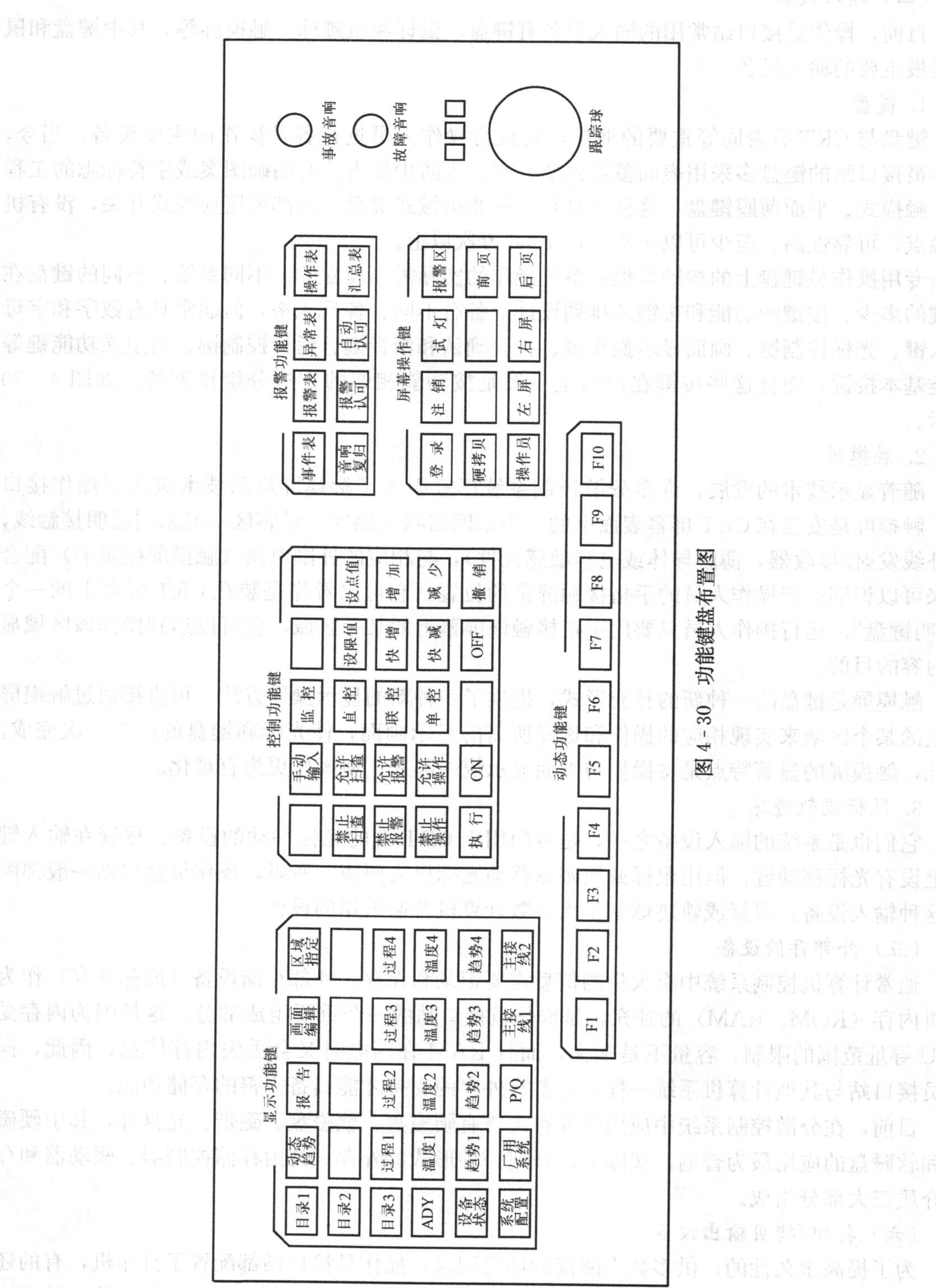

图 4-30　功能键盘布置图

（七）通信接口

操作员接口与其外界网络的联系，是利用专用的电子模件——通信接口实现的。通信接口是操作员接口站的必备硬件，尽管不同的分散控制系统有着不同结构的通信接口，但它们最基本的作用是一致的，即沟通操作员接口站与现场控制单元之间的信息和与外界网络上的其他工作单元之间的信息，从而获取系统控制过程和设备状态的实时数据，并对生产过程进行必要的控制操作。

习　题

1. 发电厂生产过程自动化的发展过程经历了哪些阶段？
2. 发电厂采用计算机监控系统的优点有哪些？有哪些基本特点？
3. 画出计算机监控系统的硬件系统组成图，并说明各组成部分的作用。
4. DCS系统的特点是怎样的？FCS系统的特点是什么？
5. DCS和FCS的三级体系结构有何不同？为什么？
6. 过程控制站的作用是什么，有哪些类型？
7. 传统的采用物理硬接线的变送器的火电厂监控方式有何缺点？
8. 简述发电机电液调速器的PID调节原理。
9. 发电机电气自动化系统包括哪些子系统？它们的作用是什么？
10. 水电站计算机监控系统中，现地级LCU的功能主要有哪些？
11. 火电厂电气监控系统（ECS）与热工监控系统（DCS）的接口有哪些方式？这种方式有哪些优点？
12. 操作员接口站OIS的功能是什么？
13. 采用了全通信方式后发电厂电气自动化系统有哪些主要特点和功能？
14. 全数字式自并励式励磁控制系统的模拟量输入/输出通道有何特点？
15. 数字式励磁控制系统由哪几部分组成，各部分的作用是什么？

变电站自动化系统

内容提要

变电站自动化的产生过程和发展趋势；变电站实现综合自动化的优越性；实现无人值班变电站的基本条件。变电站综合自动化系统的结构、功能和要求；变电站综合自动化系统的运行操作；电压—无功自动控制装置的作用、基本构成和九区图控制法；电气设备运行状况在线监测的特点和发展方向。数据通信、调制解调器、RS-485接口；网络数据通信、通信规约、局域网、以太网、通信控制器；数字化采样技术、合并单元、IEC-61850标准、抽象通信服务接口ACSI、特定通信服务映射SCSM、GOOSE通信模型；数字化变电站、过程总线、虚拟局域网、虚端子、智能断路器。

课题一　变电站自动化系统的发展及其趋势

一、变电站综合自动化的产生和发展

常规变电站的二次设备由继电保护、自动装置、测量仪表、操作控制屏、中央信号屏以及远动装置等部分组成。在微机化以前，这几部分不仅功能不同，实现原理和技术也各不相同，因而长期以来形成了不同的专业和管理部门。20世纪80年代以来，由于集成电路技术和微机技术的发展，上述各部分二次设备开始采用微机化，例如微机型继电保护、微机型自动装置和微机RTU等。这些微机型装置尽管功能不同，但其硬件结构大同小异，除微机系统自身外，一般都是由对各种模拟量的数据采集回路和I/O回路组成，而且所采集的量和所控制的对象还有许多是共同的，因而显得设备重复、互连复杂。人们很自然地提出一个问题，如何打破原来二次回路的框框，从全局出发来考虑全微机化的变电站二次部分的优化设计，尽量使各二次回路部分硬件资源共享、信息共享，这就是变电站综合自动化的由来。

经过20多年的变电站自动化的研究与开发工作，变电站综合自动化工作取得了十分可喜的成绩。目前对220kV及以下中低压变电站，采用自动化技术，利用现代计算机和通信技术，对变电站的二次设备进行全面的技术改造，取消常规的保护、监视、测量、控制屏，实现综合自动化，全面提高了变电站的技术和运行管理水平，逐步实行了无人值班或减人增效；对220kV以上的高压、超高压变电站，早期多采用计算机监控系统来提高自动化水平和运行、管理水平。近年来，由于变电站综合自动化技术已成熟，实际运行经验也较丰富，因此对常规的高压、超高压变电站都改造为综合自动化技术和少人值班的管理模式。

二、变电站自动化系统的发展和趋势

虽然变电站综合自动化系统极大优化了常规变电站自动化系统，但仍然有许多不足。例如：来自不同信息采集单元的设备信息形成了各种“信息孤岛”，原变电站综合自动化系统并没有真正做到信息共享；由于不同生产厂家采用的通信接口和通信协议的差别，在更新设

备或扩展系统时往往要增加规约转换设备，实际上仍然没有解决不同生产厂家的二次设备之间的互操作性、互换性、扩展性；也没有消除二次电缆引入的电磁干扰，系统的可靠性不高。变电站综合自动化系统的许多不足使人们又开始了新的探索。

目前光电技术、微电子技术、信息技术、网络通信技术的发展，促使了变电站自动化系统又发生了变革。例如：新型电流和电压互感器代替了常规 TA 和 TV，将高电压、大电流直接变换为低电平的数字信号，使得变电站二次系统的前置信号就地“数字化”；利用高速以太网构成变电站数据采集及传输系统；实现了基于 IEC 61850 标准的统一信息建模；采用智能断路器控制等技术使数字化变电站的应用有了突破性进展。数字化变电站使系统的监控、远动、继电保护、自动安全装置设备的可靠性、安全性、经济性得以迅速提高；使电网运行、控制等信息应用具备了实现重大技术突破的可能性，为过渡到智能变电站、实现智能电网巨大跨越打下了坚实基础。

由于数字化变电站涉及的相关新技术较多，各种新技术的工程应用的稳定性需要一定时期的检验，数字化变电站技术的发展将会是个相对长期的过程，目前我国数字化变电站已进入实施的初步阶段，相信不久的将来，数字化变电站将会在全国全面开展、顺利发展。

当今社会的发展、各种能源增加的需求、控制智能化的应用，使人们对电网的优化发展要求越来越高。在一次高压智能设备和智能控制理论发展的推动下，电网智能化已成为电网发展的必然选择。在数字化变电站基础上，通过信息数字化、信息一体化、信息集成化、信息互动化，尤其是变电站自动化系统的信息高级应用逐渐完善，在一个可期待的未来，智能化变电站必将最终实现。

课题二　变电站自动化系统数据通信

一、数据通信的基本概念

变电站自动化系统的数据通信包括两个方面的内容：一是自动化系统内部各子系统的通信；二是监控系统与控制中心间的通信。

（一）变电站自动化系统内部通信

变电站间隔层的基本测控单元，例如继电保护单元、测控单元、四合一保护及测控单元与变电站层之间的通信。这一层次的通信内容最多、最丰富，概括起来有以下三类。

（1）测量及状态信息：正常和事故情况下的测量值，断路器、隔离开关、主变压器分接开关位置，保护信息。

（2）操作信息：断路器和隔离开关的分合命令，主变压器分接开关位置调节信息；保护、自动装置投退信息。

（3）参数信息：保护和自动装置的定值整定。

（二）变电站自动化系统与调度中心的通信

变电站自动化系统具有与调度中心或集控站通信的功能，不另设独立的远动装置，而由变电站自动化中监控系统的后台机（或称上位机）或通信控制机（即分布式网络中的总控单元）执行远动功能，将变电站测量的模拟量、电能量、状态信息和 SOE 等信息传送到控制中心。

变电站不仅要向控制中心发出测量和监视信息，而且要从上级调度接收数据和控制命令，如断路器、隔离开关操作命令，在线修改保护定值，召唤实时运行参数，从全系统考虑电能质量、潮流和稳定的控制等，这些功能的实现对电力系统稳定运行带来极大好处。

（三）数据通信的传输方式

数据通信是计算机和通信相结合的一种新的通信方式，是各类计算机网络赖以建立的基础。数据通信是计算机与计算机之间的通信，因此要求通信全自动进行，自动校正通信差错等。另外，由于通信的内容和通信机的不同类型都将引起通信的差异。例如模拟量、脉冲量、开关量在传输过程的响应时间、传输速率、传输方式等要求不同，在实现数据通信时，必须分别处理。

1. 并行数据通信

并行数据通信是指数据的各位同时传送，如图 5-1 所示，可以用字节（8 位）或字（16 位）为单位，通过专用或通用的并行接口电路传送，各种数据同时发送、同时接收。

显然，并行传输速度快，有时每秒可高达几十、几百兆字节，这对某些要求高速数据交换的系统是十分有用的。而且并行数据传送的软件简单，通信规约简单。但是在并行传输系统中，除了需要数据线外，往往还需要一组状态信号线和控制信号线，数据线的根数等于并行传输信号的位数。显然并行传输需要的传输信号线多、成本高，因此常用在传输的距离短（小于 10m）、要求传输速度高的场合。

2. 串行数据通信

串行数据通信是数据逐位、顺序地传送，如图 5-2 所示。显而易见，串行数据通信的各不同位，可以分时使用同一传输线，故串行数据通信最大优点是可以节约传输线，特别是远距离传送时，这个优点更为突出，不仅可以降低投资成本，而且简化了接线。但串行数据通信的缺点是传输速度慢，且通信软件相对复杂些。因此串行数据通信适合于远距离的传输，传输距离可达数千公里。

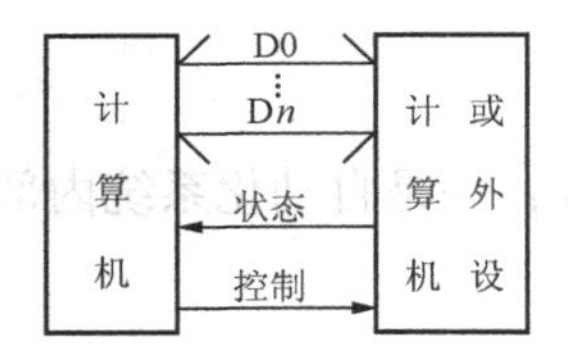

图 5-1 并行数据通信

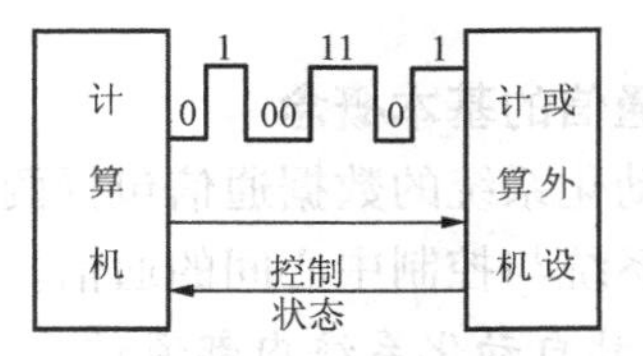

图 5-2 串行数据通信

（四）远距离数据通信的基本模式

1. 远距离数据通信的基本模式

远距离数据通信的基本模式如图 5-3 所示。先将信息源要传送的信息送 Modem，将数字信息调制为模拟信号，然后传给发送设备，由发送设备送入通道。通道是信号传输的媒介，可以是有线形式，如载波通道、光纤通道或电话线，也可以是无线通道，如微波通道、无线扩频等，其传输介质有地面微波、卫星微波、无线电（如扩频信号）等。通道传输过程中，受到的干扰可等效用噪声源来表示。接收端收到信号后经 Modem 解调为数字信号，再经差错检查并传给收信者。以上整个过程称为数字传输过程。

2. Modem 的基本原理

Modem 是调制解调器，是一种通信信号变换器。

数字信号是一些用“0”和“1”电平表示的矩形波信号。它的频带很宽，而载波线或电话线等是为传送语音等模拟信号而设计的，它们的频带较窄，要在上面传输数字信号，如果

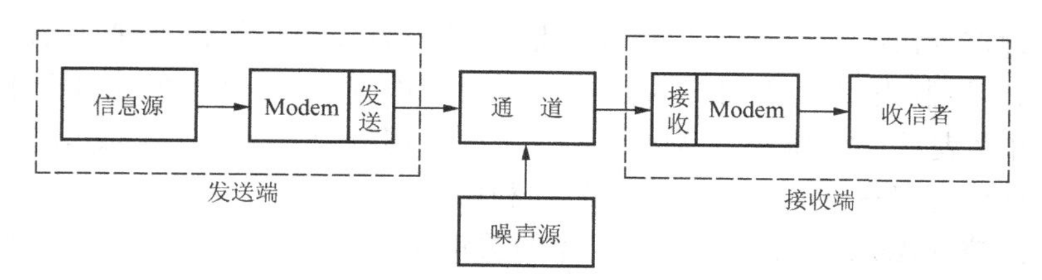

图 5-3　远距离数据通信的基本模式

不采取措施，经过传输线，信号高频段的部分就易辐射至空间，传输线中的信号就会发生衰减，所以要用调制器将数字信号转换为模拟信号传送出去。到了接收端，再用调制解调器将模拟信号转换为原本的数字信号，如图 5-4 所示。

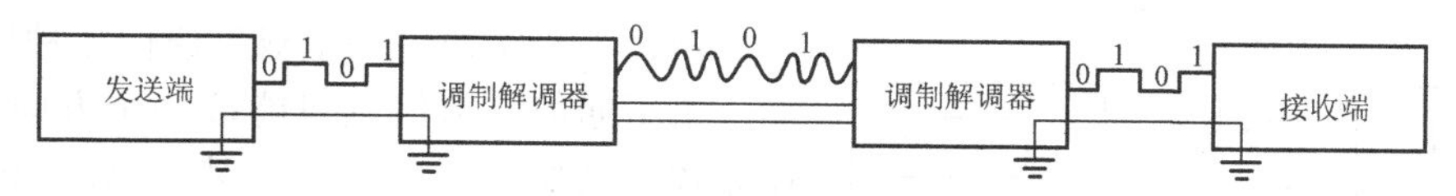

图 5-4　调制解调示意图

调制解调器 Modem，根据传输的速率不同分为三类：①低速 Modem，传输速率≤600bit/s；②中速 Modem，传输速率为 1200～9600bit/s；③高速 Modem，传输速率≥9600bit/s。根据调制方式不同，也可以分为三类：①移频键控（FSK）；②移相键控（PSK）；③移幅键控（ASK）。下面简单说明 Modem 的这三类调制方式。

（1）移频键控（FSK）原理。FSK 是数字信号传输中使用较早的一种调制方式，其原理图如图 5-5 所示。它是利用二进制代码 0、1 的两个电平控制载波的频率进行频谱变换的。在发送端产生中心频率为 f_0，频偏为 f 的两个载波频率：$f_1=f_0+f$ 和 $f_2=f_0-f$，分别代表数字“0”和“1”。在接收端，把不同的频率的载波信号还原成相应的数字基带信号。

根据国际电报电话咨询委员会 CCITT 规定，FSK 的标准是 600Bd 的中心频率为 1500Hz，频偏±200Hz；1200Bd 的中心频率为 1700Hz，频偏为±400Hz。

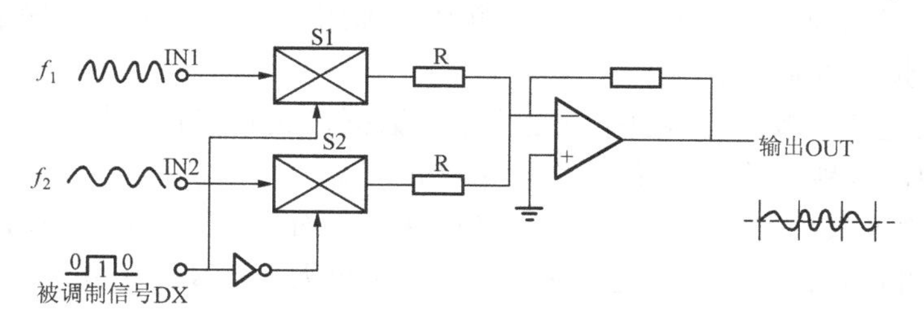

图 5-5　FSK 调制方式原理图

图 5-5 中，S1 和 S2 均为电子开关，其输入分别是两个不同频率 f_1 和 f_2 的正弦波。被调制信号为 DX，由 DX 控制 S1 和 S2 的工作。当调制电路投入运行后，若 DX=0，则打开 S2 的控制门，输入信号 f_2 通过 S2 到输出端；当被调制信号 DX=1 时，则打开开关 S1 的门，同时关闭 S2 的门，这时 f_1 信号通过 S1 到达输出端。这样在调制器的输出端便得到与“0”和“1”相对应的两种不同频率的正弦波。在电力系统调度自动化中，用于与载波通道或微波通道相配合的专用调制解调器多采用 FSK 移频键控调制方式。这种方式实现简单，但频带利用率低。

（2）移相键控（PSK）原理。移相键控是以载波信号的相位偏移来表示二进制数。例如，二进制“0”控制发出相位相同的信号群，而二进制“1”则用发出相位相反（相位差180°）的信号群来表示。在高速的Modem中，常使用控制移相为90°或45°的方式来区别“0”和“1”，这样可以达到对带宽更为有效的利用。

（3）移幅键控（ASK）原理。移幅键控的关键是用同一载波信号的不同幅值，表示二进制数的“0”和“1”。通常用振幅为0，表示二进制“0”；用恒定振幅，表示二进制“1”。这种调制方法简单、明了，但易受干扰，且效率较低。

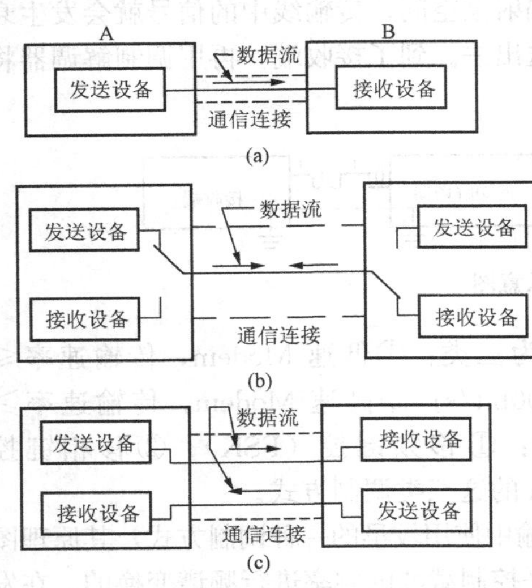

图5-6　数字通信的传输方式

(a) 单工；(b) 半双工；(c) 全双工

3. 数据通信工作方式与数据传输

（1）数据通信工作方式。数据通信系统的工作方式，按照信息传送的方向和时间，可分为单工通信、半双工通信和全双工通信三种形式。

单工通信是指信息只能按一个方向传送的工作方式。例如，信息只能从某A站向B站发送，而B站的信息不能传送给A站，如图5-6（a）所示。

半双工通信是指信息可以双方向传送，但两个方向的传输不能同时进行，只能分时交替进行。因而半双工实际上是可以切换方向的单工方式，如图5-6（b）所示。

全双工通信是指通信双方同时进行双方向传送信息，如图5-6（c）所示。

（2）数据传输基本概念。

1）带宽：主要指传输模拟信号的频带宽度。模拟信号的带宽由较高频率减去较低频率得到，通常利用频率范围来描述带宽。例如，音频信号的带宽是300～3400Hz；用电力线载波传输数据时，可将300～3400Hz分为两个频段，即用200～2000Hz传输话音，用2000～3400Hz（称上音频）传输数据。

2）数据传送速率：数据传送速率（是指串行数据传送）用每秒传送的位数来表示，单位用bit/s。例如，每秒传送9600位，称为9600bit/s。

数据传送速率不仅决定于发送和接收设备的速率，而且与传输通道密切相关。但在当前微处理器的主频可达几百兆赫，发送和接收设备速率也大大提高的条件下，数据传送速率取决于通道。

3）波特率：波特率也称调制速率，或码元速率。码元对应于网络中传输的每一位二进制数字。调制速率是脉冲信号在调制过程中信号状态变化的次数，或者说是信号经过调制后的传输速率，单位是波特（Baud），通常用于表示调制解调器之间传输信号的速率。

4）延迟：它表示在网络中从发送第一位数据起，到最后一位数据被接收所经历的时间。该参数表示网络响应速度，延迟越少，响应越快，性能越好。影响延迟的因素随网络技术而异，主要有传输延迟、传播延迟等。

5）误码率：误码率是衡量数据通信系统或通信信道传输可靠性的一个参数。其定义是：二进制位（码元）在传输中被传错的概率。当所传送的数字序列足够长时，它近似地等于被传错的二进制位（码元）与所传输总位（码元）数的比值。若传输总位（码元）数为 N，传错的位（码元）数为 N_e，则误码率 P 表示为 $P=N_e/N$。

在计算机网络中，误码率要求低于 10^{-6}，即平均每传输 1 兆位（码元），才允许错 1 位（码元）。应该指出，对于执行不同任务的通信系统，对可靠性的要求是不同的，不能笼统地说误码率越低越好。对于一个通信系统，在满足可靠性的基础上应尽量提高通信效率。如果通信系统的传输速率给定，误码率越低，设备就越复杂。因此，在研制通信设备确定误码率指标时，要根据具体用途而定。

6）差错检测与控制：数据通信中，由于信号的衰减和外部电磁干扰，接收端收到的数据与发送端的数据不一致的现象称为传输差错。传输中出错的数据是不可用的，不知道是否有错的数据同样是不可用的。判断数据经传输后是否有错的手段和方法称为差错检测，确保传输数据正确的方法和手段称为差错控制。常用的三种差错检测方法是奇偶校验、循环冗余校验、汉明码。

a）奇偶校验：在面向字节的数据通信中，在每个字节的尾部都加上 1 个校验位，构成一个带有校验位的码组，使得码组中"1"的个数成为偶数（称为偶校验）或使得码组中"1"的个数成为奇数（称为奇校验），并将整个码组一起发送出去，一个数据段以字节为单位加上校验码后连续传输。接收端收到信号之后，对每个码组检查其中"1"的个数是否为偶数（偶校验）或码组中"1"的个数是否为奇数（奇校验），如果检查不通过就要求重发。

b）循环冗余校验（Cyclic Redundancy Check，CRC）：此方法将整个数据块看成是一个连续的二进制数据，从代数的角度看成是一个报文码多项式，将它除以另一个称为"生成多项式"。在发送报文时，将相除的结果的余数作为校验码附在报文之后发送出去。接收端接收后先对传输过来的码字用同一个生成多项式去除，若能除尽（即余数为 0）则说明传输正确，若除不尽则传输有错，要求发送方重发。使用 CRC 校验，能查出 99%以上更长位的突发性错误，误码率低，因此得到广泛的应用。目前已使用相应硬件来提高检测速度。

c）汉明码：汉明码是一种具有纠错功能的纠错码，它能将无效码字恢复成距离它最近的有效码字，但不是百分之百正确。

（3）数据传输基本方式。

1）异步数据传送格式：在异步通信方式中，发送的每一字符均带有起始位、停止位和可选择的奇偶校验位。用一个起始位表示字符的开始，用停止位表示字符的结束构成一帧，其帧格式如图 5-7 所示。图中，空闲位可以有，也可以没有。

2）同步数据传送格式：在数据块传送时，为了提高速度，就去掉每个字符用的起始位、停止位（作为字符开始和结束的标志），采用同步传送。同步传送的特点是在数据块的开始处集中使用同步字符来作传送开始的指示，其帧格式如图 5-8 所示。

同步传送方式中，每个帧以一个或多个"同步字符"开始。同步字符通常称 SYN，是一个特殊码元组合，通知接收装置这是一个字符块的开始，接着是控制字符。帧的长度可包括在控制字符内，这样接收装置的任务就是寻找 SYN 字符，确定帧长，读入指定数目的字符，然后再寻找下一个 SYN 符，以便开始下一帧。

二、串行数据通信接口

（一）RS-232C 串行数据通信接口

RS-232C 是 1969 年由 EIA 公布的串行通信接口，RS 是英文"推荐标准"一 词的缩

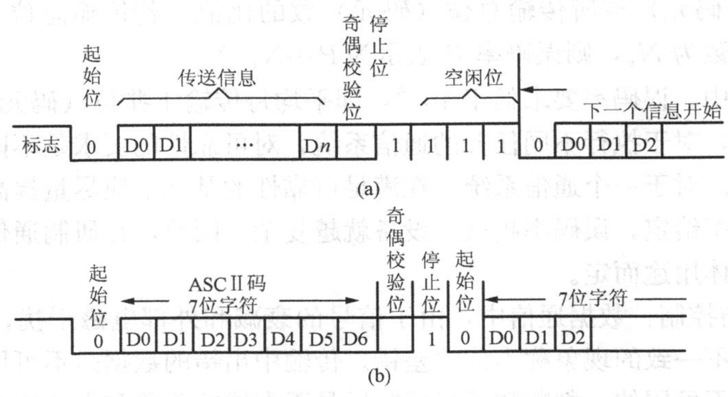

图 5-7　异步通信格式

（a）一般信息帧；（b）ACCⅡ码帧

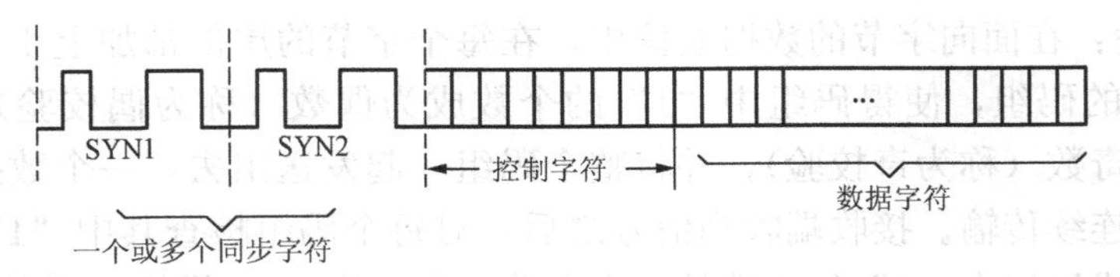

图 5-8　同步传送帧格式

写，232 是标识号，C 表示此标准修改的次数。RS-232C 是当前使用较广泛的串行通信标准。RS-232C 规定了在终端（DTE）和通信设备（DCE，例如 Modem）之间的信息交换的方式和功能。该标准的内容有机械、电气、功能三个方面的规范。

1. RS-232C 的机械特性

RS-232C 的机械特性中，规定选择 DB25 的结构，作为其连接器。DB25 是由一个 25 针的插头和一个 25 孔插座组成。通常，终端设备采用 DB25 针式结构，通信设备采用 DB25 孔式结构。

2. RS-232C 电气特性

RS-232C 采用负逻辑工作。逻辑“1”用负电平（范围为－5～－15V）表示；逻辑“0”用正电平（范围为＋5～＋15V）表示。通常使用时，门限电平是±3V。因此，许多 RS-232C 电气接口电路利用±8V 电源。由于大部分设备内部使用 TTL 电平，因此常利用专门的线路驱动器和线路接收器 MC1488 和 MC1489 来完成 RS-232C 和 TTL 电平间的转换如图 5-9 所示。

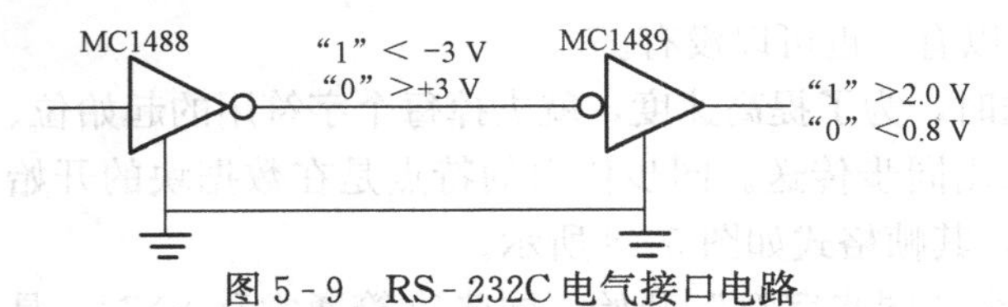

图 5-9　RS-232C 电气接口电路

MAX232 芯片集成度更高，只需＋5V 电源，便可实现 RS-232C 与 TTL 电平的转换功能，既减少了对电源电压种类的要求，又减少了芯片数量。

RS-232C 的接口信息速率＜20kbit/s，常采用速率为 300、600、1200、2400、4800、9600bit/s。RS-232C 信号线上总负载电容不能超过 2500pF。由于通常使用的多芯电缆具有 150pF/m 的电容，所以 RS-232C 的最大传输距离是 15m。

3. 功能特性

RS-232C的信号线可分为四类，即数据线、控制线、定时线和地线。控制总线通常称为握手线，定时线通常在同步通信方式时使用。

4. RS-232的典型应用

大多数计算机应用系统或智能单元之间只需要3～5根信号线路即可工作。图5-10是计算机使用Modem通过公用电话线的数据通信线路。图5-11是不用Modem实现直接通信的通信线路，这时有几根线必须实现交换连接。

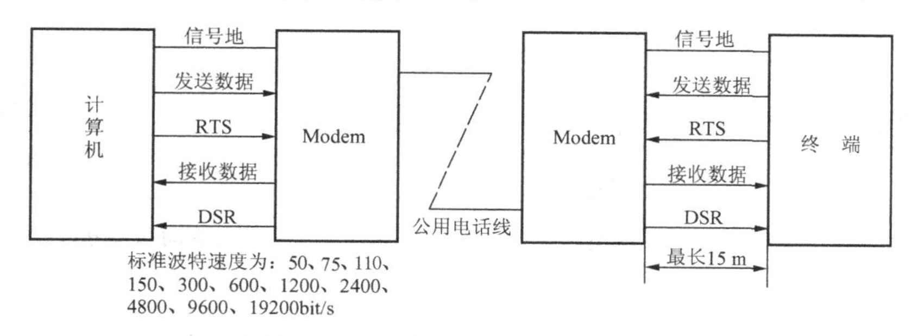

图5-10　使用Modem的RS-232C

图5-11中5根信号线是RS-232C中最常用的，其中提供了两个方向的数据线（发送线和接收线）和一对握手线（RTS请求发送，CTS允许发送线；DSR数据通信设备准备好，DTR数据终端准备好)，以控制数据传输。

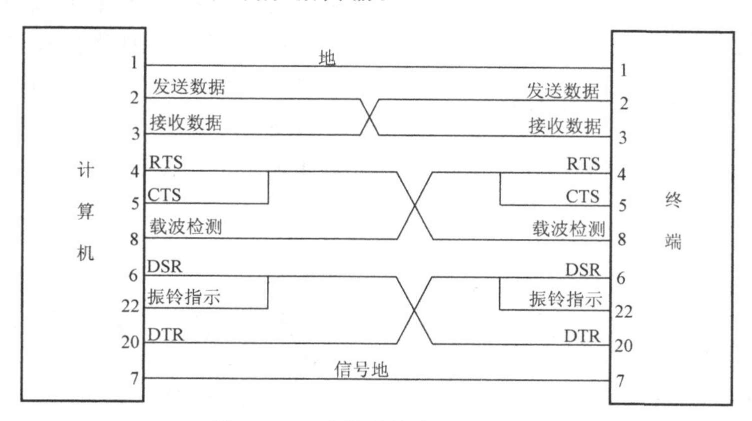

图5-11　直接连接的RS-232C

还有最简单的RS-232C应用连接，如图5-12所示。图中箭头表示数据的传送方向，在许多场合下只需要单向传送时，例如利用通用系统机向单片机开发系统传送目标程序时，就可使用图5-12所示的连接。

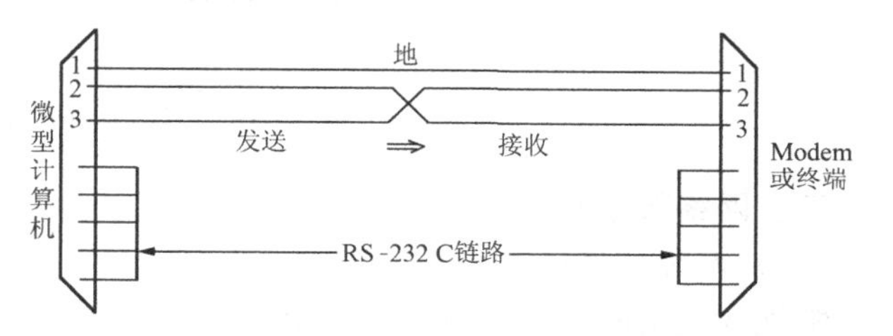

图5-12　简单的RS-232C应用连接

（二）RS-485接口

1. 关于抗干扰的差分接线

由于在发送器和接收器之间有公

共的信号线，因此共模干扰信号不可避免地要进入信号传送系统，这就是 RS-232C 为什么要采用大幅度的电压摆动来避开干扰信号的原因。总之，要克服缺点就必须从根本上取消公共接地线。

对图 5-9 所示的接线进行改进，采用差分接收器，接收器的另一端接发送端的信号地，如图 5-13 所示。

可以更进一步采用平衡驱动和差分接收方法，消除了信号地线的干扰根源，如图 5-14 所示。由于驱动器是差动输出，接收器是差动输入，又无公共信号地线，因此干扰信号无法进入串行传输系统。

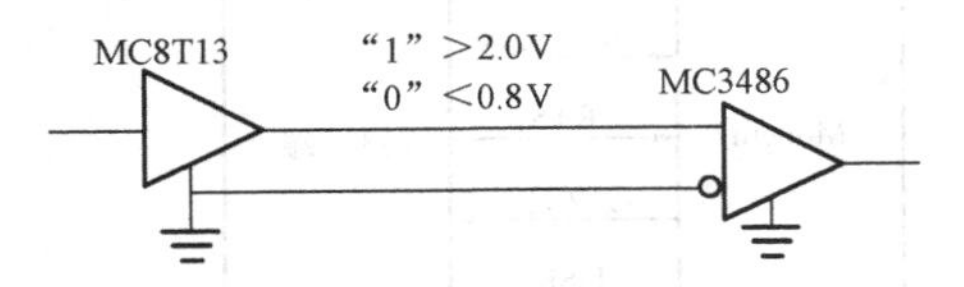

图 5-13　单端驱动差分接收电路

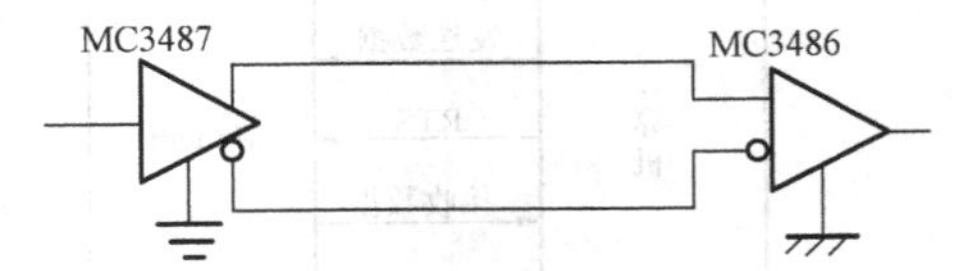

图 5-14　平衡驱动和差分接收电路

2. RS-485 接口电路

在许多工业环境中，要求具有抗干扰性能的差分电路完成通信任务，目前广泛应用的 RS-485 串行接口总线正是在这种背景下应运而生的，如图 5-15 所示。

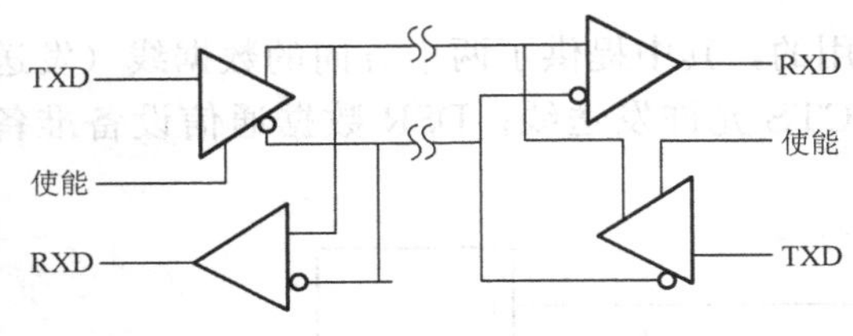

图 5-15　RS-485 接口电路

在图 5-15 RS-485 接口电路中，某一时刻两个站中只有一个站可以发送数据，而另一个站只能接收，因此其发送电路必须由使能端加以控制。RS-485 用于多站互连十分方便，如图 5-16 所示，可节省昂贵的信号线。同时，它可以高速远距离传送，许多智能仪器均配有 RS-485 总线，将它们联网构成分布式系统十分方便。

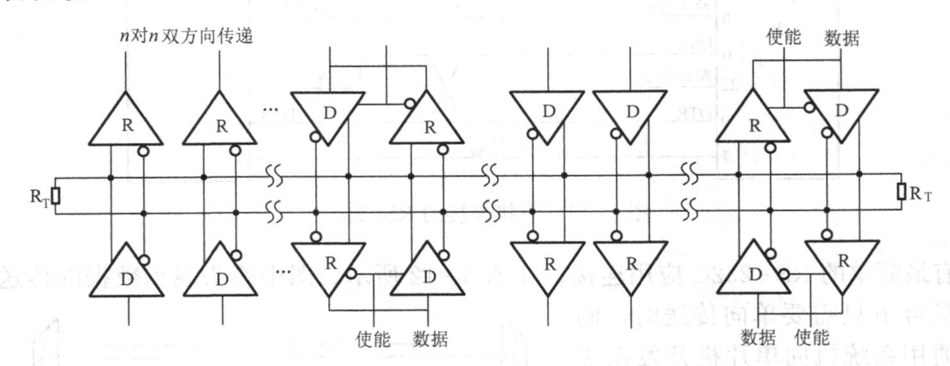

图 5-16　多站互连的 RS-485

三、网络数据通信

（一）网络数据通信概述

常规变电站的二次回路，主要用于测量、控制、信号的传输回路。它们是继电保护、自动装置、远动装置对一次系统进行测量、控制、监视和保护的二次模拟电气量的传输回路。

从通信的角度看，它们是模拟式通信方式。

随着二次设备逐步升级换代到微机型设备及光纤通信技术、网络技术的快速发展，用数字通信手段传递电量信息，用光纤作为传输介质取代传统金属电缆，构成网络通信的二次系统已成为可能，最终将形成二次回路网络化。

网络数据通信主要依赖于计算机的通信功能及网络信息传输规约的不断研究与应用。计算机具有网络通信功能，它能将分散在各处的计算机通过通信信道建立联系，从而实现数据传送、数据共享、信息共享、硬软件共享。网络中的通信控制器和互连的通信网络将主机及辅机连起来实现了以上所述的网络通信功能。

在电力系统中，厂站内系统、调度与厂站之间，调度中心内系统都大量建立了通信网络。为了有效地实现信息传输，两侧设备需预先对数码传输速率、数据结构、同步方式等进行约定，这种约定称为通信规约或者通信协议。此外，为了对通信协议的内容进行严谨定义以取得通用性，可以将它们按照标准化流程上升为国际、国家、行业或者企业标准，这就是通信标准。例如，20 世纪 90 年代初，国际电工委员会根据多项国际通信标准及美国电科院研究的标准统一制定了适合变电站自动化通信的 IEC 61850 标准，现已成为智能变电站建设的关键技术之一，对变电站工程、维护、运行和电力行业组织产生很大影响。

（二）网络通信规约

1. 网络通信模型描述

计算机网络是通过光缆或双绞线等媒介将两台以上计算机互联的集合，通过一台计算机可以与多台计算机进行通信，实现网络资源共享。其相关的软件可分为两大类：应用软件，完成用户工作及需要通信服务的软件；协议软件，就是负责网络通信的软件。

计算机通信协议是专门处理通信故障：网络拥塞、报文延迟或丢失、报文数据损坏或顺序错乱等问题的软件。国际标准组织等协会共同发布了开放系统互连参考模型（OSI），并定义了七层框架协议，以获得开放环境下的互连性、互操作性和应用的可移植性。这七层分别为物理层、链路层、网络层、传送层、对话层、表达层和应用层。每层承担着不同的功能，并为其高层提供不同的服务。开放系统互连参考模型如图 5-17 所示。

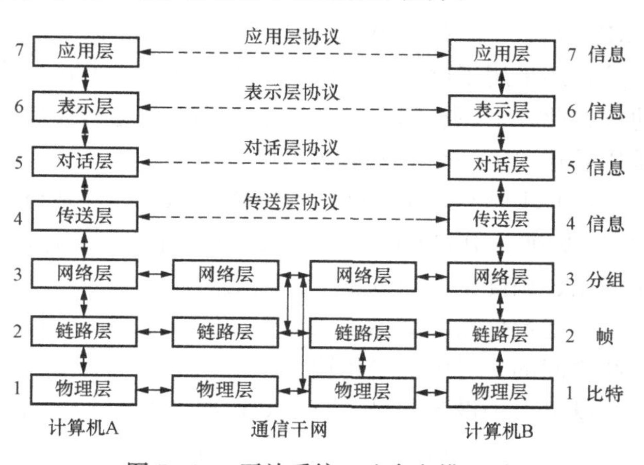

图 5-17　开放系统互连参考模型图

在数据传输时，每一层都将数据和控制信息传送到下一层，直到最低的物理层为止。由最低的物理层与另一台计算机的最低层进行物理通信，然后逐次向上传送到最高层应用层。实际上除了物理层外，网络中各个计算机之间都不存在物理的连接，相同层之间的通信是虚拟通信的形式存在。七层的作用分述如下：

（1）物理层。物理层是最低层，也是最基础的一层。其作用是处理设备之间传输的原始比特流，提供传输介质关于机械、电气、功能和过程的接口规范。比较典型的物理层可参见 RS-232 接口。

（2）数据链路层。传送以帧为单位的数据，通过差错控制、流量控制方法，使有差错的传输通道变成无差错的传输通道。数据链路层具有组帧、编解码、流控、错校验等功能。

（3）网络层。网络层主要任务是通过执行路由选择算法，为报文、分组通过通信子网选择最适当的路径。网络层具有路径选择、拥挤控制及网络互连等功能。

（4）传输层。传输层的目的是向用户提供可靠的端到端服务，透明地传送报文。一般情况下，经过数据链路层和网络层传送的数据很少出错，但一旦出错，传输层可进行错误恢复。

（5）会话层。会话层的主要目的是组织和同步两个会话服务用户之间对话及数据交换。

（6）表示层。表示层定义在网络通信中信息的传送语法，负责不同语法之间转换。数据加密与解密、压缩及恢复等也在表示层进行。

（7）应用层。OSI 参考模型的最高层，包括常用的应用程序：用户应用程序和系统应用程序，文件传送、电子邮件等。

七层协议中，最低层的三层属于通信子网，上四层为用户层。数据通信是 OSI 中的低三层，具体解决通信子网的通信功能。有时为提供一定功能通信标准，并不一定需要所有的层都参与。

2. 电力系统数据通信规约

电力系统自动化体系由三个层次组成：厂站内系统、主站（调度）与厂站之间、主站侧系统。电力系统数据通信规约也应对了这三个层次。

（1）厂站内系统数据通信规约。厂站内站级通信总线及间隔层通信总线的数据通信都采用基于以太网的 IEC 61850 标准。

实际上 IEC 61850 是许多规约、协议和标准的有机集合体，它除了有自己面对对象建模 UML 语言、定义了变电站配置 SCL 语言、创立了变电站面对对象的事件模型 GOOSE 的特色外，还采用了已有的协议和标准，例如 Internet 广泛使用的 TCP/IP 传输控制协议/网际协议；此外，还有制造报文规范 MMS 原是 OSI 应用层的一个协议标准，在 IEC 61850 中被采用后建立了一个重要的通用接口模型。

（2）主站与厂站之间的数据通信标准。主站与厂站之间的数据通信采用了扩展了的 IEC 61850 标准及 IEC 60870—6TASE・2 标准。该标准主要应用于变电站监控系统和远方调度工作站、调度中心与调度工作站之间。

电能量传输配套标准 IEC 60870—5—102，主要应用于变电站电量采集终端和电量计费系统之间的实时电能量传输。

继电保护设备信息接口配套标准 IEC 60870—5—103 是将变电站内保护装置接入远动设备的协议，用以传输继电保护的所有信息。

（3）主站侧各应用系统协议标准。新一代调度自动化系统的数据通信标准是 IEC 61970 系列标准（CIM/CIS）。该标准定义了 EMS 能量管理系统应用程序接口标准，公共信息模型（CIM）及组件接口规范（CIS）。

（三）局域网概述

1. 局域网及其特点

局域网（LAN）顾名思义是运用于局部的、较小区域内的计算机网络。相对于广域网的通信距离远、区域广而言，局域网的主要特点是传输距离比较近，它把较小范围内的计算机、IED 设备连接起来，相互通信。在局域网中各个计算机既能独立工作，又能相互交换数据进行通信，同时又能共享贵重数据设备。局域网可以和其他局域网相连，构成广域网的一部分，只要在其连接节点处设置网络连接器即可，通过这些网络连接器就能方便地互访。

局域网有如下特点：①传输距离较近，一般为 0.1～10km；②数据传输速率较高，通常是 1～20Mbit/s，而广域网的速率在 0.2～100kbit/s；③误码率较低，一般为 10^{-7}～10^{-9}；④局域网一般采用双绞线、同轴电缆、光纤连接；⑤局域网都采用基带传输方式，直接用数字信号通信，只有与域外通信才用调制解调器和多路复接设备。

2. 局域网的拓扑结构及其传输控制方式

一般来说，连入计算机局域网中的微机、打印机、绘图仪、服务器等设备，都可看作是网络上的一个节点，也称作工作站。计算机局域网的拓扑结构，就是网络中各节点的相互位置以及将它们互连的几何布局。目前局域网的拓扑结构通常有五种，即星形、总线形、环形、树形和网状形。由于网状形的通信控制较难，所以局域网中一般基本不用，而树形网用得较少。

(1) 星形结构。在星形结构的网络中，中央节点是充当整个网络控制的主控计算机，其余工作站都与主控计算机相连接，各工作站相互通信都必须通过中央节点进行。星形结构的网络适用于集中控制的主从式网络，如图 5-18 所示。

星形结构的网络的特点是简单、建网容易、控制简单、便于管理、网络延迟时间少、误码率低。但它的缺点是由于采用中央节点集中控制，因此资源共享能力差，且一旦中央节点出现故障将导致整个网络瘫痪。

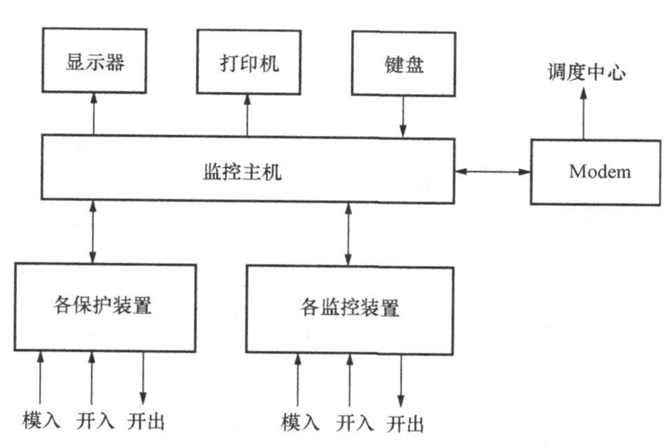

图 5-18　变电站集中式综合自动化系统结构框图

(2) 总线形结构。总线形结构的网络，各工作站都直接连到同一条公共总线上，各工作站的信息都通过这条传输，其传输方向是由发起点向两端扩散的，因此人们也称其为广播式计算机网络，如图 5-19、图 5-20 所示。由于连接在总线上的工作站较多，当不止一个节点同时要发送信息，就会发生冲突。为了解决冲突并提高网络通信效率，总线形网络多采用 CSMA/CD 冲突检测的信息传输控制方式。即各节点发送信息时采用“边发送边监听”方式，在发送之前就监听这时总线上是否空闲，空闲状态就立即发送信息，发送同时还进行冲突检测，一旦发现冲突就立即停止发送。

以太网就是采用总线结构的，目前已在局域网中获得广泛应用。总线结构特点是：①结构简单灵活，扩展和取消站点都比较容易；②可靠性高，响应速度快，其共享资源能力较强；③总线结构价格较低，安装容易，使用方便。

(3) 环形结构。环形结构网络是各工作站都连在一条首尾相连的闭合环形通信线路上构成的网络，如图 5-21 所示。环形结构网络采用“令牌通行”的访问控制方式。通常网络中各站点如果要使用网络，它就要占有令牌，直到完成工作后，再将令牌传给下一个站点。一旦令牌被某一站点占有，其他站点就不能进行信息传输，从而避免了碰撞现象。可见令牌实

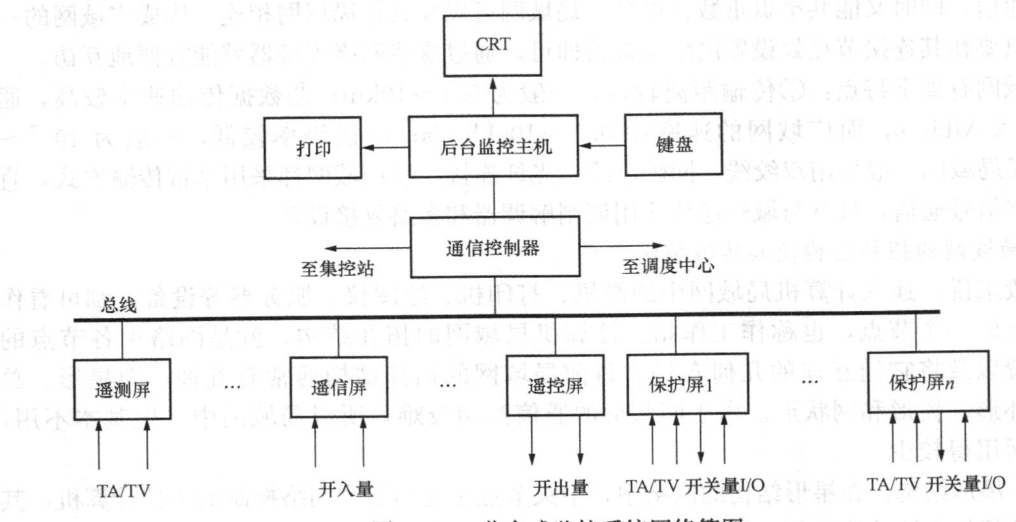

图 5-19　分布式监控系统网络简图

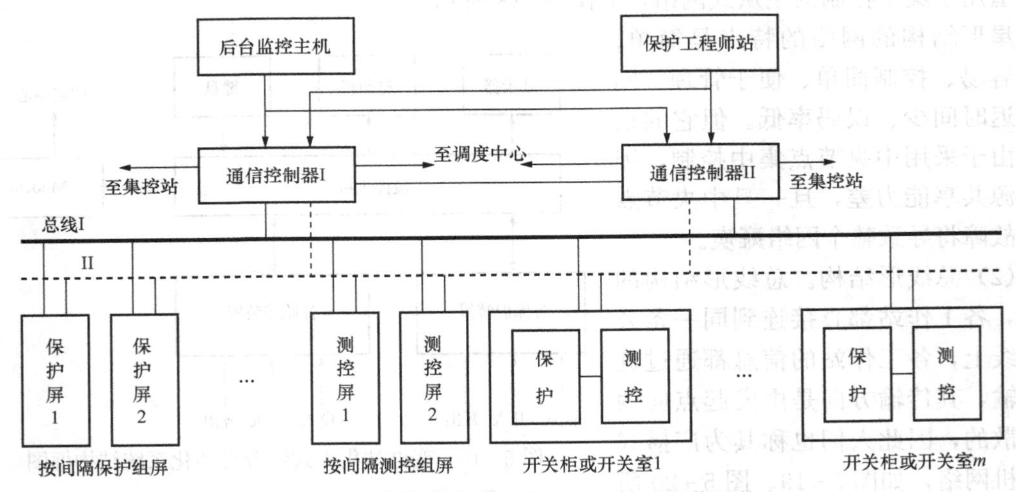

图 5-20　分散分布式监控系统总控式通信网络

质上就是发信许可证。

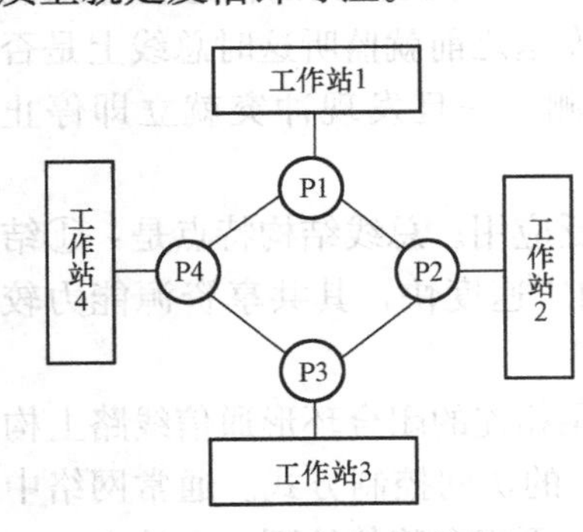

图 5-21　环形网络结构

环形结构网络的特点是各节点（工作站）的地位是相同的，信息向单个方向依次逐点传送，结构简单，节省材料，控制容易，易于实现高速长距离传送。但是环形结构网络负载能力有限，扩充不太方便，不适合通信量较大的场合使用。图 5-21 中 P1～P4 是环网接口机，其功能为接收环上游接口机发来的信息，并向下游机发送信息，接口机中设置有缓冲器。

（四）局域网的互连

局域网的工作范围只限于有限区域，不同局域网之间的计算机有数据通信要求时，就需要局域网互连。通过局域网互连可以实现更大范围的通信和资源共享。

网络互连可以是局域网之间的互连，也可以是局域网与远程网或远程网之间的互连。互连网络的特性相互之间可能有较大的差别，例如在数据传输速度和数据链路协议等方面有所不同。根据不同的特点和要求，采用相应的互连装置实现连接。以下简单介绍互连设备。

(1) 转发器。转发器的层次处于 OSI 的最低层（物理层），其功能是起到信息的中转作用。如两个网之间不存在差别，可用位转发器直接连接，扩大了网络范围。若存在传输速度上差别，则使用存储转发器，可以延长传送距离的同时实现不同数据速率的转换。但转发器在转发帧时，不对传输媒体进行检测。

(2) 网桥。网桥的作用相当于 OSI 模型的第二层（链路层），它主要起存储和转发作用。同样是转发作用，但与转发器有根本的不同，网桥在转发帧时，必须对传媒进行冲突检测。如果互连的网络类型相同，使用同样的内部协议和接口，通过网桥的连接，对信息组地址进行筛选以实现通信流量的控制。

(3) 路由器。当多个网络需要在一点上实现互连时，路由器承担起路径选择的作用。路由器根据报文分组的地址，为其确定路径。

(4) 网关。网关也称信关。不同机种、不同操作系统和网络之间，即协议不相容的网络互连时通常使用网关（或称通信控制器）。网关作为网络之间的接口，其主要作用是协议转换和信息转发及网际路由的选择。为此，网关除提供网络接口硬件外，在软件方面应包括有关协议系统及有关协议转换的模块。

网关是多个网络的数据接口，因此对信息流量有效控制是网关提高数据通信性能的重要手段之一，也是网关的主要特性之一。

(5) 交换机。交换机又可称为多端口智能网桥。因其工作在总线形的以太网上，常称为以太网交换机。交换机工作在 OSI 网络模型的数据链路层。交换机的作用是监视端口数据帧；判断其属性以决定是否转发及转发至何端口；控制网络流量。

交换机的特点是每个端口都能在全双工模式下工作，可同时在多对节点之间建立临时专用通道，形成立体交叉式数据传输通道。每个端口都能独享带宽，而不是和其他网络用户共享传输媒体的带宽。交换机使用了专用集成电路，可使其在极短时间内完成极大信息吞吐量。

（五）基本通信网络

目前最常用的网络通信技术有 LonWorks 网络、CAN 网络和以太网络（Ethernet）。在变电站综合自动化发展阶段，上述三种网络在变电站综合自动化产品中都经常采用。随着 IEC 61850 标准的颁布实施及数字化变电站的推广，以太网技术的发展为变电站的实现基于网络方式的信息交互提供了坚实的技术支撑，以太网络越来越广泛地应用于变电站自动化系统之中。

1. LonWorks 网络

LonWorks 是美国 Echelon 公司推出的网络技术。LonWorks 的意思是局部操作网络，是用于开发监控网络系统的一个完整技术平台，具有现场总线技术的一切特点。

LonWorks 技术组成包括硬件部分和神经元芯片（Neuron Chip）及软件部分的通信协议 LonTalk。神经元芯片是 LonWorks 技术的核心器件，是一种集通信、控制、调度和 I/O 为一体的大规模集成器件。采用 Neuron Chip 芯片的总线网卡结构如图 5 - 22 所示。

LonWorks 通过 LonTalk 协议支持对等通信模式，其网络可以组成总线形、环形、树形

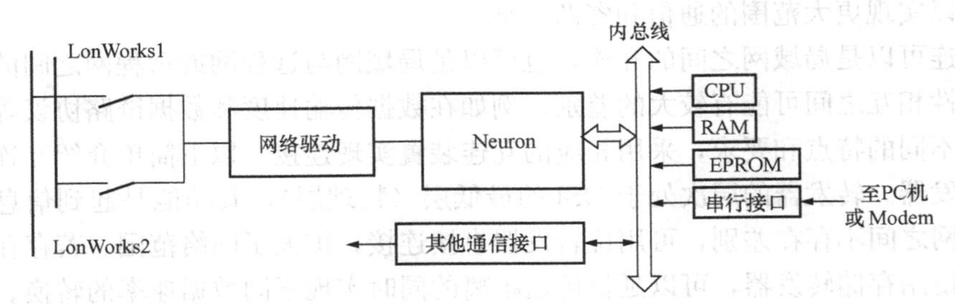

图 5-22　采用 Neuron Chip 芯片的主站总线网卡

等多种拓扑结构。LonWorks 最主要优点是可以实现互操作。目前 LonWorks 主要是用在间隔层与变电站层之间的通信，是面向间隔的分散分布式通信网络，其结构如图 5-23 所示。

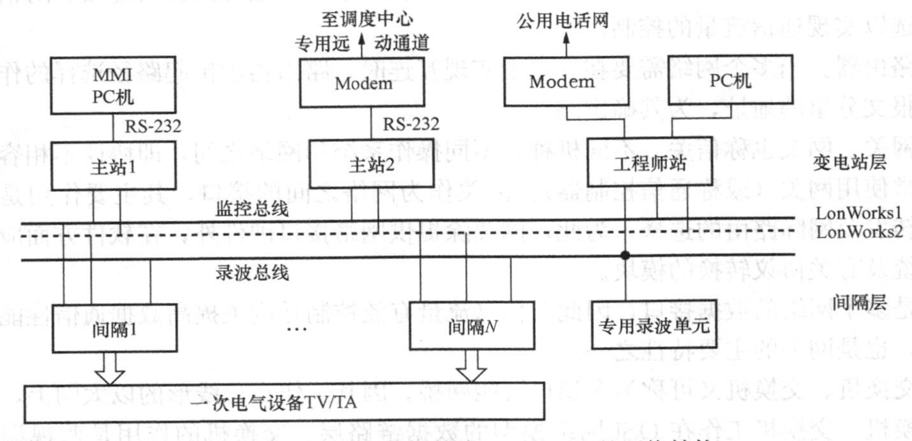

图 5-23　基于现场总线 LonWorks 的网络结构

2. CAN 网络

CAN 总线是一种串行数据通信协议。CAN 协议的最大特点是废除了传统的站地址编码，而代之以对通信数据块进行编码，使网络内的节点个数在理论上不受限制。由于 CAN 协议具有较强的纠错能力，支持差分收发，适合高抗干扰环境，并具有较远的传输距离。因此，CAN 协议对于许多领域的分布式测控都很有吸引力。

CAN 是一种多主总线，工作于多主方式，可使不同的节点同时接收相同的数据，这使得 CAN 总线构成的网络各节点之间的数据通信实时性强，并且容易构成冗余结构，提高了系统的可靠性和系统的灵活性。相对于 RS-485 只能构成主从式结构系统，CAN 总线的实时性、可靠性要强得多。

CAN 总线通过控制器接口芯片的两个输出端 CANH 和 CANL 与物理总线相连，CANH 端的状态只能是高电平或悬浮状态，CANL 端的状态只能是低电平或悬浮状态。这就保证不会出现像在 RS-485 网络中，当系统有错误出现多节点同时向总线发送数据时，导致总线呈现短路，从而损坏某些节点的现象。CAN 节点在错误严重的情况下具有自动关闭输出功能，以使总线上其他节点的操作不受影响。

CAN 总线已成为很有前途的总线标准之一，主要应用于分布式工业控制系统及现场总线系统。

3. 以太网络

以太网络（以太网）是由 Xeros 公司开发的一种基带局域网技术，使用同轴电缆作为网络媒体，采用冲突检测的载波侦听多路访问 CSMA/CD 机制，与 IEEE 802.3 标准相兼容。以太网是当前应用最普遍的局域网技术。以太网技术主要是指以下三种不同的局域技术：标准以太网（10Mbit/s）、快速以太网（100Mbit/s）、千兆以太网（1000Mbit/s）。它们都是采用 CSMA/CA 访问控制法的机制，不同的是传输速率。

以太网/IEEE 802.3 通常使用专门的网卡实现，使用网卡中的收发器与网络媒体连接。收发器完成多种物理层功能，其中包括对网络碰撞进行检测。

以太网采用广播机制，所有与网络连接的工作站都可以“看到”网络上传递的数据。通过查看包含在帧中的目标地址，确定是否进行接收或放弃。如果证明数据确实是发给自己的，工作站将会接收数据并传递给高层协议进行处理。以太网采用 CSMA/CD 访问控制法，任何工作站可以在任何时间访问网络。在发送数据之前，工作站首先需要侦听网络是否空闲，如果网络上没有任何数据传送，工作站就会将所要发送的信息投放到网络上，否则只能等待网络下一次出现空闲的时候再进行数据发送。

以太网作为基于竞争机制的网络，允许任何一台网络设备在网络空闲时发送信息。因为没有任何集中式管理措施，所以非常有可能在网络空闲时多台工作站同时发送数据，造成碰撞后必须等待一段时间后重新发送数据。退避算法用来决定发生碰撞后，工作站应该在何时重发数据帧。

（1）共享式以太网。上述以太网采用的是 CSMA/CD 访问控制法，当某个工作站获得发送控制权时，该工作站就获享了该网络通道。与以太网相连的各工作站都有机会获得这种发送控制权，由于 CSMA/CD 是一种随机竞争占用媒体方式，每一个站点的发送都是随机产生，因此说以太网中各个站点是共享整个网络的介质媒体（电缆，光缆），也就是意味着各个站点的所有端口都共享同一网络带宽。

共享式以太网，在站点（节点）较少、传输速率较快的情况下，网络负荷较轻。相反，在站点较多、传输速率较慢时网络负荷就较重，这时由于频繁地发生冲突并反复执行退避及重发操作，造成网络带宽的浪费，使网络的效率急剧下降。

（2）交换式以太网。交换式以太网是基于帧交换技术，由以太交换机进行快速的帧交换。同时，交换式以太网也从根本上改变了“共享介质”的工作方式，它可以通过以太网交换机支持交换机端口节点之间的多个并发连接，实现多节点间数据的并发传输，给每一对端口提供独占的网络带宽。虽然交换机中也存在冲突问题，但是当发生冲突时仅涉及相关的端口，其他端口不受影响。

由于数据帧在交换机内转发，带来一定的交换延迟，因此交换式以太网是以交换延迟为代价来保证每个节点提供恒定定值的带宽。在对共享式以太网和交换式以太网的通信延迟时间测试比较时发现，在网络平静情况下，共享式以太网的延迟时间略低于交换式以太网的延迟时间，而当网络负载加重后（增加节点数），共享式以太网的延迟时间会大大增加，高于交换式以太网的延迟时间。

试验还表明，在数据流量相同的情况下，通信速率提高意味着网络负荷的减轻和网络传输延迟时间的减少，即网络碰撞几率大大下降，从而改善了以太网的实时特性。

通常在变电站自动化系统建造施工结束后，其各站点数一般不再变动，在以太网确定情况下其网络速率是基本固定的。因此变电站自动化系统的网络流量最大值就发生在电网故障情况下的突发性数据流量，这时的数据流量是平时平静时的数倍至十多倍以上。试验证明，只要在故障情况下的突发性数据流量，使以太网的负荷量仍小于25%，使用以太网便可以得到最好的系统响应。

对变电站自动化系统而言，通过局域网执行控制功能的“实时”性要求通常定义为4ms。在“最恶劣”情况下，研究证实了共享式Hub连接的100Mbit/s以太网及交换式Hub连接的10Mbit/s以太网，都能满足4ms这一网络通信时间要求。

随着千兆级快速以太网技术的不断完善和成熟，硬件成本也逐渐下降，其带宽完全可以满足变电站自动化系统需要。无论从理论分析还是试验，以太网技术应用于变电站内通信系统都是可行的。

课题三　变电站综合自动化系统功能及结构原理

变电站综合自动化系统是利用先进的计算机技术、现代电子技术、通信技术和信息处理技术等实现对变电站二次设备的功能进行重新组合、优化设计，对变电站的运行情况执行监视、测量、控制和协调的一种综合的自动化系统。

一、变电站综合自动化基本功能

变电站综合自动化是多专业性的综合技术。它以微机为基础来实现对变电站传统的继电保护、控制方式、测量手段、通信和管理模式的全面技术改造，实现对电网运行管理的一次变革。从我国的具体情况来说，变电站综合自动化的基本功能主要体现在以下四个方面。

1. 监控子系统基本功能

监控子系统取代常规的测量系统，取消了常规控制屏，取代了中央信号控制及继电器屏，取代了常规的远动装置等。其基本功能应包括以下几部分。

(1) 模拟量、开关量、电能量的数据采集。

(2) 事件顺序记录（SOE），包括事件时间（ms级）和状态。

(3) 故障记录（故障录波）和测距，保护及自动装置信息记录。

(4) 操作控制功能。通过键盘和CRT对变电站内断路器、电动隔离开关、主变压器分接开关进行控制和操作。

(5) 安全监视功能。对采集的频率、电流、电压、主变压器温度等量不断地进行越限监视、越限告警并记录越限时间和越限值。

(6) 人机联系功能。通过键盘、鼠标、显示器CRT，可以使全站运行工况和运行参数一目了然；可对全站断路器、电动隔离开关分合操作；可显示全站实时主接线图、事件顺序记录、越限报警、发展趋势、保护及自动装置定值、值班记录等；输入数据，如TA和TV变比、保护定值、越限定值、密码等。人机联系功能还包括打印报表及图形和数据处理。

(7) 完成计算机监控系统的系统综合功能。如VQC（电压无功控制）功能，小接地电流系统的接地选线的系统功能、自动按频率减载功能；高压设备在线监测；主变压器经济运行控制功能。系统综合功能部分将在本单元课题四中详细分析。

2. 微机保护子系统功能

为了保证微机保护的安全性、可靠性，微机保护应保持与通信、测量的独立性，即通信与测量方面的故障不影响保护正常工作。另外，微机保护还要求保护的CPU及电源均保持独立。微机保护子系统还综合了部分自动装置的功能，例如综合重合闸和低频减载功能。这种综合是为了提高保护性能，减少变电站的电缆数量。

3. 自动装置子系统功能

变电站的自动装置对变电站的安全、可靠运行起着重要作用。监控系统和保护系统都不能完全取代自动装置。目前自动装置有备用电源自动投入装置、故障录波（系统动态故障录波）装置等。

4. 远动和通信功能

该功能综合自动化系统的现场通信功能，即变电站层与间隔层之间的通信功能；综合自动化系统与上级调度之间的通信功能，即监控系统与调度之间通信，包括四遥的全部功能；故障录波与测距的远方传输功能。

二、变电站综合自动化系统的特点

从上述的变电站综合自动化系统基本功能的介绍可以看出变电站综合自动化系统有以下几个突出特点。

1. 功能综合化

变电站综合自动化系统是个技术密集、多种专业技术相互交叉、相互配合的系统。它是在计算机硬件和软件技术、数据通信技术的基础上发展起来的，综合了变电站内除一次设备和交直流电源以外的全部二次设备。微机监控子系统综合了原来的仪表、控制屏、模拟屏、变送器屏、远动装置、中央信号系统功能；微机保护综合了部分自动装置的功能；微机保护和监控子系统结合，综合了局部故障录波、故障测距和小电流接地选线功能。

2. 分布分散式微机化的系统结构

综合自动化系统内各子系统由不同配置的单片机或可编程控制器组成，采用分布分散式结构，通过网络、总线将微机保护、自动装置、监控各子系统按层次联系起来。随着网络通信技术的发展变电站通信网络除了过程层外都实现了网络化。

3. 测量显示数字化

采用微机监控系统后，彻底改变了原来的测量手段，常规指针式仪表全被CRT显示器上的数字显示所代替。有的小型变电站为简单起见，常省略后台监控及CRT，在屏上用微机化（单片机）的数字仪表取代常规仪表。这种数字仪表一路一只，体积小，可显示每一路的电压、电流、有功/无功功率、电量、功率因数，有的还具有少量开关量输入/输出功能。

4. 操作监视屏幕化

变电站实现综合自动化后，常规、庞大的模拟屏及控制屏被CRT屏幕上的实时主接线画面所代替，常规操作被键盘操作所代替，中央信号系统被CRT文字提示及语音报警所代替。

5. 运行管理智能化

运行管理智能化是指变电站运行管理的一系列软件，如变电运行班组管理系统、变电站保护和自动装置定值管理系统、变电站电气倒闸操作模拟仿真系统、变电站故障诊断及事故恢复专家系统、变电站安全运行管理系统、变电站高压设备运行状态管理系统、变电站运行方式管理系统等软件，可以随时从硬盘中调到内存运行，每个软件系统既是一种培训学习系统，又是实践锻炼的场所。这些软件对于提高变电运行技术水平、管理水平及安全运行水平有着重要意义。

三、变电站综合自动化系统结构

从变电站监控系统通信网络结构的角度分析，变电站综合自动化系统结构类型主要分为集中式、分布式、分散分布式三类网络结构。

（一）集中式监控系统网络结构

所谓集中式主要是指以监控主机为中心，集中采集信息，集中处理运算。当然集中式结构并非是指由一台计算机完成保护和监控等全部功能。多数集中式结构的微机保护、微机监控与调度通信的功能也是由不同的微机完成的，但它们都是以监控主机为中心，通过计算机的串口通信接口向各保护和监控单元辐射出去，其网络呈星形状，如图 5 - 18 所示。

早期微机保护等 IED（电子智能设备）都是通过单片微机的串口与监控系统通信联络。这种简单的串行通信技术主要的缺点是：通信速率低，一般不超过 9.6kbit/s，在实时传输大量数据时显得力不从心；在扩展系统站点和功能时很不方便；不能在通信网中设置一个以上的主机，不能享有多主机技术带来的各种优越性能；这种星形结构模式容易产生数据传输瓶颈，其维护性较差。但对于电压低、出线少、信息量很少的小型化变电站仍具有一定的生命力，它集保护功能、人机接口、四遥及自检功能于一体，结构简单，价格相对较低。

（二）分布式监控系统网络结构

分布式监控系统分为三部分，即后台监控主机、通信控制器（通信总控设备）、各功能（监控和保护）子系统。变电站分布式监控系统网络结构如图 5 - 19 所示。

分布式监控系统是指现场设备按功能分布，即按功能集中组屏，所以保护屏、自动装置屏、遥测屏、遥信屏、遥控屏等功能屏柜的界线分明。通信控制器分别与监控主机、各功能子系统连接，并通过 Modem 与调度中心通信。通信控制器主要是用作前置数据处理、通信规约转换和通信接口扩展。通信控制器可以采用双总控，也可以采用单总控方式。双总控可以互为热备用、切换使用。

这种分布式结构在安装上可分为中央控制室按功能集中组屏和局部分散式按功能集中组屏两种方式。前者多用于中低压变电站，后者用于大型高压变电站，以按电压等级实现局部分散式的按功能集中组屏（但目前大中型高压变电站已不采用此种方案）。

分布式通信网络结构目前已被分散分布式网络结构所替代，它的缺点是：按同一种功能（如监控或保护功能）组屏而不按间隔分层，所以屏内装有不同间隔的装置，这样就有可能给维护带来不便；同一间隔单元内的测控和保护装置被安装在不同屏柜、不同位置，使连接电缆繁杂而多。但对老式变电站改造、扩建、采用微机保护加 RTU 方案的中低压变电站仍是可选的方案。

（三）分散分布式通信网络结构

分散分布式通信网络结构，就是 DCS 系统结构。分散分布式通信网络从信息及物理结构上将变电站划分为两层，即变电站层、间隔层；根据需要，有的分为三层：变电站层、通信管理层、间隔层，如总控式通信网络结构就增加了通信管理层。

分散分布式通信网络是一种根据一次接线面向间隔层的网络，所以具有分散式的特点，同时它在各间隔层里又可按功能组屏，例如在保护小室内按同一间隔的保护、测控等功能分别集中组屏，因此它又是按功能分布。总之，它是基于分散分布式设计思想，将保护、测控等计算功能分散置于信息源头（间隔层），将系统综合功能置于信息消费点（变电站层）。

1. 总控式通信网络

分散分布式监控系统总线式网络简图如图 5-20 所示，图中采用总线通信控制方式，根据需要可按双总线通信控制方式（图 5-20 中虚线为总线 2）。由图中可见，各间隔单元的测控及保护部分，分别就地分散安装在主控室和户外一次设备附近的保护小室内，或分散安装在开关柜上及户内高压设备间隔里。数据采集和开关量 I/O 的测控部分与保护部分是相互独立的，并都能通过通信控制设备与后台监控主机通信。通常在间隔层内就能独立完成保护和监测的功能，而不依赖通信网络。通信网络可以是光缆或双绞线、同轴通信电缆。为了提高通信网络的可靠性，当采用双总线通信网络，与此对应通信控制器也按双总控设置并可相互切换。而通信控制器功能仍然是通信控制、通信接口扩展及前置数据处理。

这种总控式通信网络由于是按间隔的测控和保护功能布局，所以其优点是很明显的：①在新建的变电站中能最大限度地压缩二次设备及繁杂的二次电缆，也节省了土建投资，经济效益较好；②系统配置灵活，扩展容易；③检修维护方便；④适用于 110kV 及以下电压等级、信息流量不大的变电站中。

由以上分析可见，通信控制器是监控系统的通信枢纽，是整个变电站信息综合点。它连接着各间隔的测控、保护装置和监控主机，协调这些设备间的数据交换和命令传递。它收集来自现场的不同类型的实时数据，以不同的规约通过不同的通信媒介向调度控制中心转发，它接收来自调度或集控中心的命令，传送到保护和自动装置等各 IED 设备。但是这种通信枢纽信息通道，正是可能产生通信网络瓶颈效应的原因，尽管采用了双总控方案提高了通信的可靠性，但所有信息毕竟都要通过通信控制器转发，当故障信息量很大时这种固有的缺点必定暴露无遗。

2. 基于现场总线 LonWorks（或 CAN）的通信网络

LonWorks 是局部操作网络（Local Operating Network）的缩写，也是面向间隔的分散分布式通信网络，就分散分布式的特点而言，与上述的网络相同，但就其通信方式而言，与上述的双总控网络是截然不同的，例如：各个主站都设置有 LonWorks（或 CAN）网络通信卡；间隔层 IED 设备所发送的信息在监控网络是“广播”的，所有网上的主站都直接从 LonWorks（或 CAN）网上获取它所需的信息；间隔层的 IED 设备可以相互通信，这使得五防闭锁的可编程逻辑控制（PLC）在各间隔层中通过相互通信得以实现。基于 LonWorks 通信网络如图 5-23 所示。

（1）变电站层、主站通信功能。基于现场总线 LonWorks 的网络是分散分布式网络系统，该系统分两个层次，即变电站层和间隔层，取消了通信管理层。变电站层有三个主站并相互独立，提高了系统的冗余度。主站 1 主管系统监控，有一个监控总线网卡与 LonWorks1 和 LonWorks2 监控总线连接，还通过串行通信接口连接人机界面（MMI）的 PC 机，用作后台监控。主站 2 也设置一个监控总线网卡，主管远动传送和接收信息，通过 Modem 将监控信息传送给调度中心。工程师站具有两个总线网卡，分别接监控总线和录波总线。接监控总线的 PC 机具有监视系统功能但不作控制操作。接录波总线的网卡，将各间隔保护（或专用录波装置）的录波数据，从 LonWorks 总线形式变换为 RS-232 串行接口形式，通过 Modem 和电话通信网传向具有电话通信功能的远方另一端，因此该系统具有录波数据远传功能。

（2）主站总线网卡结构。主站总线网卡硬件结构如图 5-22 所示。这是一个由 CPU 控制的主站微机系统与通信管理芯片 Neuron 并行连接。

主站通信网卡实质上是一种智能接口转换器，将 LonWorks 总线接口标准转换成串行通信的接口标准，以实现保护与监控后台机或调度的通信。这种接口转换是在主站总线网卡上的 CPU 控制完成的。

从图 5-22 可见，每一个连在网络上的间隔层节点都包括了三个部分：首先是本节点功能，如某一保护装置或断路器控制单元；其次是 Neuron 芯片，它是本节点同网络交换信息的接口；最后是网络驱动部分，它用于驱动信道媒介，如光纤驱动或双绞线驱动。

3. 基于以太网的监控总线网络结构

（1）基于现场总线的网络结构的缺点。现场总线是专为小数据量工业控制通信设计的廉价网络，当作为变电站综合自动化的主干网时，总体性能随节点数的增长迅速下降。在通信节点多、数据量大的 220kV 以上变电站中，通信性能的弱点明显地暴露在通信速率低；带宽窄，录波传输延迟大；可靠性下降等多方面。

（2）基于以太网的监控总线的优越性。以太网经过三十多年的发展，以其优越的综合性能成为网络连接的主要标准，在全球占有量达到 90%以上，并已大量使用于工业控制领域。其优越性表现在：①网络通信带宽：以太网的带宽高达 100Mbit/s，甚至千兆（1000Mbit/s），即使用于超大规模变电站也游刃有余。②适用于多节点的大型网络。以太网的一个冲突域中可支持 1024 个节点，节点数小于 100 时，10Mbit/s 的以太网即使负荷达到 50%，响应时间也小于 0.01s。③网络的拓扑结构可以总线形或星形，甚至（在可选择方向时）可用于环形结构。④可靠性高。当采用集线器以太网时以太网的可靠性达到很高的标准。⑤以太网的网络资源支持及大量使用，使以太网的成本低廉。各种高层规约对以太网充分支持，使用更加普及。

（3）采用以太网实现变电站综合自动化通信。基于以太网的变电站综合自动化网络，仍采用分层分布式的方案，其网络结构仍然是图 5-23，但其变电站层设备使用 100Mbit/s 以太网卡，间隔层设备使用 10Mbit/s 以太网卡，监控总线换用以太网。当间隔较多，间隔层设备较多时，应根据设备所属间隔和物理位置连接到适当的间隔层集线器，然后再将所有间隔层集线器接入变电站层集线器，而所有变电站设备均直接接到变电站层集线器。

（4）其他智能设备接口。在国内还没有普及使用 IEC 61850 标准时，为了更好地兼容更多的智能设备 IED，可以采用通信控制器（或通信管理机），通过规约转换并提供各种转换接口实现联网。

四、变电站综合自动化系统中的通信控制器

（一）概述

通信控制器是变电站自动化系统的信息中心，它通过信息采集、处理和通信规约转换，形成标准的信息传送到监控、远动主站，信息加工处理后通过通信通道传送到集控站和电网调度中心，同时又将调度命令下传至监控系统主机、继保和自动装置。

为适应继电保护、自动装置等 IED 设备与变电站层的各主站的通信要求及远动主站与集控站、调度中心的通信要求，必须要有运行可靠、抗干扰能力强、响应速度快、运行方式灵活、易于扩展的通信控制器，其功能主要以监控网络内部通信及远动通信为主，但不仅限于这些通信，通常可根据工程需要灵活配置如 GPS 对时子系统、变电站电压无功调节（VQC）及就地测控等功能，因此通信控制器是一种功能强大的变电站自动化信息综合管理站，所以又称为通

信管理机。

（二）通信控制器的硬件结构和功能

1. 通信控制器功能

根据以上所述，通信控制器应具有如下几种功能。

（1）分散分布式的网络化通信功能。通信控制器的硬件结构应能实现多种通信接口的扩展。按照 IEC 61850 标准，通信控制器应扩展有以太网、CAN（或 LonWorks）、RS - 485 网，以实现分散分布式的网络化通信。

（2）网络化的远动 RTU 功能。通过通信控制器方便地接入以太局域网和广域网，完成远动 RTU 功能。

（3）不同网络规约转换。通信控制器应适应以 RS - 485（或 RS - 232）、LonWorks、CAN 为通信网络的 IED 装置接入以太网络，并完成相应的不同网络规约转换。

（4）综合控制功能。通信控制器除上述通信功能外，还可具有其他一些综合控制功能，例如具有 GPS 对时子系统；再如，对一些中低电压（或小型）变电站，通信控制器既有远动又具有测控、电压无功控制、小接地电流系统接地选线等控制功能（其硬件相应增加模数变换及开关量 I/O 插件）。

2. 通信控制器的硬件结构

通信控制器为完成上述功能，其硬件通常采用嵌入式工控机模块结构，其硬件模块有 CPU、通信网络扩展、调制解调、GPS 卫星脉冲对时、DC/DC 电源等模件，如图 5 - 24 所示。

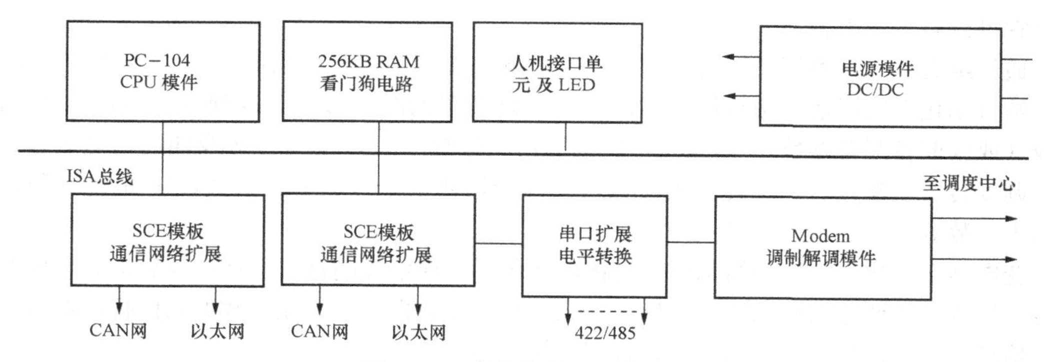

图 5 - 24　通信控制器原理框图

（1）CPU 模板。CPU 模板一般都直接采用嵌入式工控机 CPU 母板 PC-104。CPU 可采用工控 CPU 芯片或 Intel-485 芯片，程序存储在电子盘中，以提高其运行速度和可靠性。CPU 模板还应扩展有较大的内存用作规约转换及抗干扰用的看门狗电路。

（2）通信网络扩展模板。较为典型的通信网络扩展模板如图 5 - 25 所示，模板中由两片 16C554 四串行口控制器芯片提供 8 路异步串行通信口，SJA1000 芯片提供一路 CAN 网口，DM9008F 芯片提供一路以太网 RJ45 接口。通信接口扩展模板与 CPU 母板的连接是采用嵌入式的直接插接，因此引线很短其抗干扰能力较强并连接可靠。根据需要通信控制器应可扩展两块这种通信模板，以便双以太网或双 CAN 网时使用。

（3）调制解调模板。调制解调 Modem 模板实现模拟信号与数字信号之间的相互转换，当监控主站与调度或集控中心的通信采用载波或微波的通信方式时，应扩展该模板。通常每个

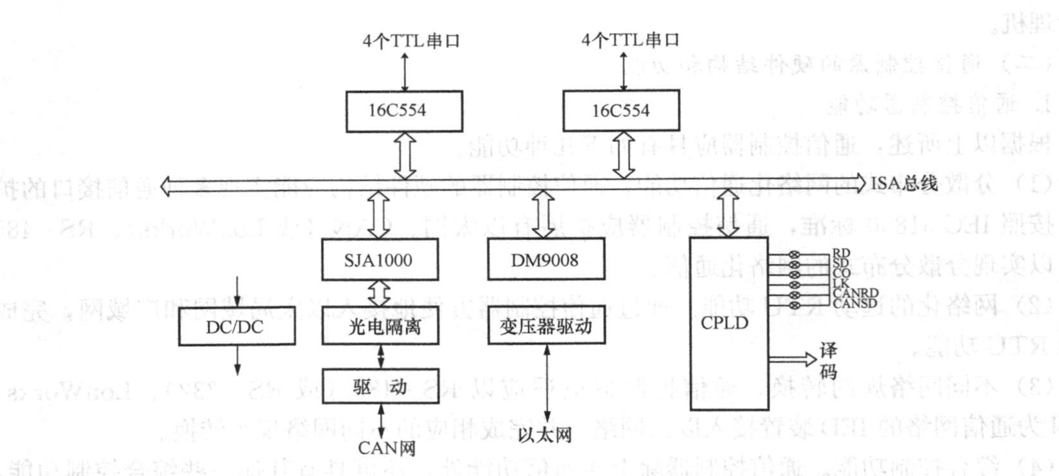

图 5-25　通信网络扩展模板框图

Modem 模板上有两个 Modem 单元，可选双通道工作方式，或根据通道质量自动选择一个通道的互为备用的工作方式。对于每个 Modem 单元，有多个波特率、多个工作频率，可通过拨微动开关来选择。Modem 模件面板上有几只发光二极管指示二个通道的工作状态，如 TXD 为数据发送指示、RXD 为接收指示、CTS 为准备就绪指示、RUN 为运行状态指示。

（三）通信控制器的组态软件

通信组态软件是基于 VC 开发的应用软件，它是变电站自动化系统组态软件的一部分，通过它可以对系统内各通信控制器进行组态。

通信组态软件可根据监控对象的不同要求将通信控制器各个功能模件进行灵活的配置。变电站自动化系统通信组态软件通过以太网口将装置的配置参数下载到各通信控制器 CPU 模板（或读取各配置参数）。这些参数包括通信口参数，CPU 配置参数及四遥信息数量、类型，调度转发表参数，档位转发表参数，文件传输协议上传、下载参数，IP 地址参数，对时标志参数等。

变电站自动化系统通信组态软件具体功能包括对通信控制器进行连接及启动，生成信息总表，生成送往调度的信息表，对调试信息、数据库数据、串口原始数据的监视，对组态信息、信息总表、信息表的文本显示、打印、转存等。

（四）通信控制器在综合自动化变电站的应用

1. 作为微机保护通信管理机的应用

由于变电站内的保护装置十分繁多，为了加强对保护装置的通信管理，扩展通信接口，减少通信电缆引线；转换保护通信规约，可以在大中型变电站中一个间隔设置一个通信管理机，或在中小型变电站里相同电压等级的母线下设置一个通信管理机，与各保护通信接口相连，如图 5-26 间隔 1 所示。

2. 作为其他 IED 设备接入的通信控制器

由于变电站中难免采用第三方保护厂家产品，在未完全采用 IEC 61850 标准时，由于通信规约不一致需经规约转换后接入系统；变电站里还有不少其他各厂家的 IED 设备，如直流电源充电系统、小接地电流系统的消弧线圈自动补偿及接地自动选线装置、其他智能仪表等，这些 IED 设备与变电站自动化系统的通信接口标准不一致也需经规约转换及通信接口

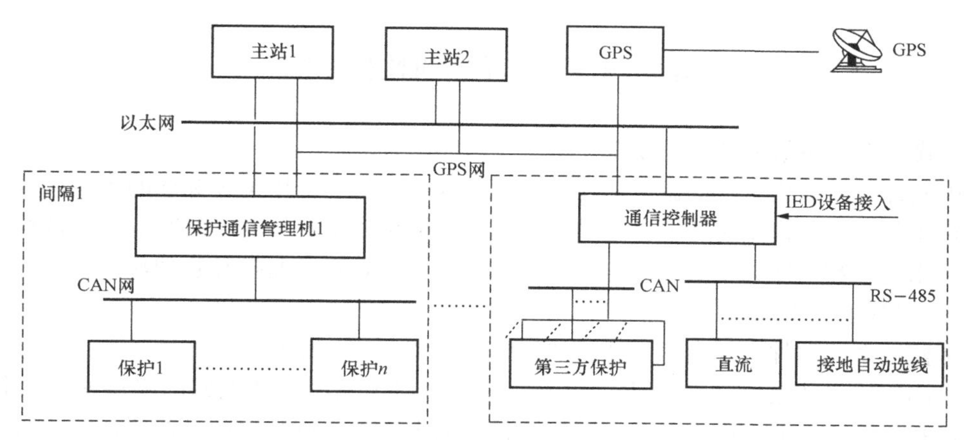

图 5-26 通信控制器的应用之一

扩展后接入。如图 5-26 的其他 IED 设备接入。

3. 作为远动主站与调度通信用的通信控制器

当通信控制器用作远动主站与调度通信时，其原理结构框图如图 5-27 所示。

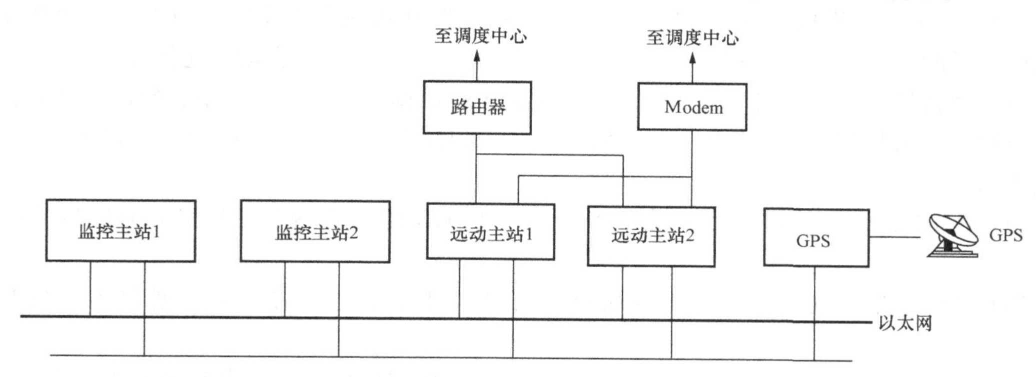

图 5-27 通信控制器用作远动主站的应用

远动主站实质上是远动通信控制工作站，从其硬件分析（参见图 5-27）远动主站应扩展有各种通信网络接口，例如：以太局域网接口用于与监控主站连接；以太广域网接口通过路由器与远方调度中心高速数据通信；通过串口通信（例如 RS-232）和邮电 Modem 连接，实现电话拨号的故障录波远程传输及远程维护功能；与远方调度中心载波通信（与 Modem 配合使用，实现模拟信号与数字信号之间的相互转换，从而适用于电力系统的载波及微波的通信方式）；通过 RS-422/485 接口用于 GPS 同步系统。

4. 总控式通信网络中的通信控制器

在分散分布式监控系统总控式通信网络中，如图 5-20 所示，通信控制器扩展串行接口与监控主机相连；扩展以太网与各保护和测控装置相连，实现总控的通信方式。这种通信网络的主要特点是整个系统分为三层：变电站层、间隔层、通信管理层。而通信管理层的核心就是通信控制器，它通过扩展 RS-485 接口与 Modem 配合实现与调度中心载波通信。

课题四　变电站微机监控系统

一、微机监控系统的构成及功能

变电站综合自动化系统的微机监控是基于个人计算机，采用国际标准的多窗口多任务系统，运行于稳定的操作系统环境，通过通信网络获取调度信息和变电站间隔层、过程层实时数据，利用动态数据库共享信息来完成变电站层的信息处理及监控和管理功能。

（一）微机监控系统软件及其功能

通常监控系统软件主要由六大块模块组成，如图5-28所示。

（1）DBDLL：数据动态连接库，用于收集反映电力系统及变电站间隔层实时运行状态和数据，并与被监控的一次设备建立图形连接。数据库中所有数据都是按照特定的组织形式存于数据库中。数据库中不仅保存了各种数据（实时和历史的），而且还保存了各种数据之间的关系，使各种数据不是孤立地而是互相关联地组成一个统一的整体。

（2）SCADA：数据采集和处理系统，完成数据实时采集、控制和历史保存等。数据实时采集是通过通信单元向测控单元、保护、其他智能单元发布数据传送命令而获取的。

（3）PSED：人机接口应用程序开发环境。在变电站新建和扩建时，用以建立和修改一次接线实时图形（通常把这种图形称为“背景”），并定义其与数据动态连接库的数据连接。以便在其“背景”上完成实时数据显示（通常把这种数据显示位置、大小、颜色、整数和小数的位数等称为数据“前景”）。数据显示方式可以用数字、棒图、饼图、表盘等“前景”方式表示。

（4）PSRR：人机接口应用环境，用以显示PSED建立的图形，并完成值班员的各种操作。

（5）RTS：报表处理系统，用以编辑、显示和打印变电站的历史数据和实时数据的报表。

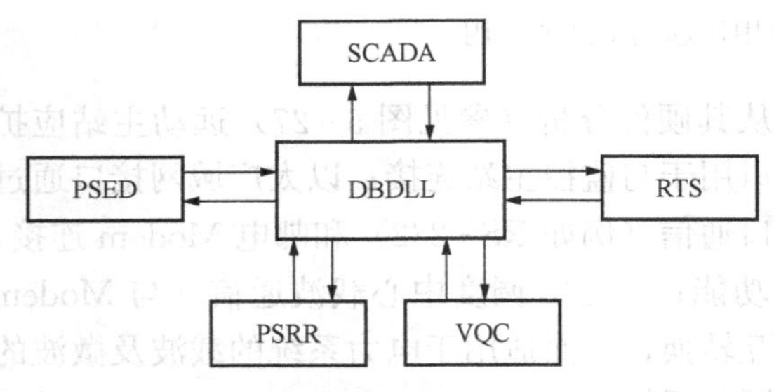

图5-28　动态数据库与监控系统任务之间的关系

（6）VQC：系统功能（电压无功控制）模块。监控系统的6个模块是以数据动态连接库DBDLL为核心：SCADA和人机接口、报表系统存取数据均通过DBDLL并完成用户向DBDLL提出的各种操作请求，它们之间的关系可用图5-28来表示。

（二）监控系统的基本功能

监控系统后台机采用高性能、高可靠性的工控机，系统可靠性大为提高。以下主要介绍后台监控系统基本功能。

1．数据采集和处理

（1）数据采集：模拟量，包括频率、电压、电流、有功/无功功率、温度等；状态量，包括断路器、隔离开关、事故总信号、保护信号、变压器分接头位置等；脉冲量（电能量）；事件顺序记录；保护装置的测量和保护定值、故障动作信息、自诊断信息、跳闸信息及波形等。

（2）信息处理：包括根据事故总信号是否动作，区别断路器事故跳闸或人工拉闸；遥信变位作报警处理；断路器事故跳闸次数统计，累计值到预定值时作需检修报警处理；变送器残差处理；遥信状态与遥测值相矛盾时，即断路器为断开状态而对应的量值却大于变送器的残差范围时，作报警处理；根据实测脉冲计数值计算出电量值，并进行累计和进行峰、谷累计；收到事件顺序记录内容时，按时间先后顺序排列、存档并打印；记录并存档保护故障动作信息、自诊断信息、跳闸报告、跳闸波形，供今后画面显示及打印。

2. 计算处理

根据有功功率、无功功率、电压、电流四个量中的三个量，求另一个未知量和功率因数；对模拟量库、统计库、累计库进行加减乘除计算。

当线路检修旁路代路时，自动将旁路的有功、无功、电流等值代替检修线路的值并登录代路的模拟量库。

对指定值，如早峰、晚峰、早谷、晚谷、日最大值、日最小值等作统计处理。

对主变压器分接头调整次数，电容器组投入时间、投切次数、投入率以及高峰投入时间、投入率等作出统计计算。

3. 遥测值越限监视

对系统中重要测量值和计算值进行越限监视；采取延时和死区来防止运行值在限值附近波动而频繁报警；累计越限时间和次数，供计算合格率用；异常发生和恢复时进行报警处理。

4. 报警处理

报警按记录表格式记录，生成报警表。记录表有工况记录表、遥信变位记录表、遥测异常记录表、事件顺序记录表、保护故障动作记录表、保护自诊断信息记录表。

预先对报警源做出定义，对报警形式做出选择，如报警行式显示、闪光及定时自动停止闪光显示、音响、自动推画面、登录工况记录及其他各种记录表并存档、引起事故追忆。

5. 事故追忆、追忆再现

记录事故前M帧、后N帧的SCADA数据的所有内容及过程中的事故内容，M和N由用户自定义。追忆内容存档，采用表格或一次接线方式再现追忆内容。追忆源由用户在报警定义中定义。

6. 图形编辑功能

对一次接线图、棒图、饼图等进行编辑修改，此外还有图形显示操作功能。

（三）监控系统的系统管理功能

监控系统除了应具备上述基本功能外，还具有网络管理及系统管理的系统功能。

1. 网络管理系统功能

监控系统的网络通信通常以独立进程运行，它接收网络数据，把要求发送的数据提交给网络，由网络层负责发送。这样的网络独立成系统，在网络升级时监控系统软件就能运行于新的网络环境中，而不需要做任何修改。

网络管理系统支持单网通信和双网通信。双网结构应具备负荷平衡和热备用双重功能。网络管理系统还支持SCADA服务工作站及远动通信工作站配置成主备方式，可自动或人工进行切换。

2. 系统管理系统功能

监控系统的系统管理主要是指安全管理、权限管理、系统自诊断管理及定时任务管理。

下面主要分析权限管理和系统自诊断管理。

（1）权限管理。操作权限管理分为操作、监护、保护设置、画面报表维护、数据库维护、历史数据库维护、运行维护、超级权限。

具有超级权限的用户可以增加或删除用户，并且可设置其他用户的权限。

具有操作权限的操作员可以进行控制、人工置数、挂牌等操作。

具有保护设置权限的人员可以修改保护定值。

所谓画面报表维护是指在线修改保护的背景画面、修改前景与数据库的关系、修改生成报表。数据库维护是指修改数据库的定义。历史数据维护是指修改历史数据。运行维护是指修改网络节点的配置、节点功能的配置及人工切换主备机。

对每一次权限修改，均要求做详细记录，登记修改人、时间及内容。进入操作控制要输入操作人员的口令，所有权限维护人员的修改作业开始时均要输入权限口令。

在线运行时，操作人员要进行登录。没有登录时，相应操作菜单均自动隐藏，所有操作均被禁止。交接班时要注销登录。

（2）系统自诊断管理。该管理系统是监视系统设备运行情况，并以图、表的形式直观地反映设备状态，故障时能以报警方式提醒运行人员。对运行设备的故障发生时间和恢复时间能自动记录。

二、变电站综合自动化系统实例分析

（一）NS2000 系统构成

本节以 NS2000 为例分析变电站综合自动化系统。NS2000 变电站综合自动化系统是分散分布式网络结构，系统分为两层，即站控层和间隔层。站控层与间隔层之间通过以太网或 CANBUS 网络相连，典型系统结构如图 5-29 所示。

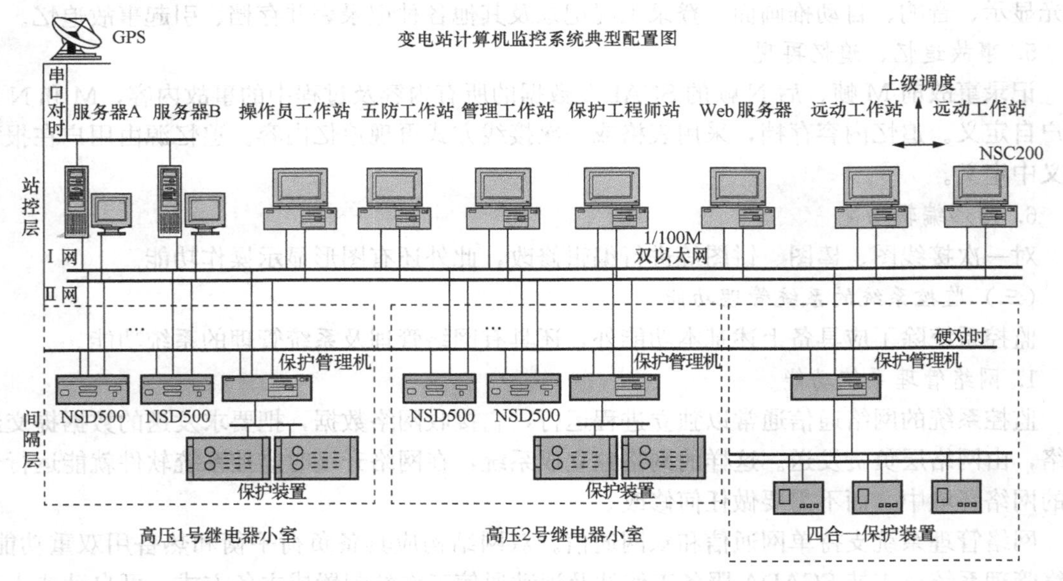

图 5-29　NS2000 分散分布式网络结构

1. 站控层

NS2000 系统的站控层是按功能分布设计的，它提供变电站设备的状态监视、控制、信息记录与分析等功能，并对所内保护及自动装置监控。变电站层设备包括 NS2000 计算机监控系统和 NSC200 通信控制器。

NS2000 计算机监控系统由主机、操作员工作站、工程师工作站、保护工作站、远动工作站等部分组成。变电站计算机监控系统通过组态完成不同的功能配置，当系统规模较小时，系统可以是一台 PC 机，监控系统的信息可以直接从间隔层设备获得；当系统规模较大或者为超高压变电站时，可以是多台 PC 机，监控系统的信息也可以通过 NSC200 系列通信控制器获得。

NSC200 系列通信控制器是变电站综合自动化系统的信息中心，其主要作用是通信规约转换。对变电站内各种设备的信息进行采集处理，形成标准的信息，通过数据通道传送到集控或调度中心。NSC200 可实现单机和双机冗余两种配置方式，双机运行时，两台通信控制器互为热备用，相互监视，自动切换，可靠性较高。

2. 间隔层

NS2000 系统的间隔层设备按间隔分散配置，可在开关场就地安装，减少大量的二次电缆。各间隔相互独立，仅通过通信网互连，并同站控层设备通信，取消了变电站传统方式大量引入主控室的信号、测量、保护、控制等使用的电缆，不仅节省投资，而且大大提高系统的可靠性。

NS2000 系统间隔层设备包括各间隔电气设备的测控装置（NSD500）、保护装置或保护监控一体化装置。当保护装置较多时，保护装置可以通过保护管理机与网络连接。

（二）通信网络

变电站综合自动化系统是利用通信网络实现全所信息的共享。NS2000 系统通信网包括站内通信网、远动通信接口、其他智能设备通信的接口。

1. 站内通信网

NS2000 站内通信网采用现场总线或以太网。现场总线由于高可靠性、抗恶劣环境而在工业过程自动化领域获得广泛应用。实践证明，现场总线能满足各电压等级变电站信息共享的容量及实时性要求，且具有接线简单和性价比高等优点，从而在电力系统中获得广泛应用。以太网因其快速性、开放性和使用的广泛性，在站控层内通信网也得到广泛的应用。

NS2000 间隔层设备与监控系统及通信控制器之间采用了交换式快速以太网，比共享式以太网的端口带宽提高了 10 倍以上，充分保证信息交换的实时性，同时也使各种分散式功能成为可能，如全站逻辑闭锁等。

NS2000 间隔层设备与计算机监控系统及通信控制器之间可采用双以太网配置，利用双以太网，可以实现双网冗余及动态流量平衡两种通信方式，两种通信方式可以在线调整。

2. 远动通信接口

NSC200 一方面通过站内通信网络采集间隔层设备的信息，另一方面将信息传送到远方调度中心，同时接收远方调度中心的控制、调节命令并分发到指定的间隔层单元。NSC200 通信控制器还具有基于电话线 Modem 的远程诊断与维护功能。

与远方调度中心的通信方式可以有基于电力线载波、电缆的调制解调模拟传输方式、基于微波、光纤通信的数字接口方式（RS-232/RS-422/RS-485）、基于电话线的 Modem 传输方式。

3. 其他智能设备通信接口

通常站控层及各间隔层内还有不少智能设备需与监控系统通信，如JDX小接地电流系统接地选线、VQC电压无功控制、GPS串口对时、智能电能表等设备，它们各自均有串行通信接口均可接入，其接入方式有通过通信控制器的集中接入、通过间隔层测控单元就地接入、通过智能通信接口接入三种方案。

（三）监控系统各子站及其作用

1. SCADA服务工作站

SCADA工作站的核心是一个数据动态连接库，它保存着实时数据库的最新最完整备份，负责组织各种历史数据并将其保存在历史数据库中。

SCADA系统实时采集各间隔层设备的遥测、遥信、电能、保护信号及综合自动化等信息，向各子系统及各间隔层设备发送各种数据信息及控制命令。

系统中除大量的采集数据外，还有大量的计算任务，计算是在在线方式下完成需要的所有计算任务，系统按照变化及规定的周期、时段不停地处理计算点的各项数据。

2. 操作员工作站

完成对电网的实时监控和操作功能，显示各种图形和数据；显示各种画面、表格、告警信息和管理信息；提供遥控、遥调等操作界面。

3. 前置通信工作站

负责接收各厂站（或用户）的实时数据，信息采集包括对RTU（模拟量、数字量、状态量和保护信息）、负控终端等的采集。

4. 远动工作站

负责与调度自动化系统进行通信，完成多种远动通信规约的解释，实现现场数据的上送及下传远方的遥控、遥调命令。

5. 五防工作站

五防工作站主要提供操作员对变电站内的五防操作进行管理。在线通过画面操作生成操作票；进行操作条件检测；模拟执行操作票；可生成新操作票；具有操作票查询、修改、存储和管理功能；可设置与电脑钥匙的通信。

6. 保护工程师站

保护工程师工作站主要提供保护工程师对变电站内的保护装置及其故障信息进行管理维护的工具、故障录波综合分析录波数据。

7. 管理工作站

根据用户制定的设备管理程序对系统中的电力设备进行监管。

8. Web服务器

Web服务器为远程工作站提供SCADA系统的浏览功能，确保访问安全性。

课题五　变电站综合自动化系统综合功能

变电站综合自动化系统中的综合功能与监控系统的基本功能是有所不同的。前者是指在监控系统的后台机上，利用实时采集的数据库数据，通过运行控制算法，用软件的方法实现变电站某种综合性系统功能，例如电压和无功控制功能（VQC）、变电站防误闭锁系统。

一、电压和无功功率的综合自动调节

电力系统依靠线路和变压器传输电能时会产生电压和有功/无功损耗。为了补偿电压损耗，采用有载调节变压器低压侧电压；为了补偿无功损耗，在变电站电力变压器的低压侧投入并联电容器、并联电抗器或同步调相机。但是无功功率调节和有载调压并不是互相独立的问题，在有载调压的同时也改变了无功功率，在无功功率调节的同时，电压也发生了变化。而且在负荷发生变化时，系统的电压与无功功率也都会发生相应变化。因此，理想的电压与无功功率调节是一种综合性的调节。目前，电压和无功功率调整的方法正向电压和无功功率综合调整的方向发展，尤其是变电站综合自动化的技术发展为这种综合的调整提供了极为有利的条件。通常称这种在变电站内实现电压和无功功率综合调节方法为就地 VQC 调节方法。

（一）电压和无功功率综合自动调节方法

变电站就地 VQC 调节有两种方法：第一种方法采用硬件装置，采样有载调压变压器和并联补偿电容器的数据，通过逻辑运算及控制算法的软件对全站的电压和无功功率自动调节，以保证负荷侧电压在规定范围内、进线功率因数尽可能高以及有功损耗尽可能低。由于目前 32 位单片微机已具有很强的计算和逻辑运算能力，因此这种装置能很好地完成变电站的电压和无功功率的综合调节。这种装置也可以采用 STD 标准总线工控机的方案来完成，例如第三单元课题四的 STD 实例中的 VQC 装置。

这种装置具有独立的硬件，因此不受其他设备的运行状态影响，可靠性较高。但也正是这个原因，它不能做到与变电站的微机监控系统共享硬软件资源，不可能尽量多地采集变电站的各种信息为综合调节电压和无功功率服务。这种装置适合在电网网架尚不太合理、基础自动化水平不高、通信并不十分可靠畅通的变电站内使用。

第二种方法采用软件 VQC。它是在变电站微机监控系统中，利用现成的遥测、遥信信息，遥控通道，通过运算控制算法，用软件模块控制方式来实现电压无功自动调节。用这种方法可以发展为通过调度中心实施全系统电压与无功的综合在线控制。这是保持系统电压正常、提高系统运行可靠性的最佳方案。当然这种方法的实施前提条件是电网网架结构合理、基础自动化水平较高、通信畅通可靠，尤其适用于综合自动化的变电站中。

在综合自动化的变电站中，就地监控系统的综合能力高，系统的采样精度和信号响应速度均较高，各种信息采集齐全。因此在综合自动化变电站的微机监控系统中，用软件模块的控制来实现变电站电压和无功调节，在理论上已具备了实施条件。在这种系统中最明显的优点就是变电站全所硬件资源共享，信息共享，能采集到十分齐全的信息，不需要为综合控制 VQC 设置硬件装置。但是，如果就地监控系统的采样精度及信号响应速度不高和通信不畅时，这种软件 VQC 的可靠性就要下降，也就失去综合控制调节的实际意义。

（二）对 VQC 综合调节的要求

对 VQC 综合调节的要求是：

（1）维持供电电压在规定的范围内，即供电电压的电压偏差在规定范围内，并尽量使其达到最小值。

（2）保持电网稳定和无功功率的平衡。调节无功电源和无功负荷，使无功功率平衡，从而保持电网稳定。调节的原则是无功电源容量必须服从对电压质量的要求；按电压质量要求的无功电源容量还必须服从于无功功率平衡的要求。

（3）在电压合格的前提下使电能损耗（有功和无功损耗）最小。

（三）VQC综合调节原理及控制策略

1. VQC综合调节原理

（1）就地VQC综合调节。就地VQC综合调节的任务就是实施上述的三点要求。

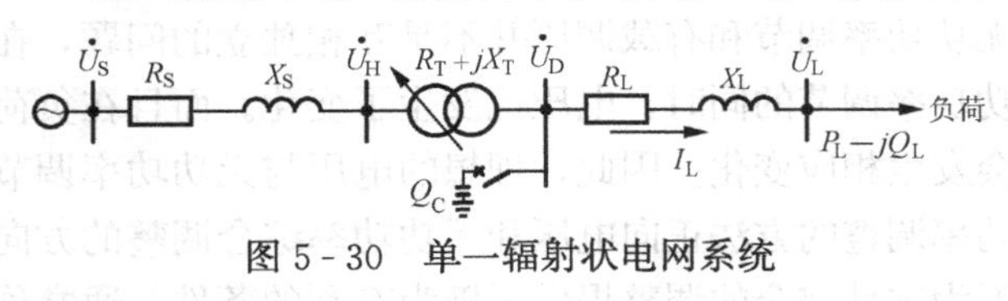

图5-30　单一辐射状电网系统

首先保证供电电压的电压偏差达到最小值，如图5-30所示的负荷端电压U_L和额定电压U_{LN}的偏差为最小，即$|U_L-U_{LN}|$为最小。在电压质量满足要求的同时，要求使电网的电能损耗最小。按系统有功损耗计算式，在投入适当的电容器组，使$Q_C=Q_L$时ΔP为最小值，即

$$\Delta P_{\min}=\{[P_L^2+(Q_L-Q_C)^2]/U_D^2\}R_T=(P_L/U_D)^2\times R_T \tag{5-1}$$

在调节过程中，还要求调节动作次数最小，并每次调节后必须间隔足够时间（按各地规程要求）才能进行第二次调节。显然上述调节影响因素很多，要达到最优化调节，就地VQC必须按照调度发出的电压和无功功率限值要求和控制命令，最优调节系统无功电源和无功负荷，使系统无功功率稳定平衡。

（2）集中VQC综合调节。集中VQC综合调节是一种集中控制模式。它是系统调度实现以各节点状态满足一定的约束条件为前提的，以全电网损耗最小为目标的一种最优化控制模式。

这种最优化控制实质上是使无功电源最优化分布控制。它必须满足无功功率平衡的等式约束条件式（5-2）及无功功率和节点电压的不等式约束条件［式（5-3）、式（5-4）］。这些约束条件的求解结果确定了无功电源的最优分布，即

$$\sum_{i=1}^{n}Q_{Gi}-\sum_{j=1}^{m}Q_{Lj}-\sum_{k=1}^{l}\Delta Q_{\Sigma k}=0 \tag{5-2}$$

$$Q_{Gi\cdot\min}\leqslant Q_{Gi}\leqslant Q_{Gi\cdot\max} \tag{5-3}$$

$$U_{i\cdot\min}\leqslant U_i\leqslant U_{i\cdot\max} \tag{5-4}$$

式中：Q_{Gi}是节点为i提供的无功功率；Q_{Lj}为负荷j消耗的无功功率；ΔQ_{Σ}为变压器、线路消耗的无功功率。

具体做法是通过电力网的能量管理系统（EMS）的实时数据采集系统（SCADA）实时地采集各节点数据，求解网络电压和无功最优模型，算得各节点电压和无功功率限值。各变电站的就地VQC通过通信接口接收这些限值，对各变电站内调压和无功补偿设备进行实时综合控制。这样还可大大减少调度中心计算机的负担，万一调度主机和通信发生故障时，就地VQC可自动地进行就地控制，保证VQC的可靠性。

2. 就地VQC综合控制策略

就地VQC综合控制策略，适用于硬件VQC，也适用于软件模块的VQC方式。实际的VQC综合控制策略中，被调节的量是主变压器低压侧负荷母线电压U_D和从系统吸取的无功总量$Q=Q_L-Q_C$。为了简单起见把U_D分为高电压区域U_H和低电压区域U_L及正常区域；把无功总量也划为上限区域Q_{up}和下限区域Q_{down}及正常区域。于是整个U_D和无功总量Q组成的二维平面坐标系，就被划分为9个区域，如图5-31所示。图中Q_{up}相当于吸取无功功率总量大，对应于负荷低值功率因数$(\cos\varphi)_L$；Q_{down}对应于高值功率因数$(\cos\varphi)_H$。第九区域系正常运行区域。当然如果需要调节控制得更精确，还可以在U_D和Q的正常区域

9中，再划三个区域。具体调节控制策略按如下进行。

第一区域：$Q>Q_{up}$，$U_D<U_L$，先投电容器，直到$Q\leqslant Q_{up}$时，再调分接头。

第二区域：Q正常，$U_D<U_L$，调分接头升压，直到正常值。如分接头已调到最高，则投入电容器。

第三区域：$Q<Q_{down}$，$U_D<U_L$，先调分接开关升压直到正常值后再切电容器组。

第四区域：$Q>Q_{up}$，U_D正常，投入电容器组直到正常。

第五区域：$Q<Q_{down}$，U_D正常，切除电容器组到正常。

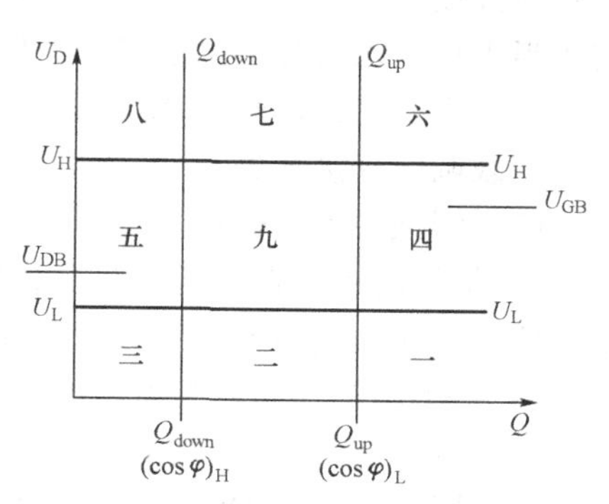

图5-31　电压和无功控制区域划分

第六区域：$Q>Q_{up}$，$U_D>U_H$，先调分接头降压，电压正常后再投电容器。

第七区域：Q正常，$U_D>U_H$，调分接头降压。

第八区域：$Q<Q_{down}$，$U_D>U_H$，先切电容器，再调分接头开关。

在以上八个区域的调节控制中，如果单纯电压偏差，无功功率正常（第二、七区域）就只调电压；单纯无功功率越限，电压正常（第四、五区域）就只投退电容器；如果电压和无功两者均越限，若先调分接开关升降电压，会造成无功功率越限得更多时（第一、八区域），应以先调无功功率为原则，后根据具体情况再决定是否调电压；若先调分接开关升降电压；无功功率有回到正常状态的趋势（第三、六区域），则应先调分接开关。具体以第一和第三区域为例说明。第一区域$Q>Q_{up}$、$U_D<U_L$，两者均越限。当调有载分接开关，使U_D升高时，负荷吸取的无功功率Q增大，将使无功更加越限，因此应先投入电容器组，降低Q并使$Q\leqslant Q_{up}$后，视电压变化情况再调有载分接开关位置。第三区域$Q<Q_{down}$，$U_D<U_L$，两者均越限，如先调分接开关使U_D升高时，负荷从系统吸取的无功增大，有改变$Q<U_{down}$的越限状态趋势，所以应先调有载分接开关。

在具体的调节控制策略中，随各地的具体情况差异有所变动完全是可能的。有的地区在第四和第五区域还设置U_{GB}、U_{DB}定值，如图5-31所示，并规定如电压越限U_{GB}或U_{DB}值，VQC将不动作，以防止投退电容器组后电压发生越限而调不回来。因为如果有载调压分接开关位置已处于最低挡或最高挡位置，调回电压到正常值将发生困难。

3. 软件VQC功能要求

软件VQC功能要求很严格，在具体的情况发生变化时，VQC应能适应变化的需要。因此软件VQC应满足如下要求：

(1) 多功能模块处理。在一个复杂的具有多台主变压器的变电站里，每台主变压器和每一段母线都可能独立运行，也可能并列运行。因此，VQC的调节与控制模块必须具有多功能处理能力以适应主接线的变化。

(2) 电压与无功的上下限值动态变化。对应于不同的高峰和低谷时段，电压和无功的上下限值应不同，以适应调压与无功功率调节的要求。

(3) 调节方式的多样性。由于变压器或电容器组需要停运检修，因此VQC调节时，调节方式应设置“只调电压”或“只调电容”。对于控制策略中出现的矛盾，应能“智能”变化。例如，有时电容器组已全部投入或退出运行，这时已无电容器可调，应能“智能”地改为有载分接头的相应调节。软件 VQC 还应设置“只监视不控制”方式，以适应运行需要。它相当于只投入运行不投连接片的保护运行方式。

（4）实现远方控制 VQC。就地监控软件 VQC 应能接受调度端的控制，投退某个电容器组或有载调压分接开关。

（5）闭锁要求。软件 VQC 应满足变电站的闭锁 VQC 要求。

1）保护闭锁。在对变压器有载分接开关和电容器组监视控制过程中，如监测到系统及变压器、母线、电容器发生故障和异常的保护信号，应立即闭锁 VQC 的调节。

2）遥测闭锁。当遥测值超过 VQC 要求范围时，闭锁 VQC。

3）遥信闭锁。当变电站主接线运行方案改变时，闭锁 VQC。

4）其他闭锁。VQC 的 TV 断线，主变压器调压控制器、电容器组的控制回路断线或异常时，闭锁 VQC。

（6）相关信号上送调度。VQC 调节闭锁、调节拒动、调节动作信号应上送调度，以便远方管理。

（7）并列运行、拒动、滑挡。在主变压器并列运行时，VQC 应使并列变压器有载分接开关同步操作。母线并列时对应的软件模块也应做并列的相应处理。主变压器有载分接开关拒动、滑挡时，VQC 应立即停止调节并闭锁 VQC 相应操作。

（8）登录操作。每次调节操作都应有相应的记录，包括对象、动作类型、时间、调节结果等。

（四）软件 VQC 程序流程框图

根据以上软件 VQC 的控制策略及 VQC 控制功能要求编制的监控系统后台 VQC 的程序流程图如图 5-32 所示。图中，“读入参数”是从监控系统后台机的数据库读出，数据库数据是通过遥测、遥信已采集好的，经过串行通信传送到后台机的数据，包括主变压器、电容器等在内变电站全面的数据信息。

“参数初始化”是指控制策略制定的电压、无功功率的上下限及其他有关整定参数，应能根据调度端的要求相应变化。

“闭锁条件存在否”是检测遥信、遥测和保护闭锁条件是否存在。如果存在，则发出闭锁操作命令。

“产生调节方案”，就是根据已有数据计算和逻辑判断产生调节控制策略，即上面描述过的八个控制策略之一。

DISA 系列的软件 VQC 将第九个正常状态区域又划分了 9 个小区域，为过程的控制准备了两套方案。所以流程图中分别对测定的区域作第一套和第二套方案精细调节的查询。

（五）精细调节方案

在实施上述一般控制策略时会发现除第 9 区外，其他各区域中靠近区域边界的部分较难控制，有时控制结果不但不能进入正常运行的 9 区，反而超出了原区域边界。例如图 5-31 中的 7 区靠 Q_{down} 的边界区，按一般控制策略可调有载调压开关降压，实施后却使变压器向系统吸取的无功 Q_w 变得更小了，从而有可能越出 Q_{down} 的边界。为此，将原 1～8 区的每个区域再细分三个小区，重新调整调节策略，从而形成了精细调节的第二方案。图 5-33 中调节策略，每个指向正常区域的箭头代表一种调节方案。

图 5-33 中将各超限值的区域再细分三个区，用 ΔU_u、ΔU_q、ΔQ_u、ΔQ_q 来表示，其

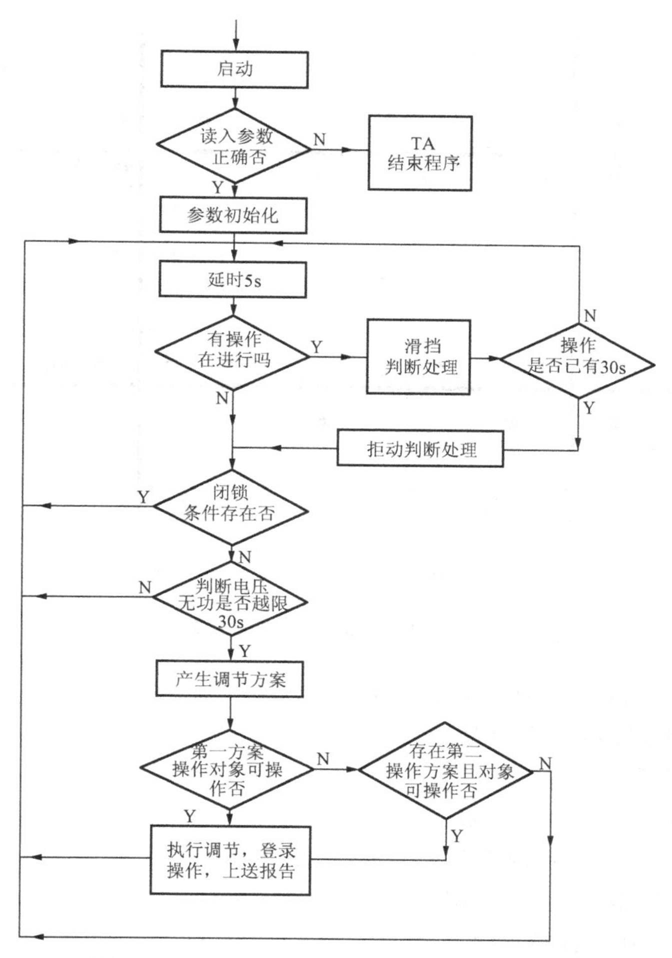

图 5-32　DISA 系列软件·VQC 程序流程框图

含义为：ΔU_u 分节头调节一挡引起电压最大变化量；ΔU_q 投切一组电容器引起电压最大变化量；ΔQ_u 分节头调节一挡引起无功最大变化量；ΔQ_q 投切一组电容器引起无功最大变化量。

这样各个区域的调节策略调整如下：

(1) 以下四个区域里，可以有两种调节方案。

区域 3：U 越上限，Q 正常。调节对策：分接头上调或退出电容器。

区域 10：U 正常，Q 越上限。调节对策：投入电容器或分接头上调。

区域 15：U 越下限，Q 正常。调节对策：分接头下调或投入电容器。

区域 8：U 正常，Q 越下限。调节对策：退出电容器或分接头上调。

上面所述“分接头上调”使变压器低压侧电压下降；反之低压侧电压上升。

(2) 区域Ⅰ只能进行一种调节方案：退出电容器。

区域 6：U 正常偏大，Q 越下限。

区域 1：U 越上限，Q 越下限。

区域 2：U 越上限，Q 正常偏小。

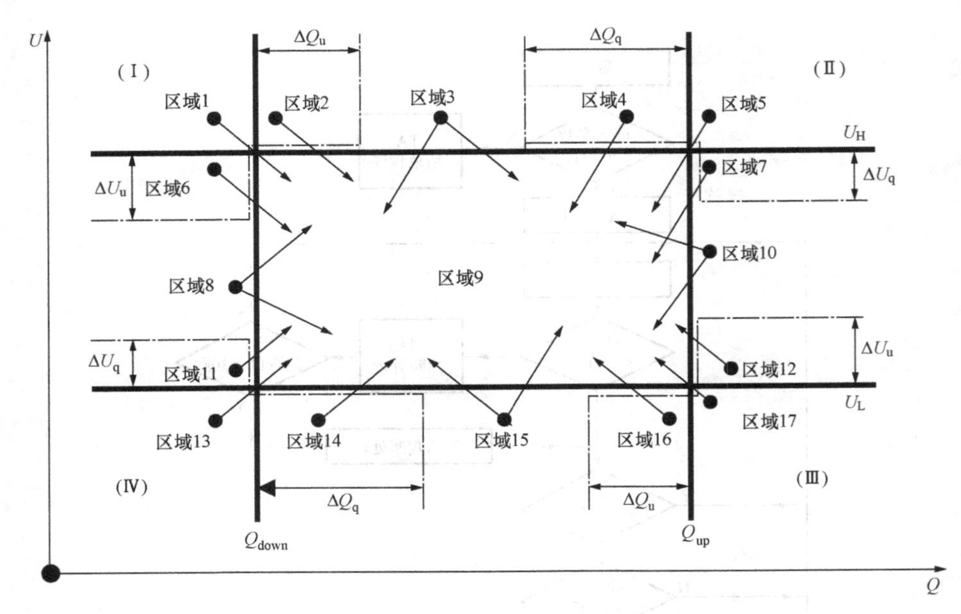

图 5-33　VQC 精细调节方案

(3) 区域Ⅱ只能进行一种调节方案：分接头上调。

区域 4：U 越上限，Q 正常偏大。

区域 5：U 越上限，Q 越上限。

区域 7：U 正常偏大，Q 越上限。

(4) 区域Ⅲ只能进行一种调节方案：分接头下调。

区域 11：U 正常偏小，Q 越下限。

区域 13：U 越下限，Q 越下限。

区域 14：U 越下限，Q 正常偏小。

(5) 区域Ⅳ只能进行一种调节方案：投入电容器。

区域 12：U 正常偏小，Q 越上限。

区域 17：U 越下限，Q 越上限。

区域 16：U 越下限，Q 正常偏大。

读者可根据调变压器有载开关及投退电容器组对低压侧电压及向系统吸取无功 Q_w 的影响来分析以上 20 种中任何一种方案。

二、综合自动化系统防误闭锁

传统防误操作的闭锁方案中，包括微机五防系统，存在以下问题：对于调度端下发的遥控命令得不到防误闭锁控制；当间隔层断路器控制单元切换在“就地”挡时，不具备本间隔的全部防误闭锁条件。如系统采用以太网的防误闭锁系统，既可发挥了微机防误系统及测控网络的优势，又避免了上述存在的问题，是一种功能齐全、防误较完善的系统。

(1) 基于以太网在线防误系统结构。基于以太网在线防误闭锁系统，如图 5-34 所示。

变电站综合自动化系统取消了传统的防误系统方案，将站级的防误系统作为以太网一个节点挂在网络上，能接收到挂在网络上所有节点的相关遥信、遥测信息，信息量全，并能直

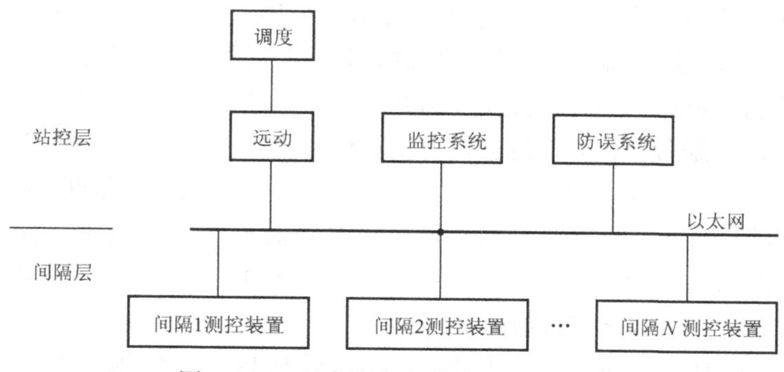

图 5-34 以太网的在线防误闭锁

接与各节点“通话”。而挂在网络上的所有测控装置的节点都是该防误系统单元。它们的结合能完好地实现在线防误闭锁功能，并能克服上述存在的两个问题。

(2) 以太网在线防误系统工作原理。

1) 站级防误闭锁原理。防误系统在以太网上可以在线“监听”并“截取”到调度端或当地监控通过网络下发给测控装置的遥控断路器或隔离开关的命令，根据已编制好的专家系统防误闭锁逻辑判断遥控是否可以执行，再将遥控允许或禁止的命令通过以太网下发给相应的装置，断路器或隔离开关测控装置根据收到的命令执行或取消操作。对于禁止操作的命令，防误系统会在告警窗内显示“××××操作防误逻辑禁止!”并有多媒体语言告警，用鼠标双击信息，会在提示窗口弹出禁止该项操作的原因。

2) “就地”操作闭锁原理。防误系统采用事件触发方式，在任何断路器测控单元的“远方/就地”控制把手切换到“就地”位置，运行人员到现场操作，则监控及调度端的遥控命令被断路器控制单元屏蔽。这是由于防误系统根据“远方就地”遥信变位，根据站内当前相关遥信状态及防误闭锁逻辑关系，将该间隔内所有节点的操作使能关系下发给断路器测控装置；该装置根据使能关系投上或切断相应节点的操作电源，以达到闭锁目的。

系统内任何节点状态变化时，防误系统将相应断路器或隔离开关的操作使能关系下发给各断路器测控单元，以防止因有节点状态变化导致在就地操作的间隔内断路器或隔离开关的操作使能关系改变，致使运行人员误操作。

3) 间隔层防误方式原理。对 10kV 电压等级来说，开关柜有着可靠的机械连锁。而 110kV 和 220kV 电压等级可依靠综合自动化系统对本间隔内所有断路器和隔离开关进行监控。实际上，它是通过间隔层测控装置的可编程控制功能，一方面将接入的断路器和隔离开关位置通过以太网上送给后台监控及远动，另一方面接收网上的下行遥控命令对断路器和隔离开关进行控制，其所有功能是可编程控制的。各相应遥控命令及各输入状态均可作为 PC 编程条件，故根据本间隔内的断路器、隔离开关状态能灵活改变控制逻辑，从而对本间隔能实现必要的防误闭锁功能。

对于双母线接线方式，可以将母联隔离开关、断路器位置，旁路隔离开关位置，通过母联间隔测控装置上以太网通知各相关间隔断路器测控装置，实现本间隔全部防误闭锁功能。因此可以说断路器测控装置能够实现完全意义上的防误闭锁。

间隔层间的闭锁，通过间隔层测控装置实现。间隔层测控装置（见图 3-23）具有不依赖于站级设备的全站级服务闭锁功能，即间隔层测控装置之间可以互相通信，获得与其操作相关的断路器、接地开关等的位置信息。这些位置信息可以是本间隔的，也可以是其他任何间隔的。间隔层测控装置的所有输出皆可编程控制，各相应遥控命令及各输入状态均可作为编程条件，用于条件控制断路器、隔离开关及隔离开关操作电源。所以，当有任何控制命令时，间隔层测控装置都可以根据命令相关信息进行防误闭锁逻辑检查，从而实现防误闭锁功能。

（3）实现具体方法。对于大多数电动操作方式，实现具体方法如下：

1）正常控制工况下，间隔层测控装置在接收到监控主站或调度遥控命令后，暂缓向机构执行，而是向防误 PC 机（即站级防误系统的 PC 机）申请允许令，防误 PC 机完成防误判断后，命令测控单元是否执行操作。

2）当间隔层控制在就地操作工况下，防误 PC 机根据“就地”遥信变位，将该间隔内所有隔离开关逻辑使能关系一次发下，一旦有隔离开关变位导致逻辑关系改变时将重发，确保防误闭锁功能的实现。

3）检修工况下，有关设备均处于解锁状态，网上控制令只要发下，就可直接操作开关设备，此时闭锁依靠站级防误 PC 机逻辑检查功能实现。

4）本间隔内防误操作功能，由本间隔测控单元实现。

课题六　变电站数字化采样技术

目前国内大多数综合自动化变电站的保护单元和测控单元对 TA 的工作范围及要求是不一样的。常规的 TA 难以做到同时满足保护和测控单元的精度要求。因此常规 TA 分为保护级与计量级等不同的测量等级，并分别用不同规格的电缆与保护和测控单元连接。这样，常规 TA 就存在二次负载问题，如果二次回路线路长，所接设备多、负载重，超过了 TA 的二次额定负载能力，就需要考虑换用负载能力强或多组 TA 串接绕组以提高负载能力。这样的 TA 设备投资就大，占地多，电缆消耗量很大。但是，如果采用电子式电压/电流互感器（EVT/ECT）或者光电式互感器（OVT/OCT），再采用一系列数字化技术，以上问题就迎刃而解了。

一、常规变电站自动化系统的不足

从以上例子可以看出，未数字化的变电站综合自动化系统（以下称常规变电站自动化系统）存在一系列的不足。除以上问题之外还有如下问题存在：输入信息不能共享；各二次设备之间缺乏互操作性；系统可扩展性差；系统可靠性受二次电缆影响等等。具体分析如下。

1. 信息难以共享

常规变电站自动化系统应用主要环节的测控、保护、故障录波器等系统信息的应用、处理分属于不同的专业管理部门。它们的各种信息向电网控制中心传递，在控制中心不同的应用之间的信息交互以专业为界。由于不同的专业之间及不同的应用之间没有统一的建模规范，因此实际运行中，来自不同信息采集单元的设备信息无法共享。

数字化技术和网络通信技术的发展，使得变电站自动化系统共享其他一些有用的信息成为可能。为了信息共享，需要对变电站各种信息的对象进行统一建模。把属于不同技术管理部门、各自相对独立发展的其他一些技术集成到变电站自动化系统中，使得变电站的信息在相应的运行和管理部门之间得到充分共享。

2. 设备之间不具备互操作性及可扩展性差

这里所述设备主要是指保护、监控等二次设备。这些设备之间的互操作性是指该设备能在同一网络上或通信通道上工作，并实现共享信息和互操作性；这些设备还应具有互换性，即一个厂家生产的二次设备可以用另一个厂家的类似功能的设备替换，而不需要改变系统中的其他元件。

由于国际电工委员会（IEC）及其他国际有关组织在制定规则、规范等时，其制定与执行存在一定的滞后性，有时一种规约的发展到确定经过十多年时间。因此不同厂家在研制某种二次设备时很难做到一致性，程序设计总是存在一定的差异。所以不同厂家的不同功能的二次设备的互连及相同功能设备的替换都是根据工程要求制定相应的“厂方协议”来实现的。上述的这种差异或不一致性就影响到设备之间的互操作性，由此也影响到系统的可扩展性。

除此之外，还有规约与网络通信机制的不一致和规约结构上的不完整性，都影响到接口规范，使得不同厂家的二次设备之间缺乏互操作性，这对于变电站自动化系统长期维护和运行是一个巨大的障碍。

为了克服常规变电站自动化系统存在的缺乏互操作性的缺点，在数字化变电站里采用了IEC 61850标准。该标准采用面向对象建模技术，面向设备建模和自我描述，以适应功能扩展，满足互联开放互操作要求。

3. 系统可靠性受二次电缆影响

虽然现有变电站自动化系统实现了设备的智能化，但这些二次智能设备（IED）之间及与一次系统设备和变电站自动化系统之间仍然采用电缆连接，因此使得这些智能设备及整个自动化系统遭受电磁干扰的威胁，甚至影响到二次设备正常运行。虽然继电保护二次回路有一点接地点，但由于二次回路接地点状态无法实时检测和控制，二次回路两点接地情况时有发生，有的甚至造成保护误动作。二次电缆引起的电磁干扰事故已经构成了常规变电站安全运行的主要隐患。

采用了变电站数字化技术后，二次智能设备（例如保护、测控、远动）之间及一次设备到二次智能设备之间绝大部分可采用光纤通信，从而杜绝了因二次电缆引起的电磁干扰事故，提高了自动化系统的可靠性。

二、变电站数字化的主要特征

变电站数字化技术是基于光电技术、微电子技术、信息技术及网络通信技术的发展。所谓“数字化”主要是指变电站二次系统的“数字化”。其主要内容反映在：电网运行状态的电气量信息实现数字化输出；所有二次智能设备（IED）反映的电力系统信息实现统一建模；IED设备之间及其与变电站监控系统之间的信息交互经网络通信以信息报文方式实现。因此数字化变电站自动化系统的主要特征可以概括如下。

1. 数据采集数字化

变电站数字化技术主要标志之一就是电流电压的采集环节采用电子式或光电式互感器，使其采集后输出就地数字化。采集环节数字化，最大特点是做到了一次与二次系统电磁上的隔离；电气量动态范围大，测量精度高；对二次智能设备的连接实现了数字化接口及光纤连接；数字化后易于实现信息冗余；进而实现信息集成化应用，并向信息高级应用的发展提供了前提。

2. 系统分层分布化

常规变电站自动化系统的网络结构是将系统分为站控层和间隔层，如图 5-20 和图 5-23 所示。而数字化后的自动化系统网络结构，是基于 IEC 61850 标准的变电站自动化系统，如图 5-35 所示，变电站的一、二次设备分为三层：站控层、间隔层、过程层。过程层主要是指变电站内的变压器和断路器、隔离开关、电流电压互感器等一次设备。间隔层的设备是指各间隔内的二次智能设备（IED），它们分布在各间隔内，通过局域网络或总线与变电站层联系，也可以通过通信管理机或交换机与变电站层联系。变电站层包括监控主机、远动通信控制器等。变电站层设置站级总线或局域网，实现各工作站之间、监控主机与间隔层之间信息交换。

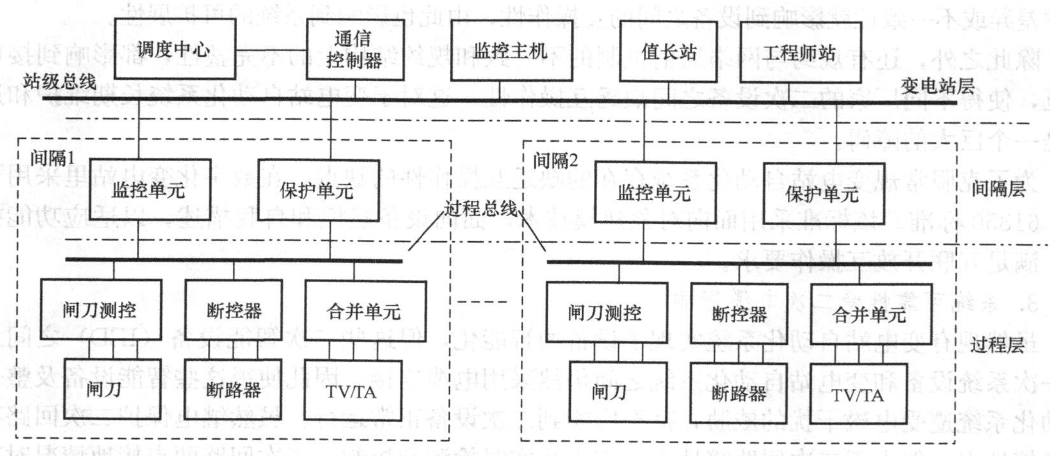

图 5-35　基于 IEC 61850 标准的变电站自动化系统网络结构图

比较图 5-35 和图 5-20、图 5-23 的差异，可发现数字化的自动化系统中的过程层增加了合并单元和断路器智能终端，合并单元正是过程层中的一次高压设备数据采集（数采）环节数字化和接口部件的关键设备。而断路器智能终端往往与合并单元构成一个智能控制柜，形成数采环节、智能控制、数据接口及输入/输出典型的基本测控单元（IED）。

3. 系统建模标准化

常规变电站的数字化目的就是为了克服信息难以共享和设备之间不具备互操作性及可扩展性的缺点。而只有通过系统建模标准化才能使设备自描述及通信接口、通信协议做到规范化，从而使信息及信息交换实现标准化，最终使得信息共享及设备互操作、可扩展性得以实现。国际电工委员会（IEC）为实现系统建模标准化建立了 IEC 61850 标准。

IEC 61850 标准的核心可归纳为统一信息建模（设备自我描述）、抽象服务（实时数据交换、事件报告、文件传输）及具体映射（映射到具体通信协议）三部分。这三部分的有机组合为变电站一、二次设备建模标准化提供了有效工具，建立了变电站网络通信标准。

4. 信息交互网络化

数字化后的变电站自动化系统对信息交互网络要求更高。由于为实现变电站自动化的各种 IED 更多、更加开放，它们之间的实时信息交换的功能载体，也就是连接它们的网络必须有足够空间和速度来存储和传送事件信息、数字化的电气量、操作命令、故障录波数据，所以网络的信息流量更大，控制更复杂。这些都要求通信网络的开放性、实时性能更好，对信息安全性要求更高。

更为重要的是，数字化变电站自动化系统中信息的采集、处理和传输主要依托网络实现的，而不是像常规变电站自动化系统中的IED设备将数采同步、A/D变换、数据处理、输出控制都集中在装置内部实现。由此可见，这种新标准的信息交互网络对信息流量控制和信息同步性能的要求是十分高的，网络通信的可靠性就显得更为重要。

5. 设备操作智能化

变电站自动化系统数字化是全站信息数字化，主要体现在信息的就地数字化，除了上述的数据采集数字化外，还有通过一次设备配置智能终端，例如断路器、变压器、隔离开关等设备上实现设备本体信息就地采集与控制命令就地执行。

智能终端的执行单元不同于常规一次设备的机械结构，它是以微电子、计算机技术为基础的控制方式构成的，它可以按电压波形控制跳合闸角度，精确控制跳合闸过程的时间，减少暂态过电压幅值；它能独立地执行其当地功能而不依赖于变电站层的控制系统；它可独立地采集运行状态数据，有效地判断设备的运行工作状态；可连续有效地自我检测和监视设备缺陷和故障，能在故障前发出报警信号，为状态维修提供参考。

以上所述都是变电站自动化系统数字化后直接相关的主要特征。除此之外，在数字化的基础上在变电站层面上的信息处理带来新的特征如信息应用集成化、设备检修状态化等将在第八单元的“智能变电站”详述。由于智能设备采用电子式或光电式互感器，自动化系统按先进设计理念进行设备新的布局，使设备结构发生紧凑的变化，整个变电站的一次布局也出现了紧凑性的特征。数字化还带来了其他变化，数字化的控制“回路”代替了常规继电保护、测控装置的数采及I/O部分，使得保护及监控装置也小型紧凑化。这样，变电站的一次和二次设备就易于实现集成，即断路器控制系统，非常规互感器和间隔的控制保护系统可有机地组合在间隔层的电气柜或小室内，并可将其布置在一次设备附近，实现了变电站结构紧凑化。

三、变电站就地数字化数据采集及其接口

电子式和光电式互感器的采用，除了给互感器体积的减小、集成度和可靠性的提高带来很大好处之外，还使电力系统自动化发生了很大变革。其中最主要的原因是非常规互感器采用了数字接口，输出信息数字化，使得就地数字化数据采集得以实现。

（一）就地数字化数据采集方案

1. 常规变电站的数据采集存在问题

常规变电站自动化系统的数据采集是将一次设备的TA和TV的二次模拟信号通过二次回路的屏蔽电缆，连接到各间隔的保护、测控及自动装置。这是一批控制和测量电缆。此外，还有另外一批电缆，它们专门传送各高压设备的开关量信息，即从高压一次设备的本体至各保护、测控及自动装置。这两批电缆都有一个共同特点，这些电缆都是点对点的连接方式，而且功能单一，模拟量和开关量的电缆都不允许复合。这就造成了电缆繁杂、数量众多，易受电磁干扰、耗材大、施工维护不便，甚至易于发生火灾等事故。

常规变电站自动化系统的数据采集还有一个共同特点，就是将数据采样、运算及逻辑判断都集中在本装置内部。这就造成同一条线路的各保护、测控、录波等自动装置各自都要有一套独立的数据采样回路。这不但造成大量数据采集设备的浪费、增加成本及装置体积增大，而且使得来自不同信息采集单元的设备信息由于没有统一建模而无法共享，形成各种“信息孤岛”现象。

2. 就地数字化数据采集实现方案

(1) 合并单元与电子式互感器接口方案。电子式或光电式互感器的特点之一是就地数字化，它们的输出就是已经编码了的数字信号（见第二单元课题八）。因此，无论是测控、保护或是其他自动装置 IED，都需要将传输来的各类数据信号按 IEC 61850 标准解码和组帧，再传送给测控和保护等装置，如图 5-36 所示，图中的合并单元的主要任务就是通过解码获取采样数据和合并组帧再传输的工作。

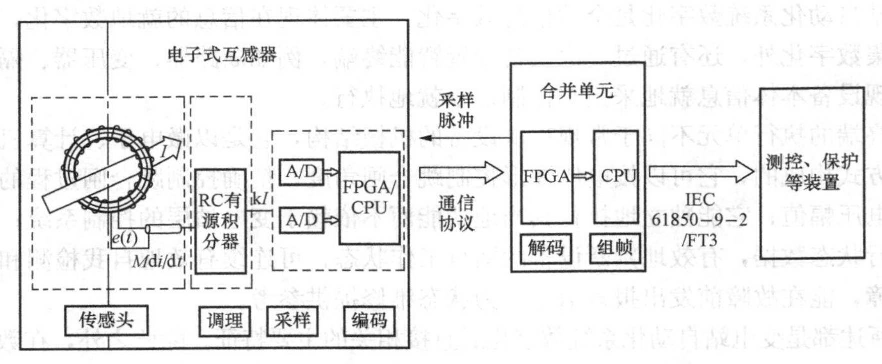

图 5-36 合并单元与电子式互感器接口方案

(2) 合并单元与常规互感器接口方案。目前有大量的常规变电站自动化系统需要改造为数字化的变电站，同时还需要建造新的智能化变电站，但由于现在缺乏非常规互感器完善的运行经验，有的暂时还需用常规互感器代用。但为了确保过程层到间隔层 IED 设备都按 IEC 61850 标准并实现变电站的就地数字化要求，合并单元本身还应具备模数转换的功能。可将合并单元安置在互感器附近（智能控制柜内），互感器与合并单元直接用电缆连接，合并单元与保护、测控装置或交换机之间用光缆连接，如图 5-37 所示。

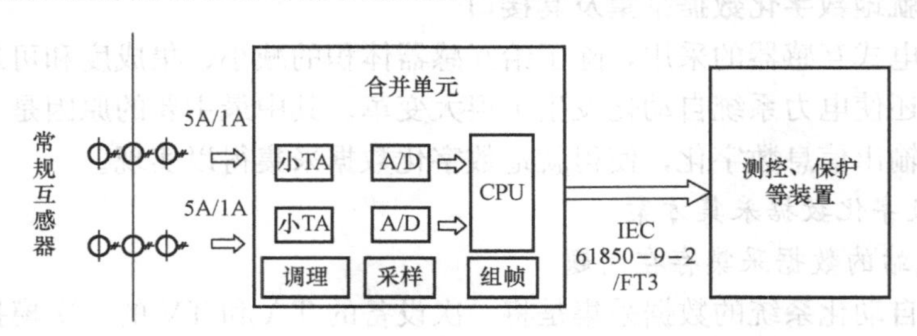

图 5-37 合并单元与常规互感器接口方案

(二) 合并单元 (MU)

1. 合并单元功能

从上述两种接口方案可见，合并单元的基本功能是：数据采集或获取采集数据；将多路数采信息组合成帧；通过光缆按以太网组网发送至各路的 IED 装置。当合并单元与电子式（非常规）互感器接口时，信号采集是由非常规互感器完成的，合并单元的功能就是通过解码方式获取采样数据并组帧再发送给保护和测控 IED 装置；当合并单元与常规互感器接口时，必须经多路同步采样模数变换后再组帧。图 5-38 是 12 路电流电压信号接入的合并单元示意框图。

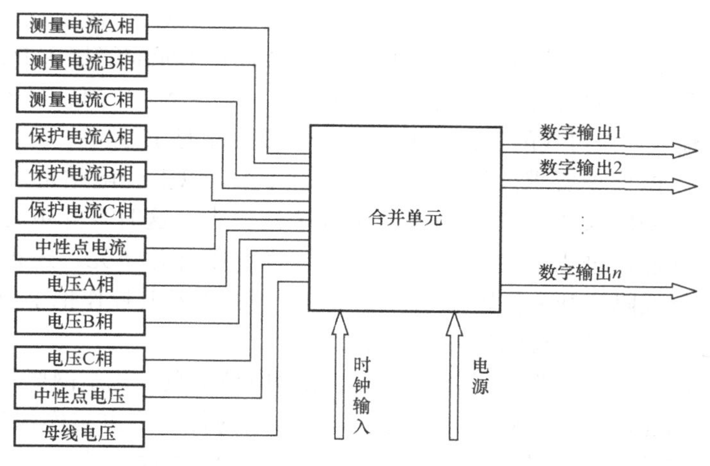

图 5-38　合并单元示意框图

合并单元除了上述基本功能外，还应具有采样同步、自检及指示、电压并列功能。由于是多路采样，所以应保证 12 路采样的同时性，合并单元应接收外部基准时钟的同步信号，采用同步法同步电子互感器的数据采集，向各路电子互感器提供同步采样脉冲。有的 IED 装置需要多个合并单元提供电流电压信息时，还必须解决合并单元之间的同步问题。对于接入两段以上母线电压的合并单元才需要电压并列功能。

2. 合并单元数据通信要求

合并单元的核心是完成过程层的传感器至间隔层的 IED 设备之间的数据通信，因此合并单元必须遵循一定数据通信要求。目前我国已规定了过程层采样传输采用 IED 61850—9—2 标准。

按规定，传感器与合并单元通信无论采用电输出或光输出方式，数据都要按照曼彻斯特编码，数据帧速率都为 2.5Mbit/s。

为适应多点同步数据的链接，链路层服务采用发送/无应答方式，即传感器连续不停地向合并单元发送采样值，不需要合并单元的任何应答信号。这种通信方式可保证数据传送的完整性、实时性、可靠性。

过程层采样传输采用 IEC 61850—9—2 标准后，使过程层与间隔层之间通信具备了灵活性。它能灵活配置输入通道数、采样频率等参数，可灵活配置帧格式。这种灵活配置使得过程总线的通信服务具备了网络通信智能概念。

3. 常规互感器数字化采样对合并单元要求

合并单元是连接互感器与间隔层设备的桥梁。对于常规互感器就地数字化，合并单元要完成多路模拟量输入的模数变换之任务，使得合并单元接口任务复杂化。但这是合并单元提供可靠的数字化信息，常规互感器就地数字化必经的途径。

(1) 合并单元的数字输入要求。每台合并单元应满足最多 12 个模拟输入通道的要求。无论合并单元是单独用于电流、电压或电流电压混用，都是 12 路输入通道。以一个半断路器接线为例，一台电流合并单元接入的电流回路模拟量不小于 12 路：可供 TPY 和 P 级及一个 0.2S 级测量的二次绕组接入（3×4）；一台电压合并单元接入电压回路模拟量数不小于 8 路，即每相母线一个保护级次、一个测量级次的二次绕组，对单母线一个 MU 提供 2×4 路，对双母线可选用两个MU，对没达到12路的，必须提供相应的状态标志位。对于双母线接线时，线路或主变压器间隔电流电压可以共用一台合并单元，一台合并单元应能接入P级和0.2S级两个电流回路二次绕组和一个电压回路二次绕组0.5（3P），即2×4+1×4。对于双母线双分段电压合并单元最多可输入四条母线的三相电压，即4×3最多也是12路。

（2）合并单元数据处理要求。根据规程要求，220kV以上变电站常规电流互感器保护用数据要求合并单元采用双A/D采样，以保证冗余性要求。这时合并单元输出两路数字采样值，由同一路光纤通道进入一套保护装置。对母线电压合并单元，还须保证开关量I/O的可靠输入，包括母线隔离开关位置信号、母联或分段开关及其操作把手位置信号，并将这些开入、开出信息上送，以实现电压并列功能。

（3）合并单元的数据输出要求。合并单元的输出应满足数字化组网要求。合并单元与间隔层设备之间的数据通信，由过程总线完成。由于数据的传送不再是模拟量的点对点方式，是以以太网的通信方式发送，所以合并单元应有网络通信的数字接口。按照IEC 61850—9—2标准要求，合并单元对发送的各路采样值数据进行组帧。所谓组帧就是按标准要求对多路数据排序，带上时间标签，并应具有开关状态信息。此外，对一个半断路器接线时，中断路器合并单元应能同时输出正反极性电流值，供保护测量录波装置采样和分析使用。双母线接线时，母联、分段合并单元应能同时输出正反极性电流值供间隔层设备采样分析。

目前，常规互感器就地数字化配置合并单元模式在数字化改造变电站中已有较多的应用，并已有合并单元与智能终端合一的智能控制柜的应用。

课题七　变电站网络通信协议（IEC 61850标准）

一、IEC 61850标准简介

IEC 61850标准全称为IEC 61580《变电站网络通信协议》标准。IEC 61850标准是新一代的变电站网络通信体系，适应分层的IED和变电站自动化系统。该标准是全世界唯一的变电站网络通信标准，也将成为电力系统中从调度中心到变电站、变电站内，以致延伸到配电网的全覆盖的无缝的自动化标准。

IEC 61850标准还为电力系统自动化产品的“统一标准、统一模型、互联开放”的格局奠定了基础，使变电站信息建模标准化成为可能、使信息共享及信息集成具备了可实施的基础。

1. IEC 61850标准体系

IEC 61850标准体系对变电站自动化系统的网络和系统做出了全面、详细的描述和规范。IEC 61850标准现已成了数字化变电站的主要支撑技术。

IEC 61850标准共分10个部分。从IEC 61850—1到IEC 61850—5，分别就基本原则、术语、要求、系统和工程管理及通信标准的基本概念和功能做了详细的说明和定义及解释。IEC 61850—6部分是对变电站自动化系统结构语言SCL的定义及描述，其主要目的是在不同厂家的IED设备之间提供一套配置工具，以实现可共同操作使用的通信系统配置数据的交换，使IED设备的配置数据中具有完备的自我描述信息。IEC 61850—7共分四个分册，分别规定了面向对象的数据和方法；定义了最小功能单位逻辑节点LN（Logical Node）；定义了抽象通信服务接口ACSI，详细描述了变电站层和间隔层之间网络通信采用的服务器和客户端间的通信。IEC 61850—8 和 IEC 61850—9 部分都是特殊通信服务映射 SCSM，但第 8 部分是变电站和间隔层内及它们之间的通信映射，而第 9 部分是间隔层、过程层内及它们之间的通信映射。IEC 61850—10 是规定了一致性测试的原理、方法、用例及报告样本等。有了一致性测试标准，才能确保 IED 设备之间的互操作性。

2. IEC 61850 标准的核心内容

IEC 61850 标准的核心内容可归纳为信息建模、抽象服务、具体映射三部分。其中“信息建模”中定义了二十多种公共数据类型 CDO，近一百种兼容逻辑节点和三百多种兼容数据类型 CPDO，用来表示变电站的具体信息；“抽象服务”是指抽象通信服务接口 ACSI，这是变电站层和间隔层之间通信的最关键的软件接口技术；“具体映射”是指特定通信服务映射 SCSM，它实现了大流量高实时性的数据通信。这三部分有机地结合起来，完善地解决了面向对象的自我描述问题，完成信息交换及映射到具体的通信协议。它们之间的关系可见图 5 - 39。

图 5 - 39 表示了这三个核心技术的关系，也标出了这三个部分分别在 IEC 61850 中的标准编号。这三个核心技术就是本课题主要描述的内容。

二、面向对象建模技术

1. 电力系统建模的几个重要元素

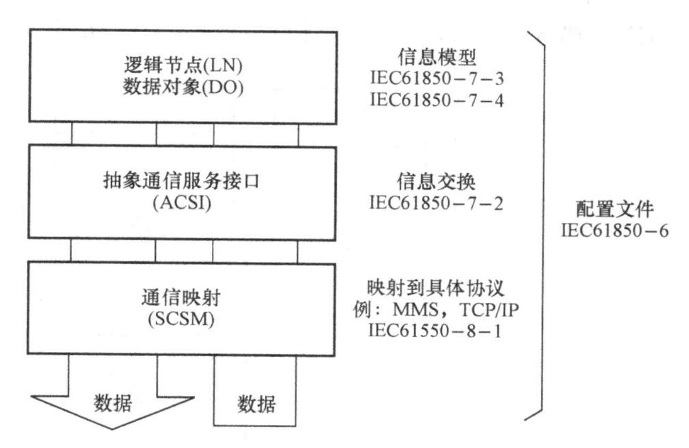

图 5 - 39　IEC 61850 标准核心技术组成

面向对象的分析和设计是软件工程领域的新思想、新方法和新技术。20 世纪末工业界已广泛采用的 UML 统一建模语言，成为面向对象的软件开发技术的发展方向。由于 UML 的标准性、系统性、自动化的优点，IEC 61850 和 IEC 61970 标准采用了 UML 作为电力系统统一建模的语言。UML 帮助了人们对现实世界问题进行科学的抽象，进而建立简明准确的表示模型。这些模型成为标准后，电力系统的各种应用就不再依赖信息的内部文字表示，人们开发软件都共用一种“语言”，于是异构系统的集成变得简单有效。

电力系统统一建模中经常采用几个重要元素和概念，它们是逻辑节点、功能、逻辑设备和通信信息片及服务器。

（1）逻辑节点 LN（Logical Node）。逻辑节点 LN 是用来交换数据的最小单元。一个物理设备内可以有多个逻辑节点，逻辑节点之间通过逻辑连接来交换数据，从而完成某种功能。因此一个逻辑节点 LN 就是一个用它的数据和方法定义的对象。

（2）功能（Function）。功能就是变电站自动化系统执行的任务，如继电保护、监视、控制等。一个功能由称作逻辑节点的子功能（sub-Function）组成，它们之间相互交换数据。按照定义，只有逻辑节点之间才交换数据，因此一个功能必须包含一个逻辑节点。

（3）逻辑设备 LD（Logical Device）。逻辑设备 LD 是一种虚拟设备，为了通信的目的能够聚集相关的逻辑节点和数据。逻辑设备 LD 还经常包含有被访问和引用的信息列表，如数据集。一个实际的物理设备可根据功能需求，在变电站系统模型中映射为一个或多个逻辑设备 LD。

(4) 通信信息片PICOM。通信信息片PICOM是对在两逻辑节点之间，通过确定的逻辑路径并具有通信属性的交换数据的描述。一个物理设备即IED可完成多个功能，可分解为多个逻辑节点，各个逻辑节点之间可用上千个通信信息片来描述。

(5) 服务器（Server）。一个服务器用来表示一个设备外部可见的行为，在通信网络中一个服务器就是一个功能节点，它能提供数据，或允许其他功能节点访问它的资源。

2. 面向对象建模

IEC 61850标准制定的目的就是在变电站内用统一的标准建立统一的模型以达到互联开放和信息共享。因此，要实现这种完善的信息交换（通信）机制的功能，就要准确地对变电站内所有二次设备（对象）建立信息模型。所谓信息模型就是用抽象的模型的方式刻画一个实际功能或设备的通信特征，使其成为可视和可访问的。信息模型包括模型结构和模型的语义约定，解决数据的相互理解、交换及操作的要求。

(1) 分层的信息模型。为说明方便，本课题以变电站占绝大多数的测控、保护IED为例。根据IEC 61850标准，IED的信息模型为分层的结构模型，采用统一的建模语言（UML）描述的IED分层信息模型如图5-40所示。

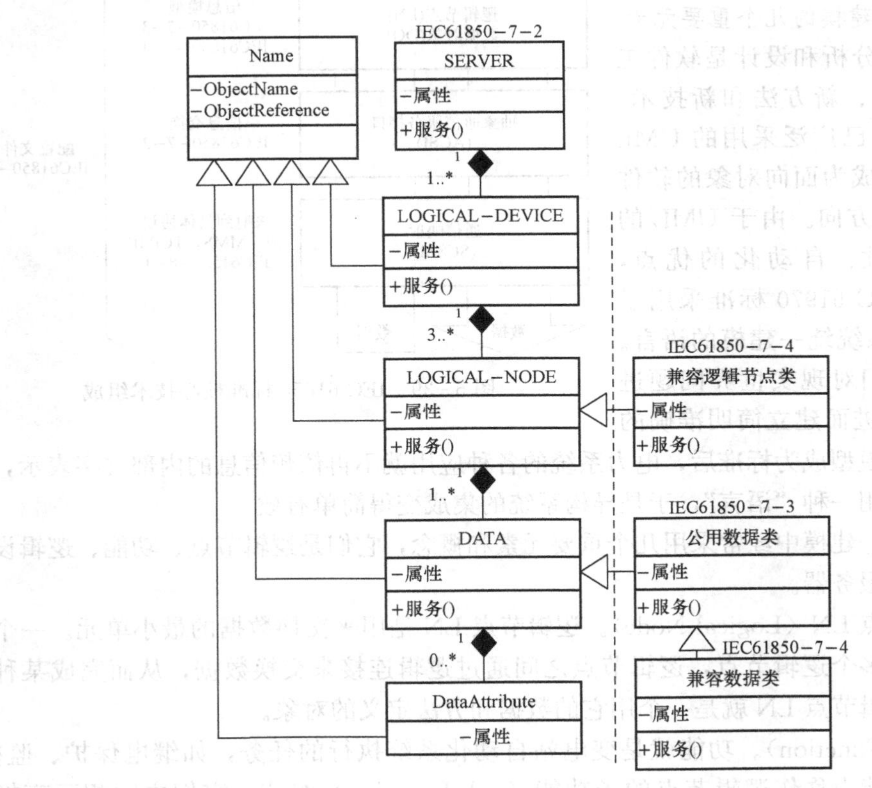

图5-40　IED的分层信息模型

IED的分层信息模型自上而下分为四层，即服务器（Server）、逻辑设备LD、逻辑节点LN、数据（DATA），上一层级的类模型由若干个下一层级的类模型“聚合”而成，位于最低层的DATA类由若干数据属性组成。IEC 61850—7—2明确规定了这四个层级的类模型的属性和服务，本课题不作详述。

(2) 信息模型的构建。构建信息模型通常分为三个步骤。

1) 第一步建模：确定逻辑节点和数据。

逻辑节点是一个交换数据的功能的最小部分。因此，首先最重要的是分析构建模型的物理设备具有哪些功能（Function），再进一步明确那些功能是需要交换数据的，然后将需进行数据交换的变电站功能逐一分解若干逻辑节点。由于每个逻辑节点都需交换数据，因此逻辑节点的基本构件是节点名称、数据和数据集，还要包含一定的服务或接口对数据的操控，其基本构件块如图 5-41 所示。

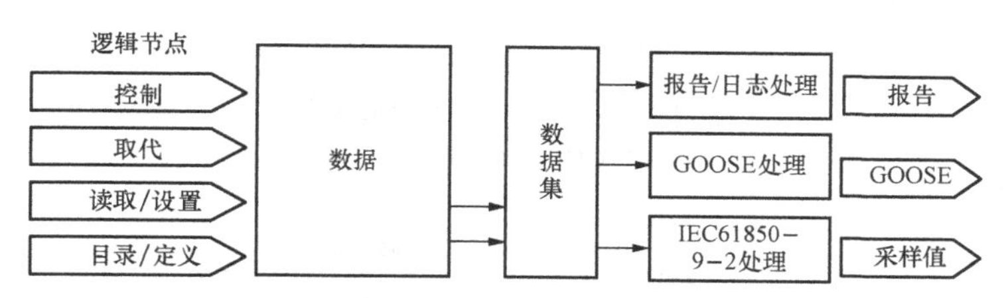

图 5-41 逻辑节点的基本构件块

2) 第二步建模：构建逻辑设备。

逻辑设备 LD 应包括相同核心功能的逻辑节点及其数据和附加的服务。也就是相同功能的多个逻辑节点以具有相同的公共特征为基础，例如一个保护测控一体化 IED 装置，它的逻辑设备可划分为测量 LD、保护 LD、控制及开入 LD 和录波 LD。所谓附加服务是指逻辑设备应提供的相关服务，如 GOOSE 采样值交换和定值组。逻辑设备的基本组成部件如图 5-42 所示。

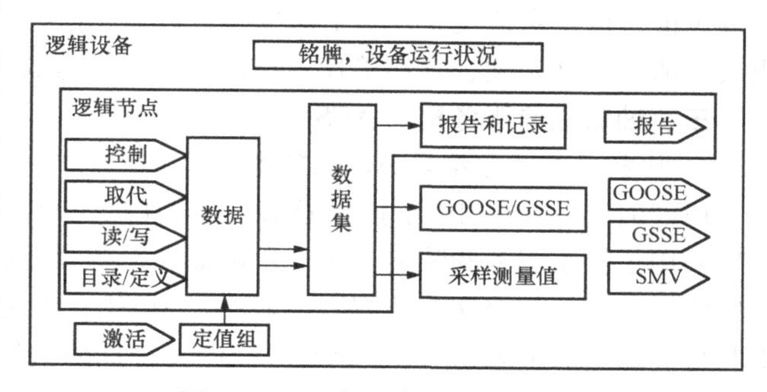

图 5-42 逻辑设备基本组成部件

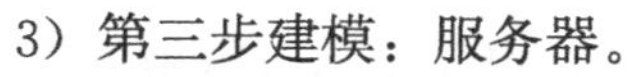

3) 第三步建模：服务器。

服务器在分层信息模型的最外层，如图 5-40 所示。它是一个功能的节点，可为其他功能的逻辑节点提供数据访问，而且它是透明可视的。因此服务器除应包括一个或多个逻辑设备外，还应包括由通信系统提供的其他一些公共基本组成部件，如连接和实现访问控制的机制，同步时标，文件传输及服务访问点属性等。

服务器是通信窗口模型，可经由通信网络对服务器的内容进行访问。IEC 61850 采用了两种通信方式，一种是客户/服务器即 C/S 模式，适用于后台监控系统或远动网关对 IED 访问；另一种为发布者/订阅者模式，适用于过程层与间隔层 IED 之间提供的实时服务（GOOSE）和采样值（SV）服务。

4) 建模举例说明。基于上述三步建模基本概念，以纵联距离保护为例，做一简要说明。

纵联距离保护的功能可以划分为保护、模拟量测量、故障录波、开入/开出等四种功能。对应的逻辑设备有保护 LD、模拟量测量 LD、故障录波 LD 和开入/开出 LD。纵联距离保护 LD 具体又分有纵联距离主保护、后备保护（有三段式距离保护、四段式零序保护及零序反时限保护），每一种具体的保护都是明确的逻辑节点，因为这些保护对外都有数据交换，可以列表 5-1 分别表示逻辑设备、逻辑节点类别及对应的节点数据名称。

表 5-1　　某线路纵联距离保护逻辑功能、设备、节点类别、节点数据名

功能描述	兼容逻辑节点类	逻辑节点实例
纵联距离保护	PDIS PSCH	PDIS1 PSCH1
三段式距离保护	PDIS	PDIS2 PDIS3 PDIS4
四段式零序保护		ZeroPTOC1 ZeroPTOC2 ZeroPTOC3 ZeroPTOC4
零序反时限保护 不灵敏 I 段	PTOC	ZeroPTOC5 ZeroPTOC6

功能描述	兼容逻辑节点类	逻辑节点实例
PT 断线过电流 保护启动元件	PTOC	PTOC1 PTOC2
保护跳闸条件	PTRC	PTRC1
模拟量测量	MMXU	MMXU1 MMXU2 MMXU3 MMXU4
故障录波	RDRE	RDRE1
开关量输入 告警	GGIO	GGIO1 GGIO2 GGIO3

此外，还需要列出的是保护定值数据集，如相间距离电阻定值、阻抗定值，零序补偿系数等定值。保护定值也是逻辑节点的一种数据类型，因为它也需要与外界交换数据，如调度更改定值。另外，硬、软连接片，控制字也需作为数据集列出。

三、抽象通信服务接口 ACSI

1. 抽象通信服务接口 ACSI 概述

IEC 61850 标准制定了抽象通信服务接口 ACSI，它定义了用于信息交换的服务，服务接口采用了抽象服务和映射方法。所谓抽象是指服务的定义侧重于功能的定义，而不是设备间所传输的具体的报文及其编码。显然，ACSI 它不是具体的通信协议，它是 IEC 61850 标准与特定通信服务映射（SCSM）之间的一种抽象通信服务接口。而所谓映射方法是延伸了数学上的“映射”，即反应两个“数据集”之间的一一对应关系，也就是通过映射的方法来实现信息的传递。

ACSI 为变电站设备定义了标准的通信服务。按服务的工作模式可分为两种：一是采用客户/服务器（C/S）模式的服务，主要用于目录查询、读写数据以及控制等，这时的 SCSM 是采用 MMS 制造报文规范；二是发布者/订阅者通信模式的服务，用于跳合闸命令、设备状态发送及采样值传输等，这时的 SCSM 是采用 GOOSE 和 SAV 通信协议。

2. 制造报文规范 MMS 概述

（1）MMS 协议简介。MMS 是由国际标准化组织 ISO 工业自动化技术委员会 TC 184 制订的一套用于网络环境下工业自动化系统的通信协议，通称制造报文规范。MMS 是通过对真实设备及其功能进行建模方法，实现网络环境下计算机应用程序或智能电子设备 IED 之间数据和监控信息的实时交换。其目的是为了规范不同厂商设备之间的互操作性，为制造设备入网提供了方便。

IEC 61850 标准是关于变电站自动化系统计算机通信网络和系统的标准，它采用分层，面向对象建模多种技术，其底层直接映射到 MMS 上。而且 MMS 的应用是非常通用的，因此制造报文规范 MMS 在电力系统通信中的应用越来越广泛。MMS 可以支持多种通信方式，包括以太网、令牌总线、RS—485、TCP/IP 等。MMS 可以通过网桥、路由器或网关连接到其他网络系统上。目前，以太网已成为实现 IEC 61850 协议的主流网络，采用基于 MMS＋TCP/IP＋以太网实现变电站内、变电站与调度中心之间的网络通信协议已成为当前电力系统通信网络的主流。

（2）MMS 的对象模型。为了适应各种不同的应用需求，MMS 定义了众多对象模型及服务。例如，虚拟制造设备 VMD、域、变量、文件、事件等，IEC 61850 采用了 MMS 的这个协议子集。

在 IEC 61850 标准中智能设备 IED 一个最核心的模型就是服务器模型，它对应于 MMS 的 VMD 虚拟制造设备。VMD 与 IEC 61850 的服务器模型一样，都建立有具体的变量，与 IED 提供的变量一一对应，例如定值 、自检报告、事故报告、录波数据、遥测量、遥信量和日志等变量。IEC 61850 标准采用变电站配置描述语言 SCL 来描述相关 IED 配置与参数并建立了信息模型。信息模型中的对象，如服务器（Server）、节点（LN）、逻辑设备（LD）、数据（Data）等与 MMS 中的 VMD、Named、Domain、Data 数据等都一一相对应，而且信息模型的服务也都与 MMS 中各相应模型服务对应。

这里所述的服务均为抽象服务，在 C/S 模式中只对服务请求的接受方需要做出的动作进行描述。例如服务器代表了设备的外部可见行为，其相关服务如“Get Server Directory”是取服务器目录服务，客户方（例如监控系统主机）使用该服务，可以得到服务器（例如 IED 设备）上的所有对客户方可见并允许访问的逻辑设备或文件的名称列表。

3. ACSI 到 MMS 的映射

（1）信息模型映射。为了对 ACSI 到 MMS 的映射有一个清晰的概念，可以将 ACSI 到 MMS 的映射构画为图 5-43。

图 5-43 为 IEC 61850—8—1 定义的用于变电站层和间隔层之间的 ACSI 到 MMS 之间的映射。这种映射关系将 ACSI 中的概念、对象和服务与 MMS 中的概念、对象和服务相互对应，并且给出了在局域网条件下使用 MMS 服务及协议进行实时数据传输的方法。

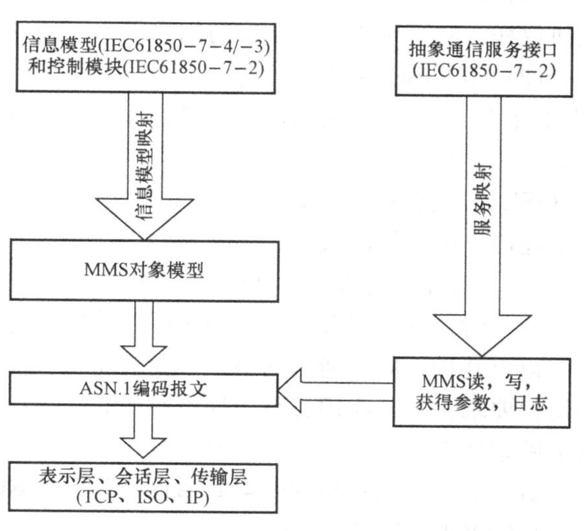

图 5-43　ACSI 到 MMS 的映射

图 5-43 中，ACSI 到 MMS 的映射分为信息模型的映射和服务映射。信息模型的映射是指服务器、逻辑设备、逻辑节点、数据、关联和文件等信息模型与 MMS 的对象模型的虚拟制造设备、域、有名变量、应用关联和文件等之间的映射。

（2）ACSI 的抽象服务。有了信息模型映射还远远不够，还必须定义 ACSI 的相关抽象服务，例如变电站监控系统对间隔层设备的服务器的 Get Server Directory（取服务器目录）服务，对逻辑节点相关服务有 Get Logical Node Directory（取 LN 目录）服务和 Get All Data Values（取所有数据值）服务等。另外，还有逻辑设备、数据模型、应用关联、文件等的相关抽象服务。从上述的服务内容可见，这些抽象服务侧重于功能的定义描述，并没有真正完成其功能。抽象服务还必须映射到MMS层面上，也就是必须完成服务映射，定义ACSI抽象服务的实质是为了进行抽象服务映射。

（3）ACSI抽象服务的映射。服务的映射是指分别从属于ACSI各模型的抽象服务到MMS各对应模型的相关服务。例如，IEC 61850中LD类模型映射到MMS的Domain域模型，其ACSI抽象服务为Get Logical Device Directory（读逻辑设备目录）映射到Domain相关的MMS服务是Get Name List（获取Domain中的对象列表）。IEC 61850中的Server类模型映射到MMS的VMD模型，其ACSI抽象服务为Get Server Directory（读服务器目录服务）映射到VMD相关的MMS服务是Get Name List（获取VMD中的对象列表）。抽象服务映射如图5-43的右侧所示。

（4）相关通信服务。IEC 61850定义的ACSI服务均为抽象服务，也就是说只对服务请求的接收方需要作出的动作进行了描述。只有当这些抽象服务映射到SCSM（如采用C/S模式的MMS）的服务，并对携带服务参数的报文格式和编码规则及其网络传输方式加以定义，才进入实际的信息通信过程。如图5-43所示，抽象服务映射后的信息和数据，通过数据描述语言ASN.1自动汇编成报文编码才进入网络传输。

四、特定通信服务映射SCSM

当前变电站内网络环境复杂，有可能同时采用不同类型的网络，而这些网络都已经是很成熟的流行的国际通信标准的网络。IEC 61850标准就很自然地利用这些网络的通信协议，在IEC 61850—8—1、IEC 61850—9—1、IEC 61850—9—2中规范了适应于不同应用的各种特定通信协议。目前广泛采用的SCSM有如下几种。

（1）MMS通信服务：使用客户端/服务器通信模式，并采用制造报文规范MMS作为通信协议栈。它适用于变电站层与间隔层之间的通信服务。

（2）GOOSE/SAV通信服务：使用发布者/订阅者通信模式，支持一个或多个数据源（即发布者）向多个接收者（即订阅者）发送数据的通信模式，尤其适合于变电站数据流量大且实时性要求高的，用于传输保护、控制以及采样值信息的目的。其中GOOSE采用GOOSE通信协议，SAV采用SV协议作应用层协议。GOOSE/SV协议仍采用ASN·1数据描述语言编制编码报文。

（3）GSSE通信服务：与GOOSE实时性相比，时间延迟较大，这里不多做介绍。

（4）时钟同步服务：时钟同步服务采用了简单网络协议SNTP作为应用层协议。

以上几种不同的通信网络，只要改变相应的特定通信服务映射（SCSM）即可满足不同的通信要求，而其应用过程和抽象通信服务接口是一样的。也就是说，采用了多种特定通信服务映射使IEC 61850标准相对稳定，不需要在通信网络变动更改而修改ACSI。

五、面向通用对象的变电站事件模型GOOSE

1. GOOSE的基本概念

在分布式的变电站自动化系统中，IED共同协助完成自动化功能的应用场合越来越多，例如分布式母线保护、网络化的备用电源自动投入装置及变电站防误闭锁装置等，这些功能的完成重要前提条件是众多IED之间数据通信的可靠性和实时性。为此，IEC 61850标准中定义了通用变电站事件GSE模型，该模型提供了全系统范围内快速可靠地输入、输出数据值的功能。

GSE模型分为两种不同的控制类和报文结构：一种是面向通用对象的变电站事件

GOOSE，支持由数据集（Data—Set）组织的公共数据交换；另一种是通用变电站状态事件GSSE，用于传输状态变位信息（双比特）。这两种类型的通信报文传输模型简称为GOOSE/GSSE。另外，美国也定义了GOOSE，称为UCA GOOSE。

GOOSE/GSSE的报文传输抽象模型采用发布者/订阅者通信模式，其主要原因是发布者/订阅者通信模式符合GOOSE/GSSE报文传输本质，即事件驱动。变电站事件绝大多数是：高压设备的状态变化，如跳闸、合闸、油压或气压超限等及二次设备跳合闸命令、动作信号等均属于事件驱动。而这种状态变化和动作信号变化时间均为瞬变，传输实时性要求很高、事故时信息流量极大。实验表明，适合客户/服务器通信模式的MMS系统由于传输延时较大已不能满足实时性要求。

而在IEC 61850标准中，GOOSE报文的传输服务直接映射到底层，即数据链路层和物理层，它不经过网络层和传输层，并采用了较先进的交换式以太网各种技术（交换机、虚拟局域网、组播等），确保重要信息传输的优先级，从而保证了报文传输的实时性（报文传输延时要求不超过4ms）。另外，由于GSSE和UCA GOOSE报文传输延时均超出要求存在不少差距，因此在国内均已不采用。

在可靠性方面，GOOSE由于采用了“重发报文”措施，使报文传输的可靠性与减轻网络通信流量达到较好的统一。

2. GOOSE报文传输抽象模型

GOOSE的通信传输模型如图5-44所示。

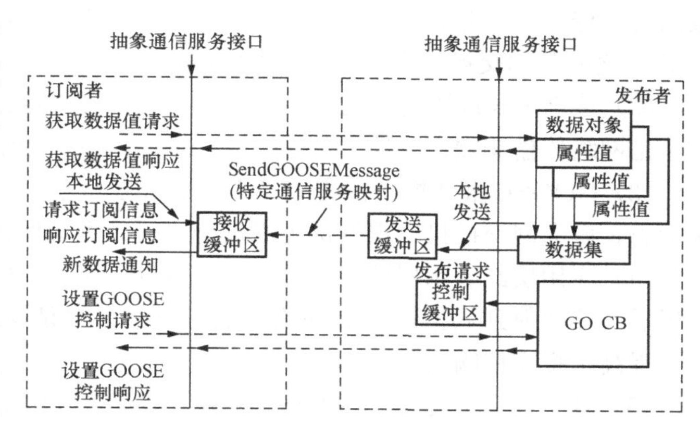

图5-44　GOOSE通信传输模型图

GOOSE报文传输支持由数据集组织的公共数据的交换，这与采样值传输模型（SV）相似。在采样值传输模型中，其数据集中数据均属于公用数据类，传输的主要信息是电流、电压值，而GOOSE并未强制所传输的信息内容，其数据集的数据对象可灵活定义。

GOOSE及SV通信结构都采用发布者/订阅者通信模式。发布方数据集内特定功能约束数据或功能约束数据属性值发生变化，由ACSI映射服务“发布”刷新发布方发送缓冲区。并用GOOSE报文传送这些值，订阅方从接收侧的接收缓冲区读取数据。通信系统负责刷新订阅方接收缓冲区，发布方的GOOSE模型控制模块GO CB负责控制这个过程。

GO CB控制模块有一个十分重要的控制参数，这就是“报文存活时间”。由于GOOSE报文的重要性，即使外部状态不再变化，也要重发，以提高传输的可靠性。此参数提示订阅方等待下一报文到来的最长时间。如等待时间大于报文存活时间值仍未收到有效报文时，订阅方认为通信联系失去，采用预先定义的默认值取代。但是这种固定的报文存活时间却有损其实时性。为了使“重发”既兼顾可靠性又不失其实时性，GOOSE报文采取了传输不需要回执确认，逐渐加长报文存活时间的重传机制。这种重传机制（见图5-45）。称作顺序重发机制，即当事件发生时立即改用较快的发送速度，重发三次T_1、T_2、T_3。图中T_1是事件发生后最短传输间隔时间，T_0为稳定条件时最长传输间隔时间。对保护应用T_1可取1ms，

T_0 取 5s；而对间隔连锁应用可分别放宽至 100ms 和 10s。但对 T_2 和 T_3 时间无具体规定。

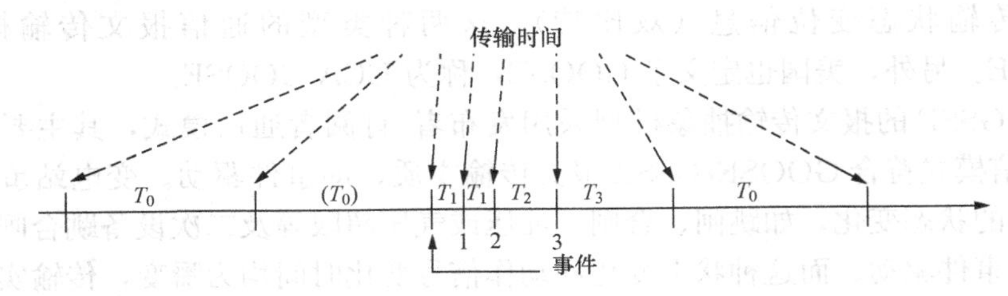

图 5-45　GOOSE 事件重发时间

3. 小结——GOOSE 服务的特点

面向通用对象的变电站事件 GOOSE 模型是 IEC 61850 标准中满足变电站自动化系统快速报文需求的通信报文协议。GOOSE 服务有如下主要特点：

(1) 基于发布者/订阅者通信模式。GOOSE 支持发布者/订阅者多个通信节点之间的直接通信，发布者/订阅者通信模式是一个数据源（即发布方）向多个接收者（订阅方）发送数据的最佳方式，尤其适合数据流量大，实时性要求高，数据需要共享的变电站内自动化系统 IED 之间数据交换。发布者/订阅者通信模式符合 GOOSE 报文事件驱动的传输本质。

(2) 逐渐加长间隔时间的重传机制。无需应答确认机制，直接逐渐加长间隔重传报文的方法是网络传输兼顾实时性、可靠性及网络通信流量的最佳方案。

(3) GOOSE 报文携带优先级/VLAN 标志。为了提高速度，GOOSE 报文中携带优先级标志，以太网交换机会根据优先级进行实时处理，保证其实时性。

(4) 应用层经表示层后，直接映射到数据链路层。GOOSE 服务是应用层到表示层，经编码后直接映射到数据链路层和物理层，不经过会话层、传输层、网络层，降低了传输时延，提高了报文传输实时性。

(5) 基于数据集传输。GOOSE 报文传输支持数据集的传输，其数据集可以传输标准规定的各种数据类型，包括模拟量、开关量、时标、品质等。

课题八　数字化变电站

一、数字化变电站通信网络结构

相对于常规变电站二次系统，变电站综合自动化在二次系统装置和功能上，用微机化的二次设备代替了非计算机设备；用数字处理和逻辑运算代替了模拟运算和继电器逻辑；用综合功能的装置代替了分立元件组成的屏柜；增添了“变电站微机监控系统”和“通信控制管理”两部分。变电站综合自动化中变电站二次设备被分为二层，即变电站层和间隔层，并用通信网络将变电站层与间隔层二次设备、变电站与调度控制中心联系起来，使其相互交换数据，并实现监控和管理。

相对综合自动化变电站，数字化变电站增加了一层结构，即过程层。它将数字化处理下放到过程层，在合并单元完成了数字处理；另外又增加了过程层和间隔层之间的过程总线，将数字化的数据传输给变电站层和间隔层二次设备，将数字化与信息处理和应用分离，从而真正实现了信息共享，信息集成应用。

（一）基于 IEC 61850 标准的变电站自动化通信网络结构

数字化变电站以非常规互感器和合并单元代替了综合自动化变电站保护、测控、其他 IED 装置的数据采集及 I/O 部分；以 IEC 61850 为标准的以太网组成的网络代替了以往的二次连接电缆和回路；以三层二总线替代了综合自动化变电站的二层一总线的架构。三层二总线式的 IEC 61850 标准的变电站自动化通信网络结构图如图 5-35 所示。

由于一次设备的智能化以及二次设备的网络化，数字式变电站一次设备和二次设备之间的结合更加紧密了，但各层次之间联系更加清晰而简单了，以下分析其基本结构。

1. 过程层

过程层是一次设备和二次设备的结合面，具体说就是智能化一次电气设备的智能化部分及其与二次设备的接口部分。过程层的主要功能分三类：①实时运行电气量数据采集；②运行状态量采集；③操作控制命令执行。

与综合自动化变电站相比，所不同的是传统的电磁式电流电压互感器被非常规互感器取代，采集传统模拟量被直接采集数字量所取代，并集中在过程层中完成而不是在间隔层的 IED 中来完成。这样的做法带来了一系列优点，如动态性能好、绝缘和抗饱和特性好、抗干扰性能强、节省了大量电缆和变电站占地面积等。

变电站运行需要进行的状态参数检测的设备有变压器、断路器、隔离开关、母线、电容器、电抗器及直流电源系统，这些设备的在线检测内容有温度、压力、密度、绝缘、机械特性以及工作状态等数据均在过程层完成采集，由过程总线传送至间隔层 IED。

2. 间隔层

间隔层的主要功能是：①监测本间隔过程层实时数据；②实施对一次设备的保护控制功能；③实施本间隔操作闭锁功能；④实施同期操作及其他控制功能；⑤执行与变电站层及与过程层的通信传输功能并保证网络通信的可靠性。

3. 变电站层

变电站层的主要功能是：①汇总全站的实时数据信息，不断刷新数据库，按时登录历史数据库；②将有关数据信息传送至电网调度控制中心；③接收电网调度或控制中心有关控制命令并传送至间隔层、过程层执行；④具有在线可编程的全站操作闭锁控制功能；⑤具有当地监控及人机联系功能，如显示、操作、打印、报警等功能及图像、音响等多媒体功能；⑥具有对间隔层、过程层设备的在线维护、组态、修改参数的功能。

4. 站级总线

变电站层的监控系统可以通过站级总线以太网（或交换式以太网）与间隔层的保护和测控 IED 装置实现通信联系交换信息。站级总线是基于 IEC 61850 标准制定的 ACSI 到 MMS 的映射及 MMS 到以太网的映射来实现信息交互的。

站级层网络是一个非实时网络，主要提供基于 MMS 的报文服务，例如保护定值服务、故障事件报告服务、测控装置的控制服务等。

5. 过程总线

过程总线提供了三种服务：①保护装置和断路器之间的跳闸命令的快速可靠传输；②非常规互感器瞬时数据的传输；③所有一次设备的状态数据的传输。这三种服务对过程总线提出了很高要求。由于过程层与间隔层之间的数据流量很大，实时性和可靠性要求都很高，因此不能采用 MMS 的映射方式，而必须采用 SCSM 的 GOOSE 服务方式。

GOOSE网络是一种实时网络，在GOOSE网络上传送SV报文和GOOSE报文。这两种报文实时性强，直接映射到网络的数据链路层，避免了多层协议处理报文而产生的时延，满足了实时性的要求。但是由于数据流量极大（主要是SV报文），电力系统故障时甚至会发生网络风暴而阻塞，因此还必须采取一系列措施来提高网络的可靠性。

目前的数字化变电站的GOOSE网络，大多采用了交换式以太网、VLAN网、优先级及多播技术等措施来提高实时性和可靠性。这些技术措施从本质上讲都是流量控制及报文过滤的方法，它从根本上改善了网络环境，适应了数字化变电站的需求。有关这些技术措施将在下面的课题中分析。

（二）变电站自动化系统通信网络组网方案

1. 基本网络结构

传统以太网采用随机网络仲裁机制CSMA/CD，即冲突检测的载波侦听多路访问机制，其传输不确定性是以太网进入实时控制领域的主要障碍。交换式以太网具有多节点并发传输和全双工传输特性，从本质上为通信的确定性提供了保证，从而为数字化变电站站级、过程总线提供了技术基础。因此，目前数字化变电站自动化网络均采用交换式以太网。

交换式以太网在逻辑概念上也可有总线型、星形和环形三种类型的选择。图5-46是三种基本网络结构的示意图。这三种方式的比较见表5-2。

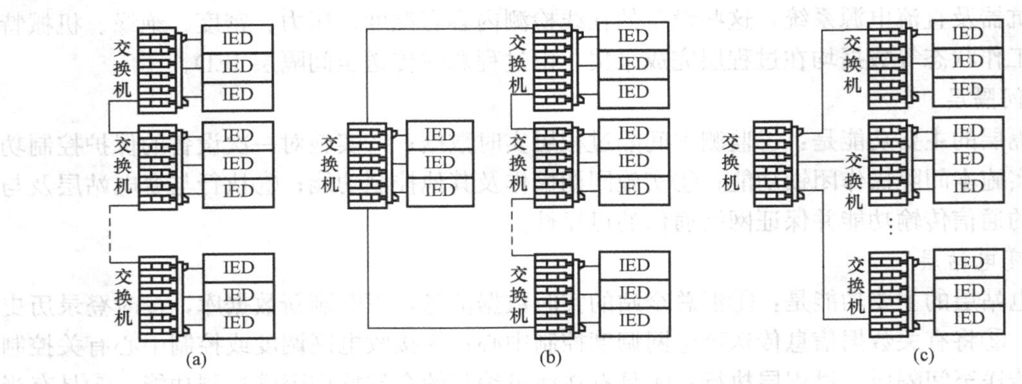

图5-46 交换式以太网基本网络结构

(a) 总线型；(b) 环形；(c) 星形

表5-2 三种基本网络比较

网络结构	可靠性	网络延迟	造价
总线型	最低	较大	最低
星形	较低	最小	中
环形	较高	较大	最高

传统的以太网从原理上讲是不能构成环形结构，因为由广播产生的数据包会引起无限循环而导致阻塞。但交换式以太网的交换机在采用了快速生成树协议IEEE 802·1W后，因为环路问题依靠生成树算法解决，快速生成树协议使算法的收敛过程从1min降低到1～10s。这样，在变电站网络中就可以采用环形拓扑结构网络，提高了系统可靠性。

2. 过程总线 GOOSE 网络方案

站级总线使用基于 MMS 应用层通信堆栈的以太网，实时性要求不高。而过程总线的采样值流量大，通信速率要求高，过程总线的 GOOSE 报文流量虽小，但实时性、可靠性要求很高，因此目前一般将过程总线与站级总线分开，如图 5-35 所示。这样的变电站级总线也称作独立变电站总线。

（1）SV、GOOSE 共网传输方案。由于过程总线的 GOOSE 报文流量很低，绝大部分是采样值 SV 报文流量，通常把 SV 和 GOOSE 通信系统合为 GOOSE 网络方式。考虑到时间同步对 SV 和 GOOSE 的重要性，因此可以在过程层网络中采用 SV、GOOSE 和 IEC 61588 对时报文共网传输。也就是保护、测控、计量、相量测量等采样值信息和 GOOSE 信号的保护跳闸、联闭锁、失灵保护、告警等信号以及对时同步信号均通过 GOOSE 网络传输，如图 5-47（b）所示。

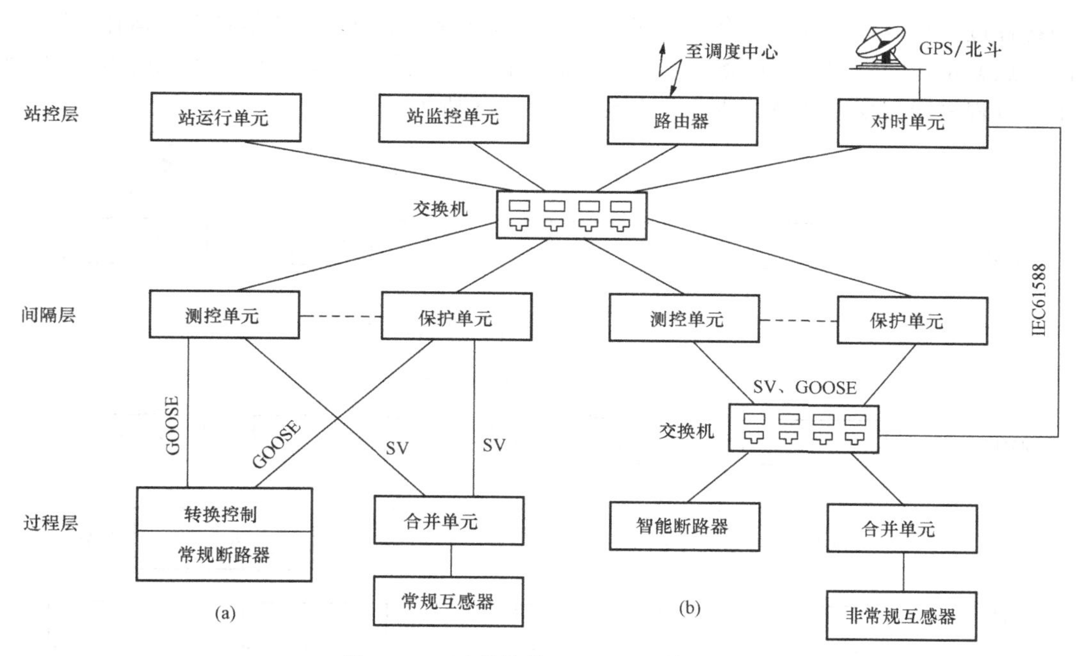

图 5-47　过程总线 GOOSE 网络方案

图 5-47 中将控制、测量数据、对时同步通信系统合并在一起，这种应用模式减少了间隔接线的复杂性，但间隔层 IED 需要两个以太网口分别与过程总线和站级总线连接。由于传送至保护的数字化电气量的瞬时值流量很大，通信速率很高，出于这个原因过程总线应使用 100Mbit/s 以太网。

由于 GOOSE 的报文流量比 SV 采样数据报文流量小很多，且每帧 GOOSE 报文长度较短，不会大于数据链路层的最大帧长度，只要交换机支持优先级；GOOSE 报文总会被优先传送；另外，可按保护装置控制功能之间的配合需要划分虚拟网 VLAN，减少接收端过滤报文的压力，基本上可避免发生过程层网络阻塞和报文丢失现象。因此从理论上分析 GOOSE 可以与 SV 网共用一个过程层网络。目前的试验也证实了这个理论分析的正确性。

（2）点对点的传输方案。变电站实施数字化的初期，受技术水平、现场条件限制，或投资资金的制约，不能做到 SV 和 GOOSE 共网方案，这时可采用点对点的传输方案。

所谓点对点的传输方案，就是直采、直跳方案。直采是指数字化变电站过程层的合并单元至间隔层的 IED 装置的电流、电压采样值传输的 SV 光缆直连；直跳是指间隔层的 IED 装置的跳合闸出口命令数据至智能终端的 GOOSE 光缆直连。这两种光缆都是从一点到另一点，不经过交换机的直接连接，如图 5 - 47（a）所示。

不经交换机的直采和直跳方案，最主要的特点是保护的测量和控制数据严格分离，即 SV 和 GOOSE 分离。它除了不使用交换机而降低了设备费用外，还提高了测量数据传输速率和提高了跳合闸命令传输执行的可靠性。但该方案仅适用于数字化变电站实施过程总线标准化的第一阶段，主要应用于 10～35kV 开关柜内的光缆连接。

3. 过程总线和站级总线合并方案

对于数字化变电站实现的最终阶段，随着以太网交换技术的发展和提高，使得变电站总线和各种过程总线合并构成一个通信网络而不会影响变电站内信息通信系统的运作。这种方案的优点就是在间隔层中的设备仅需要一个通信接口，这将降低设备的成本及变电站的工程成本。过程总线与变电站级总线合并方案如图 5 - 48 所示。

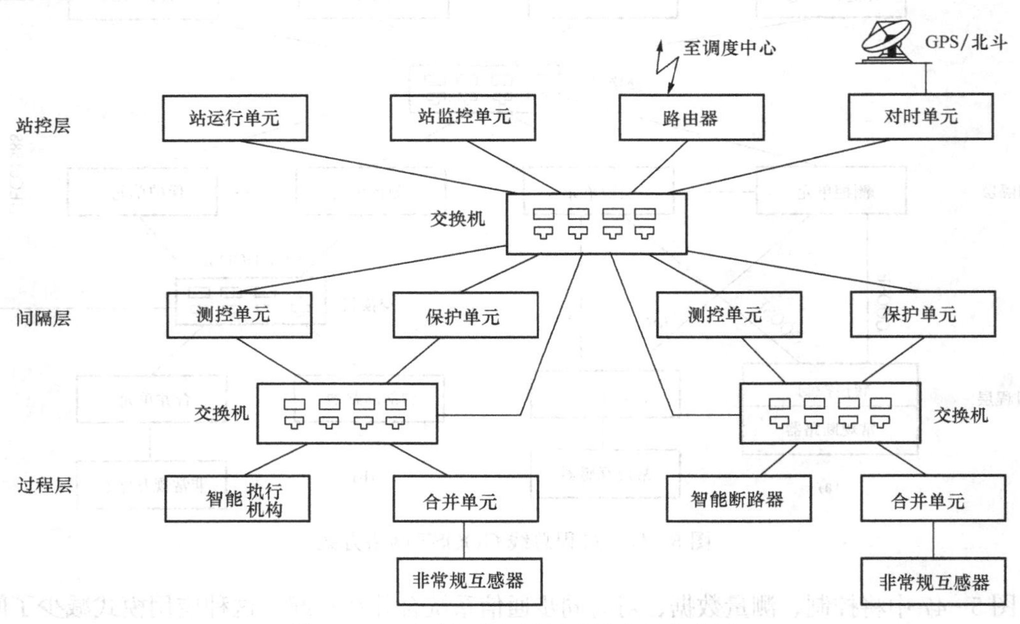

图 5 - 48　过程总线与站级总线合并方案图

（三）GOOSE 网络的支撑技术

GOOSE 通信机制采用发布者/订阅者通信原理解决了一个数据源同时向多个接收者发送实时数据的问题，因此 GOOSE 报文称为多播报文。多播报文在交换机中如果不进行任何处理，就只是广播转发，在大量 GOOSE 报文同时发生时，可能引起接收装置网卡的缓冲区溢出而丢失报文，也可能引起网络负荷瞬时过重而丢失报文。如果不采取有效措施，当电力系统发生故障时，有可能所有的 IED 装置发出多播报文，引起网络风暴而堵塞。试验表明，这时的交换机时延增加，多台保护装置的整组动作时间明显变长，有的保护还丢失了部分报文。因此，采取有效的方法对 GOOSE 多播报文进行隔离、过滤是十分必要的。目前有两种常用方法来实现隔离和过滤。

1. 交换机 VLAN 隔离技术

(1) 虚拟局域网。虚拟局域网 VLAN 是 Virtual LAN 的缩写。网络隔离是将一个物理上的局域网划分成若干个逻辑上的虚拟网，而每个 VLAN 就是一个广播域，VLAN 域内装置间通过交换式以太网通信方式进行报文交换，而不同的 VLAN 内的装置之间在逻辑上相互隔离。

(2) VLAN 网域的划分。

1) VLAN 划分法。在数字化变电站内，VLAN 网域的划分有两种方法：一种是按间隔来划分 VLAN，另一种是按网络化保护的保护范围来划分。前一种划分法，对于 220kV 以上电压的大型变电站或 10kV 多分段母线并具有众多数量的开关柜间隔，由于间隔数量大而要采用大量的交换机实现 VLAN 的划分使成本过高而难以实现。后一种 VLAN 划分法是应对目前网络化保护和自动装置的推出而采用的，它既能克服间隔数众多带来的困难，又能解决网络化保护网络流量大的问题。

2) VLAN 的交叠技术。为了能过滤不同 VLAN 的 GOOSE 报文，交换机必须支持 VLAN 交叠技术，因为根据实际需求，某个端口可能要求划分在不同的 VLAN 中，如图 5-49 所示的虚线交叠区。由于 VLAN 可完全隔离不同虚拟网中的所有报文，因此 VLAN 可以隔离 GOOSE 报文的泛滥，减轻网络负载，从根本上解决无用的 GOOSE 报文对 IED 应用程序的影响，又能达到交叠区域的正常信息交互。

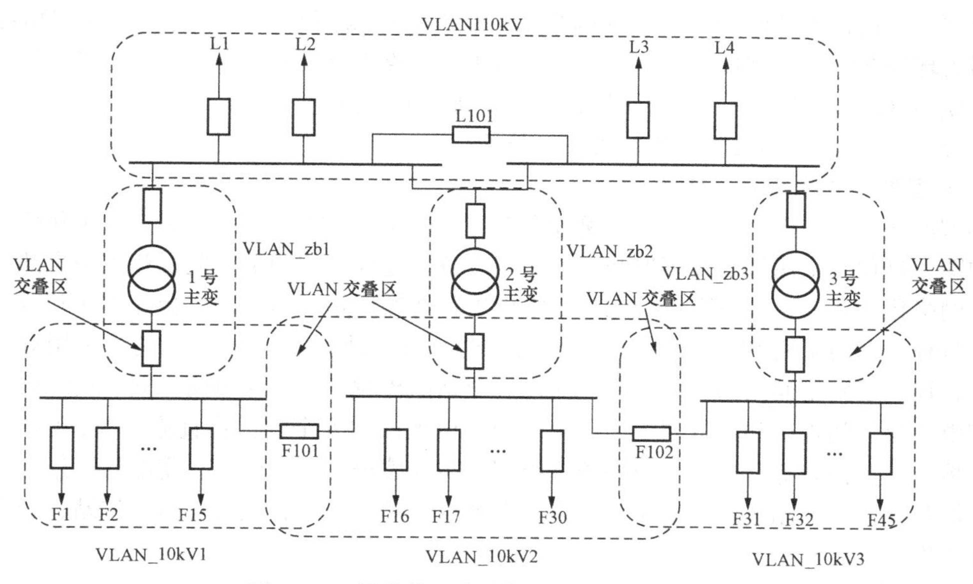

图 5-49　网络化二次系统 VLAN 划分示意图

由于当前变电站的 IED 设备发展很快，除了上述网络化保护装置外，还有其他特殊功能的 IED 装置，例如五防闭锁功能等装置。这些网络信息交互也应满足间隔层之间的特殊功能需要。这些需跨间隔传输信息的网络化控制保护装置，包括网络化低频减载、备自投、母线保护装置、联闭锁的五防装置。这些 VLAN 划分的基本原则就是按照特殊功能范围实现划分，将此功能相关的过程层设备，如合并单元、智能接口和间隔层设备划分到同一个

VLAN内，使得它们之间的信息交互可通过VLAN的网络实现。图5-49所示的VLAN划分，就是按网络化备自投装置及变压器差动保护功能划分VLAN的。这样的划分VLAN方法，既可以实现跨间隔的网络化保护或自动化装置功能，又可达到隔离非本VLAN域内的GOOSE报文泛滥、减轻网络负载的要求。

VLAN技术是目前在数字化及智能化变电站中应用最广的多播报文隔离技术，只要设定IED装置与交换机端口的对应关系，以及IED装置之间的报文发送关系，VLAN就可在交换机上按端口配置。但是在交换机上的配置相当烦琐，而且装置与交换机端口的对应关系也不能随意更换，这样就不便于扩建和维护现场的操作，还带来了一定的安全风险。

2. 优先级技术

SV和GOOSE共网的支撑技术还有优先级技术。所谓优先级技术就是高优先级数据优先通过；多个出口队列，较高优先级数据能够抢先通过。正常运行中，采样值报文流量总是比GOOSE突发事件信息报文流量高很多，但GOOSE的实时性、可靠性要求更高，因此只要交换机支持优先级，GOOSE报文总会被优先传送，所以从理论上分析SV和GOOSE是可允许共网的。

3. 快速生成树协议

快速生成树协议取之于IEEE802·1W协议，只要交换机支持该协议，就是支持最短路径，保证了所有交换机均有最短路径连接“根网桥”；阻止网络风暴并能快速自愈，提高了以太网的实时性和可靠性。

快速生成树技术给以太网组成环网带来可能。原以太网总线是不能使用环网拓扑结构的，因为环网会给以太网带来无限循环。采用快速生成树协议后，由于“最短路径”传播的特点，使环网的以太网避免了“无限循环”，提高了可靠性。

（四）数字化变电站通信网络结构实例分析

1. 典型数字化变电站网络架构

典型的数字化变电站通信网络实例如图5-50所示，这是一座220kV全数字化变电站网络结构图。过程层采用常规互感器和智能控制设备，过程层的测量、监视和控制全部实现数字化、网络化。在一次设备附近或保护小室设置智能操作箱，箱内装有合并单元和智能控制单元。过程层网络采用SV和GOOSE合并的交换式以太网络。变电站层网络采用双星形网络架构，提高了网络通信的冗余度和可靠性。全站的校时网络单独组网，同步校时脉冲分别送至变电站层、间隔层和过程层。为了提高全站以太网的安全性，将直流电源、UPS电源、视频监控、计量抄表等其他智能设备独立组网经防火墙进入主站网络。变电站层远动工作站经路由器与调度主站相连。变电站层还设置有继电保护工作站、微机五防工作站、变电站监控系统工作站等。

2. 常规系统的兼容模式

数字化变电站工程化应用的进程主要取决于相关技术的稳定性，设计、制造、试验、运行等各环节的协调。因此，数字化变电站技术的应用发展将会是一个长期的过程。在较长时间内不支持IEC 61850标准的IED、常规互感器和断路器设备还将在电网中继续运行。在推进数字化变电站应用技术时必须考虑如何接入这些常规设备，同时又具备数字化变电站的主要特征。

体现数字化变电站应用的主要特征是：①变电站自动化系统用以太网方式构成；②设备

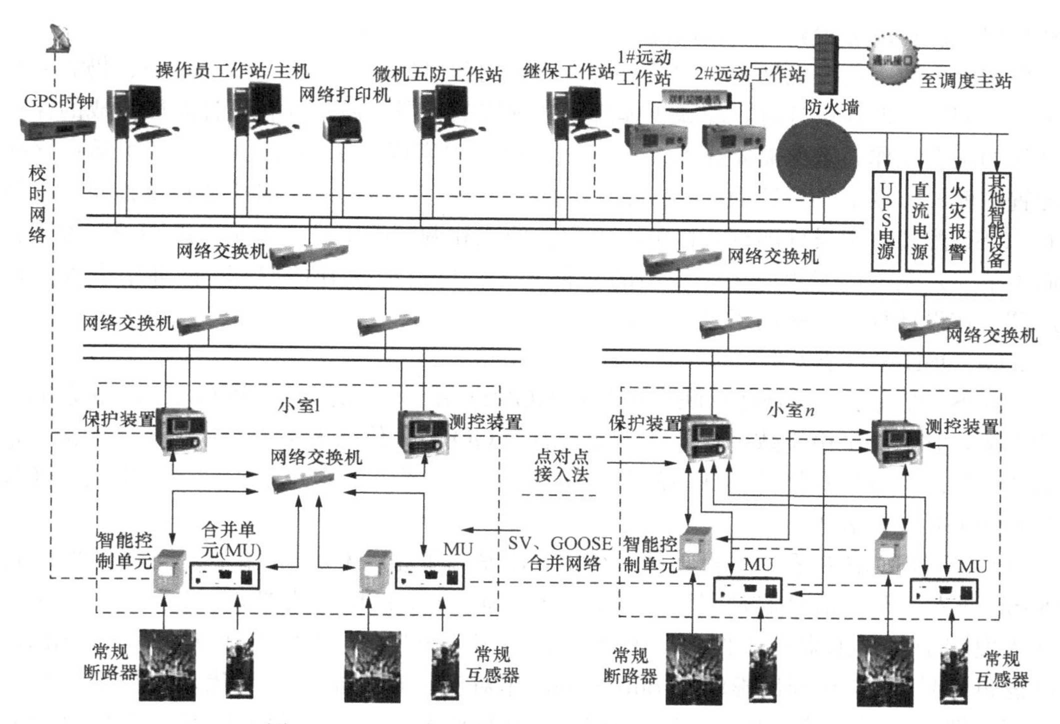

图 5-50 220kV 全数字化变电站网络结构示意图

之间信息交互通过 IEC 61850 标准的 GOOSE 信息交互机制的实现。根据这两条主要特征，判断图 5-50 所示的网络结构，虽然断路器和互感器仍然采用常规的设备，但由于增添了智能控制单元和合并单元 MU 后，使得接入的常规断路器和互感器都具备了数字化的兼容模式，都能经 SV 和 GOOSE 网络接入系统。

3. 同步校对网络

由于数字化变电站的现场就地数字化的特点，数字化采样不再是在 IED 装置内进行的，因此就带来了一个新问题：电子互感器的同步采样问题。因此每个采样数据必须要带有时间标签，这样的采样数据对于故障分析判断和系统稳定分析及控制才有现实的意义。

IEC 61850 标准体系中对系统的时钟同步有明确的要求，采用 NTP/SNTP 网络对时协议实现变电站层的时钟同步。在图 5-50 中，同步时钟网络与 GOOSE 网是分离的；对过程层和间隔层采用 IRIG-B 时码对时方式。IRIG-B 码技术成熟可靠，精度满足过程层采样技术要求。这两种对时方式都由统一的时钟源装置 GPS 产生对时脉冲。

二、数字化变电站的“虚端子”及其应用

1. 为什么要用“虚端子”

传统变电站的微机型保护装置及自动装置都设有开入、开出等端子排，它们的各开关量、跳合闸出口等都一一对应于具体的端子。设计时，通过从端子到另一装置的端子的电缆连接体现了保护装置之间的联系和配合，包括保护装置至一次设备的出口都采用了点对点的电缆连接。

但对数字化变电站，由于 GOOSE 方案的实现，各保护及自动装置之间的信息交互及跳合闸出口等被网络化的光缆连接所取代，原有传统的端子概念消失了。设计中能表现的仅仅是从各保护、自动装置到交换机的光缆连接，所有信息全部隐含在光缆中。

事实上，数字化变电站中保护及自动装置之间和出口的每一个 GOOSE 信息仍需要在设计中一一配置。但在设计时，却缺少体现这些配置的手段，原先要在设计阶段完成的保护装置之间的配合工作，全部需要在施工和调试的过程中完成。例如 VLAN 及其组播在交换机的配置中就要体现 GOOSE 的配置方案。显然，在设计阶段完成之时应能提供抽象的虚拟化的 GOOSE 配置方案设计图纸，以解决工程的施工和调试的困难。于是“虚端子”方案就应运而生了。这是国内工程应用中提出的一种方法，相当于在 IEC 61850 标准中引入了地区“方言”，在设计规范中采用了这种“方言”。

2. GOOSE 虚端子方案

GOOSE 虚端子是一种能反映保护装置 GOOSE 配置、保护装置间 GOOSE 联系的一种设计方案，它解决了由于数字化变电站保护装置 GOOSE 信息无接点、无端子、无接线带来的 GOOSE 配置难以具体的体现的问题。GOOSE 虚端子方案中包括虚端子、虚端子连接图以及 GOOSE 配置表等。

（1）GOOSE 虚端子和逻辑连线。GOOSE 虚端子是一种虚拟端子，反映保护装置的 GOOSE 开入、开出信号，是网络上传递 GOOSE 信号的起点或终点。GOOSE 虚端子分为开入虚端子和开出虚端子两类，开入逻辑编号 $1\sim i$ 与开入虚端子 $1N_1\sim 1N_i$ 相对应，开出逻辑编号 $1\sim j$ 与开出虚端子 $out_1\sim out_j$ 相对应。这种虚端子是代表着保护某种逻辑“连线”，即从装置的某个开出虚端子到另一装置开入虚端子的逻辑联系。应指出这种逻辑“连线”是十分具体的逻辑联系，是一种具体的信息传递，它在光缆中传送，这里只是将这种逻辑联系具体地用开出虚端子、逻辑连线、开入虚端子表现出来，将各保护装置 GOOSE 配置以“连线”的方式加以表示。虚端子逻辑连线给于 $1\sim k$ 编号，并分别定义为 $LL_1\sim LL_k$。

（2）虚端子逻辑连接图。为了直观地反映不同保护及自动装置之间 GOOSE 联系的全貌，设计人员根据变电站工程保护配置、技术方案、保护原理，先完成各电压等级的各间隔的 GOOSE 信息流图，再设计完成虚端子逻辑连线图。本书附图是某 220kV 线路保护 GOOSE 信息流图。图中表示了线路保护 1 和母线保护装置间的逻辑“连线”及保护 1 和该线路的智能终端之间的逻辑“连线”，这种逻辑“连线”就代表了 GOOSE 的信息流。根据保护装置间的信息流图，在虚端子的基础上设计完成虚端子连线图。附图二是根据附图一画出的该 220kV 线路保护 GOOSE 逻辑连接图。

（3）GOOSE 配置表。GOOSE 配置表是以虚端子逻辑连线图为基础将保护装置间 GOOSE 配置以列表方式加以整理再现。GOOSE 配置表（部分）见表 5-3。

表 5-3　　GOOSE 配置表

逻辑连线		起点			终点		
编号	名称	设备名称	虚端子号	数据属性	设备名称	虚端子号	数据属性
LL01	断路器 A 相位置	220kV 云山 1 线智能终端 - PSIU601	OUT02	RPIT/QOAX-CBR1. Pos. stVal	220kV 云山 1 线智能终端 - PSL603U	IN01	GOLD/GO-INGGD01. DPCS01. stVal

续表

逻辑连线		起点			终点		
编号	名称	设备名称	虚端子号	数据属性	设备名称	虚端子号	数据属性
LL02	断路器B相位置	220kV云山1线智能终端-PSIU601	OUT03	RPIT/QOAX-CBR1.Pos.stVal	220kV云山1线智能终端-PSL603U	IN02	GOLD/GO-INGGD01.DPCS02.stVal
LL03	断路器C相位置	220kV云山1线智能终端-PSIU601	OUT04	RPIT/QOAX-CBR1.Pos.stVal	220kV云山1线智能终端-PSL603U	IN03	GOLD/GO-INGGD01.DPCS03.stVal

表5-3中标出了逻辑连线名称、设备名称、起点、终点、虚端子号及数据属性。从表中可看出它就好像常规变电站的电缆清册一样，是施工、调试、维修中的图纸依据，参阅时一目了然、十分方便。GOOSE配置表时运行和管理人员也十分有用，从表中可看出逻辑的来龙去脉。

逻辑连接图与GOOSE配置表共同组成了数字化变电站GOOSE配置虚端子设计图以供施工使用。

三、智能断路器及其应用

1. 智能断路器的功能

国际电工委员会关于智能断路器的IEC标准中对智能断路器设备定义为："具有较高性能的断路器和控制设备，配有电子设备、传感器和执行器，不仅具有断路器的基本功能，还具有附加功能、尤其在监测和诊断方面"。

IEC 61850标准中指出，断路器属于过程层设备，可通过IEC 61850标准的通信报文实现断路器状态、位置信息及分合闸命令的传递。也就是说智能断路器必须具备过程层通信接口、接收和发送符合IEC 61850标准的通信报文。很明显，要求在数字化和智能化变电站里的智能断路器应具有以下功能：①在IEC 61850标准下通过通信报文实现位置信息、状态信息、分合闸命令的GOOSE传输；②有效地对断路器状态监测和诊断；③自适应操控断路器分合闸角度及时间；④对于配置有电压、电流传感器的GIS断路器，应具有电压、电流的数字化网络传输功能。

2. 断路器智能操作特性

智能操作是断路器性能智能化的一个重要方面。断路器智能操作就是断路器自适应操作控制断路器。断路器智能操作主要表现在如下几个方面。

(1) 重合闸的智能操作。断路器在系统故障时，根据监测系统的信息判断故障是永久性的还是瞬时性的，确定断路器是否重合，提高重合闸的成功率，减少对断路器的短路合闸冲击和对于电网的冲击，实现自适应重合闸。

(2) 分合闸的相角控制。断路器分合闸的相角控制就是断路器选相合闸和同步分断。选相合闸是指控制断路器在不同相别的弧触头在各自零电压或特定电压相位时刻合闸，以避免系统的不稳定，克服容性负荷的合闸涌流与过电压的产生。断路器同步分断是指控制断路器在不同相别的弧触头在各自相电流为零时实现分断，从根本上解决过电压问题，同时大幅度提高断路器的开断能力。

（3）断路器分闸速度控制。智能断路器的智能操作要求断路器具有机构动作时间上的可控性，即根据监测到的不同故障电流，自动选择操动机构及灭弧室预先设定的工作条件，如正常运行电流较小时以较低速度分闸，系统短路电流较大时以较高速度分闸，以获得电气和机械性能上的最佳分闸效果。

3. 智能断路器结构及工作原理

智能断路器的基本结构如图 5 - 51 所示。图中的实线部分为常规断路器和变电站有关结构及相互关联。智能断路器是在常规断路器的基础上引入智能控制单元（图中虚线部分），其控制单元由数据采集、智能识别和调节装置三个基本模块构成。

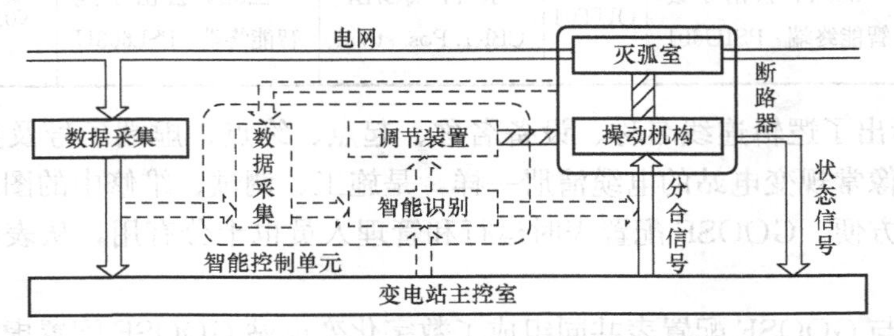

图 5 - 51　智能断路器的基本结构原理图

智能识别模块是智能控制单元的核心，由微处理器构成的微机控制系统，根据操作前所采集到的电网信息和主控制室发出的操作信号，自动地识别当时操作断路器所处的电网工作状态，根据对断路器仿真分析的结果作出合适的分合闸运动特性，并对执行机构发生调节信息，待调节完成后再发出分合闸信号。

数据采集模块主要由新型传感器组成，随时把电网的数据以数字信号的形式提供给智能识别模块，以进行处理分析。

执行机构由能接收定量控制信息的部件和驱动执行器组成，用来调整操动机构的参数，以便改变每次操作时的运动特性。此外，还可根据需要加装显示、通信模块以及各种检测模块，以扩大智能操作断路器的智能化功能。

4. GIS 断路器的智能模块组件

GIS 断路器的智能模块有：①智能终端；②测控装置；③监测功能主件；④局部放电监测部件；⑤机构状态监测部件；⑥SF_6 气体状态监测部件；⑦选相合闸控制器；⑧合并单元。其中每一模块或部件都是智能的 IED 装置，由这些 IED 组成了智能控制操作柜，如图 5 - 52（b）所示。上述的IED装置中，①、③、⑧为应选项，②、④、⑤～⑦为可选项，但至少应选有一项并与③监测功能主件合并。

在实际工程中，将这些智能组件按照断路器间隔设置智能组件柜（包括断路器间隔内相关的隔离开关及接地开关），由 GIS 制造商统一集成并入智能组件柜，或整体放入就近的小室。GIS 断路器智能组件的组合示意图如图 5 - 52（a）所示。

5. 断路器智能终端

智能终端的功能是：①采集本间隔相关一次设备的信号，通过过程层网络发布采集信息；②通过过程层网络接收控制命令或其他间隔信息；③将采集的信息及接收的命令和信息加工编辑成新的智能功能，如闭锁“回路”、防跳回路、接点“扩展”等。

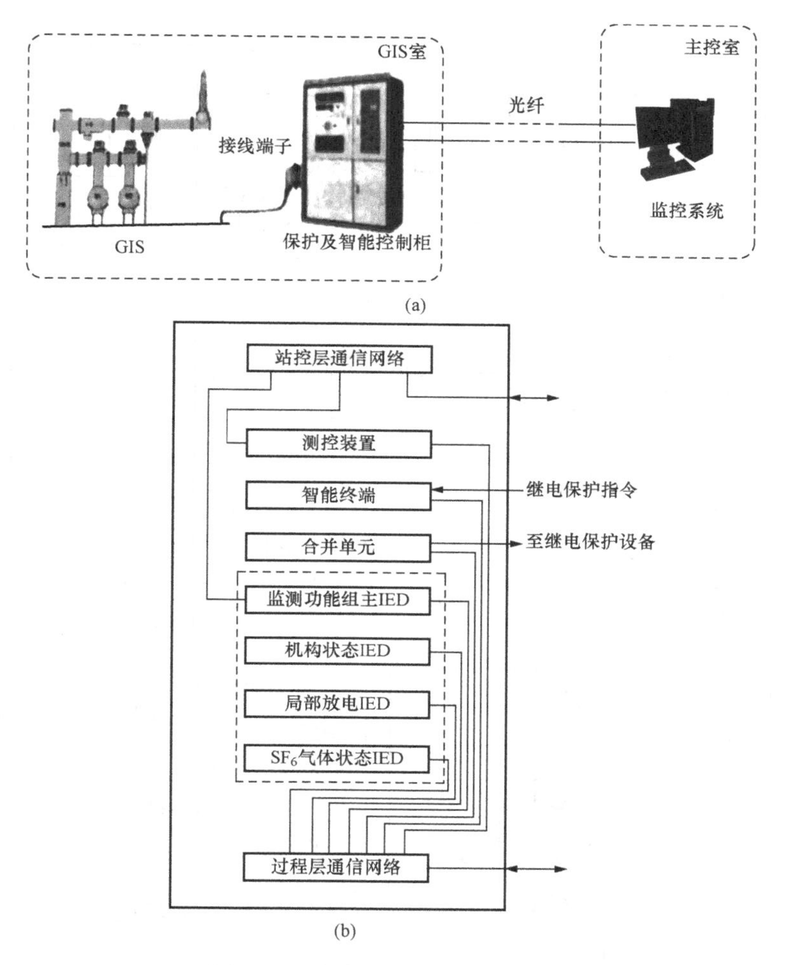

图 5-52　智能 GIS 断路器示意图
(a) 智能 GIS 的组成；(b) 智能 GIS 控制柜的组成

实习题目　综合自动化变电站监控系统后台机在线监控认识实习

一、变电站综合自动化系统中的运行操作

(一) 设备的操作

变电站实现综合自动化后，电气设备的投切（线路断路器、电容器组断路器、主变压器各侧断路器等）应实现调度操作、当地监控后台机操作、保护屏上操作以及设备现场操作四种方式。保护装置本身应带有跳、合闸电流保持的继电器，防跳继电器及断路器位置继电器，在每路装置面板上增加带钥匙闭锁跳合断路器的手动操作按钮，确保设备的操作可靠性（详见图 5-53）。

在采用微机监控系统后，取消了传统的中央信号屏，对于失压信号、断线信号以及110、10kV 侧 TV 二次电压切换，系统频率、母线电压监察等功能均可实现软操作，并且直流系统、站用电系统以及主变压器中性点接地开关都经开关量输入监控系统，并应具有

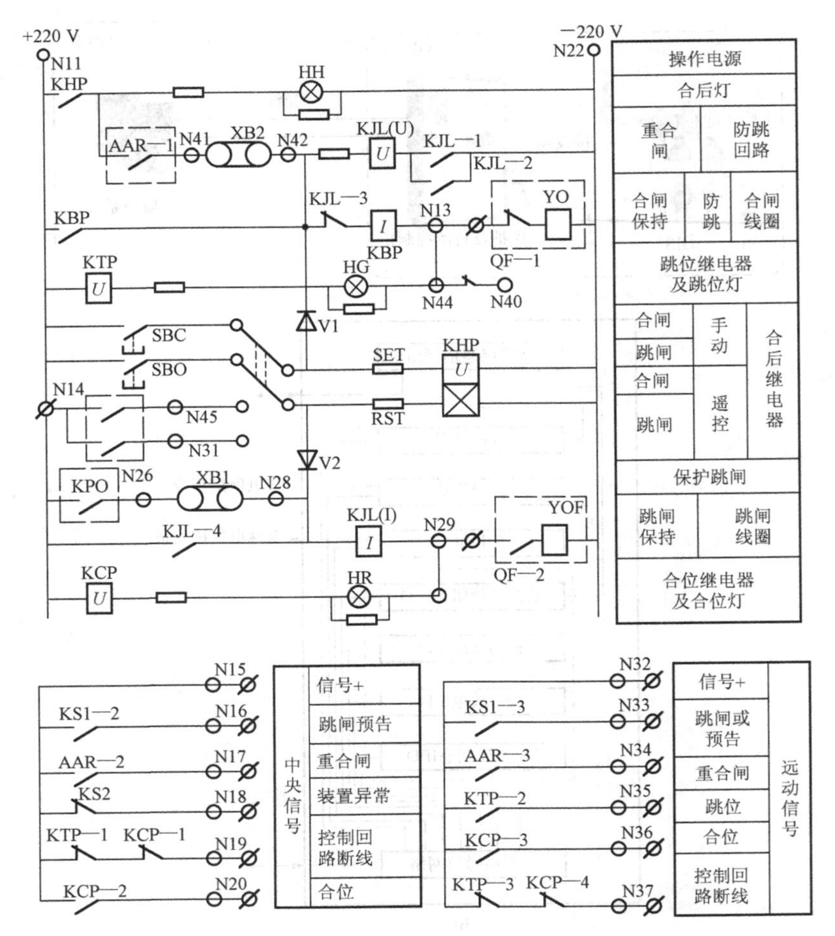

图 5-53　带合后继电器 KHP 的操作回路

SOE 功能。

（二）操作的确认

监控系统不但可以作为当地监控系统，还可以与监控保护装置一起实现变电站一次接线图显示、监视与控制，并向上级调度中心传送数据，也可以由上级调度控调。操作权限在监控系统预先确定。对调度、运行巡视人员等规定操作的权限和密码。

遥控执行具有本机测试、遥控对象信号返校，遥控操作性质（合、分），遥控执行信号输出等功能，所有输出回路均为空触点输出。装置选定被送对象后，相应的继电器吸合，对应对象继电器动作，装置通过返校触点检查对象继电器的动作状态，检查无误后，装置再发分、合及执行命令。完成一次操作，画面显示开关变位。

（三）有载调压操作

有载调压操作是靠有载调压操作的电动操动机构来实现的。有载调压分接开关的挡位操作，在正常情况下，可在控制室远方操作，也可以就地操作。为了在控制室内了解有载分接开关所处的分接挡位，操动机构需与远传的位置显示器连接。显示器指示分接头位置，微机监控系统同时实现远方监视分接挡位，并指示分接头位置。按规程规定远方和就地操作均分

"升"、"降"、"停"三种操作，缺一不可。

（四）断路器操作控制回路原理

实现综合自动化变电站的断路器操作回路安排在保护装置的一个插件上。监控系统的遥控操作也是通过保护装置的断路器操作回路执行的。在这个操作回路插件中有带跳合闸电流保持的继电器 KTP、KCP、防跳继电器 KJL、合后继电器 KHP。插件面板上均有手动和遥控切换开关及断路器跳、合位，合后指示灯。显然这与常规的电气防跳装置断路器控制回路图有明显的区别。这种带合后继电器 KHP 的操作回路如图 5-53 所示。

手动控制时装置面板切换开关切换至手动位置，按下 SBC 按钮，合后继电器 KHP 励磁，同时合闸回路接通，YO 通过合闸保持继电器 KBP 触点自保持，完成合闸动作：

+220V→SBC→KJL-3（动断）→KBP→QF-1→YO→-220V

手动分闸时，按下 SBO 按钮，KHP 返回，此时跳闸回路接通，YOF 通过 KJL-4 触点自保持，完成分闸动作：

+220V→SBO→KJL（I）→QF—2→YOF→—220V

保护跳闸时，通过保护出口跳闸继电器触点 KPO，XB1 连接片及跳闸回路完成保护跳闸动作。保护重合闸继电器 AAR 动作时，由于合后继电器 KHP 仍处于合后位置 KHP 触点闭合，通过如下回路完成重合闸动作：

+220V→KHP（动合）→AAR→XB2→KJL—3（动断）→KBP→QF—1→YO→—220V

跳闸回路接通时，防跳继电器 KJL（I）励磁，如此时合闸回路仍接通，防跳继电器电压线圈自保，KJL—3（动断）触点打开，切断了合闸回路，完成了防跳功能。正常运行时，如跳闸回路完好，红灯 HR 亮，KCP 励磁。退出运行时，如合闸回路完好，绿灯 HG 亮，KTP 励磁。KCP 和 KTP 分别送出合位和跳位触点，从而免去引入断路器辅助触点。

对需带压力异常闭锁跳合闸的断路器，其 YO 操作回路接入 N40 端子，合闸时经压力异常的低压和高压触点闭锁，可防止因液体、气体压力异常时断路器合闸而损坏断路器。V1 和 V2 是隔离二极管，可使合后继电器 KHP 的 SET 和 RST 端不受其他回路影响。例如，在保护跳闸时，KHP 不会复位，使 KHP 提供了合后位置，代替传统控制把手的"合后位置"，用作重合闸不对应起动及备自投 ARS 起动。

二、实习目的

（1）认识变电站微机监控系统局域网。

（2）观察变电站微机监控系统在线监测。

（3）观察变电站微机监控系统在线控制。

三、实验目标

（1）说明变电站微机监控系统局域网组成结构、通信接口。

（2）以变电站一台主变压器和一条高压线路为例，具体说明变电站微机监控系统的在线监测与控制。记录监测数据及在线控制的过程。

（3）说明你所见识的变电站微机监控系统的基本功能项目和作用。

习　　题

1. 常规变电站与综合自动化变电所有何不同？变电站综合自动化有何特点？

2. 变电站微机监控系统有哪些主要功能？

3. 变电站综合自动化系统的网络结构主要分为哪几种类型？

4. 什么是分布式网络结构？它有何缺点？分散分布式网络结构有何特点？有何优点？

5. 变电站微机监控系统的后台监控软件由哪几部分组成？

6. 试说明无功电压“九区域”图对应各区的控制策略。为什么要采取 VQC 精细调节方案？

7. 基于 IEC 61850 标准的变电站自动化通信网络结构有何特点？

8. 画出远距离数据通信模式图，说明数据传输过程。Modem 的调制方式有哪几种？有何特点？

9. 解释名词：带宽、数据传送速率、异步和同步数据传输、误码率、CRC。

10. 在变电站自动化系统中网络通信有何功能？实现网络通信的关键技术是什么？

11. 什么是开放系统互连参数模型（OSI），每一层的作用是什么？

12. 局域网有何特点？有哪些网络结构？其结构有何特点？有哪些互连设备？

13. 试说明以太网的通信机制，它是如何避免发生通信碰撞的？

14. 什么是变电站就地数字化，它有哪些主要优点？数字化变电站自动化系统有哪些主要特征？

15. 合并单元的主要工作任务是什么？与互感器之间有哪些接口方案？

16. 合并单元应具备哪些功能？何谓合并单元的组帧，为什么要带上时间标签信息？

17. IEC 61850 标准适用于什么系统，应用于什么范围？IEC 61850 标准的核心内容有哪些？

18. 电力系统设备为什么要统一建模？统一建模有何意义？统一建模中有哪些元素？

19. 为什么说抽象通信服务接口 ACSI 是与具体通信协议无关的一种抽象服务？那么 ACSI 在通信服务中起了什么作用？何谓“抽象”、何谓“服务”、何谓“映射”？

20. SCSM 怎样与 ACSI 接口相配？

21. GOOSE 服务具有哪些主要特点？GOOSE 网络有哪些支撑技术。

22. 数字化变电站与综合自动化变电站相比较，在硬件结构上有何区别？

23. 智能断路器有哪些主要操作特性？请画出智能断路器基本结构说明。

电力系统调度自动化

内容提要

电网五级调度组织的划分及任务；电网调度手段的发展过程；电力系统调度自动化的基本知识；电力系统调度自动化系统调度端MTU和远动终端装置RTU的基本构成和功能；自动发电控制AGC；同步相量测量PMU；广域测量系统WAMS；继电保护及故障信息系统、主站及子站系统。

课题一　电力系统调度自动化的实现

一、电网调度组织

根据我国目前电力系统的实际情况，调度机构分为五级，依次为：

一级：国家电网调度机构（简称国调）。

二级：跨省、自治区、直辖市电网调度机构（简称网调）。

三级：省、自治区、直辖市级电网调度机构（简称省调）。

四级：省辖市、地区级电网调度机构（简称地调）。

五级：县级电网调度机构（简称县调）。

整个系统是一个宝塔形结构，如图6-1所示。

各级调度机构在电网调度业务活动中是上下级关系，下级调度机构必须服从上级调度机构的指挥。

二、电网调度的任务

电网调度肩负电网的管理任务，在各种现代化手段的支持下，日夜监视、指挥着电网的运行。调度事务非常琐碎、复杂、繁多，归纳起来主要有以下四个方面的任务。

1. 确保电网的安全运行

安全是电力系统生产的头等大事，当今电网在各种安全控制装置的帮助下，可靠生产能力虽然大大地增强了，可事故总是无法避免的。各种自然灾害，如风雪、雷雨、覆冰、地震等会直接破坏电网的正常运行，各种电气元件会由于制造质量和维护不良自身造成事故。电力系统生产的连续特性，会因为某一处的故障而引发大面积停电事故，甚至造成电力系统崩溃。电力调度时刻关注电网的安全

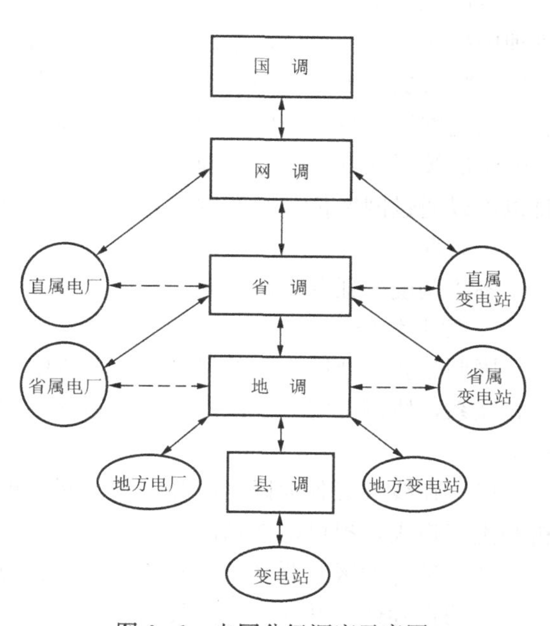

图6-1　电网分级调度示意图

运行，利用其安全分析功能，可及早发现事故苗头，消除事故隐患，即使发生事故，也能及时、果断处理，将事故限制在最小范围内。

2. 确保电能质量

电能的主要质量指标是电压、频率和波形。电压的质量范围为：35kV以上电压供电的，电压正、负偏差的绝对之和不超过额定值的10%；10kV及以下三相供电的，为额定值的±7%；220V单相供电的，为额定值的+7%，－10%。调度的调整手段主要是合理安排发电机、调相机的无功功率，投退各种无功补偿装置，使系统无功供需平衡，及时调整有载调压变压器。频率的质量范围为50±0.2Hz，一般由地区调度及以上调度机构来执行频率调度任务，县级电网处于各级电网末端，对频率的管理比较被动，主要技术手段是各种低频减载装置，因此，县级调度一般不直接参与频率的管理。波形也是反映电能质量的主要指标，不同的电压等级有不同的指标要求，0.38kV电压等级的正弦波形畸变率极限值为5%，10kV为4%，35kV为3%，110kV为1.5%。县调对波形的管理主要是对用户的非线性用电设备投入运行时进行各种谐波检测，确定其符合入网要求。

3. 确保电网的经济运行

安全是电力生产各项事务的基础，为用户提供合格的电能是电力生产的服务宗旨，随着城乡电网“两改一同价”工程的实施，电力系统自身的经济运行将被提到重要的日程上，特别是县级电网，经济运行将会是企业生死存亡的关键。经济运行的内容非常广泛，主要是选择最佳的电网运行方式，减少网络的传输损耗，合理利用各种自动装置，确保电网的经济、持续运行，利用计算机技术和调度自动化系统自动对电网进行管理。

4. 参与企业经营管理

调度机构是一个在上级部门的领导下能够独立行使职权的职能机构，一直在企业的经营管理中扮演重要的角色，今后随着调度自动化和电力企业管理自动化的发展，调度机构的管理职能将会更加突出。调度机构属于一线生产单位，对电网的情况最熟悉，各种自动化装置收集的电网运行数据调度机构掌握得最多。调度可以将电网的主要运行信息通过计算机网络传输给决策层和其他经营管理部门，随着管理信息系统（MIS）的发展，企业的经营管理信息也可以通过网络传输给调度。调度根据企业的方针，制订调度工作计划，自觉地与企业的经营决策保持一致。

各级调度的任务有所不同，具体介绍如下。

1. 国调的任务

国调是我国调度中心的最高级。在该中心中，通过计算机数据通信与各大区调度控制中心相联系，协调确定各大区网间的联络潮流和运行方式，监视、统计和分析全国的电网运行情况。

（1）在线收集各大区电网和有关省网的重点测点工况及全国电网运行概况，并作统计分析和生产报表，提供电能情况。

（2）进行大区互联系统的潮流、稳定、短路电流及经济运行计算，通过计算机通信，校核计算的正确性，并向下一级传送。

（3）处理有关部门信息，作中、长期安全、经济运行分析，并提出对策。

2. 网调的任务

按统一调度、分级管理的原则，网调负责超高压网的安全运行，并按规定的发供电计划及监控原则进行管理，提高电能质量和经济运行水平。

（1）实现电网的数据收集和监控、经济调度和安全分析。

（2）进行负荷预测，制定开停机计划和水、火或核电的经济调度的日分配计划，闭环或开环性地指导自动发电控制 AGC（Automatic Generation Control）。

（3）省（市）间和有关大区网的供受电量的计划编制和分析。

（4）进行潮流、稳定、短路电流及经济运行计算，通过计算机通信，校核计算的正确性，并上报下传。

3. 省调的任务

按统一调度、分级管理的原则，省调负责省网的安全运行，并按规定的发供电计划及监控原则进行管理，提高电能质量和经济运行水平。

（1）实现电网的数据收集和监视。目前省网有两种情况，一是独立网，二是与大网或相邻省网相连，但都必须监视电网中的开关状态等，采集计算电压水平、功率，从而进行控制和经济调度。

（2）进行负荷预测，制定开停机计划和水、火或核电经济调度的日分配计划，编制地区间和省有关网的供受电量计划，并进行分析闭环或开环运行情况，指导自动发电控制。

（3）进行潮流、稳定、短路电流及经济运行计算，并分析其正确性，进行上报下传。

（4）进行记录、存档工作，如记录功率的总和、开关状态变化的记录，还要进行制表打印。

4. 地调的任务

（1）采集地区电网的各种信息，进行安全监控。

（2）进行有关厂站开关的远方操作，变压器分接头的调节，电力电容器的投切。

（3）进行用电负荷的管理。

5. 县调的任务

按县网容量和厂站数综合考虑，县调可分为超大、大、中、小四级。

（1）根据不同类型，实现不同程度的数据采集和安全监视功能。

（2）有条件的县调可实现机组启、停，断路器的远方操作和电力电容器的投切。

（3）进行负荷管理。

（4）向上级调度发送必要的实时信息。

三、电网调度的技术装备

以下主要以县调和地调为例进行介绍。

近年来，调度自动化系统已在各级电网调度中推广应用，成为电网调度的主要生产、指挥工具，甚至在有些经济发达的县级电网，已开始使用其他自动化手段来为调度服务了。电网调度的技术装备水平反映了调度对电网的管理能力和管理深度。

1. 通信系统

通信系统是调度的基本生产工具。通信系统的基本任务是传递调度指令和行政命令。调度自动化系统也需要通信系统为其提供信息传输通道，所以通信系统是调度工作的基础。典型的通信系统如图 6-2 所示。图中，通信设备泛指各种有线和无线通信设备，主要有无线电台，微波、扩频通信设备，电力线载波、光纤通信设备等。通信通道是指传输无线电波的空间、音频电缆、高频电缆、光缆、电力线路、架空通信明线等。调度总机可以汇集各路话

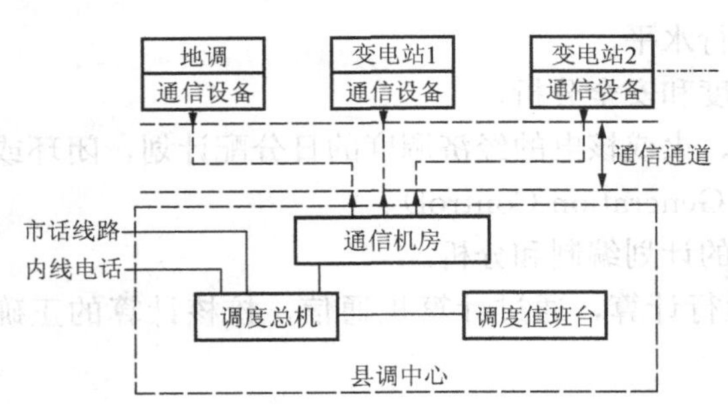

图 6-2　电力系统调度通信系统图

音信号，集中送给调度值班台。

2. 调度自动化系统

调度自动化系统已成为电网调度的主要技术支持手段，地调及以上调度机构都早已采用，在县调中发展调度自动化系统起步较晚。近年来，许多功能规范的县调自动化系统已投入运行，并且取得了显著的经济效益。今天，调度自动化系统的发展更为神速，电网的不断发展和对管理的深化要求，将会使各级电网努力发展自己的调度自动化系统。调度自动化系统如图 6-3 所示。

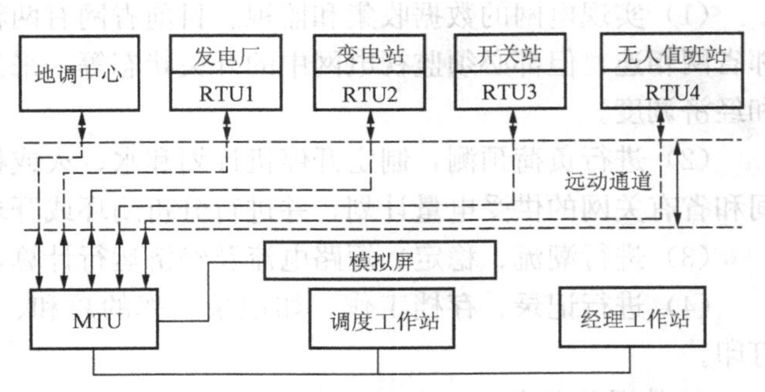

图 6-3　电力系统调度自动化系统图

图 6-3 中，RTU 是安装在各厂站端的数据采集装置；远动通道是由调度通信系统提供的能够传输调度自动化系统数据信息的通道；MTU 是在调度中心能够汇集各厂站 RTU 上送的数据信息的装置，是调度自动化系统的通信控制设备，提供向上级调度（地调中心）转发数据的功能，向模拟屏发送各种实时信息，并通过计算机向其他工作站发布电网信息。

课题二　电力系统调度自动化的基本知识

一、常用通信设备

今天的调度通信技术仍可以分为有线和无线两个类型，适用于电网调度自动化系统的比较成熟的通道有以下七种类型。

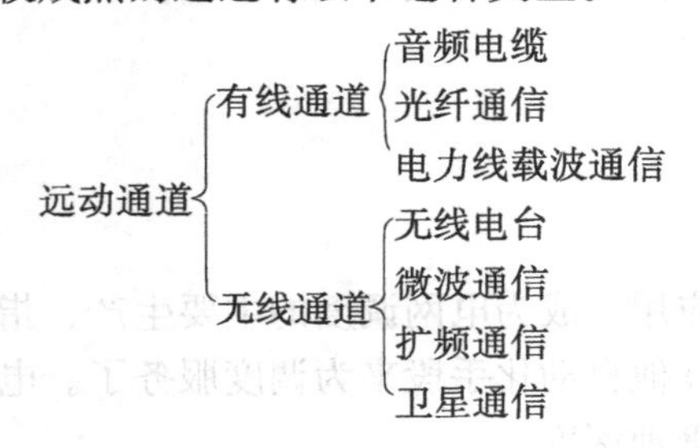

1. 音频电缆

音频电缆是电力系统中的信息传输设备，常用于距调度中心距离较近的变电站中，具有投资省、维护简单等特点。音频电缆的可靠性是其他任何远动通道都无法比拟的，因为它最简单，所以最可靠。在实际的规划设计中要计算传输衰耗，通信双方 Modem 的发送电平和接收灵敏度是最重要的参数。

音频电缆具有的缺点：

(1) 由于频带的原因，难以进行高速数据传输；

(2) 由于衰耗的原因，难以进行长距离传输；

(3) 由于多股导线绞合结构，难以消除串、杂音的影响；

(4) 如果与电力线同杆架设，则当电力线路发生倒杆事故时，通信也可能中断。

2. 电力线载波通信

电力线载波通信在电力系统中的应用有着较长的历史。它技术成熟，而且当今仍在发展。传统的电力线载波是一种模拟通信设备，由于通信领域数字化时代的到来，人们开始将数字技术应用到电力线载波中。电力线载波通信在电力系统通信中有其独特的优势，只要努力发展它，并用新技术不断武装它，用市场力量推动它，电力线载波通信将前途光明。目前，电力线载波通信仍然是地区及县级电网的主要通信方式。

电力线载波通信有以下优点：

(1) 话音和数据各占一个频段，可同时传送，互不影响；

(2) 电力线导线直径大，因而传输衰耗小；

(3) 杆塔坚固，机械强度高，受外界影响小；

(4) 不需要单独架设和维护线路；

(5) 变电站建到哪里，信号就通到哪里，不受地形限制；

(6) 保密性好。

电力线载波存在以下问题：

(1) 易受电力线高压电晕、谐波的影响，误码率不很理想；

(2) 在目前的载波制式下，数据通道的带宽较窄，传送速率受限；

(3) 完全依赖于高压线路，当线路故障（倒杆断线，接地等）时，通道也中断，而此刻最需要远动信息，所以需采用不依赖于电力线路的远动通道作为备用通道。

电力线载波通信系统的工作原理如图 6-4 所示。

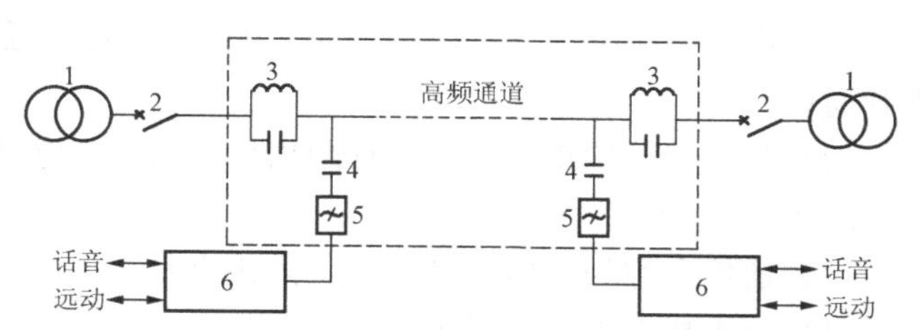

图 6-4　电力载波通信工作原理图

1—电力变压器；2—断路器；3—阻波器；4—耦合电容器；5—结合滤波器；6—电力线载波机

电力线载波通信系统由高频通道和载波机两部分组成。高频通道包括电力线路、阻波器、耦合电容器和结合滤波器。阻波器用来阻止高频信号流入电力变压器，以削弱电力设备对高频信号的旁路作用，从而减小高频信号在传输中的衰耗。耦合电容器和结合滤波器组成一个带通滤波器，以防止工频电流进入载波设备并使高频信号能顺利通过。电力线载波机的本质可看作是一个高级的调制解调器。它用 0.3～2.3kHz 的话音信号和 2.7～3.7kHz 的远动信号对 40～500kHz 的某载波信号进行调制，形成高频信号，通过高频通道传输至对端载波机；接收对端载波机发来的高频信号，然后解调出话音和远动信号。然而，电力线载波机毕竟是利用电力线路进行信号传输的设备，有自己的特殊构造，并采用一些与众不同的技术。例如：高频通道的衰耗不稳定，会随电网运行方式的改变而变化，甚至线路输送负荷的大小也会影响通道的衰耗，电力线载波机采用自动电平调整系统来保证通道电平的稳定；电力线路上的噪声比专用通信线路可大得多，电力线载波机采用压缩器、扩张器技术来提高通信系统的信噪比。另外，电力线载波机还有自己的交换系统。

3. 无线电台

在县级电网中使用的无线电台一般为超短波电台，工作在甚高频（VHF）频段，频率范围为30～300MHz，大多采用单边带调相工作方式，发送功率为10～25W，通信距离一般不超过40km。使用无线电台的好处是投资省，能够快速组建通信网。但是它的问题是较多的，例如：①超短波是一种直射波，仅能在平原地区使用，不适合山区；②由于发射功率较大，不适合长时间处于发射状态，对于使用循环式远动规约的远动设备无法使用；③不能同时传送话音信号和远动信号，也就是不能复用通道；④由于有些地区无线电管理不规范，干扰也比较严重，因此保密性差。据此，无线电台应该退居二线，可作为电力调度通信的备用通道。

4. 微波通信

微波是频率高于300MHz的电磁波，也是一种直射波，要进行长距离通信必须采用中继方式。在微波通信系统中两端的站称为终端站，中间的称为中继站，两站之间一般相距50km左右。随着数字技术的发展，数字微波将取代传统的模拟微波。因为数字微波传输系统便于和各种数字设备接口，在中继站数字信号可以再生，不积累噪声，因而适于作长距离或高频段（10GHz以上）传输。在县级电网中一般采用一点多址数字微波。数字微波通信的优点可以概括为以下几点：

(1) 传输的是二进制数据，故具有很强的保密性；

(2) 数字传输不易出差错，具有较强的抗干扰能力；

(3) 数字传输只是脉冲的有、无，即“1”、“0”的信号序列，波形简单，适宜多种信息传输，交换灵活性大；

(4) 设备体积小，质量轻，投资适中。

在电网中使用微波通信存在以下问题：

(1) 微波的频率为300MHz～300GHz，只能进行直线传播，适用于平原地区，山区很难开通；

(2) 微波传输的距离较近，远距离传输需要中继站，综合投资较大。

5. 扩频通信

扩频通信全称为扩展频谱通信。其优点是：

(1) 抗干扰能力强，误码率低；

(2) 保密性好；

(3) 抗衰落能力强，信息传输可靠率高；

(4) 可与传统的调制方式共用同种频段；

(5) 运行成本低，安装维护方便。

扩频通信传输距离可达50km，可同时传送话音、数据、图像、文件等，是县级电网远动通道的理想选择。扩频通信的基本原理是：利用一组速率远高于信号速率的伪随机噪声码（PN码）对原信号进行扩频调制。一般是将信号扩展至几兆宽的频带上，然后将扩频后的信号调制到空间传输的载频上进行发送，通常发射的载频是千兆的数量级。在接收端经解调后，利用相同的PN码进行解扩，把铺开的信号能量从宽带上收拢回来，凡与本地PN码相关的宽带信号经解调还原为原来的窄带信号，而其他与PN码不相关的宽带噪声仍维持带宽。解调后的窄带信号再经窄带滤波器后，分离出有用信号，大部分噪声信号则被滤掉，从而使信噪比得以极大提高，误码率大大降低。扩频通信从20世纪50年代起，主要用于军事领域，由于它的抗干扰能力很强，接收信噪比可以是－30dB以下，这在其他通信系统中是难以想象的。现在很多工业和民用领域也可通过扩频技术来组建自己的通信网。

6. 卫星通信

卫星通信可以克服其他无线电通信方式受地形限制的影响。近年来，有些县级远动系统采用卫星通信作为远动通道，取得了良好的效果。不过，卫星通信是一种有偿服务，而且租用频道的卫星通信是一个分时传输系统，采用一对多的通信方式，当站点较多，而传输的波特率又较低时，远动信号的实时性就要受到影响。

卫星通信是利用人造地球卫星作为中继站，将来自一个地球站的信号转发给一个或多个地球站。目前，国际和国内的卫星通信大多采用同步卫星通信系统。把卫星发射到赤道上空距地面高度为 35860km 的圆形轨道上，使卫星绕地球一周的时间与地球自转一周的时间（24h）正好相等。这样，从地球上看去，卫星就像是静止不动的，这种通信卫星叫作同步卫星。由同步卫星中继站组成的通信系统叫作同步卫星通信系统。一颗通信卫星可使在其覆盖区域内的任何一个地球站与在海上、陆上和空中的任何地球站进行双边的或多边的通信联系。

卫星通信使用微小频段，因而除了具有微波通信的特点外，还具有下述特点：

（1）组网灵活，在卫星覆盖范围内，所有地球站都可以使用这一卫星进行相互间的通信；

（2）通信距离远，一颗同步卫星可覆盖地球表面积的 42.4%，在此覆盖范围内相隔 10000km 多的地球站都可以顺利地通过卫星进行远距离通信；

（3）通信成本与距离无关，因而用卫星作远距离通信就特别经济；

（4）由于卫星距地球的距离很远，电波传播需要一定的时间，从地球站发出经过卫星转发器到达另一个地球站的电波运行时间约为 0.27s，采用分时复用的卫星通信系统，信号的延时更加明显。

以上介绍了电网中使用的六种远动通道类型，此外还有光纤通信，都可在规划、组建通信网时作为参考。通信系统的建设是一个复杂的大项目，既要考虑经济性，又要保证技术先进性，远动通道、远动装置与电力设备要基本上处于相互适应的发展水平，不能过分地让某一部分超前太多或落后太多。

二、光纤通信

1. 光缆通信基本原理

光缆是利用光导纤维传递光脉冲来进行通信的，有光脉冲相当于 1，没有光脉冲相当于 0。与其他传输介质相比，光缆的电磁绝缘性能好、信号衰变小、频带较宽、传输距离大，是网络传输介质中性能最好、应用前途最广泛的一种。

光纤通常由非常透明的石英玻璃拉成细丝，主要由纤芯和包层构成通信圆柱体。纤芯用来传导光波，包层较纤芯有较低的折射率。当光线从高折射率的媒体射向低折射率的媒体时，如果入射角足够大［见图 6-5（a）］，就会出现全反射。这样，通过光在光纤中的不断反射来传送被调制的光信号，以把信息从光纤的一端传送到另一端［见图 6-5（b）］。光信号在光纤中损耗极低，传输数公里基本上没有什么损耗。

2. 光缆结构

用光纤做成的光缆由四部分组成，如图 6-6 所示。

（1）缆芯：可以是一股或多股光纤，光纤的直径约为 10～100μm，通常是超高纯的石

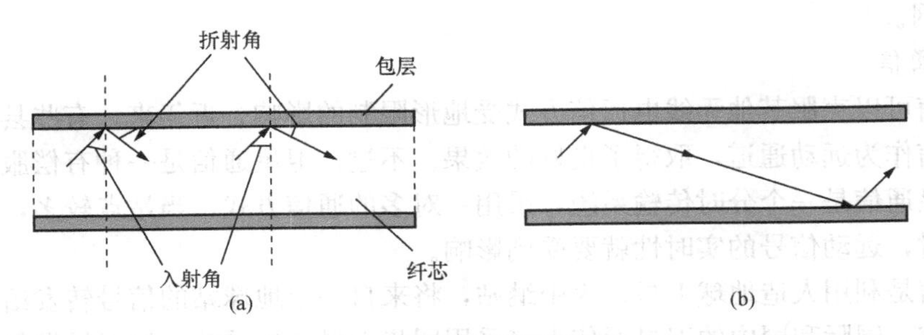

图 6-5　光纤的传输原理
（a）入射角与折射角；（b）光信号在纤芯中传播

英玻璃纤维；

（2）包层：这是在光纤外面包裹的一层，它对光的折射率低于光纤；

（3）吸收外壳：用于防止光的泄漏；

（4）防护层：对光缆起保护作用。

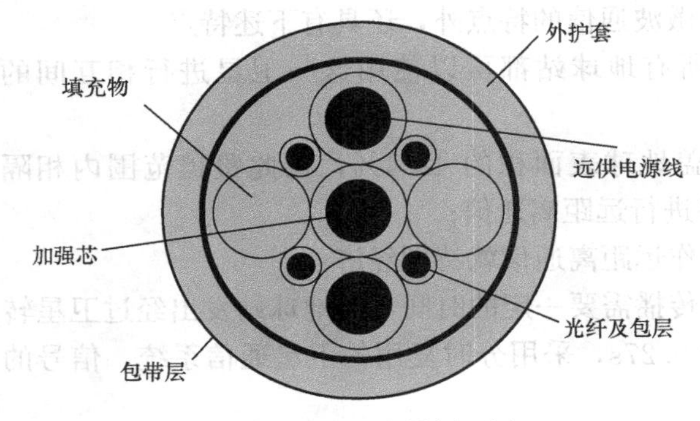

图 6-6　四芯光缆剖面图

3. 光纤的类型

（1）单模光纤（Single Mode Fiber）。这种光纤具有较宽的频带，传输损耗小，在 2.5Gb/s 的高速率下可传输几十公里而不必中继，因此允许进行无中继的长距离传输。但由于这种光纤难于与光源耦合、连接较困难、价格也贵，故主要用于长距离主干线通信。

（2）多模光纤（Multi Mode Fiber）。多模光纤的频带较窄、传输衰减也大，因此其所允许的无中继传输距离较短，但其耦合损失较小、易于连接、价格便宜，故常用于中、短距离的数据传输网络和 LAN 中。

4. 电力特种光缆

电力特种光缆有许多类型，但主要使用的是全介质自承式 ADSS 和架空地线复合光缆 OPGW。

（1）ADSS 光缆的特点是具有高强度的抗张力；可直接架挂在电力杆塔的适当位置上；利用已有电力杆塔可以做到不停电施工，与电力线同杆架设，可降低工程造价；能避免雷击，电力线故障时不会影响光缆正常运行。ADSS 光缆主要用于已有电力线路的通信改造和扩建。

（2）OPGW 光缆是将光纤复合在输电线的架空地线里，即地线和通信合二为一。其特点是光纤受外层保护，可靠性较高；随架空地线同时施工，节省施工费；既可避雷又用于通信。OPGW 光缆主要用于新建的电力线路上。

5. 光纤通信的优点

（1）传输损耗小，中继距离长，对远距离传输特别经济。

（2）抗雷电和电磁干扰性能好，在有大电流脉冲干扰的环境下尤为重要。

（3）无串音干扰，保密性好，且不易被窃听或截取数据。

（4）体积小，质量轻。

6. 光纤通信系统及其在电力系统中的应用

(1) 光纤通信系统的基本组成。光纤通信系统是以光为载波，以光纤为传输介质的通信系统，可以传输数字信号，也可以传输模拟信号。用户要传输的信息多种多样，一般有话音、图像、数据等多媒体信息。图 6-7 示出单向传输的光纤通信系统，包括发射、接收和作为广义信道的基本光纤传输系统。

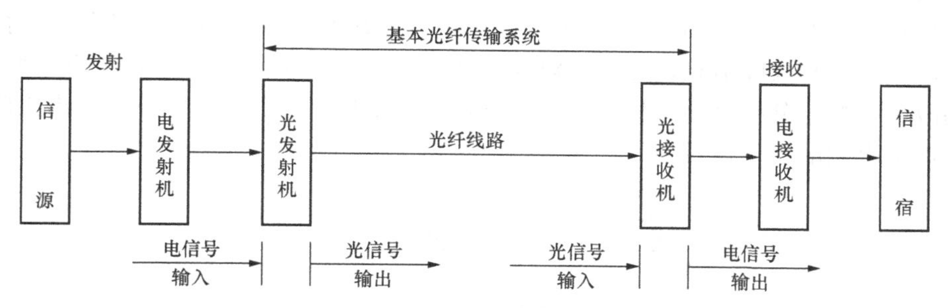

图 6-7　光纤通信系统的基本组成（单向传输）

如图 6-7 所示，信源把用户信息转换为原始电信号，这种信号称为基带信号。电发射机将基带信号转换为适合信道传输的信号，这个转换一般都需要调制，其输出信号称为已调信号。例如，对于数字电话传输，电话机把话音转换为频率范围为 0.3～3.4kHz 的模拟基带信号，电发射机把这种模拟信号转换为数字信号，并将多路数字信号组合在一起。模/数转换普遍采用脉冲编码调制（PCM）方式实现。一路话音转换成传输速率为 64kbit/s 的数字信号，然后用数字复接器（PCM 基群复接设备）把 30 路 PCM 信号组合成 2048Mbit/s 的数字系列，最后把这种已调信号输入光发射机。

在整个通信系统中，在光发射机之前和光接收机之后的电信号段，光纤通信所用的技术和设备与电缆通信相同，不同的只是由光发射机、光纤线路和光接收机所组成的基本光纤传输系统代替了电缆传输。

(2) 脉冲编码调制（PCM）。脉冲编码调制 PCM（简称脉码调制），是一种用一组二进制数字代码来代替连续信号的抽样值，从而实现通信的方式。由于这种通信方式抗干扰能力强，它在光纤通信、数字微波通信、卫星通信中均获了极为广泛的应用。

PCM 是一种信号数字化的波形编码方式，这里所说的信号可以是语音模拟信号，也可以是脉冲数字信号。首先是信号数字化（包括离散抽样、量化），然后再编码变换成二进制码组。编码后的 PCM 码组的数字传输方式可以是直接的基带（或基带群）传输，也可以是对微波、光波等载波调制后的调制传输。在接收端，二进制码组经译码后还原为量化后的样值脉冲序列，然后经低通滤波器滤除高频分量，就可得到原信号。

(3) SDH 光纤通信系统的组成及在电力系统中的应用。同步数字传输 SDH（Synchronos Digital Hierarchy）是一种数字传输体制。用高速公路做一个类比：如果说“高速公路”是 SDH 传输系统（采用光纤作为传输媒介），那么在“SDH 高速公路”上跑的“车”，就是各种电信业务（语音、图像、数据等）。

电力通信网以 SDH 传输设备和智能 PCM 接入设备为主组网，如图 6-8 所示，用以连接各变电站、区域调度、电力公司和调度中心等站点，传输如生产调度通信业务、远程数字图像监控业务、实时数据采集和控制业务、办公 MIS 系统、会议电视等。SDH 技术的主要优越性是建立环行网络，通过自愈环来提高网络的可靠性。

以继电保护信息传输为例，变电站中继电保护信号通过PCM复接设备，或者通过路由器接入SDH光纤通信系统，都可以满足保护信号的传输质量和传输时延的要求，可以作为继电保护信号可靠的传输通道。

现有的调度运行管理体制，基于光纤路由＋SDH传输体系＋TCP/IP技术，构建网络化的保护信息系统的结构如图6-8所示。保护信息系统利用计算机、网络和通信技术，实时收集变电站运行和故障信息，并通过对变电站故障信息的综合分析，为调度管理部门及时了解电网故障情况、分析事故、故障定位和整定计算工作提供科学依据，以作出正确的分析和决策来保证电网的稳定运行。

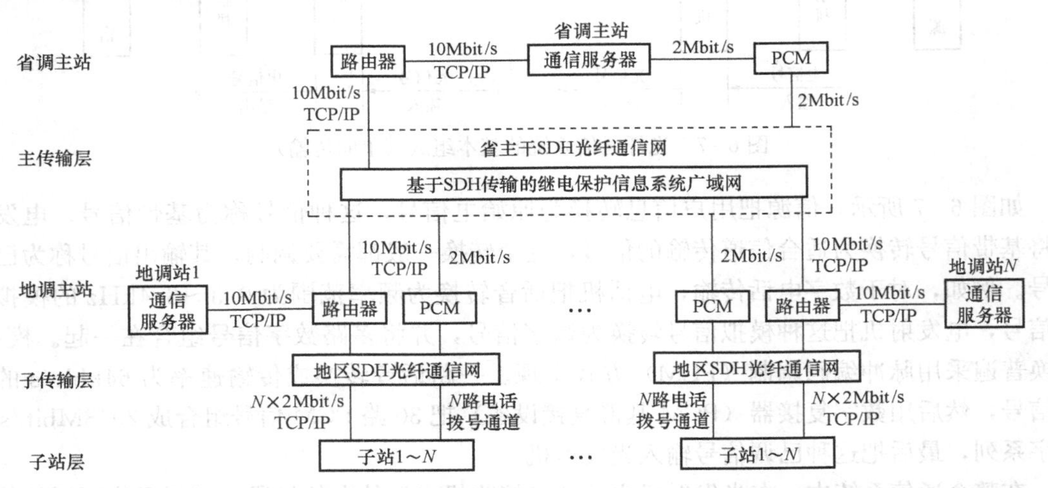

图6-8 基于光纤路由＋SDH传输体系＋TCP/IP技术构建网络化的保护信息系统

三、通信规约基本知识

1. 通信规约

在电网通信系统中，调度端与厂站端之间为了有效地实现信息传输，收发两端需预先对数码传输速率、数据结构、同步方式等进行约定，两侧设备应符合和遵守这些约定，称为通信规约。

2. 数据帧与信息报文

“四遥”等信息以数字形式传输。一个数据串表示一定的信息，称为信息字。一般形式下，由起始标志、地址字、控制字、若干信息字、监督字以及结束标志组成一个完整的信息结构，称为数据帧。数据帧的实际构成将随使用的通信规约而各有不同。在数据通信网络中，若干数据帧组成信息报文，在网络中传输时，一个报文又可以分割成若干个报文分组依此传送。

3. 我国通信规约的类型和调度自动化通信协议的国际标准

通信规约可分为循环传送规约、应答式规约、对等式规约。

（1）循环传送式规约。循环传送式规约是一种以厂站端RTU为主动端自发地不断循环向调度中心上报现场数据的远动数据传输规约。在厂站端与调度中心的远动通信中，RTU周而复始地按一定规则向调度中心传送各种遥测、遥信、数字量、事件记录等信息。调度中心也可以向RTU传送遥控、遥调命令以及时钟对时等信息。在循环传送方式下，RTU无论采集到的数据是否变化，都以一定的周期周而复始的向主站传送。循环方式下RTU独占整个通道。

我国颁布的电力行业标准DL451—1991《循环式远动规约》，就是一种循环式（CDT）通信规约。该规约适用于点对点的通信结构，信息以循环同步方式传送，传完一帧紧接着再传送一帧，如此循环不已。

（2）应答式规约（Polling）。应答式规约适用于网络拓扑是点对点、多点对多点、多点共线、多点环形或多点星形的远动通信系统，以及调度中心与一个或多个远动终端进行通信。在问答方式下，主站查询RTU是否有新的数据要报告，如果有，主站请求RTU发送更新的数据，RTU以新的数据应答。通常的RTU对于数字量变化（遥信变位）优先传送，对于模拟量，采用变化量超过预定范围时传送。

应答式规约是一个以调度中心为主动的远动数据传输规约。RTU只有在调度中心查询以后，才向调度中心发送回答信息。调度中心也可以按需要对RTU发出各种控制RTU运行状态的报文。RTU正确接收调度中心的报文后，按要求输出控制信号；并向调度中心回答相应报文。但是当厂站端产生事件时（例如断路器跳闸，形成遥信状态变位信息），RTU可触发启动传输，主动向调度中心报告事件信息，以满足实时性的要求。当RTU未收到主机查询命令且无事件时，绝对不允许主动上报信息。所以说应答式规约适用于多个从站和一个主站间进行数据传输，是一种主从式数据传输规约。

（3）带有冲突检测的载波侦听多路访问法。带有冲突检测的载波侦听多路访问法又称为CSMA/CD法。这种方法用于总线型网络，它的工作原理类似于一个共用电话网络。打电话的人（相当于网络中的一个节点）首先听一听线路是否被其他用户占用。如果未被占用，他就可以开始讲话，而其他用户都处于受话状态。他们同时收到了讲话声音，但只有与讲话内容有关的人才将信息记录下来。如果有两个节点同时送出了信息，那么通过检测电路可以发现这种情况，这时，两个节点都停止发送，随机等待一段时间后再重新发送。随机等待的目的是使每个节点的等待时间能够有所差别，以免在重发时再次发生碰撞。这种方法的优点是网络结构简单，容易实现，不需要网络控制器，并且能够允许节点迅速地访问通信网络；它的缺点是当网络所分布的区域较大时，通信效率会下降，原因是当网络太大时。信号传播所需要的时间增加了，要确认是否有其他节点占用网络就需要用更长的时间。另外，由于节点对网络的访问具有随机性，所以用这种方法无法确定两个节点之间进行通信时所需要的最大延迟时间。但是通过排队论分析和仿真试验，可以证明CSMA/CD方法的性能是非常好的，在以太网（Ethernet）通信系统中采用了CSMA/CD协议。

（4）调度自动化系统通信协议的国际标准。在构建电力系统调度自动化系统过程中面临的最大障碍是不同厂家的设备所采用的通信协议不相同，因而难以实现互操作。因为需要额外的硬件（如规约转换器）和软件来实现互联，还要对用户进行培训，这在很大程度上削弱了电力系统调度自动化的优点和意义。因此电力系统调度自动化系统在实现其功能之外，还要求具备互操作性、可扩展性和高可靠性等性能。国际电工委员会（IEC）为了实现不同厂家的设备达到信息共享，使电力系统调度自动化系统成为开放系统，具有互操作性、高可靠性，制定了电力系统调度通信网络的IEC标准体系。

电力系统调度自动化体系由三个层次组成，厂站内系统、主站与厂站之间、主站侧系统。厂站内的站级通信总线和间隔级通信总线都应采用基于以太网的 IEC 61850 系列标准；主站与厂站之间的数据通信应采用 IEC 60870-6TASE.2 或扩展的 IEC 61850 系列标准；主站侧各应用系统应遵从 IEC 61970 系列标准（公共信息模型 CIM/组件接口规范 CIS）。

以上三套 IEC 标准协议与国内过去制定的标准规约，有的地方具有相同之处，但却存在一定的区别。在今后的一段时间内，我国将逐步贯彻 IEC 标准协议，以取代原先的规约。

课题三　电力系统调度自动化系统调度端

电网调度自动化系统近年来有长足的发展，已经形成具有多输入、多输出的复杂系统。它的基本形态称为 SCADA（监视控制与数据采集）系统，主要完成电网实时数据的采集和实现遥控、遥调功能。由于电网的发展需求，调度自动化系统正在向能量管理系统 EMS（Energy Management System）发展。EMS 是包含丰富内容的管理系统。本课题将介绍电网调度自动化系统的一般组织模式，各组成部分的工作原理和完成的任务。

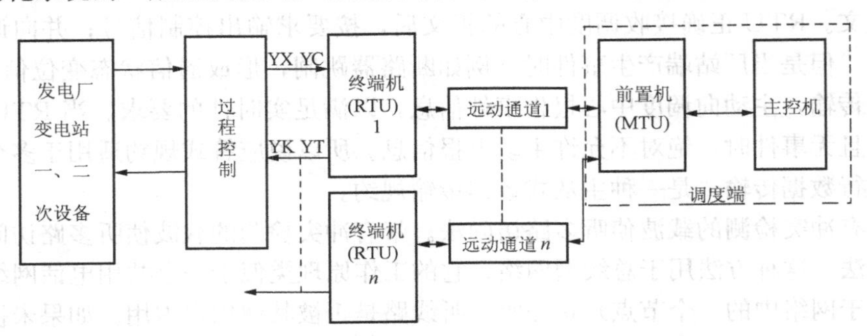

图 6-9　调度自动化系统组成框图

一、调度自动化系统组成及功能

1. 调度自动化系统组成

调度自动化系统是一个高级的信息处理系统，具有信息处理系统的一般特征，如有信息对象（即发电厂或变电站一、二次设备）、信息收集和处理装置、信息传输装置和信息输出处理装置。具体地讲，调度自动化系统可以分为四个相互联系的组成部分，即过程控制部分、远程终端机、远动通道和调度端。调度自动化系统组成框图如图 6-9 所示。

图 6-9 是具有 n 个终端机的调度自动化系统模型，电网的运行信息由信息转换部分转换为 RTU 能够处理的信息形式，RTU 经过采样处理后由远动通道送到调度端，调度端下发的各种命令经过远动通道送给 RTU，RTU 经过过程控制部分驱动电气设备。

2. 调度自动化系统的功能

目前，电力系统调度自动化的功能包括电力系统监视和控制、电力系统状态估计、电力系统安全分析和安全控制、电力系统稳定控制、电力系统潮流优化、电力系统实时负荷预测、电力系统频率和有功功率自动控制、电力系统电压和无功功率自动控制、电力系统经济调度控制和负荷管理、调度员培训系统等。而电力系统调度自动化主要是指以下四种功能。

（1）电力系统监视控制。电力系统监视控制功能就是通过数据采集系统和监视控制系统，对电力系统运行状态进行在线监视及对远方设备进行操作控制。数据采集和监控（SCADA）是调度自动化系统最基本的功能。SCADA系统功能包括：

1）实数据采集显示：从电力系统的各个厂站收集实时数据，显示在屏幕上供调度员监视整个电力系统的运行状态。

2）越限报警：如果电力系统中的任一元件（发电机、变压器、输电线路或母线）发生过负荷或越限（功率、母线电压），则发出警报，引起调度员的注意。

3）事件记录（SOE）：电力系统中的任何遥信信息（断路器、继电保护或某些隔离刀闸）改变状态，包括调度员在屏幕上的操作（如遥控、遥调、设置数据等）都将自动打印记录。顺序事件记录的动作时间分辨率可达毫秒级，对于分析事故非常有用。

4）遥控：通过SCADA下发远方操作断路器、隔离开关（可远方操作的）的命令。

5）遥调：包括AGC的设定点调节、水电站的功率遥调和直流输电的输送功率遥调等。一般发送一个数字定值，由执行元件去执行闭环调节。

6）事故追忆：将部分遥测值在一段时间内的记录值存储在缓存里，定时更新。当事故发生后，可以把事故前、后 n 秒的记录值打印出来，供事故分析用。

7）数据处理：运行报表自动计算、记录。可以定时打印整个电力系统各个电厂的功率和整个电力系统的总功率、各个点的负荷与总负荷、各条联络线的潮流分布、各母线电压等。

（2）自动发电控制（简称AGC）。自动发电控制系统对电网部分机组功率自动进行二次调整，以满足如下控制目标要求。

1）负荷频率控制。负荷频率控制是调整系统频率到额定值。

2）经济调度控制（EDC）。经济调度控制用于计算并控制发电机组按最经济最优方案运行。

3）电网互联的区域之间的联络线潮流维持在计划值。

（3）电力系统电压和无功功率自动控制。

电压和无功功率自动控制有以下两项功能：

1）安全约束计算；

2）最优无功潮流及网损优化计算和调度。

在保证电力系统电压要求和设备安全的前提下，利用无功和电压控制手段来改善无功潮流和电压，使系统的网损达到最小，以实现电网经济运行。

（4）电力系统安全控制。电力系统安全性包括两个方面的内容：电力系统突然发生扰动（例如突然短路）时不间断地向用户提供电能的能力；电力系统在新的运行工况下，维持继续运行的能力。所以电力系统安全控制首先要安全监视；在安全监视的基础上对安全分析估算。

1）安全监视：利用电力系统信息收集所获得的电力系统和环境（如雷雨）变量的实时测量数据和信息，使运行人员能正确而及时地识别电力系统的实时状态。

2）安全分析估算：有静态安全分析（SA）和暂态安全分析（TSA）。前者是对给定运行方式下，只考虑事故后稳态运行的安全分析；而后者是对给定预想事故集中的故障和继保动作情况，判断系统是否会失去暂态稳定，给出会造成系统失稳的故障元件极限切除时间和系统的稳定裕度，并筛选出严重故障。

二、MTU功能及组成

调度自动化系统的功能由调度端MTU（Master Terminal Unit）集中体现。MTU接收各厂站RTU上送的实时数据，将其转换为相应的方式送到CRT显示器或模拟屏；接收调度员下达的各种指令，将其转换为相应的方式送到厂站RTU；记录电网的运行数据和系统的一些重要事件形成合适的数据库；自动完成各种运行报表和辅助调度员完成其他一些日常事务。在组成模式方面，现在一律使用计算机网络方式。由于网络技术的应用，使MTU的组织模式和功能分工都非常灵活方便。目前县、地级调度中心的MTU主要是使用总线型网络。

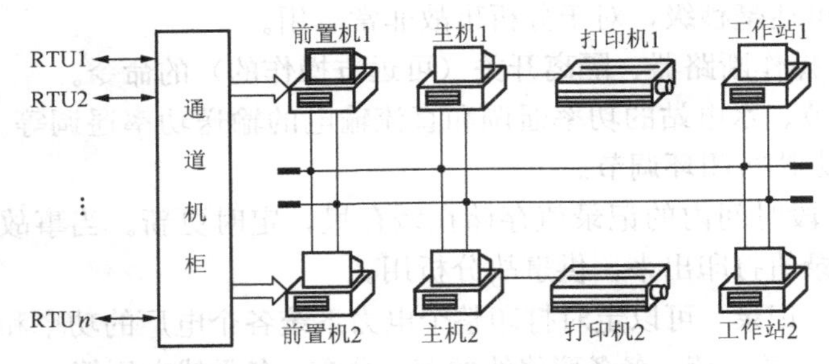

图6-10　总线型MTU结构示意框图

图6-10所示是一个有双网络的总线型MTU结构示意框图。

主要组成部分的作用：

(1) 通道机（终端处理机）柜。它汇集各路RTU上送的远动信息，完成远动数据源调制与解调处理，然后将远动信息分两路送给两台前置机；系统下传的远动信息也由通道机柜分别传输给相应的RTU。另外，调度自动化系统向外转发的信息和上模拟屏的信息也通过通道机柜传输。

(2) 前置机。它接收由通道机柜送来的远动信息，进行解规约和一些系数处理，将整理后的远动信息依照网络协议进行打包封装，然后送到网络上。前置机是整个网上实时数据的源头。

(3) 远动主机。它主要完成网上实时远动信息采样，数据计算、判别，事故、事件信息的告警，驱动打印机，维护实时数据库和历史数据库，监视系统工况，人机对话等。有些网络管理工作也由远动主机担任。

(4) 打印机。它可以输出各种远动信息和各式各样的报表。现代调度自动化系统的打印机一般设置为网络打印机，使用起来非常方便。

(5) 工作站。现代远动系统中工作站的配置方法可以是多种多样的，在完成基本功能的基础上，可以开发其他多种功能，使整个系统显得丰富多彩。

三、分布式的调度自动化主站系统结构

目前调度自动化主站系统向分布式的体系结构发展。分布式系统就是将整个主站控制系统的任务按功能分解，并分布在网络的各部分上，提高了系统的安全性、可靠性，使系统的可扩充性增强，局部功能升级成为可能。

在分布式体系结构中，SCADA/EMS/DTS的一体化成为发展的趋势。SCADA、EMS和DTS系统实际面向的是同一个物理对象——电力系统，它们本质上是对同一个物理对象在不同方面的应用。SCADA/EMS/DTS系统的一体化有利于三者之间的资源共享，如可实现统一的数据库、人机界面和应用程序等。用户只需维护一套SCADA/EMS/DTS共享的图形数据库。因而降低了维护费用和难度，并为后续的发展打下良好的基础。

图6-11所示的是一个典型的SCADA/EMS/DTS一体化的分布式调度自动化主站系统。

从图6-11中可看出，系统由三个网组成：前置网、实时双网和DTS网。两台互为热

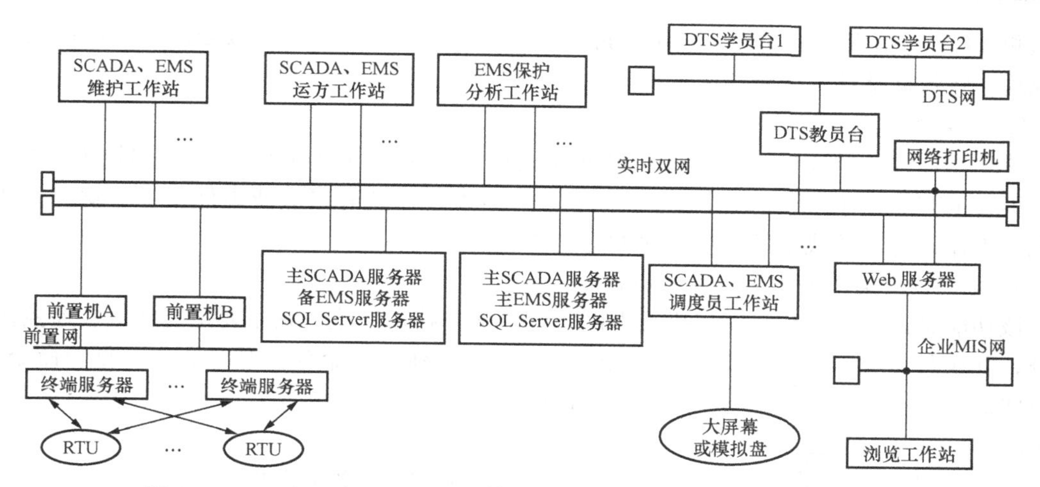

图 6-11　SCADA/EMS/DTS一体化的分布式调度自动化主站系统框图

备用的前置机挂在前置网上，与多台终端服务器共同构成前置数据采集系统，负责与远方RTU通信，进行规约转换，并直接挂接在实时双网上，与后台系统进行通信。

实时双网组成后台系统，它负责与前置数据采集系统通信。完成SCADA的后台应用和EMS分析决策功能。应用服务器采用主备方式，为体现功能分散，可以将一台应用服务器设为主SCADA服务器/备EMS服务器，另外一台设为主EMS服务器/备SCADA服务器。根据职责和功能的不同，实时双网上可以配置系统维护工作站、调度员工作站、运行方式分析工作站和继电保护分析工作站等，各类工作站的数目可依据实际需要进行配置。数据库服务器节点由一主一备结构构成，主数据库服务器定期向备份数据库服务器复制数据，以提高系统数据的安全性和可靠性。

DIS网是调度员培训系统的内部网，它通过DTS的教员台与实时双网相连。其中DIS的教员台在这里同时起一网桥的作用，DTS网可直接取用实时双网上的实时数据进行培训。DTS网与实时双网上的数据互不干扰，减轻了网络的数据流。另外在实时双网上配置了一个Web服务器，企业MIS网上的用户通过它可以实现对实时双网上的数据和画面的浏览。

在系统中，一般SCADA和EMS是共存于同一主机的，这样用户可不必面对过多的显示器，同时也减少了硬件配置。

课题四　电力系统调度自动化远动终端装置

远程终端机简称RTU（Remote Terminal Unit），是远离调度端对变电站现场信息实现检测和控制的装置。现在大部分RTU还是发电厂、变电站中的一个远动装置，但是随着发电厂、变电站综合自动化的发展和推广应用，它将逐渐被综合自动化系统归并。

一、RTU的基本功能和类型

RTU没有规定一个完整的功能目录，可以根据实际的现场需要添加各种各样的功能，但必须至少具有以下四种功能。

1. 实时数据的采集、预处理和上传数据

RUT的基本功能就是独立完成数据采集工作，将现场信息转换部分送来的信息，包括对遥测 YC、遥信 YX 量进行采集和存储，有些量还要进行一定的系数处理，然后按照一定的规约，将数据整理发送到调度端。

2. 对事故和事件信息进行优先传送

该功能加强了调度自动化系统在电网监视过程中对突发事件的快速反应能力。也就是说，不管 RTU 当前正在处理什么工作，只要一旦发现系统有事故或事件发生，就应立即停止现行工作，把事故或事件信息迅速发送到调度端。

3. 接收调度端下发的命令并执行命令

该功能是调度自动化系统提供给电网管理的又一技术措施。它主要是能够接收遥控操作命令，并执行命令；另外，还能接收调度端下发的各种召唤命令、对时命令、复归命令等，对有些命令的执行还要将执行结果汇报给调度端。

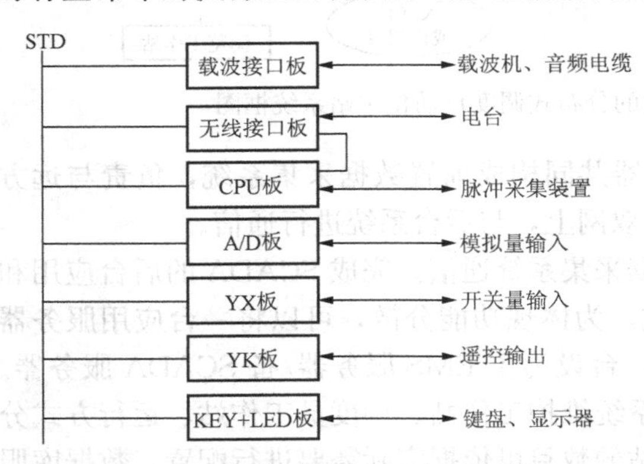

图 6-12　集中型 RTU 组成框图

4. 本地功能

RTU 还要能够处理由键盘或其他装置发送的人机对话信息，如通过本机键盘进行 YC、YX 量的观察，RTU 运行模式的投置，遥控 YK、遥调 YT 的操作等。

二、RTU 的分类

1. 集中控制型 RTU

集中控制型 RTU 的特征是在 RTU 装置中只有一个 CPU 处理发生在 RTU 内外的所有事情。国际标准工业总线（STD）的集中型 RTU 组成框图如图 6-12 所示。

STD 总线上挂接的模板的种类和数量是可变的，可以根据现场的实际需要灵活配置（但 CPU 板必须有，且只有一块）。目前集中型 RTU 仅适用于微型厂站。

2. 分布控制型 RTU

分布控制型 RTU 按遥控、遥测、遥信等功能分布，从原理上分析它就是分布式监控系统结构。

3. 分散分布式 RTU

当厂站端实现综合自动化后，采用 DCS 分散分布控制系统，RTU 的功能就与系统测控功能一样完全是分散分布式的。RTU 的功能分散分布在厂站端综合自动化系统间隔层的测控单元中，并由远动工作站采集、处理、规约转换后发送至调度中心，如图 5-35 所示。

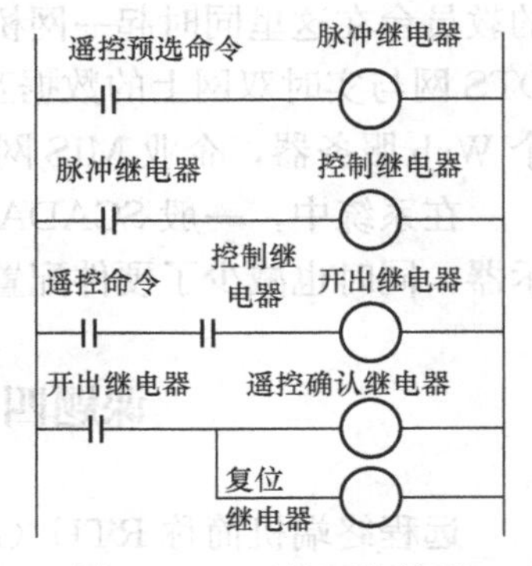

图 6-13　遥控返校编程

三、遥控与返校

由于遥控的重要性，不允许遥控有一点差错，为了严格保证遥控对象动作的正确性，按国家标准规定，选择遥控对象后必须进行返送校核，即返校后才允许进行遥控操作执行。

对集中式 RTU，设置有遥控模板进行多路遥控操作，必须加装遥控执行屏，在其屏内完成返校工作。对于厂站端实现综合自动化后，其遥控都是分散分布式，分别在间隔层的测控单元中完成，则返校也就在测控单元中完成。

综合自动化的厂站端的遥控与返校多采用软件的方法来处置，一般都比遥控执行屏的硬件做法要简单而方便，维护起来也便捷。最简单有效的方法是采用 PLC；可编程控制器软件装入测控单元内，在测控单元 IED 的屏幕上将显示遥控返校的逻辑编程，如图 6-13 所示。当遥控预选命令发出后，测控单元 IED 装置收到预选命令，如果操作对象正确，驱动对应的遥控预选的控制继电器出口。该测控单元 IED 装置读取控制继电器出口触点状态后，将该触点状态上送给主站系统。主站（监控）系统接收到触点状态后判断遥控预选是否成功。在主站（监控）系统判断预选成功后发出遥控执行命令。在装置收到遥控执行命令后，执行相应分或合（开出）继电器，同时复位清除遥控选择命令。

课题五* 电力系统自动发电控制 AGC

一、电力系统自动发电控制 AGC 概述

1. 电力系统自动发电控制（AGC）系统结构

电力系统自动发电控制系统是由主站控制系统、通信传输系统和电厂控制系统等组成。自动发电控制（AGC）主站控制系统，又称能量管理系统（EMS），如图 6-11 所示。电厂控制系统是由发电厂的 RTU 和电厂控制器及发电机组构成的，其中电厂控制器就是数字电液调速控制系统，其框图如图 4-18 所示，由此原理框图形成的现代数字电液调速器 DEH 和 EHC 组成的电液控制系统，如图 4-20 所示。通信传输系统就是专用通信通道或国家电力数据网络 SPDnet，它们是发电厂 RTU 到主站控制系统之间的通信网络，用于传输自动发电控制主站系统计算所需的信息，以及主站系统发送给电厂的控制指令。

2. 发电计划中的 AGC

电力系统经济调度是能量管理系统 EMS 中发电计划的核心内容之一。发电计划包括机组组合、水火电计划、交换计划、检修计划和燃料计划等。不同周期的发电计划是相互嵌套在一起，如图 6-14 所示。超短期发电计划指的是实时发电控制，其动作周期是秒或分钟级；短期发电计划指的是日或周的计划；中期发电计划指的是月至年的计划与修正；长期发电计划指的是数年至数十年的计划，包括电源发展规划和网络发展规划等。

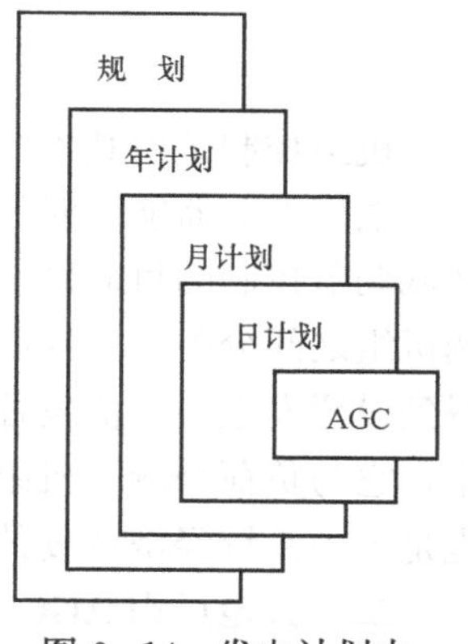

图 6-14　发电计划中的 AGC

3. 电力系统自动发电控制的基本目标

自动发电控制的基本目标包括：①发电功率与负荷平衡；②保持系统频率为额定值；③使净区域联络线潮流与计划相等；④最小化区域运行成本。

第一个目标与调频一次调整有关，也就是发电厂根据本区域的负荷做的有功功率的自动调节；第二个和第三个目标是频率的二次调整，也称负荷频率控制（LFC），是电力系统调度中心根据区域控制误差作出的调节控制；第四个目标也与频率的二次调整有关，又称为经济调度控制（EDC）。通常所说的 AGC 仅指前三项目标，包括第四项时写为 AGC/EDC，也有将 EDC 功能包括在 AGC 功能之中的。

当电力系统因负荷扰动等原因，发电厂根据本区域的负荷做有功功率的自动调节后，留下了频率偏差 Δf 和净交换功率偏差 ΔP_T 时，调度中心的 AGC 因此而动作，这就是所谓的

二次调节。此外，调度中心 AGC 将随时间调整机组发电功率执行发电计划（包括机组启停），或在非预计的负荷变化积累到一定程度时按经济调度原则重新分配发电功率，这就是所谓的三次调节。从 AGC 来说，一次调节是系统的自然特性，希望快速而平稳；二次调节不仅考虑机组的调节特性，还要考虑到安全（备用）和经济特性；三次调节则主要考虑安全和经济，必要的话甚至可以校验网络潮流的安全性。

4. 电力系统 AGC 总体结构

根据电力系统自动发电控制的三个基本目标，电力系统调度中心 AGC 的总体结构如图 6-15 所示，这里主要有三个控制环，即机组控制环、区域调节控制环和计划跟踪环。

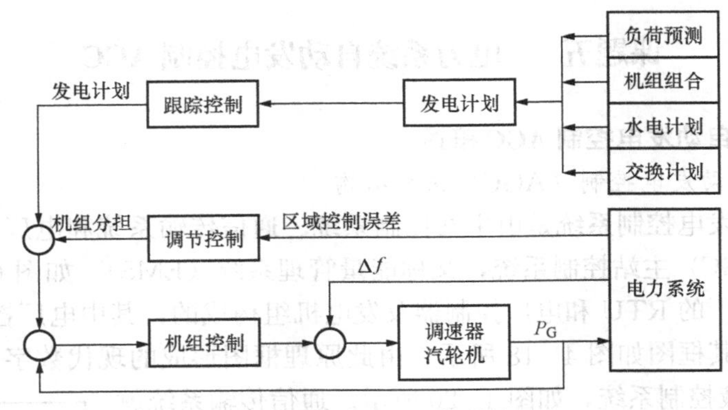

图 6-15　AGC 总体结构

机组控制是由基本控制回路去调节机组控制误差到零，在许多情况下（特别是水电厂）一台电厂控制器能同时控制多台机组，AGC 的信号送到电厂控制器后，再分到各台机组；区域调节控制的目的是使区域控制误差（ACE）调到零，这是 AGC 的核心。其功能是在可调机组之间分配区域控制误差，将这一可调分量加到机组跟踪计划的发电基点功率值之上，得到设置发电功率值发往电厂控制器；区域计划跟踪控制的目的是按计划提供发电基点功率，它与负荷预测、机组经济组合、水电计划及交换功率计划有关，担负主要调峰任务。这也是电力系统经济调度的主要任务。

二、火电厂内 AGC 控制的实施

电网调度自动化一个重要任务是实时监视电力系统频率的波动并随时调整发电机功率，使系统功率总量始终维持在平衡状态。AGC 是指发电机组的 CCS 系统根据调度中心 EMS 系统 AGC 软件计算结果输出的指令，自动调节发电功率，维持电网频率和（或）区域联络线交换功率在规定范围内。

目前火电机组参加电网 AGC 模式有三种：①对不具备调节能力的老机组及中小型机组。按调度中心前一日下发的发电曲线进行小时级的负荷调节；②对配置调功装置的机组。由 EMS 根据超短期负荷预测制定的超短期发电计划软件输出的实时计划曲线发送至电厂调功装置，再由调功装置分配到各台机组，进行 15min 周期的自动调节；③对具有完善 CCS 自动调节性能好的机组，由 EMS 直接控制到机组，进行 8～12s 周期调节。

《火力发电厂设计技术规程》规定：电厂规划容量为 1200MW 及以上，单机容量为 300MW 及以上的大型火电厂可设置厂级实时监控系统。因此，21 世纪的电网 AGC 可按不同电厂依以下三种模式进行。

1. 机组数量少且调节性能好的火电厂

这类电厂可继续沿用现有控制模式，即AGC直接控制到机组方式，详如图6-16所示。参加此类模式的机组数量由电网调度中心根据全网A类频率波动需调整的幅值确定。要求机组调节性能强，响应速度快，调节幅度控制在10%之内，便于机组运行的稳定性。

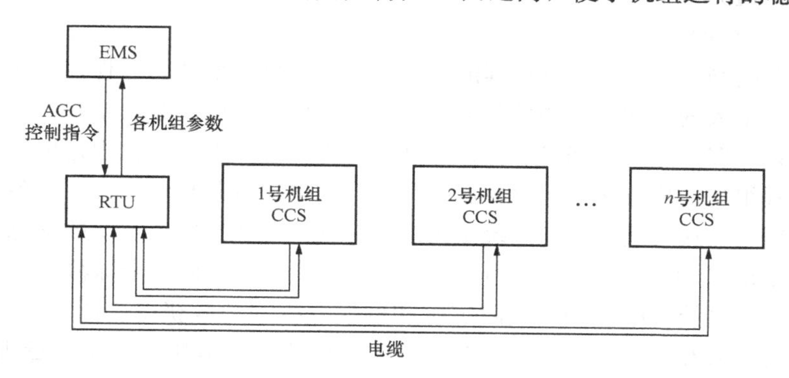

图6-16　EMS直接控制机组的AGC模式

图6-16中CCS为机组协调控制系统，CCS对设定负荷指令进行限速、限幅、闭锁增减等处理后得出实际负荷指令，同时也实施一次调频等功能。发电厂的自动发电控制AGC是以机炉协调控制方式为基础，可接受电网调度发来的负荷指令，快速响应电网负荷的调度要求。

2. 新建大型火电厂

新建大型火电厂厂级SIS可与机组级的DCS进行一体化设计。它与电网调度中心EMS主站之间通过电力系统数据网络或点对点的数据通信方式进行通信，传送全厂实时信息和存煤情况、申报电价等数据；与机组及公用系统的DCS之间实现10/100Mbit/s局域网的网段交换。而调度中心则从全网经济和安全角度出发，将秒级调节指令和（或）实时发电曲线下达至被调电厂的SIS，由SIS在全厂经济性能计算的基础上，把负荷目标值传送至各机组的DCS，完成机组的开停及负荷优化分配，实现各机组的最佳运行工况。SIS可承担电网频率波动的调节和控制，在工程实施中应根据DCS的具体实施方案结合控制时延和响应速率确定，可通过硬接线方式或通过一体化设计的网络方式传送，如图6-17所示。

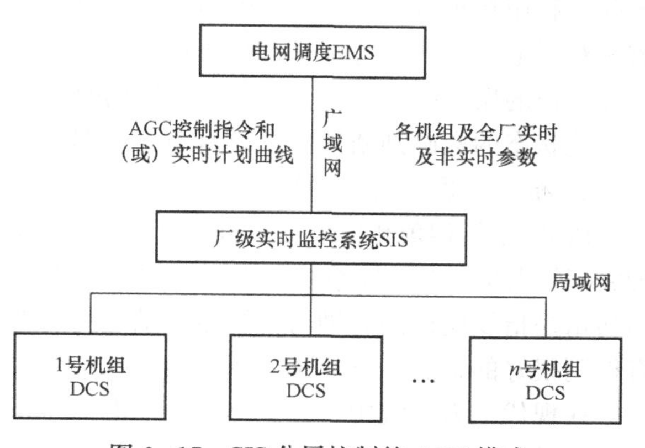

图6-17　SIS分层控制的AGC模式

3. 扩建和改建的火电厂或多台机组的老电厂

对此类电厂可采用上两种的组合模式，即远动和SIS并存的控制模式。电厂的运行信息及实时计划曲线由SIS与EMS通信完成，AGC调节指令由EMS至RTU至CCS实现，但此模式必须在RTU的出口控制回路和SIS的出口控制回路之间实现闭锁。关于RTU的配置，如升压站电气控制装置也进入DCS，仅用于AGC控制的RTU可采用分布式的小容量I/O单元，放置在各单元机组DCS机房的CCS机柜内。

课题六* 同步相量测量和广域测量系统

一、同步相量测量 PMU

1. 同步相量测量的原理及监测的意义

在现代复杂电网中，由于动态过程的复杂性，要分析系统动态过程，比如系统中出现低频振荡情况或发生大的扰动等一些危及电网稳定性的事故，往往必须掌握整个系统当时的状态数据以分析系统多个点的动态过程。在常规的电力系统调度自动化中是依靠 SCADA 系统求解非线性方程组的迭代方法来求解潮流方程，得到电压及其相角的，系统各节点电压的幅值和相角信息很难直接在线获得，系统是无法实时观测和监控电力系统的动态行为。

全球定位系统（GPS）传递的时间信息具有高精度、全天候、全球覆盖、连续实时等诸多优点，已在电力系统继电保护、故障定位和事故分析等领域获得广泛应用。利用 GPS 系统的高精度授时信号和相量测量技术对系统中各关键节点的电压、电流相量进行同步采集，就能够实时地观测整个电网运行状态，从而为分析电力系统的动态特性、系统的经济调度和电网安全稳定运行与控制提供了有力的手段。

相量测量就是同步测量电网中各母线或节点的电压幅值和相位，关键是同步采样，时间误差 1ms 会带来 18°工频相角误差，测量误差若要求 0.1°的话，时间同步精度应为 5μs。GPS 的 1PPS 脉冲信号与国际标准时间（UCT）同步误差小于 1μs，可以保证相位测量误差不超过 0.1°。

在电力系统中正弦量信号幅值的测量比较容易，而相位的大小取决于时间参考点（$t=0$）的时刻。功角的大小反映了系统静稳裕度的大小，功角的周期变化表明系统发生了功率振荡，利用功角可以得知两端电力潮流的方向与大小，监测出低频振荡现象。进行实时功角监测对于电力系统，特别是有高压远距离大容量输电线路的系统具有重要的实际意义。由于造成失稳的振荡的频率往往很低，持续的时间也比较长，所以功角的实时监测能为调度员进行系统状态的准确判断提供及时有力的依据，以便及时采取措施，维持系统稳定运行。

2. 相量测量单元（PMU）

PMU 是指相角和功角测量的装置。这里的相角是指母线电压或线路电流相对于系统参考轴之间的夹角。在已知系统参数，并对母线电压和线路电流交流采样后，就可算得其相角。而功角是指发电机的 q 轴与系统参考轴之间的夹角 δ。发电机功角的实时测量，早期一直没有得到很好的解决，近年来由于测量技术的发展，发电机功角实时值已可直接测量算得。

在现代电力系统中，无论是汽轮发电机组还是水轮发电机组，都装有测速装置——转速表（详见图 2-50），在确定转子转速 $\omega(t)$ 后，只要已知转子在初始时刻的位置，转子 q 轴与系统参考轴之间的夹角 δ，就可由角速度 $\omega(t)$ 对时间积分后测定。其测量精度与电力系统的稳定状态无关，能通用于电力系统的任意状态，也就是说适应于故障时的动态测量，在以 GPS 提供的时钟信号作为时间基准，就可实现功角的全网高精度同步测量。

测量得到的相角和功角信息，可以被用于电网运行过程中的稳定状态分析，尤其是故障条件下的动态安全分析，使调度人员能够实时地了解系统的安全程度，必要时采取预防控制，如切机、甩负荷、投电气制动等手段，以防止系统失稳。同时，发电机功角信息还可以用于电网事件分析，暂态稳定计算中数学模型的校核，还可以直接用于发电机励磁、调速系统的控制等。也就是说，基于相角和功角测量的PMU，为构建全网安全稳定监视和控制系统创造了良好的技术条件。

二、广域测量系统 WAMS

1. 广域电力系统动态监控的实现

随着西电东送、全国联网和电力市场的推进，电力系统的空间范围不断扩大，形成大跨度的广域电力系统。但传统的调度SCADA/EMS系统（指主站是SCADA/EMS系统，子站是RTU的远动系统）仅侧重于系统稳态运行情况的监测，实际上是在潮流水平上的电力系统稳态行为监测系统。而广域电力系统的运行分析与控制，都是动态的、以状态测量为基础的。PMU装置测量主要节点以及线路的各状态量，是通过GPS同步对时，打上时间标签，然后将各个状态量通过广域通信网传送至主站，从而将各状态量统一在同一个时间坐标上，实现了以广域测量系统对电力系统实时的动态监控要求。

广域测量系统（WAMS）是以同步相量测量（PMU）技术为基础，以电力系统动态监测、分析和控制为目标的实时监控系统，具有异地高精度同步相量测量、高速通信和快速反应等技术特点。

2. 广域测量系统的基本结构

WAMS主要由位于厂站端的PMU量测子站、通信系统和位于调度中心的主站控制系统组成。

WAMS基本原理结构如图6-18所示，其中主站位于调度中心，子站为各相角监测点。子站由相角和功角测量装置、时间同步装置、通信管理机组成。为了保证实时性，主站与子站之间的通信通道可采用PCM复接设备载波（或微波）通道，如图6-18（a）。但目前新建的，已采用光纤通信的广域通信网络，如图6-18（b）所示，由国家调度中心、网调度中心、省调度中心和就地监控四级组成。省调度系统为WAMS的最小单位，系统的中心处理机设置于省调（或网调中心），同一网局内的省调之间（即相邻WAMS之间）可以交换信息，国家调度中心的相角信息来自于各网局，而网局的相角信息来自于各省调度中心。国调、网调和省调在各自的范围之内，能看到全局、局部或相邻局部的相角矢量图，并可根据系统运行工况或受扰大小及时作出调整。

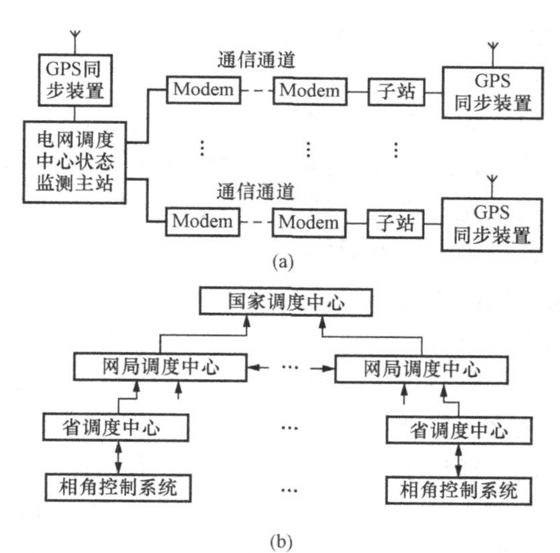

图6-18　WAMS基本构成示意图

（a）PCM复接设备载波通道；（b）国家电力数据网WAMS

3. 子站相对系统参考点角度的确定

在各功角测量子站中选择一个主力发电厂或枢纽变电站为参考站，该站的功角不但传送至控制中心，而且送到各监测子站，作为各测量点的参考相角，各子站便可得到自己功角相对于系统参考点的角度。各PMU的测量结果除按需要在本地进行适当的显示和记录外，其功角信息通过广域网送到主站进行集中处理。调度可利用这些信号进行有效的控制，如发电机调速、SVC的投切等。显然WAMS对通信系统的质量、通信的实时性都有较高的要求。由于国内大多数电网近年都已建成以光纤通信网为主的国家电力数据网络（SPDnet），可供WAMS利用以满足实时性要求。

4. WAMS的技术特点

目前我国新建设WAMS系统的几个技术特点是：①PMU子站多为分布式测量装置，采用国家电力数据网向主站发送数据，并具有向多个主站发送数据的功能；②PMU子站具备连续无条件记录功能（不受启动条件限制），保证距离扰动较远的也可记录数据，可得到完整的扰动记录波形；③安装在电厂的PMU子站均具备发电机功角测量功能，有的还直接量测励磁电压和励磁电流信号；④ WAMS主站可向工作站发送实时同步数据，总延迟不超过100ms；⑤WAMS主站系统均采用类似EMS的体系结构，以UNIX操作系统为主，与子站通信采用IEC 61970通信协议。

5. PMU的布点

由于PMU价格贵而且采集的数据流量极大，PMU布点不宜太多，必须以WAMS的应用目的为出发点，国内WAMS以监测电网动态过程为主。所以，PMU装在与电网稳定关系密切的300MW以上发电厂和220kV以上的枢纽变电站。省调、网调和国调的WAMS对重要数据实现共享，以充分发挥广域测量的技术特点，WAMS监测的区域电网越广阔，WAMS技术的优势越突出。

6. 广域测量系统主站架构

（1）WAMS主站系统硬件平台。图6-19是省网调度中心WAMS主站系统原理结构图。图中，通信服务器、实时数据库服务器和历史数据服务器各采用2台服务器，数据库存储采用全光纤磁盘阵列柜。图中WAMS主站作为电网动态测量系统，在调度中心通过交换机及各类国际标准通信协议实现与能量管理系统（EMS）、保护和故障信息系统以及其他电网动态监测控制系统之间的互联，兼顾了SCADA/EMS系统、保护和故障信息系统、电力市场交易系统、Web发布站等功能。但是，由于WAMS和SCADA/EMS系统属安全Ⅰ区，而故障信息系统、电力市场交易系统与Web发布站分别属于安全Ⅱ、Ⅲ区，因此它们与安全Ⅰ区之间应加物理隔离器。

（2）通信子系统。该系统通过通信服务器采集各厂站PMU子站大量的动态数据。其中，有的PMU子站是通过微波通道Modem进入，有的是经SPDnet通过路由器进入。通信服务器完成数据采集、处理、传输存储等前置工作。

（3）数据处理子系统。该系统负责电网动态监测控制系统中除各种安全稳定性分析和各种控制决策应用以外的所有实时数据处理及历史数据存储。电网动态监测控制系统主站采集的所有电网动态数据均按一定周期存储于两台历史数据服务器中，为保证存储的可靠性，历史数据服务器的磁盘采用无缝切换的磁盘阵列。

7. 广域测量系统的应用

广域测量技术是近年来电力系统前沿技术中最活跃的技术领域之一。在电力系统稳态分析、全网动态过程记录和暂态稳定预测及控制、电压和频率稳定监视及控制、低频振荡分析及抑制、全局反馈控制、电网故障快速诊断及状态估计等多方面都有广泛的应用。

（1）安全稳定控制系统的应用。电力互联网稳定控制面临着较多的问题，如电力互联系

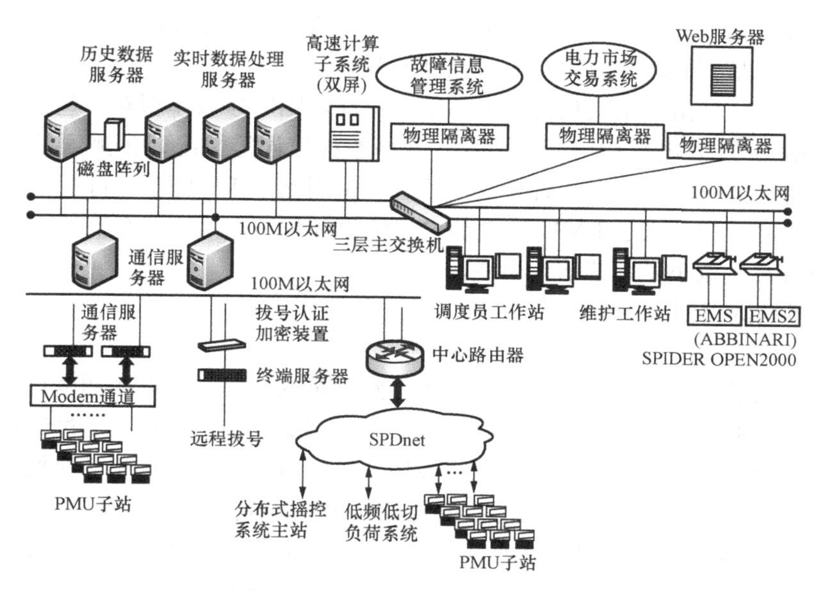

图 6-19　WAMS 系统主站架构图

统的低频振荡问题及紧急控制等问题。原来使用就地信息是不能够满足对电力系统充分观察的要求，广域测量系统提供了电力系统的可观察性，再通过各种分析计算手段，进行系统动态过程的分析，以解决电力互联网安全稳定控制的问题。

（2）暂态稳定预测及控制。目前较为可靠的预测和控制办法是以 WAMS 提供的系统故障后的状态为初始值，在巨型机或 PC 机群上进行电力系统超实时暂态时域仿真，得到系统未来的受扰轨迹，从而判断系统的稳定性，这是目前暂态稳定预测及控制的主要方法。但在连锁故障的情况下，控制中心未必知道该方法需要的电力系统动态模型。该方法要求仿真的超实时度很高，对大跨度的电力系统而言还存在不少困难。

（3）基于 WAMS 的电网故障快速诊断与分析。在常规的调度中心里，常常存在保护开关动作信息上传输不及时、时标不一致、信息缺失等问题，而传统的基于保护信息和开关信息的故障诊断与分析系统都采用保护或开关事件触发机制。显然，这时原专家系统很难给出准确的故障诊断结果。为解决上述问题，引入基于 WAMS 的电网故障快速诊断与分析的解决方案，可在第一时间准确诊断与分析系统发生的故障及保护和开关的误动拒动情况。基于 WAMS 的故障诊断与分析系统是无人干预、实时运行的，是故障快速诊断智能体首先取得故障线路的状态数据，快速计算实时故障特征集，然后与标准故障特征集进行匹配，对故障类型进行快速诊断。

基于 WAMS 的电网故障实时诊断与分析的方法，解决了现有故障诊断与分析系统中数据源和误动拒动分析这 2 个方面的问题。现实中的保护和开关的误动、拒动是引发大停电事故的一个重要原因，正确的在线故障诊断与分析是降低大停电事故发生概率的一个重要途径，具有实用性和发展前景。

（4）基于 WAMS 的电力系统状态估计。电力系统状态估计是基于电网参数和实时测量数据，为能量管理系统提供电网当前的运行状态。在实际工程中，由于广域测量系统数据采集与监控（WAMS/SCADA）系统不可避免地存在量测误差，从而影响基于状态估计的各种高级应用系统的工作效能。因此，根据 WAMS/SCADA 系统的测量数据，对电力系统状态变量进行估计，是研究动态应用与实时控制的基础。

传统实时状态估计由于系统负荷模式的动态特性，固定参数模型对一些异常情况，如存在坏数据、负荷突变/发电机输出功率突变、网络拓扑错误等情况，预测误差较大，难以满足实时在线应用的要求。通过对传统算法的改进，采用基于 WAMS 的自适应实时状态估计算法，同时在量测量中计入了 PMU 测量的电压幅值和相角，增加了系统的冗余量测，而且由于引入功角量测，减小了系统估计误差。

三、电力系统数据网络及其应用

1. 电力系统数据网络

近年来计算机技术、通信技术、信息技术得到长足的发展，为电网调度自动化开辟了广阔的前景。过去各调度中心采用分层的点对点方式逐层交换信息，现在通过广域网连接，实现各调度中心计算机系统间，甚至与厂站监控用的计算机系统间信息相互交换。除了可以实现电力信息、办公自动化信息网络化外，通过连接网络的路由设备还可以将分布在各地的 SCADA/EMS 连接起来，构成电力实时数据网，实现电网实时系统（SCADA/EMS）、电力市场以及其他管理信息的信息共享等。

根据《全国电力调度系统第一级数据网络规划》精神，中国电力调度系统数据网络 SPDnet 分为三级：国家电力调度通信中心（简称国调）与各大区网调及独立省调之间的数据网络称为一级网络，利用电力系统的数字微波和卫星通道，构成其基本网架；大区网调与区内省调及直属地调之间的数据网络称为二级网络；省调与地调之间的数据网络称为三级网络。

国家电力数据网络（SPDnet）是面向全电力系统的公共数据网络，其服务对象应包括调度系统、生产管理系统、设计系统、教育、科研、情报系统等电力行业的各个部门。

目前 SPDnet 开通的业务主要有：调度自动化系统实时数据通信，电子邮件服务，www 服务，生产报表传输，文件传输，虚拟终端，MIS 信息传输等。SPDnet 建成并投入运行，为电网调度自动化系统的全国联网和 MIS 系统的全国联网奠定了基础，为保证电力系统的安全、经济、优质运行提供了技术措施。

2. 电力系统数据网络及其应用

电力生产数据传输与管理信息传输是电力数据网络上的两类主要应用。

电力生产数据主要指：调度中心之间的实时数据、应用软件所需的准实时数据、调度中心与厂站之间的实时数据、水情实时数据、电量计费数据、雷电监测数据、云图气象数据、故障录波数据、微机保护的远方监测数据、生产报表数据、燃料管理数据等与电力生产直接相关的数据。这类数据的特点是数据量不很大，但大多实时性较强，有些每秒都有数据传送，其中遥控遥调更与电网安全直接相关，可靠性要求较高，与计费相关的数据对安全性有特殊要求，体现了电力系统的特点。

管理信息主要指办公自动化或 MIS 系统信息，如公文管理、公用信息查询、计划信息管理、基建信息管理、设计信息管理、科技信息管理等。这类信息的特点是没有实时要求，但有的远方查询传输量较大，具有随机性和突发性，通用性较强。对于数据网络，实时数据和生产数据的传输基本上相当于恒定负载，实时性较强；管理信息的传输基本上是突发性负载，传输频度较低。这两类负载具有很好的互补性。

此外，随着电力行业对信息技术应用的开发和深入，对网络业务的需求呈现出多层次、多方位的特点，如调度信息交换，电力市场信息发布与查询，生产、管理及办公信息交换，基于 Web 技术的多媒体信息检索服务，视频业务的开展，电子商务和远程教学及异地科学计算等业务的需求都依赖于 SPDnet 的应用。

课题七　继电保护及故障信息系统

一、继电保护及故障信息系统概述

目前，继电保护、安全自动装置以及故障录波器等作为实现电网自动化系统的智能终端装置，提供了对电网安全、经济运行的信息，并且具备了以数据方式向电网调度中心传输装置信息及电网故障信息的能力。但早期的电力调度自动化系统，由于缺少收集和利用这些信息的技术手段，当电网发生故障时，从已有的 SCADA 系统上得到的故障相关信息不够全面，无法及时、综合地了解电网故障的全面信息，也无法实现相关部门之间的信息共享。也就是说，早期在调度运行管理方面的信息化、智能化水平相对较低，其技术手段不能满足调度运行管理自动化的需要。为解决调度运行管理自动化的要求，需要建立一套对各变电站继电保护运行、故障录波分析及电网运行数据进行自动收集、整理和分析的平台，即建立继电保护及故障信息管理系统。

建设继电保护及故障信息管理系统的目的在于为调度主站端监视、控制、管理各变电站站内的二次装置（微机保护、自动装置、故障录波器），实现调度对这些装置运行管理的自动化，提高调度系统信息化、智能化的总体水平，使二次装置运行、管理的各个环节在线可控，实现继电保护专业管理现代化，从整体上提升电网调度运行管理水平。要求系统能在正常及电网故障时，采集、处理各种智能装置信息，以满足调度中心对各种信息的需求，并充分利用这些信息，为分析、处理电网故障提供决策支持。

由此可见，继电保护及故障信息管理系统是一个继电保护运行、管理的技术支持系统，同时又是一个电网故障时的信息支持、辅助分析和决策系统。系统包括运行于各级调度端的继电保护及故障信息管理主站子系统（以下称主站）和运行于厂站端的继电保护及故障信息管理子站系统（以下称子站）及连接主站和子站系统的通信网络。子站主要完成站内各种智能装置信息的采集、处理和格式转换，并将这些信息以统一的通信规约传输到主站；主站则集中来自多个子站的智能装置信息，充分利用这些信息为继电保护的运行、管理服务，为实现继电保护装置状态检修和为分析、处理电网故障提供信息支持、辅助分析及决策支持。

二、继电保护及故障信息管理系统总体结构

系统由调度端主站系统、厂站端子站系统及电力调度数据网构成，系统结构如图 6 - 20 所示（网络示意图参阅图 6 - 8），图中主站系统包括地调主站、省调中心主站。厂站端子站系统解决站内设备接入、数据汇总、预处理和数据转发等；主站系统主要实现对所管辖的电网的二次设备的日常信息、故障信息等进行收集和处理，并提供有关信息发布给各专业人员进行必要的信息查询和管理，为事故处理提供决策依据。

从系统实现的功能来看，继电保护及故障信息系统分为保护信息系统和录波联网系统两大部分，两个系统数据流各自独立，在主站端进行数据整合。

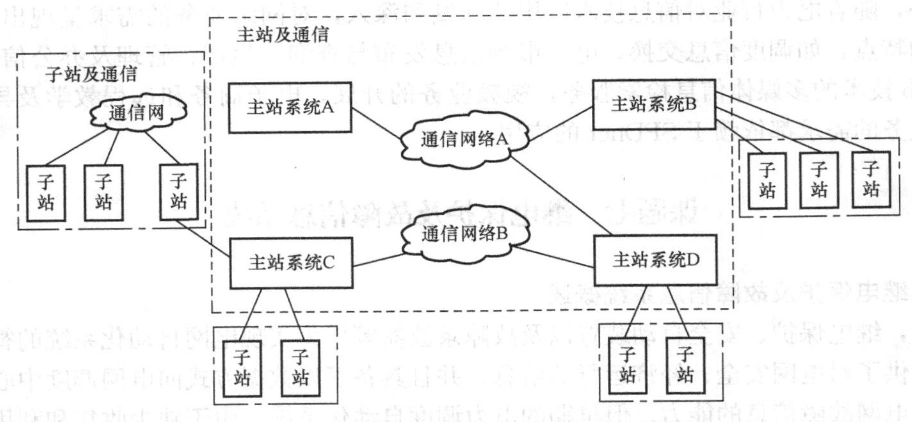

图 6-20　继电保护及故障信息系统总体结构图

厂站端子站系统通过网络（或者专线、载波）的方式连接到调度端主站系统，同一个厂站端子站系统可以连接到多个调度端主站系统。调度端主站系统通过电力调度通信网络连接在一起。厂站端子站系统将采集到的所有数据发送到直连的调度端主站系统。调度端主站系统作为数据集中者，通过数据服务向其他调度端提供接入的厂站端数据。厂站端的数据分布在各个调度端主站系统当中，调度端主站系统通过资源服务可以访问到分布在各处的厂站端数据。两个调度端主站系统之间一般都存在多条路径，当一条路径中断时，可以从其他路径进行访问。

三、保护及故障信息系统调度端主站系统结构及其功能

1. 调度端主站系统结构

调度端主站系统原理结构如图 6-21 所示。主站系统通常由数据服务器、磁盘阵列、通信服务器、Web 服务器、保护及值班等各类工作站、以太网交换机和单向隔离装置组成。

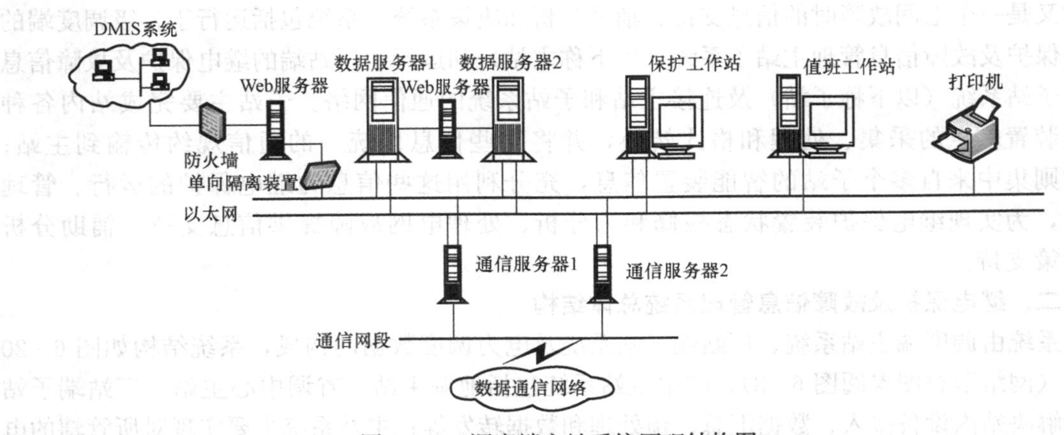

图 6-21　调度端主站系统原理结构图

数据服务器主要负责对子站传送来的信息进行加工、处理、分析、显示和存储，数据服务器应配置大容量的磁盘阵列用以备份系统数据；通信服务器接入各子站系统，负责通信接入及前置数据处理；Web 服务器采用 Web 方式向各具备权限控制的用户，提供保护信息和

分析服务（包括数据传输、设备信息浏览、故障信息浏览）；值班工作站和保护工作站作为数据服务器的客户端，供值班员和继保人员使用；以太网交换机承担站内信息交换任务；单向隔离装置将数据单向提供给 Web 服务器，从而保证数据信息的单向流通。

2. 调度端主站系统功能

（1）主要工作站及其功能。主站系统根据需要可以设置变电运行工作站、调度运行工作站、设备管理工作站、整定计算工作站、专业管理工作站、系统维护管理工作站等。其中，变电运行工作站完成故障分析，包括电网故障分析、保护动作行为分析，以及保护运行状态的监视、定值核对、在线定值校验等功能；设备管理工作站完成装置的基础数据管理、图档管理等功能；整定计算工作站完成电网的计算分析工作，包括故障计算、定值计算、定值计算校验等；专业管理工作站完成统计分析、检修管理、技术监督等管理工作，该工作站一般也配备录波数据分析功能；系统维护管理工作站完成数据管理、安全管理、维护管理等工作。

（2）调度端主站系统基本功能。

1）数据的获取、处理。数据主要来自调度的 EMS 系统、子站的保护联网系统和录波联网系统。接收的数据包括装置量测、装置参数、事件报告、录波数据、厂站端配置文件等几类，如装置运行状态、装置定值、开入信息、连接板状态、告警信息、故障报告、资源配置、通信配置等。数据处理就是将获取的数据汇总处理，例如对量测数据进行工程值计算、有效值检查、检测状态量变化并启动相应的处理过程，如产生特定的消息，通过消息机制发布。

2）电网故障分析。电网故障分析包括故障诊断、故障测距、故障报告。

故障诊断就是在电网发生故障时，系统根据各厂站端子站系统采集的开关跳闸信息、保护动作信息、录波数据等故障信息进行综合判断，给出故障区域、故障性质。

故障测距是根据各种测距算法计算的结果，进行综合分析判断，给出准确的故障点、故障相和巡线范围。

故障报告是根据故障诊断和故障测距的结果，自动生成电网故障分析报告，包括故障时间、故障范围、故障点、故障相、故障性质、相关装置动作情况等。

3）保护动作行为分析。根据电网故障分析结果，自动判断相关装置的动作行为是否正确，并给出相关装置的动作行为分析报告。若装置的动作行为不正确，给出自动分析装置不正确动作的原因。

4）录波数据分析。提供录波数据分析工具，进行波形显示、波形同步、波形测量、波形峰值查找、波形突变查找、谐波分析、相量分析、序分量分析等。

5）故障过程回放。能详细描述过往电网故障发生、发展、消失的全部细节和过程。具体描述和显示相关保护安装处的电流、电压波形和有参考意义的开关量变化波形，保护动作情况，电网开关状态的变化情况，并能够表现出这三个方面状态变化之间的相互关联关系。

6）保护和自动装置设备及运行管理。主站系统采用高效、高可靠的数据库管理系统，提供数据库管理和维护工具；实现对各种保护和自动装置的基本信息管理及其运行情况、异常情况、故障情况的统计，还能根据系统相关信息自动生成年度检验计划等。

（3）继电保护及故障信息 Web 发布系统。

1）建立继电保护及故障信息Web发布系统的意义和目的。随着电网的发展，各级调度运行及相关人员对电网重要信息实时、有效的掌握，是当今信息时代全面了解电网并加以控制和管理的关键。继电保护及故障信息Web发布系统，实现了故障信息的有效应用，使继电保护相关数据与信息得到高效应用并充分共享，提高了电网调度系统信息化、智能化水平，从整体上提升电网调度运行管理水平。

建立保护及故障信息Web实时发布系统的目的就是要建设一个具有足够交互能力的动态网络，使用户通过浏览器并应用丰富的故障查询分析功能，获得实时的继电保护及故障信息。

2）Web发布系统的构成。继电保护故障信息实时发布系统建立在电力系统网络安全Ⅲ区（为生产管理区），安全Ⅱ区的保护和故障信息子站系统为信息数据来源，它通过电力数据网接入。保护和故障信息主站系统通过Web服务器对外发布故障信息实时数据。系统的组成如图6-22所示。

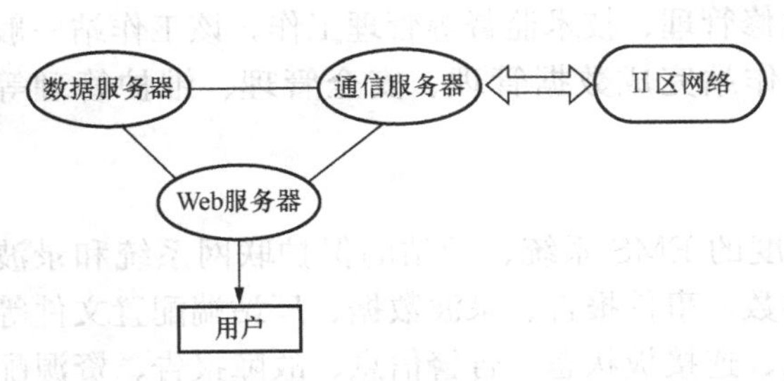

图6-22　Web发布系统组成图

图中通信服务器主要负责数据的传输，即从安全Ⅱ区接收故障信息数据，将数据转发到位于安全Ⅲ区的Web服务器以及将安全Ⅲ区的召唤命令发送到Ⅱ区，并且负责Ⅲ区数据库与Ⅱ区数据库的同步。数据服务器负责存储故障数据和厂站设备的数据，是故障信息的数据中心。其中厂站设备的数据与安全Ⅱ区数据库数据完全对应，通过通信程序保持与Ⅱ区同步。Web服务器是故障信息的处理中心，负责对接收到的故障数据进行处理解析出信息、波形数据和故障简报等信息，并提供Web发布服务，根据用户需要将相应实时信息和查询分析信息发送到前端的用户浏览器。用户浏览器是用户使用的普通IE浏览器，用户通过浏览器使用保护和故障信息系统，进行数据查询、查看保护信息和故障波形，可方便地浏览和分析故障信息。

3）Web发布系统的功能。

a）数据传输：主站系统Web发布是经过专用物理隔离装置进行不同级别安全区的隔离，主站系统发布的数据只允许控制区的数据通过单向隔离装置输入管理区，存入系统的数据服务器，实现主站系统发布的信息单向传送。

b）设备信息浏览：支持分类查询、关键字查询、组合条件查询等各种查询方式对子站系统各种保护及自动装置的基本信息（装置台账信息、各种参数等）的浏览；实现对保护及自动装置运行状态信息（装置实时采样值、开入量状态、运行定值等）的浏览；浏览装置相关的事件信息、录波数据等信息。

c）故障信息浏览：支持分类查询、关键字查询、组合条件查询等各种查询方式查询子站系统的故障报告信息（包括保护告警信息、动作事件、故障简报、录波数据、保护定值、保护配置图、一次接线图等信息）。支持录波文件Web页面下载。

四、厂站端子站系统结构

1. 厂站端子站系统结构

厂站端子站系统结构如图6-23所示。保护及故障信息系统子站分为站控层、网络设备、间隔层三个层次。

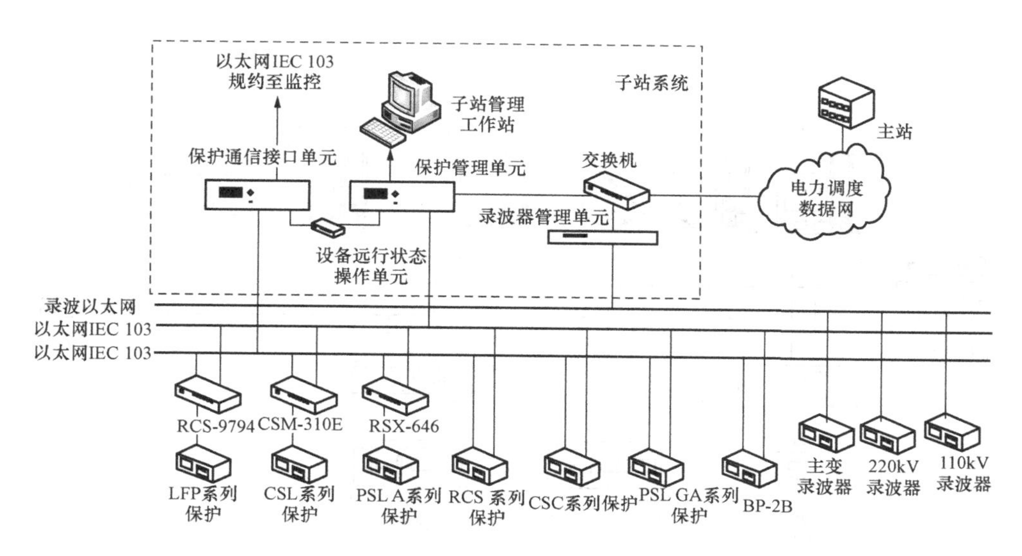

图 6-23　厂站端子站系统（虚线内）结构示意图

子站的保护信息管理机及其工作站设置于变电站的站控层。保护信息管理机通过站控层总线向下连接间隔层装置，对这些保护及自动装置的信息进行收集、存储、分析、处理，并将这些信息按照一定的规则送远方调度的保护信息主站系统，从而实现信息交换。保护信息管理工作站主要供值班员和继保人员使用。

网络设备包括以太网交换机、规约转换装置、智能网关设备等。网络支持 100M 以太网结构，通信协议采用 IEC 61850 标准规约，可方便地实现不同厂家的设备互连，可选用光纤组网，增强通信抗电磁干扰能力。规约转换装置用以实现早期继电保护装置以及站内其他 IED 与保护信息管理机的信息交换。

间隔层设备就是变电站的保护装置、故障录波器和自动安全装置。继电保护及故障信息子站系统与变电站站控层的监控系统的整合，可以有两种不同的方案：监控系统与子站系统共享物理网络的子站系统方案；监控系统与子站系统完全独立组网方案。图 6-23 所示是共享物理网络的子站系统方案，保护信息子网和监控网络共享物理网络，可提高通信效率、降低成本。而监控系统与子站系统完全独立组网方案需增加交换机数量，适合于保护装置数量众多或保护小室级联的情况，如图 6-24 所示。

图 6-24 中省略了录波联网系统。由于众多录波器在故障时数据流量极大，此外保护装置还需与监控系统网络相联，录波联网系统应与保护信息系统的数据流各自独立，因此录波器和录波管理单元要单独组网并与保护信息管理单元分别接至子站的通信交换机。交换机连接方式如图 6-23 所示。

2. 厂站端子站系统基本功能

厂站端子站系统主要完成装置接入、数据采集及处理、规约转换和转发等功能。

(1) 装置接入与数据采集及处理功能。厂站端子站系统应能够接入不同厂家、不同时期、不同型号的微机型保护装置、故障录波装置以及系统有必要管理的其他 IED 设备，并与所有接入的装置通信，采集装置的所有数据。采集的数据包括装置量测、装置参数、事件报告、录波数据等，如装置运行状态、装置定值、开入信息、连接片状态、告警信息、故障

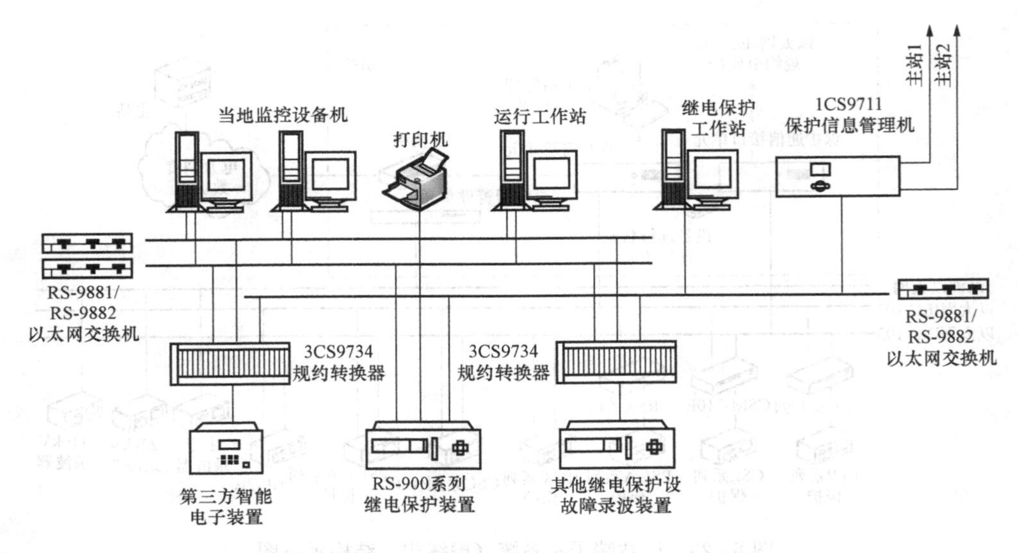

图 6-24　保护单独组网的子站系统方案示意图

报告等。

数据处理功能应包括将采集到的装置数据进行必要的格式转换和整理，便于转发；可以接收各项查询和控制命令，如定值修改和定值区切换、软连接片投退、信号复归等，并可对控制功能进行屏蔽。

（2）规约转换。规约转换在保护通信管理器中完成。

（3）数据转发。具有多路数据转发的功能，能够向多个调度端主站系统和当地监控系统进行数据转发。具备一定的存储能力，能保证在通信中断时，不丢失任何数据。

除以上主要功能外还包括有自检、对时、就地和远程维护。维护内容为厂站端子站系统运行参数。维护软件能够形成厂站端配置文件供调度端主站系统使用。厂站端子站系统产生的自检报告应向调度端主站系统上报。

习　题

1. 电力系统调度组织可分为哪几级？各级调度的基本任务是什么？

2. 数字通信相对于模拟通信有何优点？通信线路的工作方式一般有哪几种？

3. 光纤通信有哪些优点？光纤电线有哪几类？有何特点？

4. 电力系统调度自动化系统中常用哪些通道？各有何特点？哪些通道只能作备用通道使用？

5. 电力系统分布式调度自动化系统由哪些网络部分组成？它们的功能是什么？

6. 电力系统调度自动化系统中 SCADA 的功能是怎样的？

7. 电力系统 AGC 的基本目标是什么？什么叫频率的二次调整？

8. 什么是 RTU？它的基本功能有哪些？对于分散分布式的 RTU 由哪些部分组成？

9. 什么是同步相量测量 PMU，有何作用？广域测量系统基本结构及技术特点是什么？

10. 简要说明继电保护及故障信息管理系统总体结构。
11. 简要说明广域测量系统在调度上的应用。
12. 保护和故障信息系统主站有何基本功能？
13. 建立保护及故障信息 Web 发表系统有何意义和目的？
14. 保护及故障信息子站系统有何基本功能？

配 电 网 自 动 化

内 容 提 要

配电网自动化的发展状况、前景、优点、基本构成；重合器与分段器的配合；馈线自动化系统的基本构成及功能；配电变压器监测终端单元 TTU 的组成及功能；配电 SCADA 系统、配电地理信息系统（GIS）和需方管理（DSM）等。

课题一　配电网自动化系统概述

配电网自动化系统是一种可以使配电企业在远方以实时方式监视、协调和操作配电设备的自动化系统。它是近年来发展起来的新兴技术和领域，是现代计算机技术和通信技术在配电网监视与控制上的应用。

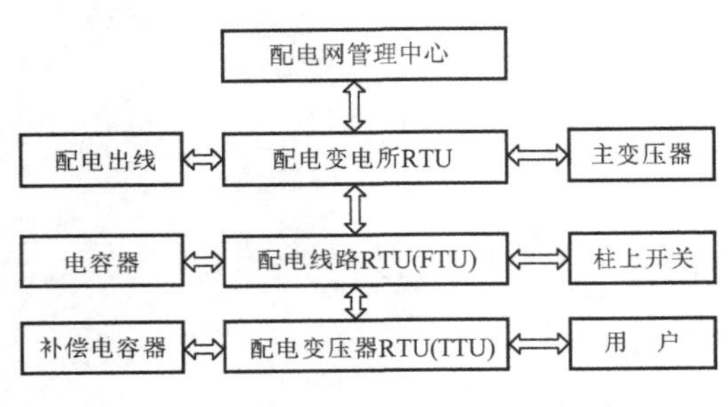

图 7-1　配电网自动化的结构框图

配电网自动化主要是由配电线路自动化和用户自动化两大部分组成。配电网自动化的结构框图如图 7-1 所示。

为了实现配电网自动化，需要对配电网的设备进行远方实时监视、自动控制、协调处理和数据统计与管理，其内容包括配电网安全监控和数据采集（SCADA）、配电地理信息系统（GIS）和需方管理（DSM，包括负荷监控与管理、远方抄表与计费自动化）。这些是配电管理系统最主要的内容。配电网自动化计算机系统是由计算机硬件系统、软件系统组成的，其主要作用在于对大量的数据进行处理，对配电网运行状态进行监视，对不同的配电网运行能够提供优化的切换操作方式。

一、配电 SCADA 系统

在配电自动化系统中，从为配电网供电的 110kV 或 35kV 主变电站的 10kV 部分监视，到 10kV 馈线自动化及 10kV 开闭所、配电变电站和配电变压器的自动化，称为配电 SCADA 系统。由于配电 SCADA 系统的测控对象既包括大量的开闭所和小区变电站，又包括数量极多但单位容量很小的户外分段开关，因此将分散的户外分段开关控制器集结成若干点（称作区域站）后上传到控制中心。若分散的点数太多，则可以作多次集结，如图 7-2 所示。

区域站的设置可以有两种方式：①按距离远近划分小区，将区域工作站设置在距小区中所有测控对象均较近的位置，测控对象包括 FTU、TTU 和开闭所、配电变电站 RTU 等。这种方式适合配电网比较密集，并且采用电缆或光纤作通信通道的地区。②将区域工作站设置在为该配电网供电的110kV变电站内。这种方式适合配电网比较狭长，并且采用配电线作通信通道的地区。由于配电网自动化系统中通信网络是非常关键的技术问题，随着通信技术的不断发展，可根据所实施的配电网自动化系统具体情况，选用恰当的通信方式。配电SCADA系统的功能如下。

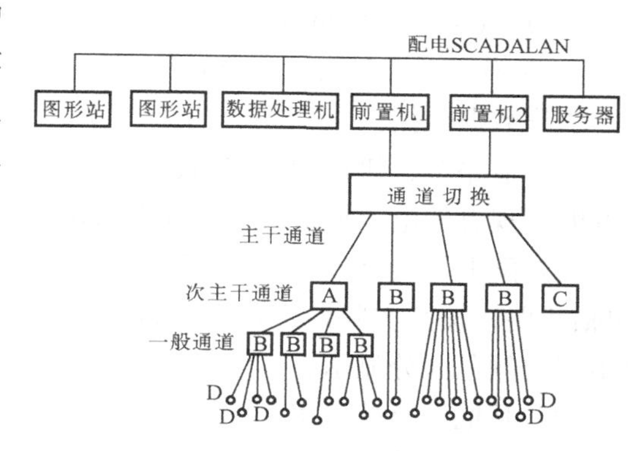

图7-2　配电SCADA系统的体系结构
A—二次集结区域站；B—一次集结区域站；C—开闭所RTU；D—柱上开关RTU

(1) 远方网络监控。所有的电网切合操作可以在控制中心来进行。在控制中心可以了解断路器状态，从而改善运行效益和全网的管理。采用这种功能也可了解网络发展情况，只要有可能，线路可按闭合环路配置，即使在某一环路电缆出现故障时，用户也可避免停电。

(2) 设备失灵报警。系统保存了有关网络负荷、继电保护报警、保护系统和开关跳闸回路所用DC电源状态等最新信息，及时地发现报警信号可提前采取校正动作，避免发生误动。

(3) 采用接地故障指示进行事后故障分析。接地故障指示非常重要，必须密切监视。操作人员在控制中心收到保护系统报警及指示信息后即能分析故障的原因和位置，区别是设备故障还是线路故障，然后通过远方操作快速进行故障隔离并恢复供电，从而提高了恢复送电的效率。

(4) 通过图形进行网络监视。通过在彩色监视器上显示网络图来对配电网络进行状态监视，按照不同电压等级组合成多幅系统图，可以将同一电源馈电的变电站组合在同一幅图内。

每一幅系统图显示网络拓扑结构及相应的断路器状态。此外，图中的线路/回路根据其负荷情况标上醒目的色彩，任何过载都能引起操作人员的注意。操作人员利用滚动扫描功能可随意移动画面，进而监视整个系统的状况。

(5) 线路负荷的趋向及归档。为了更好地制定网络运行计划，必须不断监视所有线路的负荷并记录每天、每月的最高/最低实际负荷。另外，可按设定的天数内任何线路的负荷在5min间隔内存档。

(6) 馈线维修的标记识别。对线路设备进行维修时，可以将系统中相应的线路标出，以表明该线路在维修。为了改善网络的管理功能，所有与工作有关的切合操作和标记的操作信息可以从事件概要日志中列出，并附有记录其运行特征和用途的报告。

二、配电地理信息系统GIS

配电网节点多、设备分散，运行管理工作经常与地理位置有关，引入地理信息系统，可以更加直观地进行运行管理。配电网地理信息系统，应以站内自动化、馈线自动化、负荷控制与管理、用户抄表与自动计费等系统的地理信息管理为目标，并将相关的管理信息系统和实时信息管理结合在一起，实现图形和属性的双重管理功能。配电网地理信息系统主要包括以下各功能。

（一）数据预处理功能

1. 图形数据的录入、转换和编辑

图形数据包括：

（1）道路图、建筑物分布图、行政区规划图、地形图等。其中，地形图可从城市勘测设计院购买现有的电子地形图，其他图形可通过数字化扫描仪等录入。

（2）配电网设备分布图。可通过GIS软件数字化或扫描矢量化方式，将配电网设备（包括线路）按其实际地理位置，构造成不同的分层分布图，将它们叠加在地理背景图上，以不同的颜色区分显示。

（3）其他已有的数字化图形（CAD）格式。可通过数据格式的转换纳入GIS中，以减少重复劳动，节约开支。

上述图形录入后尚需对图形数据进行编辑，其目的在于保证数据的正确和可用。

2. 属性数据的录入、转换和编辑

与线路图形数据对应的还有属性数据，即对图形相关要素的描述信息。如配电网线路的长度、电缆型号、线路编号、额定电流；配电变压器的型号、编号、名称、安装位置、投运时间、检修情况、额定电流、实验报告等。这些属性数据的用途是为结合图形进行档案资料的查询提供具体信息。对于已在管理信息网MIS中录入和使用的部分属性数据，可通过共享途径直接获取，未录入的数据则必须在GIS中进行录入和编辑。

3. 属性数据与图形数据的挂接

已经数字化（或扫描）的图形数据和录入（或转换）的属性数据要通过挂接才能相互对应起来，并实现基于图形的查询和管理功能。

4. 与配电网SCADA系统的实时信息接口

通过实时信息接口，可将包括从SCADA系统获取的实时信息动态转换到GIS环境下。

（二）图形操作与制图输出

（1）配电网系统的设备分布图的显示（含任意缩放、平移、全图及图层管理等）。

（2）配电网系统的设备运行图的数据及运行状态信息显示。

（3）网络沿线追踪显示，以便查看沿线设备及基础地形信息。

（4）无缝图幅实时显示，实现大范围无缝配网图、基础地形图的无延时漫游显示功能。

（5）根据系统网络设备分布图（基于地形图背景）的网络结构模型和实时数据，直接自动生成反映网络运行情况的图表。

（6）工程图纸输出功能包括系统网络设备分布图及其属性数据复合生成工程图的输出，支持工程图与属性表的混合输出及工程图纸输出，同时还包括按任意比例输出全图和局部图。

（三）所内自动化子系统地理信息管理

1. 配电网中配电设备的信息查询

可直接在配电网系统图上维护、搜索和查询配电设备（小区变电站、箱式变电站、10kV开闭所、柱上开关、电杆、变台等），并能统计任意范围内的配电设备信息。这种查询应能在设备的地理分布图（分层图和合成图）的基础上，经由鼠标圈点或简单的条件输入实现。

2. 所内运行方式分析

各种配电变电站内部各种设备构成复杂的拓扑网络结构。利用 GIS 的分析功能和 SCADA 的实时信息对配电站内各种设备的运行状态进行分析，并将开关状态的改变实时反映到配电网线路上（基于地理图形的配电网线路）。运行状态分析还包括开关变位的追踪分析，即事故重演。

3. 配电站供电范围分析与显示

以图形方式显示被选配电站的供电区域，并对该区域内的各项指标进行统计分析。例如，用户数量及其分布、用电量和电压质量等。

4. 故障区域分析与显示

（1）发生故障时，快速推算出受影响的区域，并将该区域的地理图显示出来。

（2）变电站故障引起的停电区域显示。

（3）变电站故障引起的馈线停电分析。

（4）故障数据分析。

（5）最优化停电隔离点决策。当接收到故障停电报警信号或者某个设备需要检修时，自动分析、决策出最小停电范围的最优化停电隔离点，为开具抢修操作票提供依据，并保证最优的供电可靠性指标。

5. 配电变电站优化选址决策

根据电网分布现状、城市发展规划、人口密度、需电量等要素，确定配电变电站的最佳选址方案。

（四）馈线自动化子系统的地理信息管理

1. 供电线路系统图的信息查询

它包括架空线、地埋电缆、通信路由电缆沟、电杆走径等线路参数的查询。

2. 配电线路供电范围的分析与显示

以图形方式显示被选线路的供电区域，并对该区域内的各项指标进行统计分析。

3. 区域分析与显示

（1）快速推算供电线路故障时受影响区域，并将该区域的地理图显示出来。

（2）过负荷线路地理图的显示。

4. 线路运行辅助管理

根据线路的地理走向分布及其周围的地理情况，确定最合理的巡检路线。特别当供电线路发生故障时，能及时进行分析、定位和辅助抢修指挥。

5. 沿线追踪显示

以图形方式实现设备的快速定位，查看配电网沿线设备的实际地理位置（基础地形信息）和属性数据、图片档案等信息。

6. 资源分配

对主干线进行优化分析，目标是使整个电网投资最小。

7. 设备缺陷管理

对所有发现的线路缺陷、线路薄弱点等信息进行分类管理；合理安排各种缺陷的处理方法及处理时间；按照要求进行缺陷的统计，并做出季度缺陷报表。

8. 实时信息处理

根据SCADA系统提供的实时信息，在地理图上快速反映主接线的实时运行状况，计算各馈线当月累计有功电量和无功电量，并绘制馈线出口处的负荷曲线。

9. 线损计算

根据每回配电线路的当月供售电量，计算理论线损、实际线损，并按馈线区域统计、显示和打印线损报表及统计分析图表。

10. 动态组编辑

可将配电网中不同层的要素（如电杆、变压器、线路等）组成一个动态组，在进行动态调整时，例如对电杆移位时，使该电杆上所有的线路和设备同时自动移位，并保持原有拓扑关系不变，以方便用户编辑和维护。

（五）负荷控制子系统的地理信息管理

结合独立运行的负荷监控实时系统，以用户的负荷控制终端基本数据为依据，实现在地图上创建各类负荷控制终端，并在此基础上，为用户提供各类地理信息的查询、分析功能以及实时数据的显示。

1. 信息元的创建和删除

信息元的创建和删除包括负荷中心的创建及删除和负荷终端的创建及删除。

2. 终端信息查询

根据用户提供的条件，查询相应的负荷控制终端，同时闪烁显示其地理位置，统计显示终端信息。

3. 实时数据的显示

单击每个负荷终端图标，系统将自动访问负荷控制与管理子系统的相关数据库，搜索该终端的基本数据信息（终端号、地址、主控线路、电压等级、用电容量等）和实时数据信息（终端状态、当前功率、当前滑差值、上小时有功电量、上小时无功电量、跳闸计数、违章计数等），并显到屏幕上，供用户参阅。

4. 高负荷区域显示

高负荷区域显示是指大用户的负荷分布区域显示。

5. 负荷密度分析

负荷密度分析包括区域密度分析、线路密度分析和负荷密度率分析等，可实现任意范围的负荷预测，以辅助电网规划。

6. 负荷转移决策

当故障停电或检修需要停电时，均要将部分负荷转移到其他配电变电站或本站的其他出线中。负荷转移决策将为调度人员或抢修人员提供最优化的负荷转移方案。

7. 与用电管理部门接口

根据用户的报装和用户地址信息以及配电系统当前情况，辅助进行负荷审批。

（六）用户抄表与自动计费子系统的地理信息管理

远方抄表与自动计费子系统，应向配电地理信息系统传送用户地址、用户名称、用电负荷等信息，以便地理信息系统可以显示抄表区域和区域负荷情况，使数据更加直观。

三、需方管理

配电网自动化系统中的需方管理，实际上是供需双方共同对用电市场进行管理，以达到提高供电可靠性，减少能源消耗和供需双方的费用支出的目的。其内容主要包括负荷控制和管理、远方抄表和计费自动化两方面。

（一）负荷控制和管理

1. 负荷控制系统的基本结构

根据目前负荷管理的现状，负荷控制系统以市（地）为基础较合适，整个负荷控制系统的基本结构如图7-3所示。

在规模不大的情况下，可省去县（区）负荷控制中心，而让市（区）负荷控制中心直接管理各大用户和中、小重要用户。

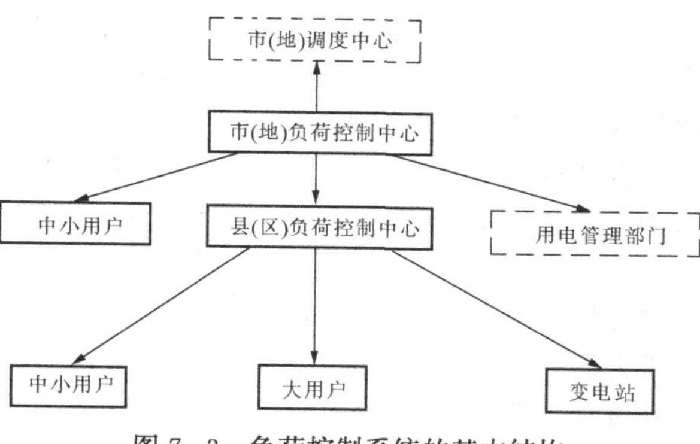

图7-3　负荷控制系统的基本结构

2. 负荷控制系统的功能

(1) 管理功能。编制负荷控制实施方案，以及日、月、年各种报表的打印。

(2) 负荷控制功能。定时自动或手动发送系统分区、分组的广播命令，进行跳、合闸操作；发送功率控制、电能量控制的投入和解除命令；峰、谷各时段的设定和调整；对成组或单个终端的功率、功率控制时段、电能量定值的设定和调整；分时计费电能表的切换；系统对时；发送电能表读数冻结命令；定时和随机远方抄表。

(3) 数据处理功能。数据合理性检查；计算处理功能；画面数据自动刷新；异常、越限或事故告警；检查、确认操作密码口令及各种操作命令，并打印记录；实时负荷曲线（包括日、月负荷曲线和特殊用户负荷曲线）的绘制，图表显示和拷贝；随机查询。

(4) 系统自诊断自恢复功能。主控机双机自动/手动切换；系统软件运行异常的显示告警，有自动或手动自恢复功能；主控站通信机发告警和保护信道切换指示；应能显示出整个系统硬件包括信道的工作状态。

(5) 通信功能。与电力调度中心交换信息；与上级负荷控制中心或用电管理部门交换信息；与计算机网络通信。

(6) 其他功能。调试时与终端通话功能；对配电网中各种电气设备分、合闸操作及运行情况监视的功能。

（二）远方抄表和计费自动化

远方抄表和计费自动化是指通过各种通信手段读取远方用户电能表数据，在控制中心进行数据处理，自动生成电量、电费报表和曲线等。

课题二　基于重合器的馈线自动化

馈线自动化用于监视馈线的运行和负荷。当故障发生后，能及时准确地确定故障区段，迅速隔离故障区段并恢复健全区段供电的馈线自动化是配电网自动化最重要的内容之一。

在户外分段断路器处安装柱上RTU，并建设有效而且可靠的通信网络，将其和配电网控制中心的SCADA计算机系统连接起来，从而构成一种高性能的配电网自动化系统，是目前馈线自动化的发展方向。

一、重合器的分类和功能

重合器是一种具有保护、检测、控制功能的自动化设备，具有不同时限的安秒特性曲线和多次重合的功能，能对合闸次数和时间进行记忆和判断，是一种集断路器、继电保护、操动机构为一体的机电一体化新型电器。

重合器按相数分为单相、三相两类；按安装方式分为柱上、地面和地下三类，其中以柱上型为多；按灭弧介质分为油、SF_6、真空断路器；按控制方式可分为电子控制和液压控制。

国外使用重合器已有近60年的历史。

重合器的功能是当事故发生后，如果重合器经流了超过设定值的故障电流，则重合器跳闸，并按预先整定的动作顺序作若干次合、分的循环操作，若重合成功则自动终止后续动作，并经一段延时后恢复到预先的整定状态，为下一次故障动作作好准备；若重合失败则闭锁在分闸状态，只有通过手动复位才能解除闭锁。

一般重合器的动作特性可以分为瞬动特性和延时动作特性两种。瞬动特性是指重合器按照快速动作时间—电流特性跳闸；延时动作特性则是指重合器按照某条慢速动作时间—电流特性跳闸。通常重合器的动作特性可整定为“一快二慢”、“二快二慢”和“一快三慢”等。

重合器不同于断路器，不同点有：

(1) 作用不同。重合器的作用强调开断、重合操作顺序、复位和闭锁，以识别故障所在地。而断路器的作用仅强调开断、关合。

(2) 结构不同。重合器的结构一般由灭弧室、操动机构、控制系统和高压合闸线圈等四部分组成。而断路器的结构通常仅由灭弧室、操动机构两部分组成。

(3) 控制方式不同。重合器是自我控制设备，本身具有过电流检测、操作顺序选择、开断和重合特性的调整等功能，其操作电源直接取自高压线路，无需附加装置。这些功能在设计上是统一考虑的。而断路器与其控制系统在设计上是分别考虑的，其操作电源也另外提供。

(4) 使用地点不同。重合器可在站内或户外柱上安装。断路器由于操作电源和控制装置的限制，一般只能装在变电站内。

(5) 操作顺序不同。不同重合器的闭锁操作次数、分闸快慢、重合间隔等一般都不同，其典型的四次分断、三次重合的操作顺序为：分—t_1—合分—t_2—合分—t_3—合分，其中t_1、t_2可调，也有“二快二慢”、“一快二慢”等。

(6) 开断特性不同。重合器的开断特性有两个特点，即反时限和双时性。目前各类重合器的相间故障开断都采用反时限特性，以便与熔断器的安秒特性曲线相配合。双时性指重合器有快慢两种安-秒特性曲线，通常它的第一次开断都整定在快速曲线，使其在0.03～0.04s内切断额定短路电流，以后各次开断可根据保护配合需要选择不同的曲线。继电保护常用的电流速断和过电流保护，也有不同的开断时延，但这种时延只与保护范围有关，一种故障电流对应一种开断时间，与重合器在同一故障电流下可对应两种开断时间的双时性是不同的。

(7) 开断能力的意义不同。对重合器的要求更高。重合器的使用可节省综合投资（可省去操作电源和继电保护屏和土建费用），提高重合闸的成功率（第一次重合闸的成功率达88%，第二次重合闸的成功率达93%，第三次重合闸的成功率达95%），缩小故障停电范围

(特别对线路末端和分支线故障)，提高运行的自动化水平。重合器可自动执行预先整定的各种多次重合操作顺序，且许多重合器都配有远动接口，适用于遥控，为变电所无人值班创造了条件，维护工作量小。

二、分段器的分类和功能

分段器是一种与电源侧前级断路器配合，在失压或无电流的情况下自动分闸的开关设备。当发生永久性故障时，分段器在预定次数的分合操作后闭锁于分闸状态，从而达到隔离故障线路区段的目的。若分段器未完成预定次数的分合操作，故障就被其他设备切除了，则其将保持在合闸状态，并经一段延时后恢复到预先的整定状态，为下一次故障作好准备。分段器一般不能断开短路故障电流。

分段器的关键部件是故障检测继电器 FDR（Fault Detecting Relay)。根据判断故障方式的不同，分段器可分为电压—时间型分段器和过电流脉冲计数型分段器两类。

1. 电压—时间型分段器

电压—时间型分段器是凭借加压、失压的时间长短来动作的，失压后分闸，加压后合闸或闭锁。电压—时间型分段器既可用于辐射状网和树状网，又可用于环状网。电压—时间型分段器有两个重要参数需要整定：一个参数为 X 时限。它是指从分段器电源侧加压至该分段器合闸的时延。另一个为 Y 时限，又称为故障检测时间。它的含义是：若分段器合闸后在未超过 Y 时限的时间内又失压，则该分段器分闸并被闭锁在分闸状态，待下一次再得电时也不再自动重合。

图 7-4 为一个典型电压—时间型分段器的原理图。由图可见，分段器的工作电源是通过两个干式变压器和开关电源取自断路器两侧的馈线，并且当 Y 触点闭合时开关的合闸线圈励磁。Y 触点闭合的条件为：分段器一侧得到电压的时间超过 X 时限，导致 S3 触点闭合；或者 FDR 的手动合闸手柄 S2 位于合的位置。当分段器失压或 FDR 的手动分闸手柄 S1 位于合的位置时，Y 触点断开。

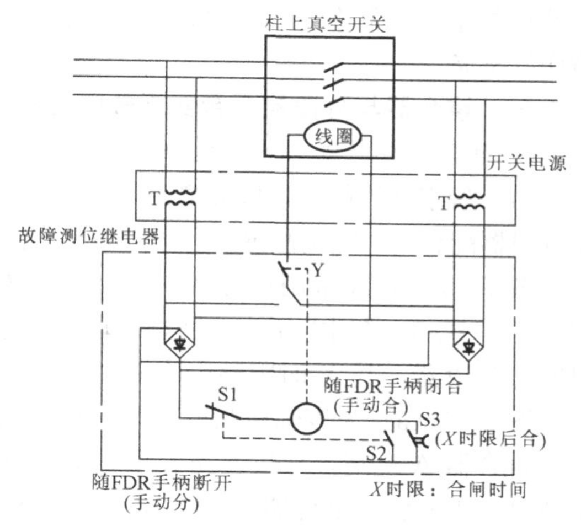

图 7-4 典型电压—时间型分段器的原理图

电压—时间型分段器的 FDR 一般有两套功能：一套是面向处于常闭状态的分段断路器的；另一套是应用于处于常开状态的联络断路器的。这两套功能可以通过一个操作手柄相互切换。

在将电压—时间型分段器应用于辐射状网和树状网时，应将分段器全部设置在第一套功能。当 FDR 检测到分段器的电源侧得电后启动 X 计数器，在经过 X 时限规定的时间后，使 Y 触点闭合从而令分段器合闸，同时启动 Y 计数器；若在计满 Y 时限规定的时间以内，该分段器又失压，则该分段器分闸并被闭锁在分闸状态，待下一次再得电时也不再自动重合。因此，该分段器必须这样整定：

X 时限＞Y 时限＞电源端断路器或重合器检测到故障并跳闸的时间。

在将电压—时间型分段器应用于环状网在联络断路器处开环运行的情形时，安装于处于常闭状态的分段断路器处的分段器应当设置在第一套功能，安装于处于常开状态的联络断路器处的分段器应当设置在第二套功能。具有第一套功能的分段器的动作与应用于辐射状网和树状网时相同。安装于联络断路器处的分段器要对两侧的电压均进行检测，当检测到任何一侧失压时启动 X_L 计数器，在经过 X_L 时限（相当于 X 时限）规定的时间后，使 Y 触点闭合，从而令分段器合闸，同时启动 Y 计数器；若在计满 Y 时限规定的时间以内，该分段器的同一侧又失压，则该分段器分闸并被闭锁在分闸状态，待下一次再得电时也不再自动重合。因此，该分段器必须这样整定：

X_L 时限＞失压侧断路器或重合器的重合时间＋n×分段断路器处的分段器的 X 时限

Y 时限＞失压侧断路器或重合器检测到故障并跳闸的时间。式中，n 是失压侧分段开关的个数。

2. 过电流脉冲计数型分段器

过电流脉冲计数型分段器通常与前级的重合器或断路器配合使用，不能开断短路故障电流，但有在一段时间内记忆前级开关设备开断故障电流动作次数的能力。在预定的记录次数后，在前级的重合器或断路器将线路从电网中短时切除的无电流间隙内，过电流脉冲计数型分段器分闸，达到隔离故障区段的目的。若前级开关设备未达到预定的动作次数，则过电流脉冲计数型分段器在一定的复位时间后会清零，并恢复到预先整定的初始状态，为下一次故障作好准备。

三、重合器与分段器配合实现故障区段隔离

1. 重合器与电压—时间型分段器配合

（1）辐射状网故障区段隔离。图 7-5 为一个典型的辐射状网在采用重合器与电压—时间型分段器配合时，隔离故障区段的过程示意图。图 7-6 为图 7-5 中各断路器的动作时序图。

图 7-5 中，A 采用重合器，整定为一慢一快，即第一次重合时间为 15s，第二次重合时间为 5s；B、D 采用电压—时间型分段器，它们的 X 时限均整定为 7s；C、E 也采用电压—时间型分段器，其 X 时限整定为 14s，Y 时限均整定为 5s。分段器均设置在第一套功能。

图 7-5（a）为该辐射状网正常工作的情形；图 7-5（b）描述在 c 区段发生永久性故障后，重合器 A 跳闸，导致线路失压，造成分段器 B、C、D 和 E 均分闸；图 7-5（c）描述事故跳闸 15s 后，重合器 A 第一次重合；图 7-5（d）描述又经过 7s 的 X 时限后，分段器 B 自动合闸，将电供至 b 区段；图 7-5（e）描述又经过 7s 的 X 时限后，分段器 D 自动合闸，将电供至 d 区段；图 7-5（f）描述分段器 B 合闸后，经过 14s 的 X 时限后，分段器 C 自动合闸，由于 c 段存在永久性故障，再次导致重合器 A 跳闸，从而线路失压，造成分段器 B、C、D 和 E 均分闸，由于分段器 C 合闸后未达到 Y 时限（5s）就又失压，该分段器将被闭锁；图 7-5（g）描述重合器 A 再次跳闸后，又经过 5s 进行第二次重合，分段器 B、D 和 E 依次自动合闸，而分段器 C 因闭锁保持分闸状态，从而隔离了故障区段，恢复了健全区段供电。

（2）环状网开环运行时的故障区段隔离。图 7-7 为一个典型的开环运行的环状网在采用重合器与电压—时间型分段器配合时隔离故障区段的过程示意图。图 7-8 为图 7-7 中各开关的动作时序图。

图 7-7 中，A 采用重合器，整定为一慢一快，即第一次重合时间为 15s，第二次重合时间为 5s；B、C 和 D 采用电压—时间型分段器并且设置在第一套功能，它们的 X 时限均整定为 7s，Y 时限均整定为 5s；E 亦采用电压—时间型分段器，但设置在第二套功能，其 X_L

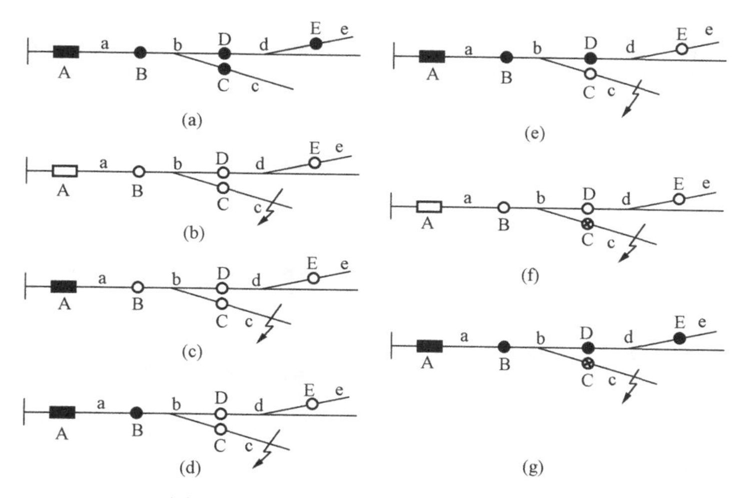

图 7-5　辐射状网故障区段隔离的过程

时限整定为 45s，Y 时限整定为 5s。

图 7-7（a）为该开环运行的环状网正常工作的情形；图 7-7（b）描述在 c 区段发生永久性故障后，重合器 A 跳闸，导致联络断路器左侧线路失压，造成分段器 B、C 和 D 均分闸，并启动分段器 E 的 X_L 计时器；图 7-7（c）描述事故跳闸 15s 后，重合器 A 第一次重合；图 7-7（d）描述又经过 7s 的 X 时限后，分段器 B 自动合闸，将电供至 b 区段；图 7-7（e）描述又经过 7s 的 X 时限后，分段器 C 自动合闸，此时由于 c 段存在永久性故障，再次导致重合器 A 跳闸，从而线路失压，造成分段器 B 和 C 均分闸，由于分段器 C 合闸后未达到 Y 时限（5s）就又失压，该分段器将被闭锁；图 7-7（f）描述重合器 A 再次跳闸后，又经过 5s 进行第二次重合，随后分段器 B 自动合闸，而分段器 C 因闭锁保持分闸状态；图 7-7（g）描述重合器 A 第一次跳闸后，经过 45s 的 X_L 时限后，分段器 E 自动合闸，将电供至 d 区段；图 7-7（h）描述又经过 7s 的 X 时限后，分段器 D 自动合闸，此时由于 c 段存在永久性故障，导致联络开关右侧的线路的重合器跳闸，从而右侧线路失压，造成其上所有分段器均分闸，由于分段器 D 合闸后未达到 Y 时限（5s）就又失压，该分段器将被闭锁；图 7-7（i）描述联络断路器以及右侧的分段器和重合器又依顺序合闸，而分段器 D 因闭锁保持分闸状态，从而隔离了故障区段，恢复了健全区段供电。

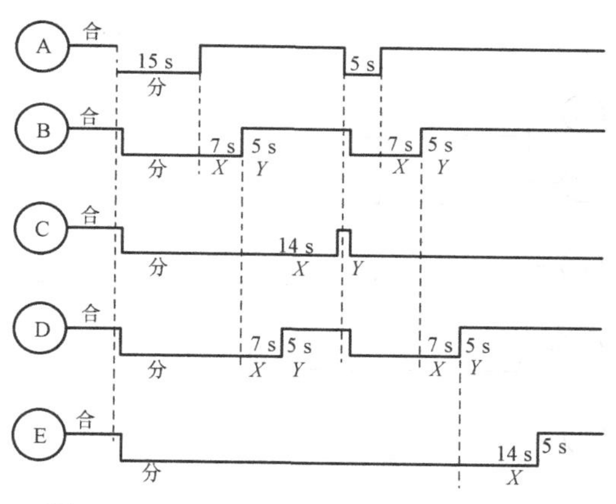

图 7-6　图 7-5 中各断路器的动作时序图

可见，当隔离开环运行的环状网的故障区段时，会使联络断路器另一侧的健全区域所有的断路器都分闸一次，造成供电短时中断，这是很不理想的。目前新的电压—时间型重合器就这个问题作出了改进，具体作法是：在重合器上设置了异常低压闭锁功能，即当重合器检测到其任何一侧出现低于额定电压 30%的异常低电压的时间超过 150ms 时，该重合器将闭锁。这样在图 7-7（e）中，断路器 D 就会被闭锁，从而在图 7-7（g）中，只要合上联络断

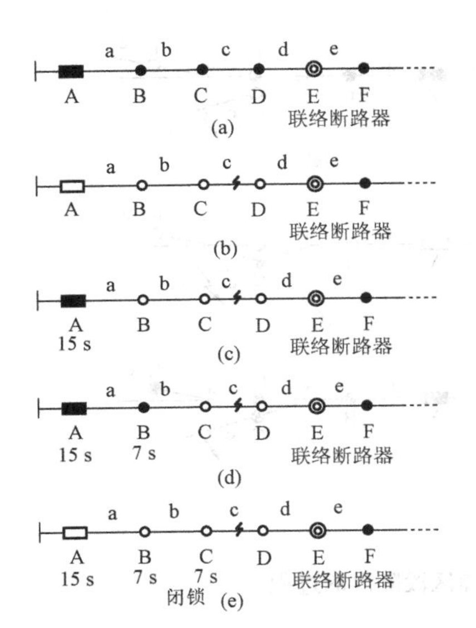

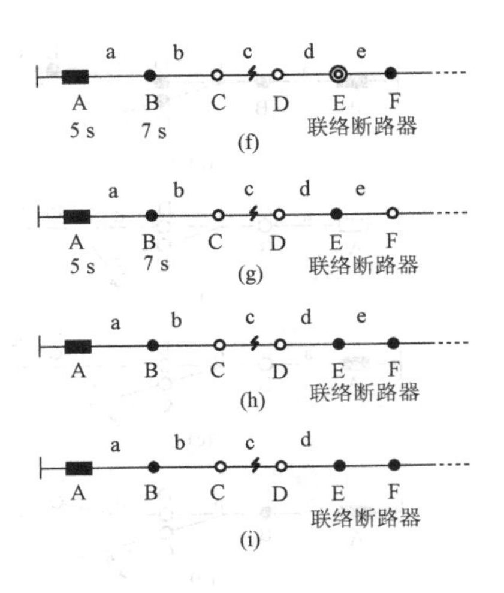

图 7-7　环状网开环运行时故障区段隔离的过程

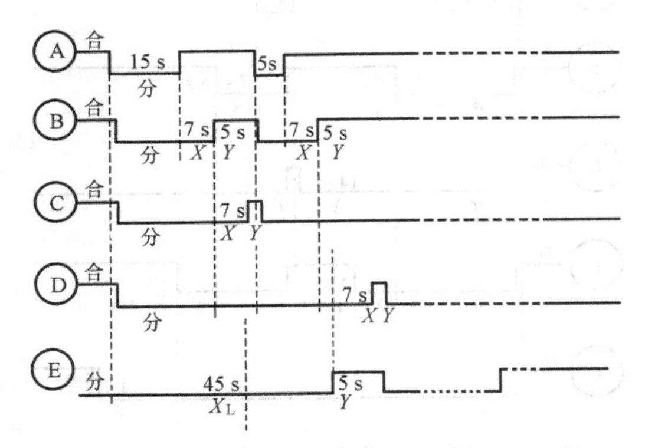

图 7-8　图 7-7 中各断路器动作时序图

路器 E 就可完成故障隔离，而不会发生联络断路器右侧所有断路器跳闸再顺序重合的过程。

2. 重合器与过电流脉冲计数型分段器配合

图 7-9 所示为树状网中重合器与过电流脉冲计数型分段器配合隔离永久性故障区段的过程。图 7-10 为图 7-9 中各断路器的动作时序图。

图 7-9 中，A 采用重合器，B 和 C 采用过电流脉冲计数型分段器，它们的计数次数均整定为 2 次。

图 7-9（a）为该辐射状网正常工作的情形；图 7-9（b）描述在 c 区段发生永久性故障后，重合器 A 跳闸，分段器 C 计过电流一次，由于未达到整定值（2 次），因此不分闸而保持在合闸状态；图 7-9（c）描述经一段延时后，重合器 A 第一次重合；图 7-9（d）描述由于再次合到故障点处，重合器 A 再次跳闸，并且分段器 C 的过电流脉冲计数值会达到整定值两次，因此分段器 C 在重合器 A 再次跳闸后的无电流时间分闸；图 7-9（e）描述又经过一段延时后，重合器 A 进行第二次重合，而分段器 C 保持分闸状态，从而隔离了故障区，恢复了健全区段供电。

图 7-11 描述了重合器与过电流脉冲计数型分段器配合处理暂性故障的过程。图 7-12 为图 7-11 中各断路器的动作时序图。

图 7-11（a）为该辐射状网正常工作的情形；图 7-11（b）描述在 C 区段发生暂性故障后，重合器 A 跳闸，分段器 C 计过电流一次，由于未达到整定值（2 次），因此不分闸而保持在合闸状态；图 7-11（c）描述经一段延时后，暂性故障消失，重合器 A 重合成功恢复了系统供电，在经过一段确定的时间（与整定值有关）以后，分段器 C 的过电流计数值清除，又恢复到其初始状态。

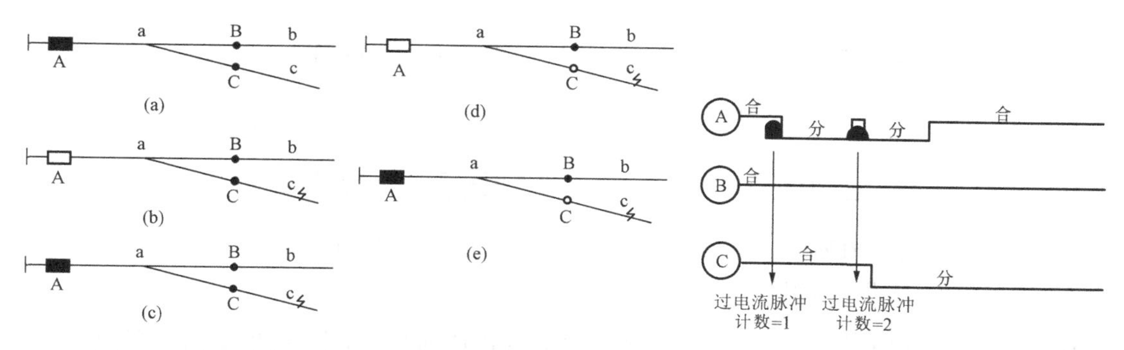

图 7-9 重合器与过电流脉冲计数型分段器配合隔离永久性故障区段的过程

图 7-10 图 7-9 中各断路器动作时序图

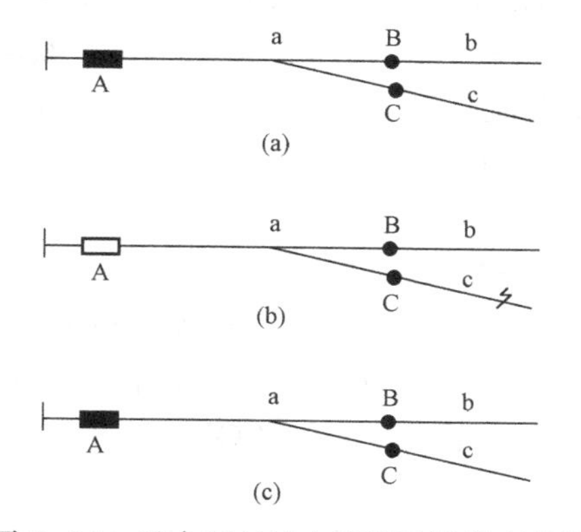

图 7-11 重合器与过电流脉冲计数型分段器配合处理暂性故障的过程

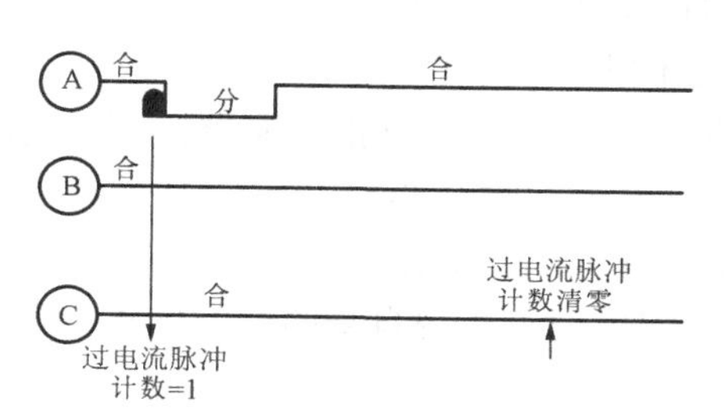

图 7-12 图 7-11 中各断路器的动作时序图

3. 环网用三台重合器的供电模式

环网用三台重合器的供电模式如图 7-13 所示。

它主要利用自动重合器和自动分段器设备的配合动作来实现排除瞬时故障，隔离永久性故障区域，保证非故障线段的正常供电。

正常情况下，重合器 QR3 是打开的（联络断路器），QR1、QR2 处于合闸状态（常闭型重合器），线路 L1 由电源 S1 经 QR1 供电，线路 L2 由电源 S2 经 QR2 供电。

若电源 S1 失电，QR1 和 QR3 都检测到失压，如果在所选择的时延后不能恢复，则由 QR1 打开（具有电压—时间型控制装置），又过一个时延 QR3 自动合上，L1 和 L2 都由 S2 供电。

若 L1 或 L2 上发生永久性故障，则 QR1 或 QR2 将分闸并合闸闭锁，在短暂的时延后，QR3 因检测到其一边失压而合闸于短路状态，随即分闸，也闭锁于分闸状态。若故障发生在 L1 段，QR1、RQ3 先后分闸并闭锁，由电源 S2 供电 L2 段。

重合器 QR1、QR2 必须分别监视电源 S1、S2 的电压，而 QR3 时刻监视自身两侧的电压。

4. 环网用五台重合器的供电模式

环网用五台重合器的供电模式如图 7-14 所示。

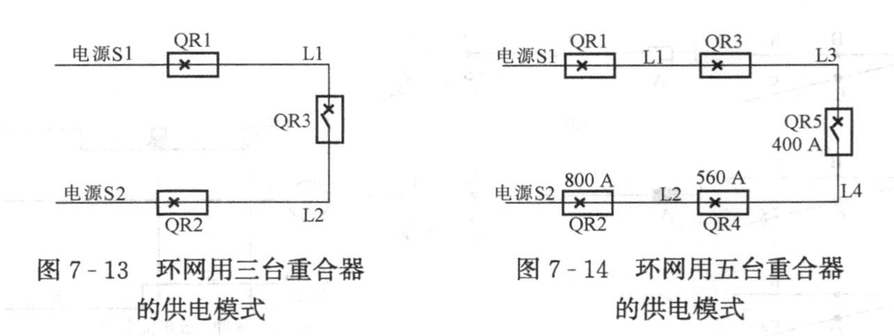

图 7-13　环网用三台重合器的供电模式

图 7-14　环网用五台重合器的供电模式

它主要利用自动重合器之间的配合动作来实现排除瞬时故障，隔离永久性故障区域，保证非故障线段的正常供电。

正常情况下，重合器 QR5 是打开的（联络断路器），QR1～QR4 处于合闸状态（常闭型重合器），QR1、QR2 的动作电流整定得相同（如 800A，动作 3 次），QR3、QR4 的动作电流也相等（如 560A，动作 2 次），QR5 的动作电流整定为 400A（动作 2 次），整个环网被分为负荷基本相同的 L1、L2、L3、L4 四段，L1、L3 段由电源 S1 供电，线路 L2、L4 由电源 S2 供电。

重合器 QR1、QR2 的控制器必须分别监视电源 S1、S2 的电压，一旦失压，在预先整定的延时后动作，重合器 QR3、QR4 的控制器一旦检测到电源失压，在预先整定的延时后动作，但动作时间比 QR1、QR2 稍长，且同时改变其最小脱扣电流值及到合闸闭锁的动作次数。而 QR5 时刻监视自身两侧的电压，无论哪一边失压，它将在比 QR3、QR4 动作时延又稍长的时延后合闸。

若电源 S1 失电，QR1、QR3、QR5 都检测到失压，如果在预定的时延后不能恢复，则由 QR1 打开，稍后，QR3 将自动改变其最小脱扣电流（如由 560A 变为 280A），且改变其动作为一次合闸不成功就闭锁于分闸状态，以便于同联络断路器 QR5 配合。再稍后，QR5 延时合闸，仅 QR1 保持在断开位置，整个环路 L1～L4 四段都由电源 S2 供电。恢复正常状态需手动完成。

若 L1 上发生永久性故障，则 QR1 将分闸并闭锁在分闸状态，QR3、QR5 检测到失压，QR3 随即脱离原状态（自动改变其最小脱扣电流为 280A，且改变其动作为一次合闸不成功就闭锁于分闸状态），在短暂的时延后，QR5 因检测到其一边失压而合闸于短路状态，QR3 上因流过短路电流而分闸，然后一次合闸不成功而闭锁在分闸状态，将 L1 段隔离，L2、L3、L4 段由电源 S2 供电，保证了 3/4 的线路恢复供电。

若 L3 段上发生永久性故障，则 QR3 将分闸并闭锁在分闸状态，在短暂的时延后，QR5 因检测到其一边失压而合闸于短路状态，在预定的时延和操作次数后也闭锁于分闸状态。L1 段由 S1 供电，L2、L4 段由电源 S2 供电，同样保证了 3/4 的线路恢复供电。

课题三　基于 FTU 的馈线自动化系统

一、基于重合器的馈线自动化系统的不足

采用重合器或断路器与电压—时间型分段器配合时，当线路故障时，分段断路器不立即分断，而依靠重合器或位于主变电站的出线断路器的保护跳闸，导致馈线失压后，各分段断

路器才能分断。采用重合器或断路器与过电流脉冲计数型分段器配合时，也要依靠重合器或位于主变电站的出线断路器的保护跳闸，导致馈线失压后，各分段断路器才能分断。

基于重合器的馈线自动化系统仅在线路发生故障时能发挥作用，而不能在远方通过遥控完成正常的倒闸操作，不能实时监视线路的负荷，因此，无法掌握用户用电规律，也难于改进运行方式。对于多电源的网状网络，当故障区段隔离后，在恢复健全区段供电，进行配电网络重构时，也无法确定最优方案。

基于馈线开关远程式终端（FTU）和通信网络的配电网自动化系统较好地解决了上述问题。

二、基于FTU的馈线自动化系统的组成

典型的基于FTU的馈线自动化系统的组成如图7-15所示。

在图7-15所示的系统中，各FTU分别采集相应柱上断路器的运行情况，如负荷、电压、功率和断路器当前位置、储能完成情况等，并将上述信息由通信网络发向远方的配电网自动化控制中心。各FTU还可以接受配电网自动化控制中心下达的命令进行相应的远方倒闸操作。在故障发生时，各FTU记录故障前及故障时的重要信息，如最大故障电流和故障前的负荷电流、最大故障功率等，并将上述信息传至配电网自动化控制中心，经计算机系统分析后确定故障区段和最佳供电方案，最终以遥控方式隔离故障区段，恢复健全区段供电。区域工作站实际上是一个通道集中器和转发装置。它将众多分散的采集单元集中起来和配电网自动化控制中心联系，并将每个采集单元的面向对象的通信规约转换为标准的远动规约（如1801SC、CDT、DNP和MODBUS等），这样一来，配电网自动化SCADA系统和变电站、开闭所的数据采集装置就可以直接借鉴调度自动化的成熟技术。

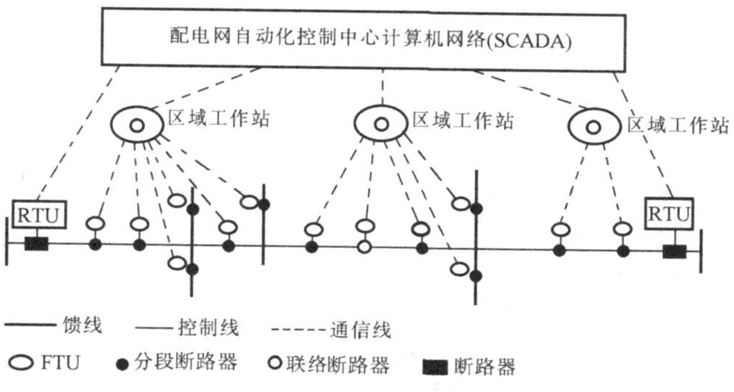

图7-15 基于FTU的馈线自动化系统的组成图

三、FTU的性能要求

由上所述，FTU是基于FTU的馈线自动化系统的核心设备。对FTU的性能要求主要有：遥信、遥测、遥控功能；对时、顺序记录事件（SOE）、故障记录、定值远方修改和召唤定值功能；自检和自复功能、远方控制闭锁和手动操作功能；统计功能（开关动作次数、时间、切断电流水平等）；远程通信功能（RTU）；另外可根据具体情况选择电能采集、微机保护、故障录波等功能。

四、FTU的组成和结构

柱上断路器控制器FTU可采用十六位单片机（如80196KC等）。为了满足对恶劣的环境的适应性，应选择能工作在−25℃的工业品级芯片，并通过恰当的结构设计使之防雷、防雨和防潮。采用如图7-16所示的两个机壳的结构形式是比较合适的。

图7-17为FTU的系统框图。FTU利用微处理器内部的10位A/D转换器进行32点交流采样，测量电压、电流和功率等遥测量。它共有8个模拟量输入端，采集线路数据时的接线如图7-18所示。

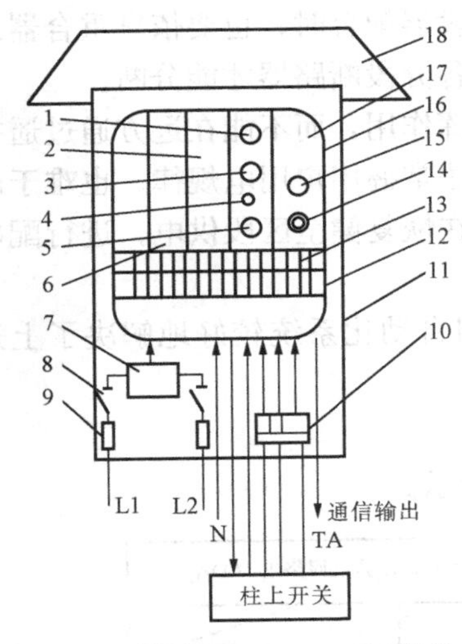

图 7-16　馈线 RTU（FTU）的结构

1—跳闸按钮及指示灯；2—CPU 模块；3—合闸按钮及指示灯；4—储能指示灯；5—远方控制闭锁；6—I/O 模块；7—蓄电池和电源系统；8—隔离开关；9—熔断器；10—试验端子；11—外机壳；12—防雨胶圈；13—端子排；14—电源熔断器；15—电源开关及指示灯；16—内机壳；17—电源模块；18—防雨罩

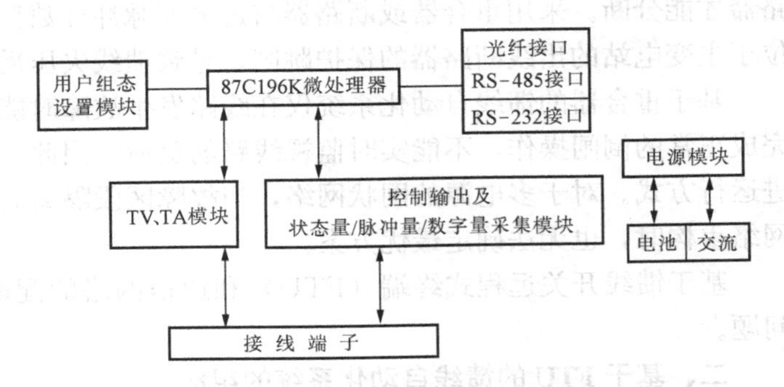

图 7-17　典型的 FTU 的系统框图

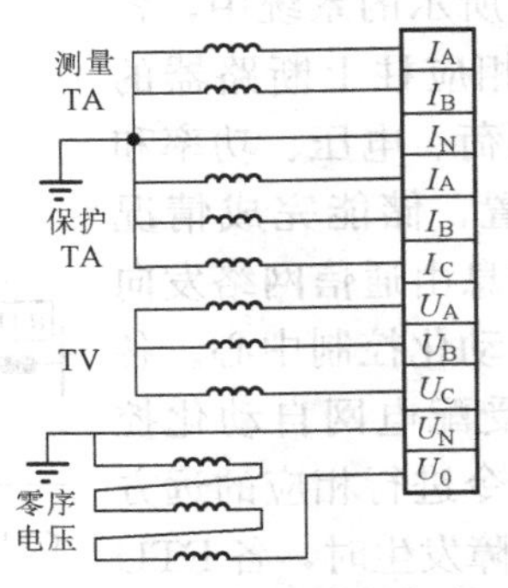

图 7-18　FTU 采集线路数据时的接线图

五、区域工作站

区域工作站实际上是一个集中和转发装置，由工业控制 PC 机和多路串行口扩展板构成。它与柱上断路器控制器（FTU）采用面向对象（断路器）的问答规约，多台 FTU 共用同一条通道。区域工作站相当于一台集中式 RTU 向配电网控制中心通信，采用输电网自动化通用的规约进行转发。这样，配电网控制中心的计算机系统可继承输电网调度自动化的成熟技术。

为了便于监视 FTU 通道情况，可在区域工作站与相连的各台 FTU 分别设置一个通信正常信号，当作遥信处理。

此外，一般需要给区域工作站配备较大容量的 UPS，以确保其在事故停电期间仍能正常工作。

六、配电变压器远方测控单元（TTU）

在馈线自动化系统中，往往还要对配电变压器进行远方监视，采集它的电流、电压、有功功率、无功功率、功率因数、分时电量和电压合格率等数据。这些运行参数可以作为考核和经济运行分析的依据，还可以作为安全运行的监视手段，根据配电变压器的负荷曲线，还可以更准确地计算线损。在配电变压器处采集的电量数据对于用户电量核算和及时察觉窃电也大有帮助。此外，配电变压器远方监视装置，还可以完成利用低压配电线载波对本台区低压用户进行抄表数据的接力和远传。

为了做到对配电变压器进行远方监视，必须在配电变压器处安放配电变压器监测终端单元（TTU）。其典型组成如图 7-19 所示。由图可见，TTU 与 FTU 类似，除了在系统程序上有所不同外，两者在硬件上的不同之处在于 TTU 增加一路与低压用户抄表器通信的串行口。TTU 的控制输出也与 FTU 有所差别，它是通过在配电变压器低压侧投切一组补偿电容器，实现功率因数补偿的。该补偿电容器可以根据 TTU 采集的无功功率和电压参数自动投切，也可以由操作员在馈线控制中心进行远方控制。

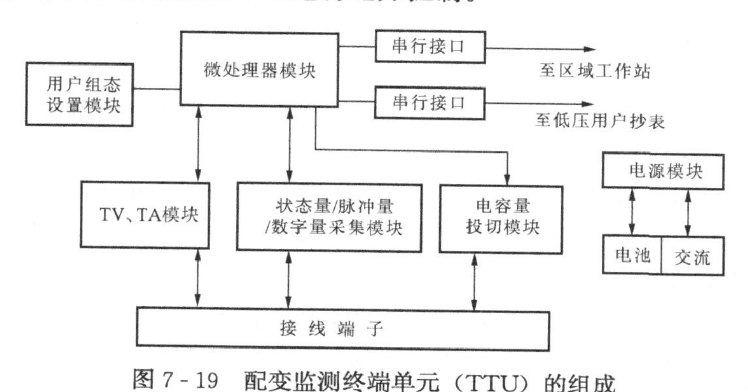

图 7-19　配变监测终端单元（TTU）的组成

课题四　配电自动化的发展及系统方案

一、国外配电网发展概况

国外配电网发展起步较早，20 世纪 50 年代初就利用高压开关设备的功能在配电网（线路）中实现故障控制，主要设备是重合器、分段器、环网开关柜等；随着电子及通信技术的发展，逐步形成了将配电网的检测计量、故障探测定位、自动控制、规划、数据统计管理集为一体的综合系统，出现了配电网自动化方案。由于各国配电网发展及地域性差异，供电可靠性要求的不同，配电网自动化方案也稍有差异，但总的可以归结为：一次设备的技术性能提高，不检修周期长、可靠性高，无污染、爆炸及火灾危险；能利用先进的电子技术，对配电设备进行自动化控制，以实现机电一体化；一次设备与二次控制设备相结合，以提高配电网供电可靠性；快速定位故障点，以最快、最简单的方式进行故障处理，恢复正常供电；采用智能化设备，对故障线路自行判断和隔离，并由重合器重合恢复送电；加强配电设备数据库管理和负荷管理，在调度中心对负荷潮流进行控制和调配。

日本配电网发展不同于西欧国家，其供电半径小，供电可靠性要求高，环网供电比较多，变电站采用重合断路器（指具有 2～3 次重合闸的断路器），并在变电站设有短路故障指示器，根据短路电流的大小，推算出故障距离的长度。

英美等国配电网发展较早，由于地域关系，配电线路以放射形为主，电源等级为 14.4kV，中性点为接地系统。美国为简化变电站保护，线路上采用智能化重合器与分段器相配合，并大量采用单相重合器，提高了用户供电可靠性。

二、我国配电网自动化发展现状及其方案

（一）我国配电网的主要特点

我国配电网以 10～35kV 为主，几十年来，由于城市和农村各种因素所造成的差别，各自形成了如下特点。

(1) 农村配电网短路容量小，一般在 100～200MVA。而城市配电网短路容量大，在 200～500MVA 左右。

(2) 配电网直接与用户发生关系，需求量大。尤其是近几年随着工农业的发展和乡镇企业的兴起，配电线路不断延伸，配电变压器不断增加。

(3) 农村配电网负荷分散，供电半径大，线路长，有的 10kV 配电线路长达几十公里，线路维护工作量大。而城市负荷相对集中，布点多，但事故影响大。

(4) 配电网事故受外界影响因素较多，尤其是架空配电线路，因雷击、鸟害、大风及树木的影响，造成瞬间故障和永久性故障的概率高，供电可靠性差，有的地区事故跳闸率高达 8 次/百 km。

(5) 线路长，负荷变化大，末端的短路电流与最大负荷电流相接近，保护配合困难；熔断器的保护性能受运行环境的影响，上、下级配合困难，尤其是主变压器保护，问题较多，不能满足保护配合要求。

(6) 配电网设备及控制装置技术性能落后是事故率高的主要原因。目前，一般采用油断路器作为配电网的主要保护设备。但由于油断路器介质容易劣化，连续开断几次短路电流就应进行检修，否则就不能保证断路器原来的开断性能，甚至可能引起保护开关爆炸和烧毁的严重后果。为此，电力运行部门明确规定，油断路器一般不投重合装置，在开断 5 次短路故障后应进行一次检修，并将原规定的“分—0.5s—合分—180s—合分”的标准操作循环，改用为单分的操作，一旦线路发生故障（瞬时故障或永久性故障），保护开关则不再重合。但由于线路长，分支线多，查寻工作困难，给运行人员加大了劳动强度。

另一方面，电力系统的规模越来越大，检修的任务增加，也不得不以牺牲供电的可靠性为代价来减少设备的维护次数。

（二）我国配电网自动化发展的基本状况

我国的配电线路中，油断路器作保护开关仍占相当大的比例。一条线路长达几十公里，配电变压器采用老式的熔断器作保护，可靠性差。常常是当线路中有一点故障，就导致全线停电。为了将长线路分段，采用柱上多油断路器作分段保护，但由于柱上油断路器性能差，经常发生爆炸、喷油事故，直接影响人身的安全。

配电网的事故统计表明，大量的事故是由变电站以外的配电线路的意外情况引起的。特别是配电变压器，数量多，引起的事故率高，约占事故的 90%。所以，提高配电的供电可靠性关键是在线路上解决如何让事故不影响保护开关的工作状况。目前配电网自动化主要以调度为基础，强调对变电站内设备进行操纵及遥控、遥信、遥测，而对于断路器跳闸的原因，如何清除线路的故障或排除线路故障区域，恢复正常线路的供电，并没有采取切实可行的办法，对线路中出现的瞬时性故障恢复正常仅起到一定的作用，配电网的供电可靠性还是没有很大的提高，线路运行人员查询线路故障的工作量并没有得到根本的改善。有些地区采用故障检测装置，效果并不明显，故障没有隔离，仍然影响配电系统的供电质量，造成事故的扩大或长时间的停电。因此，要提高供电可靠性和配电网自动化程度，除了在调度自动化方面开展相应的工作外，还应加强配电线路的故障判断功能和排除故障的能力，将故障区域缩小到最小的范围，从而使非故障线路能正常供电，运行人员也可从容地进行故障处理，减少对故障点查寻的劳动强度。

（三）我国配电网采取的自动化方案

配电网自动化给社会及电力系统带来的经济和社会效益是十分显著的，我国目前已步入了配电网自动化发展的前期，城市电网实行技术改造，在主设备选型上作了重大改进。如取消油（灭弧）断路器，采用真空断路器；实行环网供电方案，并积极采用负荷开关和熔断器配合，快速对故障进行隔离；引进美、日等配网自动化设备进行试点，开辟我国自动化实施的途径。农网从 1987 年引进国外设备进行试点，以单元、分布的结构，提高电网自动化水平，采用分段器、重合器以切除、隔离故障，有效地提高了供电可靠性及自动化程度。结合农村电网的特点和发展，农村以小型化方案建成的变电站已具备了无人值班的条件。具体的配电网自动化方案有以下几方面。

（1）城市电网以环网供电方式为主。城市户内型的环网供电方案主要是提高用户供电可靠性，利用负荷开关快速开断配电故障。典型的接线方案如图 7 - 20 所示。

1）单电源单供方式。单电源单供方式见图 7 - 20（a）。这种接线简单，使用设备少，区段比较明显，各级断路器的合闸可以通过合闸延时来调整，当负载电源侧发生故障时，将造成整个区段停电。

2）双回路环形供电方式。双回路环形供电方式见图 7 - 20（b）。图中，在每台配电断路器两侧各装电源变压器一台，以区别供电方向和控制信号。这种方式比单电源单供方式灵活。正常时环路可以闭合运行，也可开路运行。

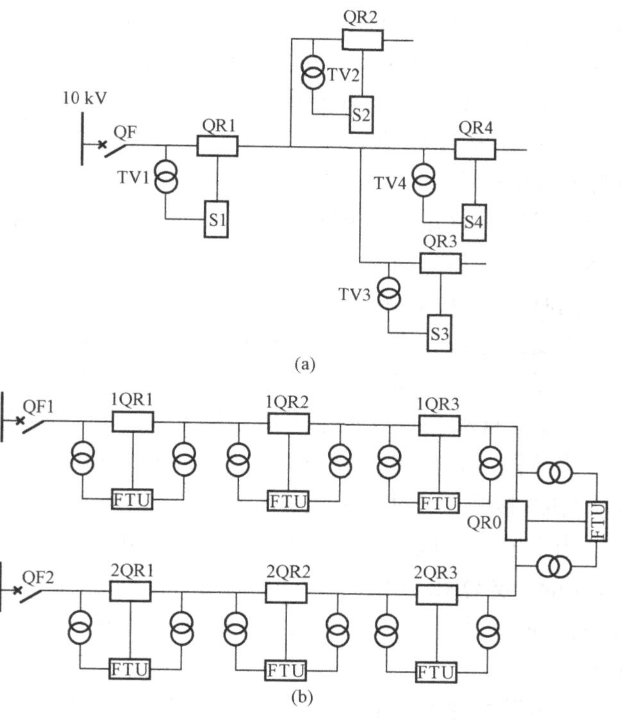

图 7 - 20　自动配电开关应用示意图

（a）单电源单供方式；（b）双回路环形供电方式

图 7 - 20（b）所示双回路环形供电方式采用两条干线作馈线线路，可以大大缩小事故和停电作业的停电范围，从而提高供电可靠性。双回路环形供电的联络断路器有常时闭合和常时开路两种运行方式。常时闭合方式是将两电源通过联络断路器接通，形成环路运行。由于变电站的继电保护配合和循环电流原因，这个方式容易造成继电器的误动作，现在已很少使用了。常时开路方式虽然在改善电压和提高变电站的利用率方面不如常时闭合方式，但不存在上述问题，因此被广泛使用。

3）双电源单用户供电方案。双电源环形供电主要是对区域供电或重要用户的供电，其一端失电后，另一端电源在短时间内对用户恢复供电，不使用户供电中断。

单用户的双电源供电是指一路断路器在工作状态，另一回路电源在备用状态，当因故障失电闭锁后，原供电断路器分闸闭锁，由备用回路电源供电。其供电方案如图 7 - 21 所示。

图中，正常方式由 QR2 供电，QR1 在备用状态，并由 QR2 两侧电压互感器提供信号和合闸能源。正常供电时，电源 1、电源 2 均有信号，QR1 保持在备用状态。当电源 2 无信号 QR2 失电后，则 QR1 自动合闸，由 QR2 转为 QR1 供电，保证了用户不停电。

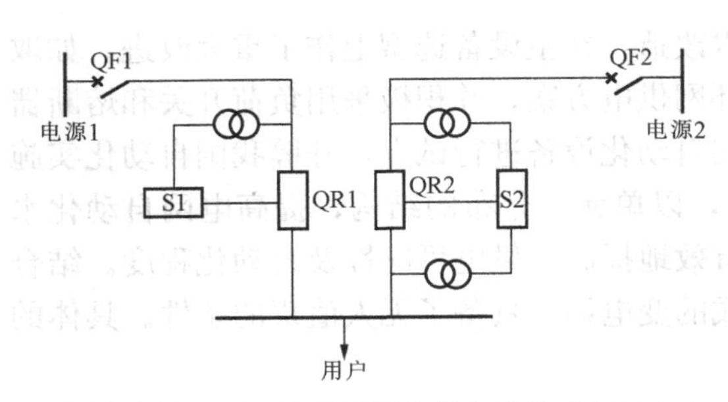

图 7-21　双电源用户供电方案之一

4）相互作为备用电源的环网供电方式。城网郊区的供电方式主要采用环网供电。这种供电方式以多用户为对象，采用架空线路输电，两电源相互备用，线路主干线分段的数量取决于对供电可靠性要求的选择。但是分段越多，供电方案越复杂，各断路器之间整定越困难。其供电方案如图 7-22 所示。

根据我国配电网及设备的生产情况，QR1、QR2、QR0 应采用具有开断与关合短路电流能力的设备，最大可能地将事故隔离在变电站以外。两端电源侧的断路器 QF1、QF2 应少动或不动作，QR1、QR2、QR0 的配合时间要小于 QF1、QF2 的动作时间。

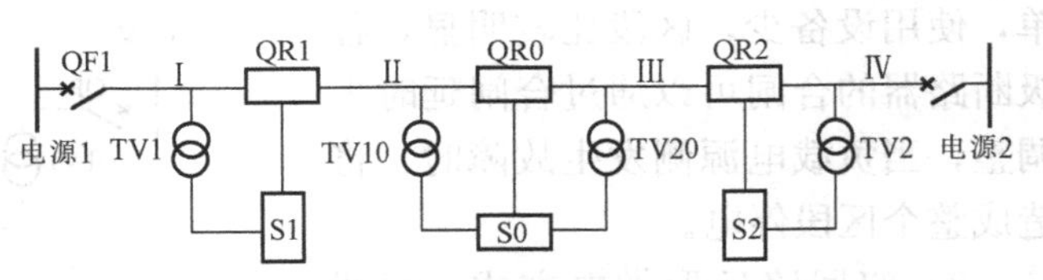

图 7-22　双电源用户供电方案之二

正常工作条件下，环网供电正常时，QR0 在断开状态，Ⅰ、Ⅱ段由电源经 QF1 供电，Ⅲ、Ⅳ段由电源经 QF2 供电。QR1、QR2 在Ⅰ、Ⅳ段感应有电源后延时自动合闸（初始在分闸状态），QR0 在 TV10、TV20 同时感受到电压存在时自动闭锁，并保持在分闸状态。为了防止两电源不能同时送电造成 QR0 误合闸，可先将 TV10、TV20 均置于手动位置，待 QR1、QR2 送电后再将 TV10、TV20 投入自动位置。如果采用遥控方式，则以遥控形式进行投切。

当Ⅱ段或Ⅲ段发生故障时，由 QR1 或 QR2 动作，并在规定的动作次数后实现合闸闭锁。QR0 接收一端失压信号后，延时自动合闸。

当Ⅰ段或Ⅳ段发生故障时，QF1 或 QF2 动作，在完成重合后自动闭锁，Ⅰ段或Ⅳ段失电，QR1 或 QR2 在延时一定的时间后自动分闸。QR0 在接收到一端失电后，延时自动合闸（延时时间应大于 QR1、QR2 延时分闸时间），并保持在合闸位置，恢复对Ⅱ段或Ⅲ段的供电。

当故障发生在Ⅱ段或Ⅲ段时，各断路器整定的参数不变，首先由 QR1 或 QR2 连续动作两次，如故障并没有消失，此时 QR1 或 QR2 自动合闸闭锁；QR0 感受到一端失电，在延时一定时间后应自动投入合闸，但因故障并没有消失，它将自动分闸并不再合闸，以实现对故障区段的隔离。

（2）重合断路器与自动配电开关的配合。重合断路器安装在变电站内，用作保护开关，具有二次重合闸功能。自动配电开关安装在线路上，具有电压延时自动合闸功能。重合断路器与自动配电开关的配合，并增设故障探测器、遥控终端 RTU 及中央控制中心，可组成配电网自动化系统。另外，自动配电开关还具有分段器功能。控制中心对线路中各点的自动配电开关可进行控制。

自动配电开关是依靠控制器对电压信号的有无来进行故障判断的。当线路开始有电压时（保护开关带电合闸后），电源变压器受电后向控制器提供有电信号，控制器按预先整定的延时时间（用 X 表示）进行合闸。X 时间根据需要自行设定，用以区别同一并联支线上有两台以上自动配电开关时的合闸顺序。X 时间一般在 7～15s。

自动配电开关控制器是根据发出合闸信号到线路上无电的时间来判断故障的，故障判断时间用Y表示。Y时间的整定值应小于X时间，并应在安装时调整好。X、Y时限图如图7-23所示。图中，$y \leqslant Y$时为故障，$y > Y$时为正常。

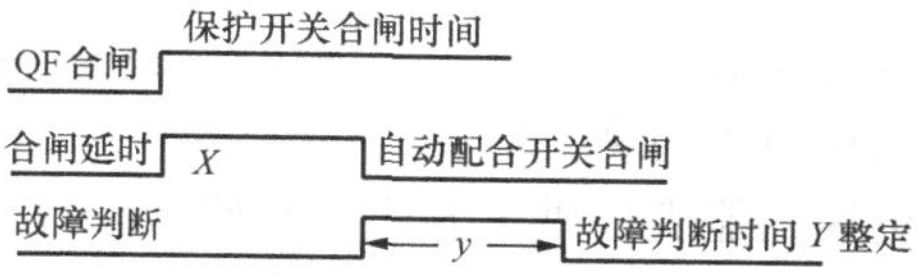

图7-23　X、Y时限图

当y时间小于整定值Y时，控制器判断这次线路失电是本开关合闸引起的，即认为有永久性故障存在。当首端再次送电时，控制器不再发出合闸信号，即实现合闸闭锁，需清除线路故障后人工复位。

当线路中其他自动配电开关处于正常运行状态，且y时间已大于整定的Y时间时，自动配电开关对任何故障都不再进行计时比较判断。当自动开关在第一次合闸时y时间小于Y时限，则判断为故障，不再执行下次合闸。

课题五　抄表及电能计量系统

一、远程自动抄表AMR（Automatic Meter Reading）

AMR是一种不需人员到场就能完成自动抄表任务的新型抄表系统，是现代抄表技术发展的主导方向。

远程自动抄表是利用公共电话网络、控制信道或低压配电网络载波等通信手段，将电能表的数据自动传输到计算机电能计费管理中心进行处理。远程自动抄表技术可以提高抄表的准确性和及时性，杜绝了抄表不到位、估抄、误抄和漏抄等问题，降低劳动强度，精简人员，提高电能计费现代化管理水平。它不仅适用于工业用户，也可用于居民用户。应用于远程自动抄表系统的电能表包含电量采集与发送装置和信道。

二、电力载波集中抄表系统的典型方案

电力载波集中抄表系统是由电能表、电力载波采集器、电力载波主控机和管理中心计算机组成的四级网络系统。电力载波总线式集中抄表系统框图见图7-24。

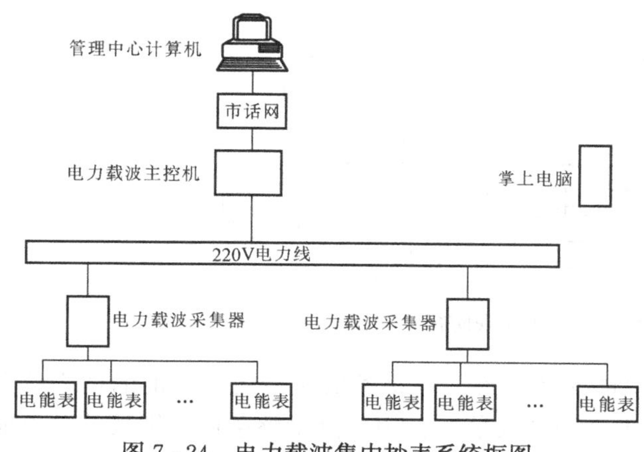

图7-24　电力载波集中抄表系统框图

图7-24中，本系统的电能表数据通过传感器以脉冲信号方式传输给电力载波采集器，电力载波采集器收到脉冲后进行计数和处理，并将结果存储。采集器和主控机之间的通信采用电力载波方式。采集器平时处于接收状态，当收到主控机的操作指令时，则按照指令内容操作，并将本采集器有关数据以低压电力线载波PLC模式通过配电线送至主控机。这种通信方式的最大特点就是利用现有的低压220V电力线作为通信线路，而不用另外铺设通信线路，既节省材料，又方便施工，同时给维护也提供了方便。

电力载波采集器与电能表之间采用普通四芯线直接相连，连线距离可在50m，可以同时

采集最多 17 块电能表的数据。将采集来的脉冲信号转换成相应的计量单位，其采集精度与所选电能表精度一致，并内设断电保护电路，断电后，数据可长期保存。利用采集器的红外通信接口可与掌上电脑直接通信，掌上电脑可用于现场设置参数及电能表的初始值，给安装和更换电能表提供了方便，并使所设数据准确。采集器数据传输给主控机则采用电力载波通信方式，电力载波主控机可最多管理 255 个电力载波采集器，使所辖的电能表个数可多达 255×17＝4335 块，足够容纳一个居民小区或一片商业区。采用电力载波通信可定时或实时抄取所辖所有电力载波采集器内的电能表数据，并保存在内部数据存储器中，供中心站计算机随时调用，同时可传输管理中心计算机发给电力载波采集器的参数配置。电力载波主控机返回数据则利用现有的电话通信网络传输给中心计算机。

管理中心计算机可以是单台计算机，也可以是由网络连接而成的计算机网络，管理中心可下辖无穷多个电力载波主控机。所以本系统可以管理到一个小区，一个电力分公司，甚至到一个电力公司和一个地区，这主要由所使用的计算机容量来决定。中心站计算机具有实时、自动、集中抄取电力载波主控机的数据，集中管理用户信息，准确而快速的费用计算，详尽的用电分析等功能。

三、利用远程自动抄表实现防窃电

窃电行为的防范与侦查，对于供电管理部门是非常重要的。远程自动抄表系统有利于及时察觉窃电行为，并采取必要的措施。

实践表明，仅仅从电能表本身采取技术手段难以防范越来越高明的窃电手段。根据低压配电网的结构，合理设置抄表交换机和抄表集中器构成远程自动抄表系统，并在区域内的适当位置采用总电能表来核算各个电能表数据的正确性，是防范与侦查窃电行为较好办法。远程自动抄表实现防窃电的框图如图 7-25 所示。

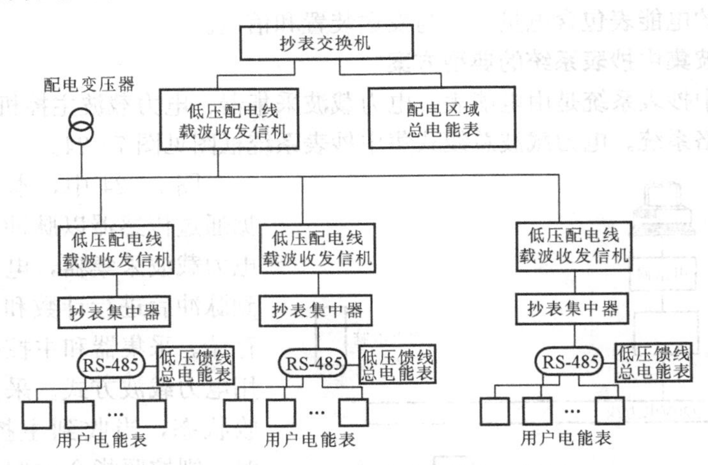

图 7-25　远程自动抄表实现防窃电框图

图 7-25 中描述的系统是针对居民电能表的情形，在每条低压馈线分支前的适当位置（如电能表箱柜）安装一台抄表集中器，并在该处安装一台用于测量整条低压馈线的总电能的低压馈线总电能表，并与抄表集中器相连。在居民小区的配电变压器处设置抄表交换机，并与在该处安装的配电变压器区域总电能表相连。这样，当电能计量管理中心发现配电变压器区域总电能表的数据明显大于该区域内所有的居民用户电能表读数之和，并排除了电能表

故障的可能性后，就可认定该区域发生了窃电行为。

一般地，如果配电变压器区域总电能表的读数与该分区内所有低压馈线总电能表读数之和大体相当，则应再考虑各低压馈线总电能表的读数与该条线路上所有居民用户的电能表的读数之和是否相等；如果低压馈线总电能表的读数明显大于该条线路上所有用户电能表的读数之和，则应重点巡查该条线路上的各个用户，因为很有可能在他们中间的某一户有窃电行为。

如果配电变压器区域总电能表的读数明显大于或小于该分区内所有低压馈线总电能表读数之和，则往往是由于电能表的问题造成的，应校验配电变压器区域总电能表和低压馈线总电能表。

四、远程自动抄表系统中的通信问题

电能表是远程自动抄表系统中的重要组成单元，目前国内智能电能表和其他应用于远程自动抄表系统中的电能表的通信主要采取 RS-485 标准接口电路详见图 5-15 及图 5-16。

用于远程自动抄表系统电能表的电子部分实际上是一个单片机系统，自动抄表系统中的通信前端就是单片机与集抄器之间的串行多机通信。具体通信方式可采用低压电力载波通道或无线电发送方式。系统框图如图 7-26 所示。图 7-26 中调制解调器就是图 5-3 中的 Modem，其原理如图 5-4 所示。

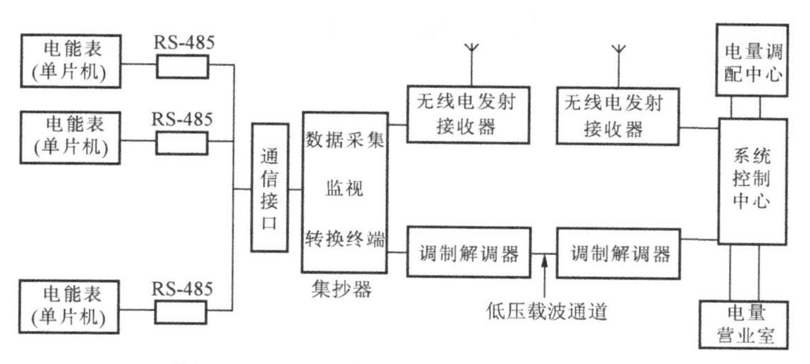

图 7-26　远程自动抄表系统通信系统图

因此，各电能表与抄表集中器的通信在设计中实际上是单片机与专用微机的串行多机通信。

五、电力载波技术与远程自动抄表系统的发展

电力载波技术应用与远程自动抄表系统具有节省材料、减少施工、便于维护等一系列优点。但在配电网络中，存在因电气设备的投切而产生的信号干扰，再考虑到配电网络阻抗也会随之变化，将导致网络的传输和衰减特性发生波动，对利用低压载波进行数据传输带来影响。

英国某通信公司在 1990 年就开始对电力线载波通信进行研究，解决了电力干扰问题，取得了电力载波技术的重大突破，利用最新开发的数字配电线电力载波技术 DPL（Digital Power Line）实现了在配电网络上进行的远程通信，数据传输速率达到 1Mbit/s。

目前低压电力载波技术在大多数国家称为 PLC，并已形成了国际标准。我国电科院采用国际标准芯片先后研究了传输速率达到 2、14、200Mbit/s 的低压 PLC 产品及 14、45Mbit/s 的中压 PLC 产品。在此基础上，进一步组建了世界上最大的 PLC 试验网络，建立

了PLC网管、计费运营系统，并研究了盈利模式，探索了PLC在中国商业化运营的可行性。PLC在配电自动化系统中运营将是必然的发展趋势。

习　　题

1. 什么叫配电自动化？其内容如何？
2. 配电网自动化系统的基本结构是怎样的？
3. 基于重合器的馈线自动化与基于FTU的馈线自动化有何不同？
4. 重合器、分段器的功能各是怎样的？
5. 什么叫重合器的双时性？如何理解？
6. 故障检测继电器FDR的工作原理是怎样的？
7. 电压—时间型分段器与过电流脉冲计数型分段器有何区别？
8. 采用重合器与分段器配合为什么能隔离永久性故障点？
9. 地理信息系统GIS的作用主要有哪些？
10. FTU与TTU各有何作用？
11. 远程自动抄表是怎样实现的？
12. 什么是重合断路器？重合断路器的使用有何意义？

智 能 电 网

内 容 提 要

智能电网及其主要特征，智能电网的发展，智能电网的高级量测体系、计量数据管理系统，高级配电体系、高级配电自动化、自愈控制技术、配电网广域测控技术、分布式电源、分布式电源并网技术，高级输电运行体系、特高压输电网、输电网的高级监测技术，智能变电站及其特征，智能变电站网络结构、智能组件、在线状态监测、一体化信息平台，顺序控制、智能告警及分析决策、故障信息综合分析决策系统、设备状态可视化、经济运行与优化调节控制、站域控制、新能源接入。

课题一 智 能 电 网 概 述

一、智能电网是电力工业发展的现实选择

进入21世纪以来，全球资源环境的压力不断增大，能源需求不断增加，电网安全运行的问题日益突出，电力系统面临前所未有的挑战和机遇，因此也被赋予了重要的社会责任，而智能电网也成为世界电力工业发展的选择。

1. 全球资源环境的压力增大

由于全球气候变暖、自然灾害频繁、能源生产和使用中所排放的温室气体占温室气体总排放量的65%，今后该比例还将继续增高。如何应对气候变化，实现可持续发展，已成为全球电力行业关注的焦点和变革的主要推动力。

智能电网发展建设的一项重要内容就是发展清洁能源，这是应对气候变化，解决能源发展与环保矛盾的重要选择。建设发展智能电网改善能源结构，减少环境污染，缓和全球资源环境压力是全球电力行业的不可推卸的责任。

2. 大力发展可再生能源必需发展智能电网

我国经济社会持续快速发展，电力需求将长期保持快速增长，预计到2020年我国电力需求为现有水平的两倍以上，电力需求将达到7.7万亿kWh，发电装机容量将达到16亿kW。可见能源缺少是个长期问题。必须改变目前的能源结构，大力发展可再生能源，使我国的经济发展成为可持续的发展。

可再生能源中风能和太阳能等发电能源具有随机性，间歇性和波动性，大规模接入将给电网高峰、运行控制、供电质量等带来众多特殊问题，需要通过智能电网建设提升电网接入清洁能源的能力。

随着经济社会持续快速发展，科技进步和信息化水平的提高，电动汽车、智能设备、智能家电、智能建筑、智能交通和智能城市等将成为未来的发展趋势。只有加快建设坚强的智能电网，才能满足经济社会发展对电力的需求，才能满足客户对供电服务的多样性、个性

化、互动化需求，不断提高服务整体质量和水平。

3. 电网安全运行需求发展智能电网

随着电力技术的日益发展，对电网安全运行要求也越来越高，如自愈、互动、优化等特征的变革要求将进一步促进电网的安全运行工作，从而使智能电网成为电网发展的必然趋势，目前发展智能电网已在世界范围内达成共识。为了抵御日益频繁的自然灾害和外界干扰，甚至于某些恐怖活动，电网必须依靠智能化手段不断提高其安全防御能力和自愈能力。传感器和信息技术在电网中的应用，为电力系统状态分析和辅助决策提供了技术支持，使电网自愈成为可能。

电力系统一向十分注重安全生产和运行，建设发展智能电网对安全生产运行是十分关键性的。智能电网必须是一种能抵御物理攻击（爆炸和武器）及信息攻击（计算机）。这两类攻击近几年来全世界范围一直在不断增加，计算机安全事件正以一个惊人的速度增加。发展智能电网使智能电网能提供更高级自动化及广域网监测和电力配电系统的远程控制，来抵制各种攻击的可能。

以上这些都是当前电力行业发展所亟需面对和解决的问题，依靠电网的智能化发展来解决这些问题，智能电网必将成为电力工业发展的现实选择。

二、智能电网的主要特征

智能电网是将先进的传感量测技术、信息通信技术、分析决策技术、自动控制技术和能源电力技术相结合，并与电网基础设施高度集成而形成的新型现代化电网，它涵盖了电力生产的全过程，以高速通信网络为支撑，通过先进的信息、测量、控制技术实现电力流和信息流的高度集成。智能电网具备自愈、互动、坚强、优质供电、经济、安全可靠、清洁环保等特征。

1. 自愈

所谓自愈，是指对电网的运行状态能进行连续的、在线的自我评估，并采取预防性的控制手段，及时发现、快速诊断和消除故障隐患；故障发生时，在没有或少量人工干预下，能快速隔离故障、自我恢复，避免大面积停电的发生。

应指出的是，电网的安全运行和自愈功能有赖于电网的各个节点之间有多路、大容量、双向通信信道；调控中心配备有强大的计算机设备，能够在发现停电故障苗头时，对输电线路自动进行重新配置。

电网能够自愈，自动恢复安全供电，应具备三大条件：

（1）实时监测和快速反应。

（2）预测。该系统应能不断寻找可能发生较大事故隐患，并评估这些隐患将带来什么后果，确定补救措施。

（3）隔离。一旦事故发生，电网将被拆分为若干“孤岛”，每一部分都应能自动独立地动作，或退出运行，避免故障向外扩散。故障排除后，检修人员修复故障设备和线路后，在恢复供电时系统应会再次自动调整，优化自身运行状态。

其实自愈功能并非全新的概念。我们所熟悉的继电保护和安全自动装置就是属于自愈的范畴，只不过“自愈”是继电保护和安全自动装置的发展，内容也更为丰富而完善，它的终极目标是为用户提供永不间断的理想电力。自愈技术是智能电网的核心技术之一，对于电网的建设和发展具有十分重要的意义。

2. 互动

所谓电网的互动，是指在创建开放的系统和建立共享信息模式的基础上，通过电子终端（例如网关单元）将用户之间、用户和电网公司之间形成网络互动和即时连接，实现通信的实时、高速、双向的总体效果，实现电力、电信、电视、家电控制等多用途开发。其目的是优化电网管理，提供全新的电力服务功能、提高电网能源体系效率、建造电力消费者和生产者互动的精巧、智慧和专家化的能源运转体系。作为电网“智能化”的支撑，全网互动是智能电网建设的关键之一。

目前电网虽然没有实现智能化，但早已有了互动的运作。例如需求响应（DR）就是一个实例，目前已实行了分时电价；在电力供应紧张的时候，电力企业通过给用户优惠政策来促使他们减少或停止用电。但这不是双向的，电力企业处于完全的支配地位，还不是真实意义上的互动。

目前互动的另一实例是：分布式能源（DER）的使用，这相当于使用用户侧的发电系统，这类系统能够在用户选择的时间段运作，作为从电网购电的另外一种选择，这是由用户来操作并参与电网的需求响应计划。目前这种 DER 项目还不够多，并且还处于开发阶段。

未来的智能电网在能源用户和电网之间将会出现更多更可靠的广泛联系，由于相关的信息技术和数字通信技术会变得更加强大和廉价，参与电网的用户数将会越来越多，互动成为电力企业和用户的真切要求，他们从互动中得到了能耗的减少及成本的下降。

未来的互动将提供实时互动，通过用户侧和电力企业之间的网关单元给用户提供更多的选择。这个网关提供负载控制功能，用户可以根据实时价格对用电行为进行预编程，这种互动更有积极意义。这是一种新的技术，它支持用户决策的计算机辅助、传递电价信息的宽带电力载波通信等使用户和电力企业之间实现更加有效的交互。

智能电网的互动应该以一种自动化的、低成本的方式让用户参加到电网中来。这种互动功能要求用户终端在电费计量屏或仪表上装设有网关，除了配网电力电子设备接入提供信息并对用户需求管理外，用户的负载控制设备信息及用户的能源管理系统 EMS 信息都需接入网关，以便用户与电力企业交互形成互动。

3. 坚强

我国首次提出了发展“坚强智能电网”的战略目标，我国的智能电网区别于世界其他国家，要求智能电网是以特高压电网为骨干网架，以通信信息平台为支撑，具有坚强可靠、智能化的坚强智能电网。“坚强”与“智能”是现代电网的两个基本发展要求，“坚强”是基础，“智能”是关键，强调坚强网架与电网智能化的高度融合。

“坚强”有两层意思：首先是要电力网形成结构坚强的受端电网和送端电网，电力承载能力显著加强，形成“强交强直”的特高压输电网络，实现大容量、高效率、远距离输电；使电网的运行稳定性和可靠性大幅提高；全面建成横向集成、纵向贯通的智能电网调度技术支持系统，实现电网在线分析、预警和决策，大力提高电网的自愈能力。

“坚强”的第二层意思是：要防御物理攻击和信息攻击，建立一个周密的能同时对攻击有完善的反映系统和预见性及（对危害的影响上的）确定性的系统。

要实现这二层意思上的“坚强”，预警和决策是关键。通过计算机模拟的数据为调度和运行者提供预测信息，这些信息应能明确事故、故障及对电网攻击时的相应对策。还要推广使用分布式资源（DER），使系统在故障时的“孤立岛屿”能正常运行。

4. 优质电能供应

衡量电能质量的主要指标是电压、频率和波形。而优质电能供应包括电压质量、电流质量、供电质量和用电质量，具体来说，就是频率偏差、电压偏差、电压波动与闪变、三相不平衡、暂态过电压、波形畸变（谐波）、供电连续性等。对于现代电网来说，由于数字设备的大量采用，电能质量问题更显得重要。例如电压暂降、暂升和短时中断，谐波产生的电压波形畸变，已成为最重要的电能质量问题，因为这些严重的电能质量（PQ）问题直接影响到数字环境，将影响到一个商业或工业公司的产品率。

智能电网对于不同的用户，提供不同等级的电能，采用不同的电力价格；智能电网能够减少输配电元件引起的电能质量问题，其控制方法是监测，对电能量问题的快速诊断和周密的解决方案；智能电网通过监测和使用滤波器防止用户的电子负荷产生的谐波源倒灌电网；采用多种电力电子设备快速校正波形畸变；应用各种储能设备如超导磁储能和分布式电源，来改进电能质量和稳定性，为用户提供超洁净的电能。

5. 兼容各种发电和储能系统

智能电网能够与各种发电厂、大的或集中的电厂、热电厂、水电站、核电站等相兼容，而且还与不断增加的分布式能源（DER）相兼容。目前我国连网的分布式电源还较少。以后，从电力公司到服务供应商，再到用户侧，DER 将快速增加。那些分布式能源将是多样的而且是广泛分布的，包括可再生能源（风能、太阳能、海潮能等）。分布式电源和储能。目前全球公认的目标是广泛分布采用 DER，就像现在的计算机、手机和因特网那样，未来的可再生能源可以是分布式的，也可以是集中式的，个人的、独立的风轮机或者是集中的风力发电场。

6. 活跃市场化交易

在智能电网中，先进的设备和广泛的通信系统在每一个时间段内支持电网参与者的市场运作，并提供可靠充分的数据。智能电网通过市场上供给和需求的互动，可以最有效地管理能源、容量、容量变化率、潮流阻塞等参数，降低潮流阻塞，扩大市场，汇集更多的买家和卖家。用户通过实时报价来感受到价格的增长从而降低电力需求，推动成本更低的解决方案，并促进新技术开发，新型洁净的能源产品也将给市场提供更多选择的机会。

7. 优化资产和高效运行

智能电网通过高速通信网络实现对运行设备的在线状态监测，以获取设备的运行状态，在最恰当的时间给出需要维修设备的信号，实现设备的状态检修，同时使设备运行在最佳状态；系统的控制装置可以被调整到降低损耗和消除阻塞的状态。通过对系统控制设备的这些调整，选择最小成本的能源输送系统，提高运行的效率；智能电网将应用最新技术以优化其资产的应用，如通过动态评估技术以使资产发挥最佳的能力，通过连续不断地监测和评价其能力使资产能够在更大的负荷下使用。

智能电网优化调整其电网资产的管理和运行以实现用最低成本提供所期望的功能。每个资产将和所有其他资产进行很好的整合，以最大限度地发挥其功能，同时降低成本。

三、国内外智能电网的发展概况

美国在过去的30年间，虽然信息和通信技术发生了翻天覆地的变化，但日趋老化的美国电网并没有跟上变革的步伐，用户对电力供应提出了越来越高的要求，国家安全和环保等各方面也对电网建设和管理提出越来越高的标准，国际电工委员会IEC于2008年筹建了智能电网战略工作组，以制定智能电网的相关标准，推动电网智能化的进程。智能电网战略工作组于2009年4月底在法国巴黎召开了首次会议，提出了智能电网的标准研究框架。2009年1月美国白宫发布了“复苏计划尺度报告”，宣布将铺设或更新3000英里输电线路，并为4000万美国家庭安装智能电表。2009年4月奥巴马政府公布了40亿美元智能电网技术投资计划，计划划拨34亿美元资金用于开发智能电网，6.15亿美元用于智能电网的演示项目及示范工程项目。同年，美国的马萨诸塞州公共事业部提交了一个持续两年、总投资达5700万美元的智能电网示范工程项目。该项目将包含新英格兰地区的15000个用户，为所有用户安装智能电能表、可编程的恒温器，提供电子账单并在一些变电站接入可再生电源，计划集成分布式电源和即插即用混合电动汽车。

欧洲国家的电网发展，尤其是可再生能源风能、太阳能、生物质能、核能等要比美国的政策目标高，环保的要求也相应要高。例如在基于天然气的分布式发电技术已广泛应用，并已市场化，安全使用的核能在法国已占到总能源的75%。这些说明了欧洲智能电网的发展早有了其独特的背景。欧洲电网属于分布发电与交互式供电的发展模式更适合建立智能电网。

2006年4月，欧洲未来电力网络技术平台顾问委员会发布了“欧洲未来电力网络视图和战略”，指出欧洲未来的电力市场和网络必须能为用户提供一个可靠、灵活、可访问和低成本的电力供应系统。充分利用大型集中的发电厂和小型分布式的电源。终端用户在电力市场和电网上均体现更重要的互动性。电网的集中与分布电源在欧洲各层次广泛互连，促进安全和高效。这个新概念的电力网络称为智能电网视图。2008年底，欧洲公用事业电信联合会发布了一份“智能电网——构建战略性技术规划蓝图”的报告。以帮助公共事业公司做充分的规划准备工作，制定智能电网发展计划。此后在智能电网的实践方面，大量的电力企业如火如荼地开展智能电网建设，内容覆盖了发电、输电、配电和售电等环节。

中国的智能电网的研究，虽然起步较迟，但很有特色，而且发展较快。2007年10月华东电网公司启动了智能电网可行性研究项目，结合华东电网的现状和今后发展的要求，提出了三个阶段发展思路和行动计划：①2010年初步建成电网高级调度中心；②2020年全面建成具有初步智能特性的数字化电网；③2030年真正建成具有自愈能力的智能电网。争取在智能电网建设的方向上取得实质性的突破，为早日实现“一强三优”现代公司作出贡献。2009年又强调开展“互动电网”前瞻性研究及信息一体化平台建设。

2009年4月中国国家电网公司高层领导访美，在美国华盛顿宣布了我国发展智能电网的特色，“中国国家电网公司正在全面建设以特高压电网为骨干网架，各级电网协调发展的坚强电网为基础，以信息化、自动化、互动化为特征的自主创新、国际领先的坚强智能电网。”从此，坚强智能电网作为一个新的概念，首次在世界上提出。2009年5月特高压输电技术国际会议上，国家电网公司正式对外公布了“坚强智能电网”计划，会议指出“发展特高压电网是建设坚强智能电网的基础，为保障安全、清洁、高效、可持续的能源和电力供应，积极发展智能电网已成为世界电力发展的新趋势。”“智能电网首先应当是一个坚强的电网，坚强是智能电网的基础，智能是坚强电网充分发挥作用的关键，两者相辅相成、协调统一。因此特高压对发展智能电网来说至关重要。”

国家电网公司将分三个阶段推进坚强智能电网建设。①2009～2010年是规划试点阶段，重点开展坚强智能电网发展规划，制定技术和管理标准，开展关键技术研发和设备研制，开展各环节试点；②2011年～2015年是全面建设阶段，将加快特高压电网和城乡配电网建设，初步形成智能电网运行控制和互动服务体系；③2016～2020年是引领提升阶段，将全面建成统一的坚强智能电网，技术和装备达到国际先进水平。届时，电网优化配置资源能力大幅提升，清洁能源装机比例达到35%，分布式电源实现“即插即用”，智能电能表得到普及应用。

课题二　智能电网的高级量测体系

一、高级量测体系的概述

传统的供电模式是不考虑需求侧的作用，消费者仅仅充当被动购买者的角色，电网仅仅是为了单向传输电力，而不是一个动态的能源供求互动的网络。随着经济技术的发展，用户的电力需求不断增长，用户希望了解用电成本并公平分摊的要求日益强烈；降低能源消耗和环境污染的任务仍十分艰巨。为了应对这些严峻挑战，需求响应应运而生。需求响应旨在通过经济手段激励引导用户避开高峰需求时的高电价；高级用户还能根据电价信息及系统状态来布置分布式能源。实施需求响应的一个必要条件是用户具有实施需求响应的技术能力，为此需要建立需求响应技术支持系统。需求响应的支持技术的发展经历了从智能电能表到高级量测体系（AMI）阶段。通过将智能电能表与负荷控制设备和通信网络的组合，成为支撑高效需求侧响应的高级量测体系。高级量测体系是一个计量系统，它能够记录每小时或更短时间间隔的用户用电量等数据，并能够将数据和需求响应信息通过通信网络传输到数据采集中心的量测系统。AMI能够传递并实施一个完整的需求响应决策。随着数字化信息技术的发展，AMI成为智能电网的一个基础性功能模块，它与高级配电运行（ADO）、高级输电运行（ATO）及高级资产管理（AAM）成为智能电网的四大体系。

二、AMI的结构与组成

1. AMI的结构

AMI的典型结构如图8-1所示。它包括五个主要组成部分，即智能电能表、用户（家庭）网络、通信网络、计量数据管理系统（MDMS）和AMI接口。图中AMI的各部分通过网络连接起来，共同完成实施需求响应所必需的用户用电信息、电价与系统信息的双向传输与用电控制，实现需求响应的自动化与智能化。其中负荷控制设备能够远程断开与连接用电设备；分布式能源控制设备能够远程启动与停止用户的现场发电机组等；用户门户层是用户与网络的接口，提供用户对设备控制命令的输入等交互服务；计量数据管理系统存储并分析用户的用电数据；用户服务中心实现用户的用电结算、需求响应的确认以及用户用电信息的查询等功能；市场运行系

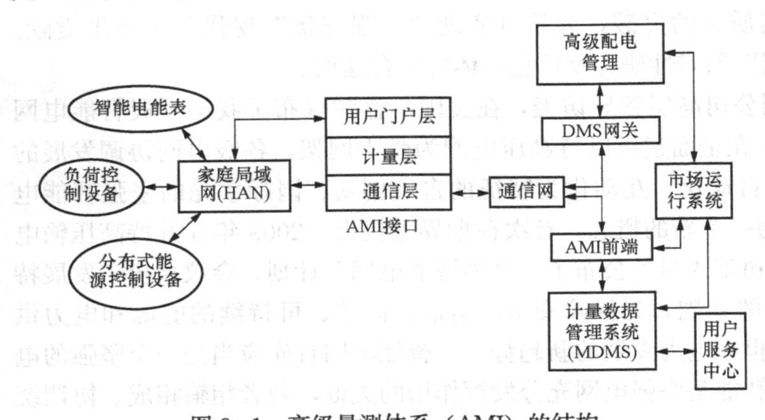

图8-1　高级量测体系（AMI）的结构

统分析市场运行状况以及发输电成本，形成实时电价，并通过通信网络将相关信息传输到用户网络；配电管理系统（DMS）分析AMI数据以优化运行、节约成本、提高用户服务水平。

2. AMI的组成

(1) 智能电能表。智能电能表是一种可编程的、有存储能力和双向通信能力，具有需求响应功能的先进计量设备，是分布于AMI网络上的传感器。

智能电能表按设定时段记录（一般为1h）从电网传输给用户的能量或由用户电源输入电网的能量，因此可以支持以设定时段为计费单位的电价机制，可自动化远程抄表或按需抄表，能远程连接与断开室内所有用电设备（即远程控制），报告电力参数越界状况，检测偷窃电现象，进行电能质量监测等，具有远程校准时钟功能。

(2) 用户局域网。用户局域网是一种室内局域网，它通过网关（或用户入口）将智能电能表和户内可控的电器装置（如电脑、可编程温控器、冰箱、空调等）连接起来，通过用户能量管理系统与室内显示设备形成一个响应的能量感知网络。用户局域网使用户具有远程控制室内用电设备的能力，提供了一个代理用户参与市场的智能接口。

(3) 计量数据管理系统（MDMS）。计量数据管理系统是配电管理中的用户用电数据分析处理系统，能与其他信息系统交互。其主要包括用户信息系统、地理信息系统、公用事业Web站点、断电管理系统、电力质量管理和负荷预测系统、移动作业管理、变压器负荷管理、企业资源规划等。

三、AMI接口（用户入口）

AMI通过用户接口（即图8-1的门户层）与用户交互，同时为电网提供一个面向市场的智能接口。用户入口可以装在任何设备中，如电能表计本体、邻近的电能采集器、独立的电力公司网关、用户的计算机、机顶盒等。

用户入口能用作自动抄表和动态降减负荷的联络点，如图8-2所示。例如，为用户提供刺激方案和工具，鼓励他们自愿通过控制设备来减小负荷；在紧急状态下从参与需求响应的用户侧迅速减小负荷。

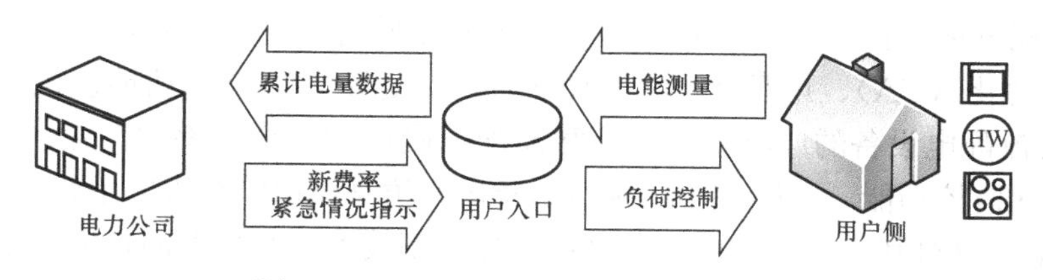

图8-2　用户入口用于计量和需求响应

用户入口还为居民用户提供新的服务，如图8-3所示。

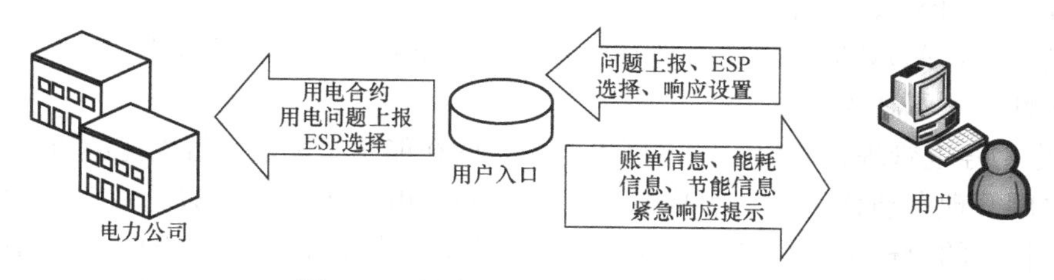

图8-3　用户入口用于居民用户服务

用户入口可以允许更多高级用户将本地的选择集成到电力系统和能源市场；允许能源服务公司远程管理用户账号并使能源服务公司能够做到检测窃电、检测用户前端设备的损坏、远程连接或断开和配置用户服务、限止最大用户负荷；用户入口能够允许配电操作人员对系统问题实现快速反应，优化系统到用户层次，而不仅仅在馈线层次。

当AMI接口大数量地布局，AMI体系就可以扩大为公共事业单位提供一个框架的服务。如监测用户侧的安全和警告（如洪水或冰冻）、监测家庭病人的健康状况、监测家庭空气质量、控制和优化楼宇的加热和照明等。

课题三　智能电网的高级配电体系

一、高级配电自动化概述

1. 高级配电自动化的定义与特点

为与传统配电自动化（DA）区分，将智能配电网中的DA称为高级配电自动化（ADA）。ADA是“配电网革命性的管理与控制方法，可实现配电网的全面控制与自动化并对分布式电源（DER）进行集成，使系统的性能得到优化”。

ADA是对传统DA的继承与发展，与传统DA相比，其主要功能特征为：①支持分布式电源DER的大量接入并与配电网相集成；②支持自愈控制技术，包括分布式智能控制技术；③实现柔性交流配电设备的协调控制；④支持与用户的互动，实现配电与用电管理智能化；⑤提供实时仿真分析与辅助决策工具，支持实时状态估计、网络重构、电压无功优化控制、故障定位和隔离；⑥采用IEC 61850标准通信规约，使系统具有良好的开放性与可扩展性。与调度及变电站之间实现“无缝”连接，信息高度共享。

2. 高级配电自动化（ADA）的功能

传统DA包含配电变电站、中低压配电网络、用户侧三个层次上的自动化内容，而在智能配电网中，用户侧自动化技术与用户的互动等新型服务及管理内容较为丰富。ADA包含高级配电运行自动化（ADO）和高级配电管理自动化（ADM）两方面的技术内容。

（1）高级配电运行自动化（ADO）。ADO主要完成配电网安全监控与数据采集（SCADA）、馈线自动化（FA）、电压无功控制、DER调度等实时应用功能。由于分布式电源DER与柔性交流配电设备的广泛应用，使智能配电网成为一个功率双向流动的复杂有源网络，因此配电网监控功能，必须使用广域控制及快速仿真模拟等高级应用软件和分布式智能（DI）控制技术，以对其进行有效监控。这些智能控制技术将在配电网自愈控制中讨论。

（2）高级配电管理自动化（ADM）。

1）ADM的基本概念。ADM以地理图形为背景信息，实现配电设备空间与属性数据以及网络拓扑数据的录入、编辑、查询与统计管理。

在此基础上，ADM完成停电管理、检修管理、作业管理、移动终端（检修车）管理等离线或实时性要求不高的应用功能。

2）配电网停电管理智能化。配电网停电管理的智能化是配电网智能化的重要标志之一，是高级配电网管理自动化的重要组成部分。配电网停电管理技术可以为故障停电提供更科学、准确和快速的分析手段。它在配电系统数据集成的基础上，实现用户故障的电话报修，对停电范围、原因、恢复供电的自动应答和基于用户性质、设备信息、班组计划的故障检修协调指挥。

停电管理为电力客户服务中心提供一套具有地理背景的可视化管理，该技术可综合分析各类停电信息（包括SCADA信息、故障报修电话信息、计划检修停电信息），进行故障诊断、定位，并在地理图上进行直观的可视化显示，指导停电检修。停电管理分析指挥系统框图如图8-4所示。

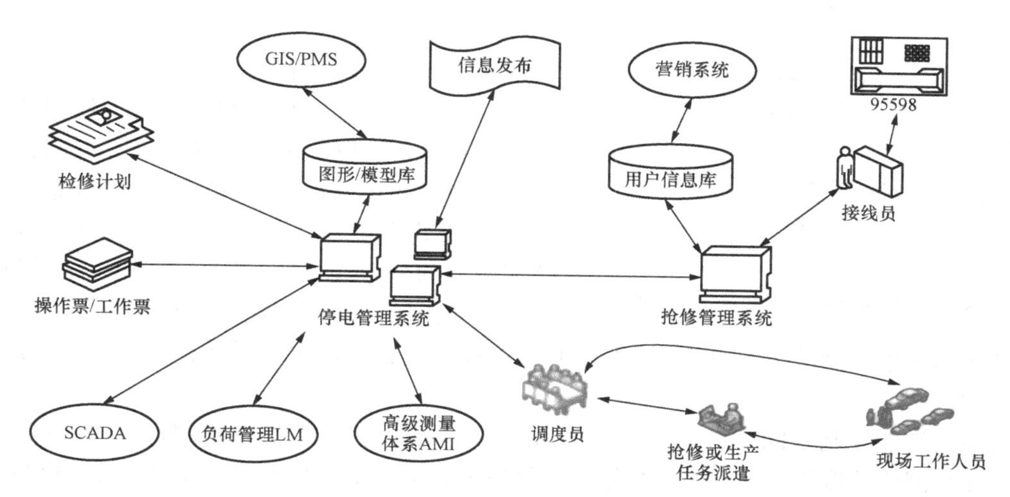

图8-4　配电网停电管理分析指挥系统框图

配电网停电管理分析指挥系统涉及地理信息、生产管理、SCADA、高级测量、用电营销、电力客户服务等，需要各系统数据共享与互操作，才能完整实现停电管理智能化功能。

二、智能配电网的自愈控制技术

1. 自愈控制技术基本概念

（1）什么是自愈控制。智能配电网是智能电网中连接主网和面向用户供电的重要组成部分，自愈作为智能配电网的“免疫系统”，是智能配电网最重要的特征。智能配电网的“自愈”功能，主要是解决“供电不间断的问题”。自愈控制，也就是在无需或仅需少量人为干预情况下，利用先进的监控手段对电网的运行状态进行连续的、在线的自我评估，并采取预防性的控制手段，及时发现、快速诊断、快速调整或消除故障隐患。在故障发生时能够快速隔离故障、自我恢复，实现快速复电，而不影响用户正常供电或将影响降至最小。

自愈功能使配电网能够抵御并缓解电网内部和外部的各种危害（故障），保证电网的安全稳定运行和供电质量。具有自愈能力的智能配电网将具有更高的供电可靠性、更高的电能质量、支持大量的分布式电源的接入、支持用户能源管理（需求侧管理）、提高电网资产利用率、对配电网及其设备进行可视化管理、实现配网设备管理、生产管理的自动化、信息化。

（2）电网的运行状态和自愈控制过程。从配电网的自愈控制过程分析，可将电网的运行状态分为五种状态。①正常状态：在保护和控制装置局部功能正确执行的条件下，如果故障发生，电网能够维持正常运行的状态。②脆弱状态：如果故障发生，即使保护和控制装置的局部功能正确执行，电网也将失去负荷状态。③故障状态：故障正在发生的状态。④故障后的状态：故障发生后达到的平衡状态，其中电网瘫痪是极端恶化的故障后状态。⑤优化状态：具有更大安全裕度的正常状态。

配电网的自愈控制过程就是完成如下四种基本控制：预防控制、紧急控制、恢复控制、优化控制，如图 8-5 所示。①预防控制：使电网从脆弱状态回到正常状态的控制。②紧急控制：使电网从故障状态回到正常状态的控制，必须快速、及时。③恢复控制：使电网从故障后状态回到正常状态的控制。④优化控制：正常状态下，使电网具有更大安全裕度的控制。

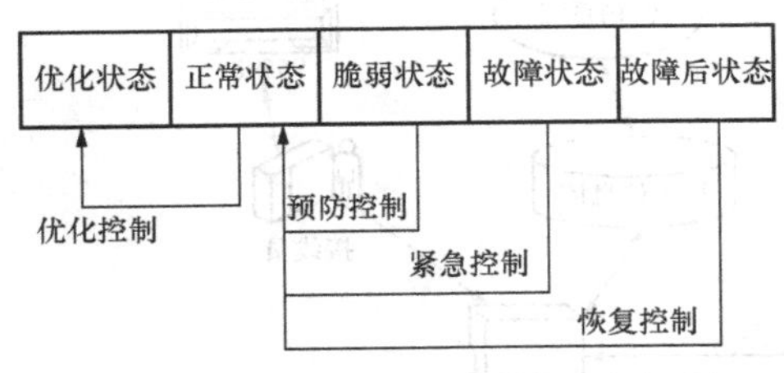

图 8-5　电网自愈控制的状态与控制

2. 分布式智能（DI）控制

以上四类控制是智能配电网自愈控制的具体实施，是自愈控制策略的具体体现。电网自愈控制的一个重要环节是故障清除，是按分布式智能 DI 控制方式实现的。采用基于终端之间对等交换实时数据的分布式智能（DI）控制技术，既能利用多个站点的测量信息提高保护控制实时性，又能避免主站集中控制带来的通信与数据处理延时长的问题，是配电网分散式保护控制模式的发展方向。

分布式智能控制（DI）有两种实现方式：①基于智能终端的方式，智能终端通过对等通信（IP）网络获取相关站点终端数据，自行决策。不需要安装专门的装置，具有很高的实时性（最快达到 200ms 以内），对终端处理能力要求高，用于 IP 通信网。②采用配电网专用的分布式智能控制器（DIC）的方式，安装在变电站、开关站或其他选定的站点内。DIC 通过专用通信网（例如以太网）集中收集处理相关站点终端的数据，做出综合决策并将控制命令送回相关终端执行。

应指出的是，在故障清除阶段主要依靠智能终端或智能控制器（DIC）隔离故障，实现从故障状态到正常状态或故障后状态的控制。而在故障恢复阶段要依靠主站的广域测控系统及实时仿真计算分析后下发的恢复控制命令实现。这样，一方面保证了故障切除的快速性，另一方面具有全局的协调优化能力，可适应多变的网络结构与系统运行方式，是一种集中—分散式的自愈控制技术方案。

3. 智能配电网自愈控制的关键技术

配电网自愈控制功能的实现主要依赖于配电网广域测控技术、分布式智能（DI）控制技术、快速仿真与模拟技术、快速复电技术。同时，智能配电网必须具备保护装置的协调与自适应整定、与 DER 的协调控制、智能分析与决策、分布式计算等一系列技术。这一系列技术很大程度上决定着自愈控制功能的实现方式、效率与可靠性。

（1）配电网广域测控技术（WAMCS）。广域测控技术的一个重要应用是配电网自愈控制，广域测控系统不仅可以提高对重要负荷供电的可靠性，减少停电范围，而且对预防大规模连锁崩溃事故、保证城市电网安全可靠供电意义重大。不同于继电保护系统，紧急控制系统对实时性要求并不严格，许多复杂的计算功能需要依赖后台计算机完成，因此配电网广域测控技术（WAMCS）在结构上适合采用集中控制模式。当它与配电网的智能终端或 DIC 相配合时，适合于集中—分散控制模式。

配电网集中控制模式是基于对等通信网络的广域测控系统（WAMCS），为配电网监测与保护控制应用提供了开放性的统一支撑平台，在此基础上实现 DER 并网控制、广域保护、快速故障隔离和恢复供电、小电流接地故障自动定位等新型保护控制技术。

(2) 快速仿真与模拟技术。快速仿真与模拟技术是在数字仿真技术的研究基础发展而来，是配电网实现自愈控制的核心技术之一。配电网快速仿真与模拟技术提供实时计算工具，分析预测配电网运行状态变化趋势，可对配电网操作进行仿真及风险评估，并向运行人员推荐调度决策方案。因此配电网快速仿真与模拟技术是保证智能配电网安全可靠、高效优化运行的重要技术手段。配电网快速仿真与模拟技术是由一系列面向配电网的实时分析软件组成的分布式智能系统，包括了负荷预测、动态分析、潮流计算、状态估计等子系统。

此外，快速仿真与模拟还有必要与输电网的数据配合，来优化配电网的控制决策。配电网节点众多、网络复杂，三相负荷不平衡现象严重、数据不健全，使得对其进行计算分析不同于输电网，考虑 DER、DFACTS 设备的大量应用，更使其难度与复杂程度大为增加。因此快速仿真与模拟技术，还有较大的发展前景。

(3) 快速恢复供电控制技术。配电网在准确隔离故障之后，电网系统立即进入恢复状态，自主选择合理的供电路径，快速恢复停电区域的负荷供电，将孤岛运行的区域并入网络，恢复为脆弱状态，甚至正常运行状态。快速恢复供电控制技术是以提升客户满意度为出发点，以快速恢复供电为目标，优化配电网故障复电管理模式的一种自愈控制技术。此外，快速恢复供电控制技术，必须在进一步完善配电网馈线自动化（FA）系统的基础上，才能保证配电网自愈过程中最大限度地减少电力用户因故障引起的损失。

三、分布式电源（DER）及其并网技术

智能电网区别于传统电网的一个根本特征是支持分布式电源（DER）的大量接入。满足 DER 并网的需要，是智能电网提出并获得迅速发展的根本原因。

1. 分布式电源的概念

分布式电源是指小型的（容量一般小于 50MW）、向当地负荷供电的、可直接连到配电网上的电源装置。它包括分布式发电装置与分布式储能装置。分布式发电（DG）装置根据使用技术的不同，可分为热电冷联产发电、内燃机组发电、燃气轮机发电、小型水力发电、风力发电、太阳能光伏发电、燃料电池等。根据所使用的能源类型，DG 可分为化石能源（煤炭、石油、天然气）发电与可再生能源（风力、太阳能、潮汐、生物质、小水电等）发电两种形式。分布式储能（DES）装置是指模块化、可快速组装、接在配电网上的能量存储与转换装置。根据储能形式的不同，DES 可分为电化学储能（如蓄电池储能装置）、电磁储能（如超导储能和超级电容器储能等）、机械储能装置（如飞轮储能和压缩空气储能等），热能储能装置等。此外，近年来发展很快的电动汽车也可在配电网需要时向其送电，因此也是一种 DES。

2. 分布式电源并网对配电网的影响

(1) 分布式发电装置并网给配电网带来积极的影响。

1) 提高供电可靠性。DER 可以弥补大电网在安全稳定性上的不足。含 DER 的微电网可以在大电网停电或在灾害期间，由于 DER 启停方便能维持部分重要用户的供电，避免大面积停电带来的严重后果。对特殊场合的用电需求，DER 可作为移动应急发电。

2) DER 投资小、见效快。发展 DG 可以减少、延缓对大型常规发电厂与输配电系统的投资，降低投资风险。

3) 减少传输损耗提高能源效率。DER 就近向用电设备供电，避免输电网长距离送电的

电能传输损耗。分布式储能装置并网后，可在负荷低谷时从电网上获取电能，而在负荷高峰时向电网送电，起到对负荷削峰填谷的作用。当与风能、太阳能等可再生能源发电装置配合使用时，可就地补偿其功率输出的间歇性。

（2）分布式电源并网带来的技术问题。DER 的大量接入改变了传统配电网功率单向流动的状况，这给配电网带来一系列新的技术问题。

1）电压调整问题。配电线路中接入 DER，将引起电压分布的变化。由于配电网调度人员难以掌握 DER 的投入、退出时间以及发出的有功功率与无功功率的变化，使配电线路的电压调整控制十分困难。

2）继电保护问题。DER 的并网会改变配电网原来故障时短路电流水平并影响电压与短路电流的分布，对继电保护系统带来影响。

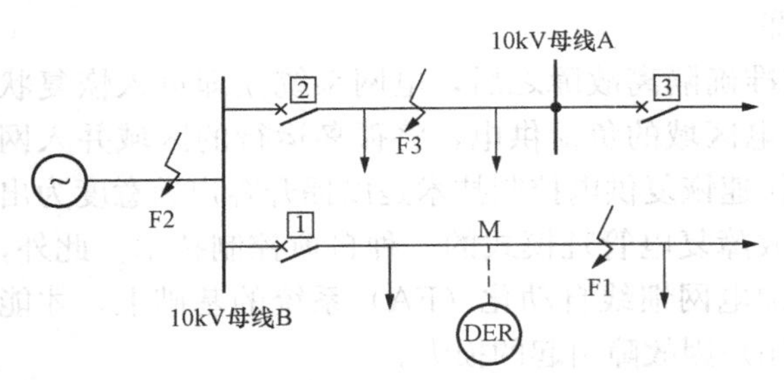

图 8-6　DER 对保护动作的影响

a）引起保护拒动。DER 对保护动作的影响如图 8-6 所示。如果一个 DER 接在线路的 M 处，当 DER 的下游 F1 点发生短路故障时，它向故障点送出短路电流并抬高 M 处的电压，因此使母线 B 保护 1 检测到的短路电流减少，从而降低保护动作的灵敏度，严重时会引起保护拒动。

b）引起配电网保护误动。在相邻线路 F2 点发生短路故障时，DER 提供的反向短路电流可能使不经方向闭锁的保护 1 误动作。

c）影响重合闸的成功率。在线路 F3 点发生故障时，如果在主系统侧断路器跳开时 DER 继续为线路供电，会影响故障电弧的熄灭，造成重合闸不成功。如果在重合闸时 DER 仍然没有解列，则会造成非同期合闸，由此引起的冲击电流使重合闸失败，并给分布式发电设备带来危害。

d）影响备用电源自投。如果在主系统供电中断时 DER 继续给失去系统供电的母线供电，则由于母线电压继续存在，会影响备用电源自投装置的正确动作。

3）对短路电流水平的影响。直接并网的 DG 会增加配电网的短路电流水平，因此提高了对配电网断路器遮断容量的要求。

4）对配电网供电质量的影响。风力发电、太阳能光伏发电输出的电能具有间歇性特点，引起电压波动。通过逆变器并网的 DER，不可避免地会向电网注入谐波电流，导致电压波形出现畸变。

（3）分布式电源并网对配电网运行、检修及管理的影响。

1）DER 的接入会增加配电网调度与运行管理的复杂性。风力发电、太阳能光伏发电等输出的电能具有很大的随机性，而用户自备 DER 一般是根据用户自身需要安排机组的投切；这一切给合理地安排配电网运行方式、确定最优网络运行结构带来困难。

2）DER 的接入给配电网的施工与检修维护带来了影响。由于难以对众多的 DER 进行控制，停电检修计划安排的难度增加，配电网施工安全风险加大。

3）对配电网规划设计、负荷预测的影响。由于大量的用户安装 DER 为其提供电能，使配电网规划人员难以准确地进行负荷预测，进而影响配电网规划的合理性。

4）分布式发电并网的经济问题。由于DER的接入，特别是对于自备DER的用户，为保证其自备DER停运时仍能正常用电，供电企业需要为其提供一定的备用容量，这就增加了供电企业的设备投资与运行成本，这些费用理应有一部分由DER业主来分担。因此，需要完善电价政策，合理地调整供电企业与DER业主的利益。

3. 分布式电源并网技术

（1）分布式电源并网基本技术要求。为确保配电网的安全运行和供电质量，DER并网要满足以下基本要求。

1）保证配电网电压合格，电压偏移不超过允许范围。

2）配电设备运行电流以及动、热稳定电流不超过允许值。

3）短路容量不超过开关、电缆等配电设备的允许值。

4）电能质量指标，如电压骤变、闪变、谐波符合规定值。

（2）分布式电源接入方案的选择。DER并网对配电网的影响与DER的容量以及接入配电网的规模、电压等级有关。一般情况下，DER容量在250kVA以内的接入380V/400V低压电网；DER容量在1～8MVA的接入10kV等级中压电网；DER容量更大一些的则接入更高电压等级的配电网。具体接入方式一般是大容量的DER通过联络线接到附近变电站的母线上，如图8-7（a）所示。对于小型的DER，为减少并网投资，就近并在配电线路上，如图8-7（b）所示。

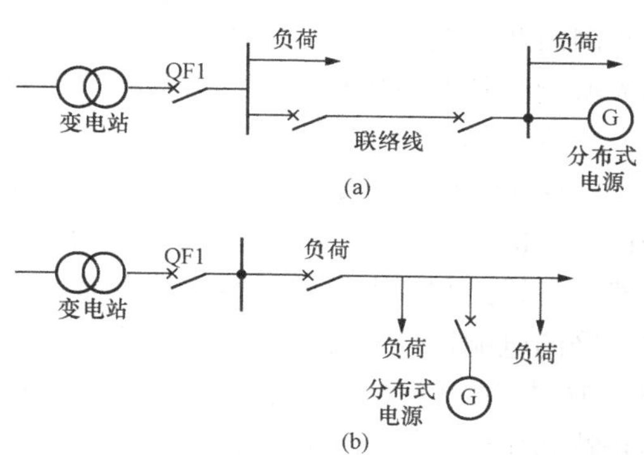

图8-7 DER接入配电网的方式
（a）经联络线接入；（b）靠负荷就近接入

（3）分布式电源并网保护。分布式电源并网保护除分布式电源机组的保护外，主要是配备孤岛运行保护，简称孤岛保护。“孤岛”是指配电线路或部分配电网与主网的连接断开后，由分布式电源独立供电形成的配电网络。如图8-7（a）中，变压器低压侧断路器QF1跳开后，分布式电源和母线上其他线路形成的独立网络就是一个孤岛。这种意外的孤岛运行状态是不允许的，此时DER发电量与所带的负荷相比，有明显的缺额或过剩，从而导致电压与频率的明显变化；并且线路继续带电会影响故障电弧的熄灭、重合闸的动作，危害事故处理人员的人身安全；对于中性点有效接地系统的电网来说，一部分配电网与主网脱离后，可能会失去接地的中性点成为非有效接地系统，这时孤岛运行就可能引起过电压将危害设备与人身安全。在DER与配电网的连接点上，需要配备自动解列装置，即孤岛保护。在检测出现孤岛运行状态后，自动解列装置迅速跳开DER与配电网之间的联络开关。

课题四 高级输电运行体系

一、特高压输电网概述

特高压输电包括两个不同的内涵：一是特高压交流（UHC）输电，二是特高压直流（HVDC）输电。根据国际电工委员会的定义：交流特高压是指1000kV以上的电压等级。在我国，一般是指1000kV的交流和800kV及以上的直流。

2009年1月6日，我国自主研发、设计和建设的具有自主知识产权的1000kV交流输变电工程——晋东南—南阳—荆门特高压交流试验示范工程完成工程考核正式投入运行。这标志着我国在远距离、大容量、低损耗的特高压交流输电技术和设备国产化上取得了重大突破。

2010年12月27日金沙江一期向家坝—上海±800kV特高压直流输电示范工程及水土保持设施通过水利部验收。金沙江一期国家电网公司成功研制出具有完全自主知识产权的±800kV特高压直流输电设备，包括晶闸管元件及换流器、换流变压器、直流套管、交/直流滤波器、平波电抗器、隔离开关与快速接地开关、避雷器等设备及控制保护和测量设备。特别是在世界上首次开发完成基于6inch 4500A晶闸管的特高压直流换流阀和首套±800kV特高压直流变压器成功用于向家坝—上海±800kV特高压直流输电示范工程。

我国的特高压输电网的两项重大突破，提升了我国经济输电距离和输电容量，有力促进了我国西北火电、可再生能源，乃至国际能源的超长距离、超大容量的高效输送，促进了我国大型能源基地的集约化开发和资源节约型、环境友好型社会的建设。

1. 特高压交流输电系统的特点

一回1100kV特高压交流输电线路的输电能力可达到500kV常规输电线路输电能力的4倍以上，即4～5回500kV输电线路的输电能力相当于一回1100kV输电线路的输电能力。显然，在线路和变电站的运行维护方面，特高压输电所需的成本将比超高压输电少得多。从输电网的电能损耗来分析，在输送相同功率情况下，1100kV线路功率损耗约为500kV线路的1/16左右。显然，特高压交流输电线路输电容量大、成本低、传输距离远、节省线路走廊是特高压交流输电的最大特点。

特高压交流输电的技术特点是：采用特高压实现联网，特高压交流同步电网中线路两端的功角差一般可控制在20°及以下，因此交流同步能力很强，电网的功角稳定性好。为了抑制工频过电压，线路均装设并联电抗器，特高压交流线路产生的充电无功功率约为500kV的5倍，使动态无功备用容量充足，即使在严重工况情况下，也可稳定控制电压。

2. 特高压直流输电系统的特点

特高压直流输电系统的特点是中间不落点，可点对点、大功率、远距离直接将电力送往负荷中心。直流架空输电线只用两根，导线电阻损耗比交流输电时小，线路走廊窄。

特高压直流输电技术特点是：可按照送受两端运行方式变化而改变潮流，其输电系统的潮流方向和大小均能方便地进行控制，提高了系统的稳定性；故障时能快速把短路电流限制在额定功率附近，短路容量不因系统互联而增大。

在交直流并联输电的情况下，利用直流有功功率调制，可以有效抑制与其并列的交流线路的功率振荡，包括区域性低频振荡，明显提高交流的暂态、动态稳定性能。但是，当发生直流系统闭锁时，两端交流系统将承受大的功率冲击。

特高压直流输电还具有换流装置较昂贵、容易产生谐波影响、消耗无功功率多等特高压直流输电的缺点。

由于交流特高压交流和直流输电各有优缺点，都能用于长距离大容量输电线路和大区电网间的互联线路，而且它们具有互补性，因此可以将特高压交流和直流输电线路并列运行，既能克服各自的缺点又便于智能控制。

二、特高压输电网的技术实质是输电网智能化

1. 特高压电网为发展坚强智能电网提供技术设备支撑

在特高压输电系统中，为保证系统的安全性、可靠性、稳定性，将信息技术、通信技术、计算机技术和原有的输配电基础设施高度集成而形成了新型电网。特高压交直流输电网就是这样一种新型智能电网。

特高压交流同步电网中线路两端的功角差一般可控制在20°及以下，因此两端同步能力很强。电网的功角稳定性越好，交流同步电网越坚强；而特高压直流输电系统的潮流方向和大小均能方便地进行智能控制，直流输电与交流输电相互配合，并列运行构成现代电力传输系统，利用直流有功功率调控，有效抑制与其并列的交流输电线路的功率振荡，提高交流的暂态、动态稳定性能，这些都是特高压交直流输电网调控智能化的明显特性。

2. 特高压是我国清洁能源发展的重要载体

建设特高压有利于我国能源资源的优化配置。我国的水能、风能、太阳能等可再生能源资源具有规模大、分布集中的特点，而所在地区大多负荷需求水平较低，需要走集中开发、规模外送、大范围消纳的发展道路。特高压输电具有容量大、距离远、能耗低、占地省、经济性好等优势，建设特高压电网能够实现各种清洁能源的大规模、远距离输送，促进清洁能源高效、安全利用。未来，我国优化煤电开发与布局，清洁能源的快速发展，以及构筑稳定、经济、清洁、安全的能源供应体系，都迫切需要建设以特高压为骨干网架的坚强智能电网，充分发挥电网的能源资源优化配置平台作用。

三、输电网的高级监测技术

1. 基于广域测量系统的输电网在线监测及应用

广域测量系统WAMS的主要应用之一是输电网故障快速诊断与分析，可在第一时间准确诊断与分析系统发生的故障及保护开关的误动拒动情况。基于WAMS的电网快速诊断与分析系统采用以多智能体为基础的面向数据服务的三层架构，分为数据通信层、数据处理层和数据应用层，系统体系结构如图8-8所示。

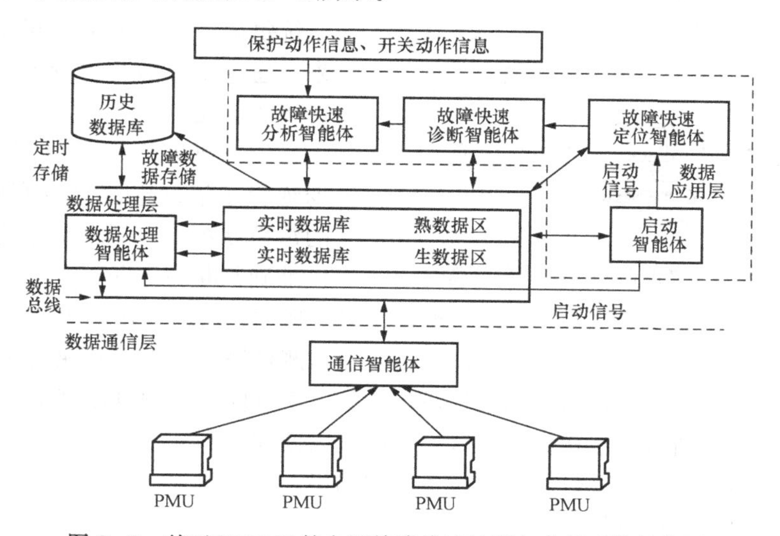

图8-8 基于WAMS的电网故障快速诊断与分析系统结构图

数据通信层运行在数据通信服务器上。通信智能体按照《电力系统实时动态监测系统技术规范》接收相量测量单元（PMU）同步相量数据，并经数据总线通过数据处理智能体写入实时数据库的生数据区。

数据处理层运行在数据服务器上。数据处理智能体对生数据进行加工，生成满足条件的熟数据并写入实时数据库熟数据区，供其他智能体使用。

数据应用层运行在应用服务器上。启动智能体实时监视系统的动态数据，当满足启动判据（电流突变量启动判据和三相电流采样值启动判据）时，启动智能体向数据处理智能体和故障快速定位智能体、故障快速诊断智能体和故障快速分析智能体发出启动信号，并生成满足启动判据的线路集；故障快速定位智能体收到启动信号后，根据故障定位算法（电压电流定位法和高频分量定位法）从满足启动判据的线路集中快速筛选出发生故障线路；故障快速诊断智能体收到启动信号后，从数据总线上读取故障后数据，快速计算实时故障特征集，然后与标准故障特征集进行比较，对故障类型进行快速诊断；故障快速分析智能体综合快速诊断智能体的故障诊断结果和故障前后的动态数据对保护和开关的误动、拒动情况进行分析，同时结合保护动作信息对保护和开关的误动、拒动进行精确分析。

2. 输电线路的监测

输电线路的监测系统可以采取积木式结构，如图 8-9 所示，该系统主要由三大部分组成，即数据采集部分、数据传输部分、数据监控部分。数据采集是靠传感器和模数变换构成；数据传输是借助无线 GPRS/CDMA（GSM）网络平台作为传输媒介；数据监控服务器采取统一的软件平台，便于综合分析、比较。

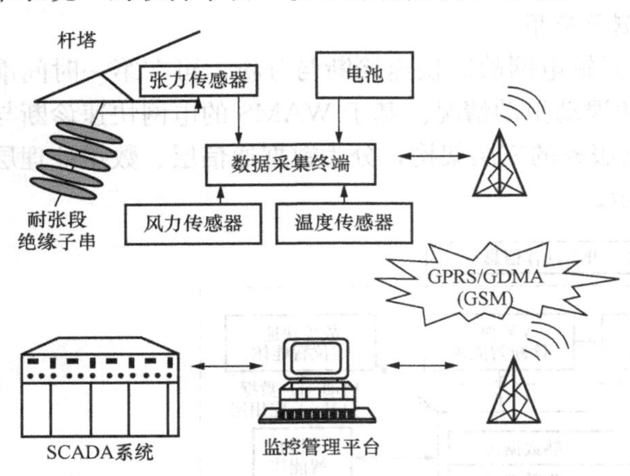

图 8-9　输电线路的监测系统原理示意图

输电线路监测系统针对输电线路的不同地理环境和气候，监测不同的线路参数。其主要功能是：

（1）现场图像监测。图像监测主要是采集线路的图像，用于进行灾害预警，系统每隔 1h 将线路现场的图片采集回来，通过图像数据数字化处理，可分析现场的状况。

（2）现场绝缘子泄漏电流监测。现场绝缘子泄漏电流可以有效反映绝缘子的污秽状况，与现场图像监测配合可提供准确判断的依据。

（3）环境监测。环境监测包括温度、湿度、风速风向、覆冰、污闪等。

（4）振动监测。人为破坏或盗窃可通过传感器监测杆塔振动声响及现场图像来监测。

（5）雷电监测。通过对避雷线以及杆塔击雷的电流方向的监测可以判别线路雷击点及雷击形式，将击雷的电流方向传送到监控数据中心，以便综合判断。

（6）红外监测。控制红外灯配合摄像头夜间拍摄。

输电线路监测系统的具体应用分析如下。

（1）输电线路弧垂实时监测。输电线路弧垂是线路设计和运行的主要指标，关系到线路的运行安全，因此必须控制在设计规定的范围内。由于线路运行负荷和周围环境的变化都会造成线路弧垂的变化，过大的弧垂不但会造成事故隐患，也限制了线路的输送能力，特别是在交叉跨越和人烟密集地段。近年来由于用电负荷增长的需要，许多已有的输电线路为了提高输送能力，将导线最高运行允许温度从70℃提高到80℃，这时线路弧垂就成为主要的制约因素，需要对弧垂进行校验或实时监测，以确保线路运行和被跨越设备的安全。

目前输电线路弧垂实时监测已有研究，并已开发有商业化应用。通过导线应力、温度、倾角或图像分辨来实时测量弧垂的产品。同时，其已在国内外电力系统的线路关键点弧垂、线路覆冰监测及线路动态定额中得到很多应用，大大提高了线路安全运行水平。特别是线路动态定额，它根据实时弧垂等转化为导线温度，结合当时气象条件，计算出线路实时动态定额，能充分发挥线路隐性容量，增加线路输送容量约10%～30%。

(2) 输电线路覆冰情况的监测。我国除南方部分地区外许多输电线路都有覆冰情况发生，有的还造成断线、倒塔（杆）、闪络事故，如何有效监测线路覆冰情况是电力部门研究的课题。线路覆冰将引起导线质量的增加，造成线路弧垂的加大。通过对线路弧垂的实时测量就可对线路覆冰情况进行实时监测，可计算出导线不同覆冰厚度时导线弧垂和悬挂点倾角的变化。相反，也可通过弧垂或倾角的变化估算线路覆冰的发生和严重程度。另外，还可以对现场的覆冰情况进行拍照，通过GPRS/CDMA（GSM）无线通信网络（见图8-9）将照片、环境参数传往至监控中心，在监控中心即可随时掌握线路的覆冰情况。通过对照片的比较分析可判断积冰速度，综合各种气象条件，作出相应的处理措施，防止大范围停电事故的发生。

(3) 杆塔倾斜监测。由于一些杆塔处在采空区和易冲刷地段，为防止由于杆塔倾倒而引起倒杆断线事故的发生，就需要及时掌握杆塔倾斜发展情况，以便及时采取相应的措施。

杆塔倾斜仪通过自身设备，程序设计传输时间间隔，定时将杆塔顺线路及垂直线路方向的倾斜角度数据传输至后台控制中心，通过对传输数据的曲线分析，可以及时判断杆塔倾斜的发展趋势，在达到报警状态时及时处理。这是矿山开采及雨水冲刷较多地区进行在线监测的一种有效手段。

(4) 输电线路防盗监测。输电线路近年来被盗事件逐年上升，据不完全统计，我国由于塔材被盗、导线被割引起的经济损失达上亿元之多。由于输电线路多数架设在野外，距离长、分散性大，一直以来没有有效的安全防范措施。

在电力线路上安装一种探测器，主要感应振动和热能，当有人靠近杆塔进行偷盗时，仪器感应发出报警，通过无线网络短信传送至相关人员手机上及信息中心。同时还可根据需要开发图像功能，在启动报警的同时启动图像功能将图像传至监控中心，保留相关视频作为犯罪证据供警方确认。

课题五　智能变电站

智能变电站是智能电网的基础，是整个电网安全、可靠运行的重要环节。随着经济与科技的发展，需接入变电站的风电、光伏等清洁能源电力越来越多；变电站内、站与调度、站与站之间、站与分布式能源的互动能力要求更强；对变电站的深层次的高级信息应用要求更高。在这种背景下，要求变电站必须向智能方向发展。

智能变电站是变电站自动化发展方向。智能变电站在数字化变电站的基础上，将智能化一次设备和网络化二次设备进一步融合起来；智能变电站建立一体化信息平台，自动地完成信息的收集、处理、分析以及管理等工作，使得全站的信息得以共享；依靠智能变电站接入各种清洁能源，电网不仅更加低碳环保，效益也更高；智能变电站能够为电网采集全面且实时的数据，通过监测和分析，为智能电网做出正确决策提供可靠的信息支持。

智能变电站是实现能源转换和控制的核心平台，是智能电网的重要节点，它是衔接智能电网发电、输电、变电、配电、用电和调度六大环节的关键，同时也是实现风能、太阳能等新能源接入的重要支撑。

总之，智能变电站是以数字化变电站作为技术基础，"采用先进、可靠、集成、低碳、环保的智能设备，以全站信息数字化、通信平台网络化、信息共享标准化为基本要求，自动完成信息采集、测量、控制、保护、计量和监测等基本功能，并可根据需要支持电网实时自动控制、智能调节、在线分析决策、协同互动等高级功能，实现与相邻变电站、电网调度等互动的变电站。"

一、智能变电站的特征

智能变电站与常规变电站相比，在硬件上有两个主要特征，即新型柔性交流输电技术及装备的应用，以及风力发电、太阳能发电等分布式清洁电源的接入，相应增加了对柔性交流输电设备和分布式电源接口的智能化管理和控制功能。在信息处理方面，智能变电站与常规变电站相比较，具有以下主要技术特征。

（1）全站信息数字化。全站信息数字化主要体现在采样信息的就地数字化和一次设备智能终端采用GOOES控制命令；具备双向通信功能，满足全站信息采集、传输、处理、输出过程完全数字化。

（2）通信平台网络化。通信平台网络化是指采用基于IEC 61850的标准化网络通信体系，具体体现为全站信息的网络化传输。变电站可通过过程层、间隔层及站控层间网络实现数据共享。

（3）信息共享标准化。信息共享标准化是通过建立统一的信息建模来实现变电站内外的信息交互和信息共享，具体体现在信息一体化系统下，将全站的信息按照统一格式存放在一起，应用时按照统一检索方式存取，避免了不同功能应用时对相同信息的重复建设。

（4）高级应用互动化。高级应用互动化是指高级应用系统相关对象间的互动。

二、智能变电站的结构

1. 智能变电站系统结构

智能变电站系统从逻辑结构层面分析，主要包括站控层、间隔层和过程层。站控层由主机、操作员站、远动通信装置、继电保护和故障信息子站及其他各种功能站构成，提供站内运行的联系界面，实现管理控制间隔层、过程层设备等功能，形成全站监控、管理中心，并与远方监控/调度中心通信。间隔层由保护、测控、计量、录波、相量测量等若干子系统组成，在站控层及网络失效情况下，仍能独立完成间隔层设备的就地监控功能。过程层由光电互感器、合并单元、智能终端等构成，完成与一次设备相关的功能，包括实时运行电气量的采集、设备运行状态的监测、控制命令的执行等。

由于智能变电站建立了一体化信息平台，并将一体化电源部分、智能辅助控制部分、高压电气设备状态监测部分都接入了站控层网络，这三部分设备也就全部进入了站控层的监控和管理之中，这也是智能变电站与常规变电站系统结构的一个主要差异。

2. 智能变电站网络结构

（1）三层两网结构。目前智能变电站网络多采用三层两网结构，如图 8-10 所示。所谓三层两网，即过程层、间隔层和站控层，过程层网络和站控层网络。通过过程层网络连接过程层和间隔层设备，通过站控层网络连接间隔层和站控层设备。这里的过程层网络实际上是采样值 SV 网和 GOOSE 网合一的网，过程层网络在逻辑上还是两个网，在物理上是一个网。

（2）两网合一的网络结构。当智能变电站发展到最终阶段时，变电站网络可以采用两网合一的网络结构，即过程层网络和站控层网络由一个物理网络来实现，但在网络逻辑上按采样值 SV 网、GOOSE 网、站控层网络来运行管理，如图 8-11 所示。

（3）基于交换机的分布式网络结构。由于计算机高速网络在实时系统中的应用已逐渐成熟，基于交换机的分布式网络结构为智能变电站保护和测控技术提供了可靠的保证。采用工业以太网交换机作为过程总线，实现过程层、间隔层信息的交换和共享，其网络结构如图 8-12 所示。此种结构形式的特点是采用工业以太网交换机实现网络通信，简化了大量的光纤连接线，在此结构的基础上，通过 VLAN 及 GMRP 技术实现了信息的定向传输，更好地发挥了智能变电站在信息交换方面的优势。实际上，图 8-10、图 8-11 的站控层和过程层网络都可以使用基于交换机的分布式网络结构。

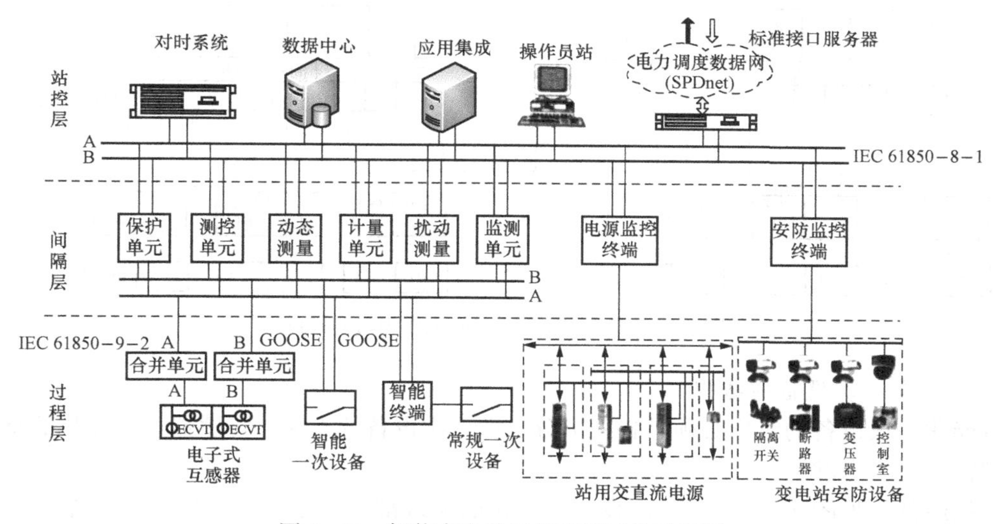

图 8-10　智能变电站三层两网结构示意图

三、一次设备智能化

一次设备智能化是智能变电站的重要标志之一，是智能变电站对一次设备的主要要求。

一次设备智能化是指通过在一次设备里嵌入智能传感单元和智能组件，实现测控、保护、状态监测、信息通信等技术于一体的智能化功能；通过数字化、网络化实现智能变电站中的信息共享，进而满足整个智能电网电力流、信息流、业务流一体化的需求。

智能变电站建立了一体化信息平台，并将一次设备状态监测系统纳入一体化信息平台，实现了一次设备的状态可视化，即主要一次设备重要参数的在线监测，为电网设备管理提供基础数据支撑。实时状态信息通过专家系统分析处理后可作出初步决策，实现站内智能设备自诊断功能。显然，一次设备的在线状态监测是一次设备智能化重要标志之一。

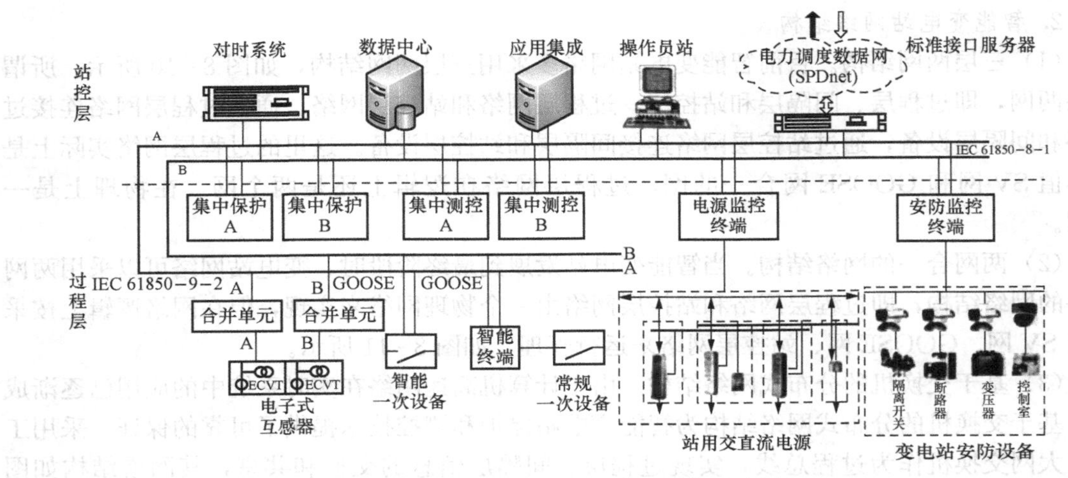

图 8-11　智能变电站两网合一结构示意图

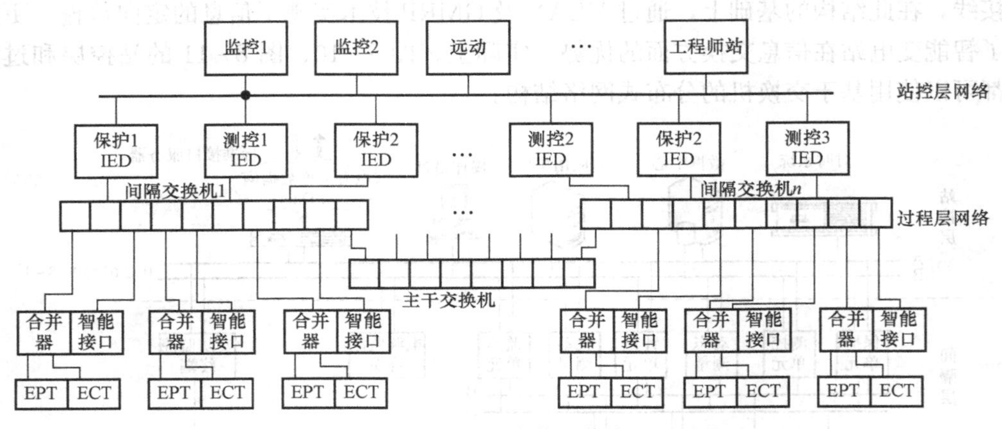

图 8-12　工业以太网交换机作为过程总线

1. 智能化一次设备的结构

智能化一次设备的结构必须具备三部分，即一次设备的本体、传感器（智能化的感知元件）、智能组件，如图 8-13 所示。

智能组件（见图 8-14）是一次设备智能化的关键部件，承担着一次设备的全部或大部分的二次功能。智能组件可由若干智能电子装置集合组成，如合并单元、智能终端、状态监测 IED 等，承担该一次设备相关的测量、控制和监测等基本功能，有的还可实现电能表、保护装置等的功能。

由图 8-14 可见，智能组件的功能往往体现在组成智能组件的 IED 上。智能组件的合并单元、智能终端是智能化一次设备必需的，而一次设备状态监测 IED 和测控、保护、计量的 IED 装置是根据相关规程要求作为选择项而设置的。智能组件应符合如下要求：智能组件的投入和使用不应改变和影响一次设备的正常运行；智能组件应能自动连续地进行监测、数据处理和存储；应具有自检和报警功能、较好的抗干扰能力和合理的监测灵敏度和精确度、较好的可靠性和重复性以及标定其状态监测灵敏度的功能。下面以变压器/电抗器智能组件为例进行说明。

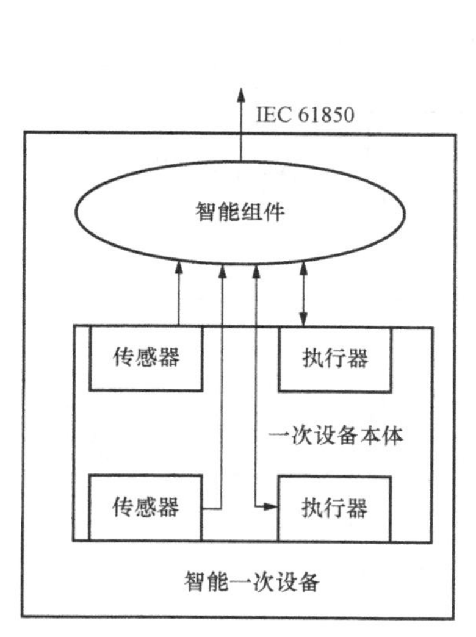

图 8-13　智能化一次设备的结构示意图

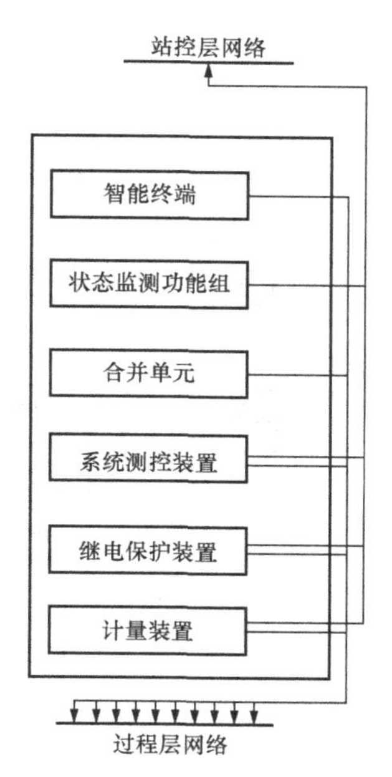

图 8-14　智能组件内部结构示意图

2. 变压器/电抗器智能组件的配置方案

（1）变压器/电抗器智能组件是服务于变压器/电抗器的各种附属装置的集合，包括各种变压器/电抗器控制器，如变压器冷却系统汇控柜、有载调压开关控制器、断路器控制箱及就地布置的测控、状态监测、计量、保护装置等。

（2）变压器/电抗器智能组件一般安置在变压器/电抗器旁，智能组件相当于间隔层设备，要与过程层的采样值（SV）网和通用面向对象变电站事件（GOOSE）网通信，同时还要与站控层通信的制造报文规范（MMS）网通信。图 8-15 为中低压变压器综合智能组件在智能变电站体系结构中的连接关系。变压器综合智能组件连接站控层的 MMS 网，过程层的高、中、低压侧的 GOOSE 网和 SV 网以及在线监测的通信网络，实现主变压器高、中、低压侧的测控、保护以及录波功能，采集主变压器本体的油温、挡位等主变压器本体信息以及油色谱监测、局部放电监测等状态监测信息，实现对变压器挡位和冷却系统的控制以及变压器的状态诊断功能，并以 IEC 61850 标准定义的信息模型和信息交互方式与数据采集与监控（SCADA）系统、检修系统以及其他设备进行信息交互。

图 8-15 中智能组件信息管理单元集保护、测控、状态监测和录波功能于一体，是综合智能组件的“大脑”，担负着信息采集、各项功能的实现和对外交互功能。组件信息管理单元未包含计量功能，主要是考虑计量涉及计费系统，由于在管理上的特殊性，使得其不宜与测控、保护功能融合在一起。

（3）由于功能集成化是智能组件的发展趋势，根据国家规范要求，将中低压主变压器的主保护、后备保护、测控功能以及故障录波功能集成，由主保护与后备保护测控一体化单元实现；将主变压器本体测量、状态监测和智能控制功能集成，由本体测控与监测单元实现。组件信息管理单元由主保护与后备保护测控一体化 IED 和主变压器本体测控与监测 IED 组成。主保护与后备保护测控一体化单元通过内部以太网通信接口给本体测控与监测单元传送

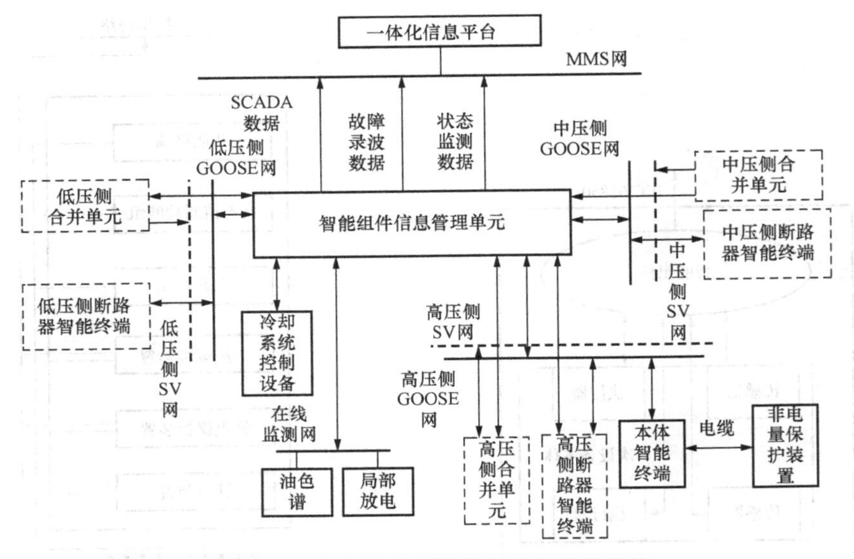

图 8 - 15　中低压变压器智能组件通信结构

主压器各侧的电压、电流、有功、无功以及部分故障录波数据，便于信息管理单元实现变压器设备的状态诊断和智能控制等高级功能，其内部功能架构如图 8 - 16 所示。

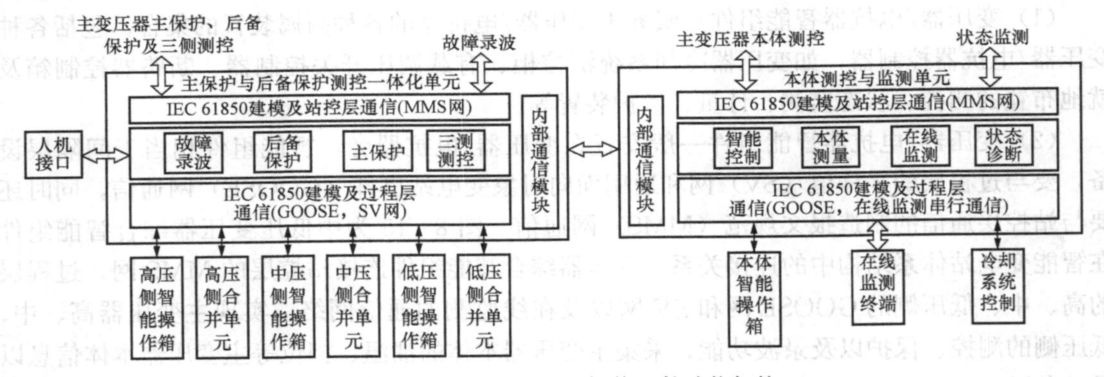

图 8 - 16　中低压变压器智能组件功能架构

四、一次设备在线状态监测技术

1. 变电站传统检修存在的问题

电力系统长期以来在保障设备可靠运行方面，都规定了定检方式，即在规定的时间内必须停电检修。定检在过去的常规变电站中，为电力系统的稳定运行起到了一定的促进作用，但是，随着技术的发展进步，也暴露出许多弊端。首先，定检存在一定的盲目性，不是站内所有设备都需要停电检修，而且检修本身也存在对设备的破坏性。其次，一次设备的动作次数是其寿命的重要象征，在检修期间的传动大大缩短了其工作寿命。

2. 一次设备状态检修的优点

将一次设备的状态传感器置于智能终端内，实现一次设备的状态检修，可以简化检验项目，甚至取消定期检验。配置用于监测系统主设备的传感器包括变压器油中溶解气体、局放监测、套管容性设备介损监测、全站避雷器放电计数漏电流等在线状态监测。

对变电站一次设备进行状态监测和智能诊断，可改变传统的定检方式为状态检修。状态检修具有及时处理设备隐患、克服设备定期检修的盲目性、减少停电时间，从而最大限度地延长了设备的使用寿命，提高了设备运行的可靠性，大大降低了变电站一次设备的检修成本，进一步降低变电站全寿命周期成本。

3. 一次设备在线状态监测原理

变电站一次设备在线状态监测，常见的有油中溶解气体、局部放电、电容型设备绝缘在线监测等，这里以介绍局部放电在线监测的方法及原理为主。

（1）局部放电监测的作用。局部放电是绝缘介质中的一种电气放电，这种放电是导体的某些绝缘薄弱部位在强电场的作用下发生局部放电，虽然局部放电一般不会引起绝缘的穿透性击穿，但可以导致电介质特别是有机电介质的局部损坏。若局部放电长期存在，在一定条件下会导致绝缘劣化甚至击穿。近年来的事故统计表明，绝缘老化占总事故的40%以上，其中大部分是由于局部放电造成的。对电力设备进行局部放电监测，不但能够了解设备的绝缘状况还能及时发现许多有关制造与安装方面的隐患问题，确定绝缘故障的原因及其严重程度。因此对电力设备进行局部放电在线监测是电力设备运行中在带负荷运行的情况下反应绝缘介质故障的最有效手段。

（2）局部放电在线监测原理。

1）局部放电在线监测方法。在线监测局部放电有超声监测、化学监测和电性能监测。在这三种方法中电性能监测法灵敏度最高。电测法以监测破坏性放电为主，用视在放电量作为监测物理量。电测法有脉冲电流法和超高频检测法。前者是传统监测，与超声监测相结合可作为离线局部放电测量，对局部放电进行定位。传统脉冲电流法存在测量频率低、频带窄的缺点，超高频检测是针对传统监测方法的不足而研制的一种新的在线监测方法。

2）局部放电在线监测的关键技术。局部放电是窄脉冲信号，频谱范围很宽，而外部的电晕放电、电弧放电等干扰脉冲信号特征与变压器内部局部放电信号相似，且这些脉冲性干扰和连续的周期性干扰，可能比内部放电信号强得多。因而，如何从很强的背景干扰噪声中提取局部放电信号，是变压器局部放电在线监测的关键技术问题。

3）超高频法监测法的原理和优点。超高频监测法是通过超高频信号传感器接收局部放电过程辐射的超高频电磁波来实现局部放电的监测。变压器每一次局部放电都发生正负电荷中和，伴随有一个陡的电流脉冲，并向周围辐射电磁波。其频谱特性与局部放电源的几何形状以及放电间隙的绝缘强度有关。油中放电上升沿很陡，脉冲宽度多为微秒级，能激励起频带300～3000MHz的超高频电磁信号，而变电站干扰电晕在200MHz以下。与传统的监测方法相比，变压器局部放电超高频监测技术具有监测频率高、抗干扰性强和灵敏度高等优点。它通过接收电力变压器局部放电产生的超高频电磁波，实现局部放电的监测和定位，更适合局部放电在线监测。

4）超高频法监测法的实现。局部放电超高频在线监测的原理框图如图8-17所示。图中UHF天线（即传感器）宜安装在变压器的箱体内（有放油阀式、人孔盖式、电流互感器式）。变压器的箱体很厚而且全密封，具有很好的屏蔽作

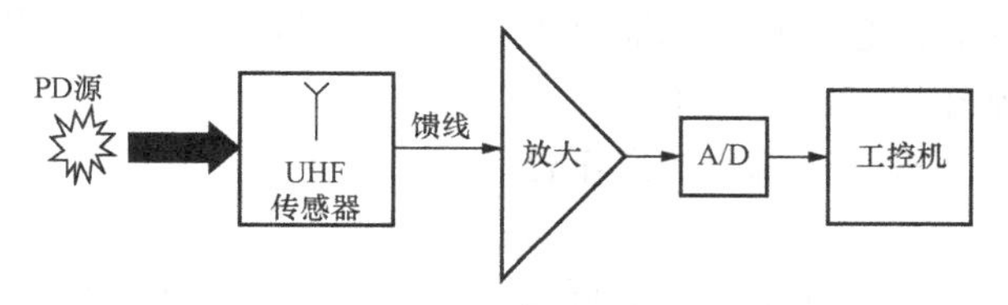

图8-17　局部放电超高频在线监测的原理框图

用，可进一步加强抗干扰能力。传感器工作频带 500～1500MHz，馈线采用 50Ω 高频同轴电缆，将接收到的超高频信号送入放大和检波器，检波后滤除高频成分得到低频调制信号，即取超高频信号的包络线保留了信号的幅值和相位信息。再经 A/D 卡采样转换为数字信号，经站控层网络上传站控层在线状态监测工作站，进一步作数据处理。

站控层在线状态监测工作站提供基于窗口式的软件处理，执行数据采集、存储、管理和打印报告，并且提供数据分析解释。测量放电信号的幅值、极性、放电的相位、放电的次数、频域特性和波形特性等基本的局部放电表征参数及各种统计计算数据，显示各种高频信号谱图、工频周期高频信号图，提供放电发展趋势图、历史查询、报表和设定局部放电报警等功能；并通过网络实现远程通信，提供专家远程诊断分析服务。

4. 状态监测系统的构成

状态监测系统采用分层分布结构，由采集传感器、状态监测 IED、一体化信息平台和状态监测工作站组成。各个状态监测单元通过站控层以太网接入一体化信息平台与状态监测工作站通信。状态监测工作站具有各种监测数据采集、存储、故障报警、故障诊断等功能，系统构成如图 8-18 所示。

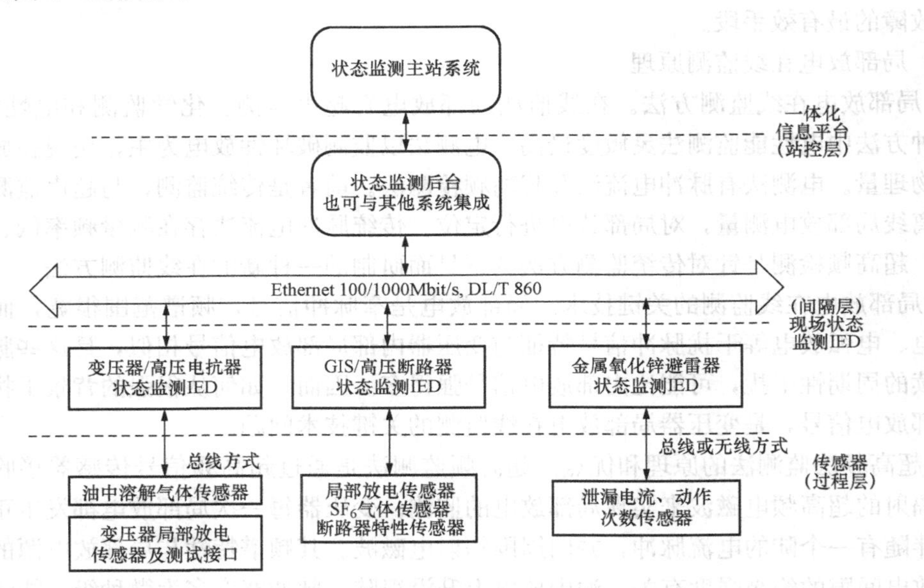

图 8-18 状态监测系统构成图

状态监测系统各类传感器实时采集各电气设备状态信息，点对点传输至现场状态监测 IED。现场状态监测 IED 一般安装在变电站设备现场智能控制柜的智能组件里（如图 8-14 智能组件示意图），再通过通信网络与一体化信息平台实时通信、上传状态信息参数，设备状态信息可在状态监测工作站实时显示，还可查阅图表、历史事件数据，并由状态监测工作站作出判断和决策。

五、一体化信息平台

1. 建立一体化信息平台的必要性

（1）什么是“信息孤岛”。常规变电站内按照应用需求建有多种信息系统，如数据采集与监控系统、保护信息子站、故障录波系统、一次设备在线监测系统、行波测距系统等。各子系统的数据采集及信息处理都存在着交叉重复并采用不同的编码规则，形成了不同数据库平台的若干“信息孤岛”。这种情况不但造成了资源的浪费，也制约了变电站信息的进一步融合和共享利用。

(2) 信息共享的基础是建立一体化信息平台。与常规变电站相比，智能变电站信息的获取范围与利用方式发生了很大的变化。智能变电站通过站内设备基于 IEC 61850 标准的统一建模；过程层与间隔层 GOOSE、SV 通信网络化的实现；建立站内全景数据的一体化信息平台，供各子系统按数据标准化、规范化存取访问以及与调度等站外系统进行标准化交互，使站内一次设备的模拟量和状态量信息以及过程层和间隔层设备的运行信息等实现了共享。

建立站内全景数据的一体化信息平台，统一和简化了变电站的数据源，形成唯一性、一致性的基础数据及信息，以统一标准的方式实现站内外信息交互和共享；一体化信息平台提高了数据利用率和互动性，提高了系统数据和信息的可靠性、集成性及维护性，为电力系统的保护和控制、运行及维护管理提供基础数据支撑，为实现智能变电站高级应用功能打下了基础。

2. 一体化信息平台总体结构

一体化信息平台贯穿于整个智能变电站，能够将变电站各种系统和数据进行有机融合，并在此基础之上满足高级应用功能需求。一体化信息平台是智能变电站区别于数字化变电站的主要特征之一。

智能变电站通过采集来自站内外的数据和信息，并对数据进行处理，完成数据辨识、数据估计、信息整合、信息分类、数据及信息记录和共享功能，建立了站内全景数据的统一信息平台，供各子系统按标准化、规范化存取访问以及与调度等站外系统进行标准化交互，提供实时、安全的数据及信息资源。其总体系统结构如图 8-19 所示。

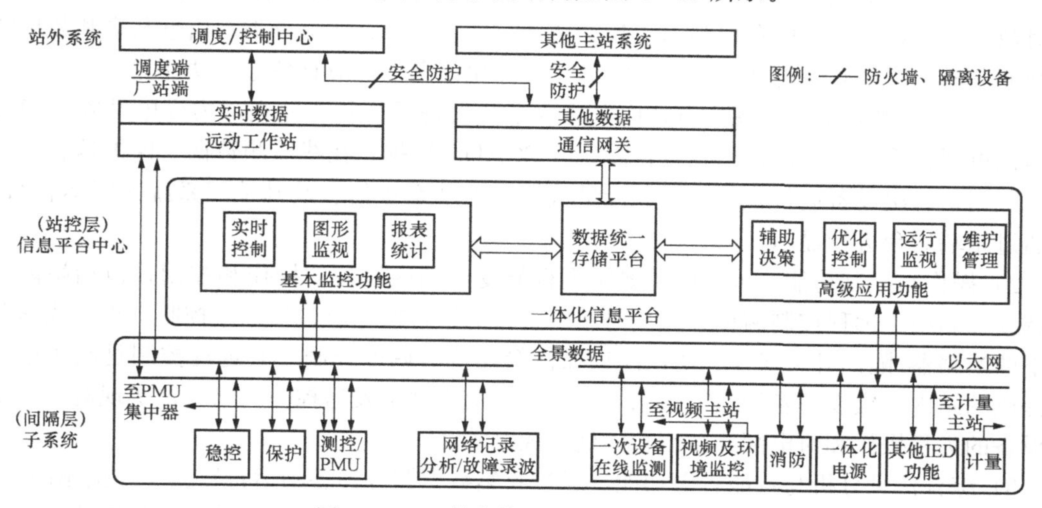

图 8-19 一体化信息平台系统结构图

一体化信息平台可由 1 个平台中心部分和多个子系统组合而成，对变电站的数据和信息进行分层分布式处理。子系统完成数据采集、辨识、估计以及数据记录功能，根据预定制的信息提取规则，形成位于间隔层的信息源，并按要求将其传送给站内外使用者。子系统可以位于间隔层的某个设备内，与间隔层其他功能合并组成一套设备。子系统的配置可以采取按间隔、按功能等多种方式配置。平台的中心部分在站控层的层面上对全站数据进行数据辨识及估计，融合全站各子系统数据及信息，形成更高层次的数据库和信息库，为站内高级应用功能提供来源唯一、全面、标准的信息数据源和面向统一建模的数据接口，对上级调度主站开放标准化的全景信息数据。

3. 一体化信息平台的全景数据库技术及其功能

一体化信息平台的建设将促进变电站信息的融合和利用，不仅强化站内的各种功能，同时有利于电网的安全运行、优化调度、经济运营和优质服务，同时也为高级应用功能的开发应用打下了坚实基础。一体化信息平台有如此强大的功能，主要依靠全景数据库技术、通信标准化技术的支撑。

（1）一体化信息平台的全景数据库概述。全景数据库是变电站稳态、暂态、动态数据与设备状态、图像等变电站运行工况数据的有机融合，是变电站采集的各类数据统一转换为 IEC 61850 标准的数据库。全景数据库技术实现了遵循 IEC 61850 的变电站二次设备模型与遵循 IEC 61970 的公共信息模型的无缝拼接，提供了基于 IEC 61850 的服务接口，以便与间隔层各子系统获取和分析采集的数据。

由于全景数据库具有面向对象的数据模型、优先级的数据访问和较高的数据处理效率，使一体化信息平台可向各子系统及上级信息管理系统提供各种实时数据服务，从而实现实时数据、信息的共享。

（2）全景数据库技术的数据处理及信息智能化管理。为实现对变电站信息的智能化管理，一体化信息平台除了要采集站内的数据和信息外，还需要对数据进行处理，完成数据辨识、数据估计、信息整合和分类，最终实现数据及信息的智能共享及管理。

（3）一体化信息平台的功能。智能变电站信息一体化平台需要采集站内的数据和信息，并对数据进行处理，完成数据辨识、数据估计、信息整合、信息分类、信息共享和数据的综合智能分析，实现对变电站的智能化管理。一体化信息平台应具备如下功能。

1）运行监视功能。实现变电站内电能数据及设备运行状态监视，为变电站安全稳定运行提供可视化手段。一体化信息平台需获取 SCADA 数据、在线监测数据、保护信息、故障录波数据、二次设备运行状态信息、计量数据、辅助系统信息及其他子系统实时运行数据，并通过站端后台进行显示。

2）操作与控制功能。该功能主要实现智能变电站内设备的操作和控制，包括站内控制和调度控制中心远程控制两种方式。对站内设备的运行操作应包括顺序控制、正常或紧急状态下的断路器/隔离开关操作、防误闭锁操作等功能。调度控制中心远程控制是利用远动设备提供的站内一次设备各种运行数据，进行分析决策并下发遥控操作指令，实现对变电站一次设备的远程操作和对电网经济运行的优化控制等。

3）综合信息分析与智能告警功能。通过收集数据服务器各项运行数据（包括站内实时/非实时运行数据、辅助应用信息、各种报警及事故信号等），并对数据进行分析处理，最终通过人机界面或语音的方式给出分析结果和处理建议。可实现自动生成变电站故障后的故障简报、对告警信息进行筛选并分类显示上送以及数据综合分析处理及故障诊断等功能。

4）运行管理功能。通过收集站内实时/历史数据、在线监测数据，并与运行管理系统、输变电状态监测系统实现数据交互，对站内所有运行设备的健康状况进行分析，实现检修预警和设备管理。同时一体化信息平台还通过远动装置向调度控制中心主站提供变电站的图形和模型信息，实现对变电站的图模一体化管理。

5）辅助管理功能。辅助管理功能主要对变电站内的视频监控系统、安防系统、照明系统、站用电源系统、智能巡检等进行数据交互，实现辅助系统设备的智能化控制，如视频系统与安防系统的联动、视频系统与一次设备操作的联动等。

最后还应指出的是，信息一体化平台的建设将进一步促进变电站信息的融合和利用，不仅强化站内的各种功能，特别是变电站的高级应用功能的开发，同时有利于电网的安全运行、优化调度、经济运营和优质服务。

课题六 智能变电站的高级应用功能

智能变电站的高级应用功能是智能变电站区别于数字化变电站的重要特征之一。变电站高级功能是以站内一体化信息平台为支撑，各种高级应用功能均建立在一体化信息平台提供的基础数据之上。变电站高级功能直接面向用户需求，面向变电站的运行、检修、调试、管理，是为提高变电站运行分析决策和管理水平、提高变电站维护的自动化程度、为变电站和电网的协同互动、为电网安全稳定高效运行服务的，因此变电站高级功能将成为今后变电站智能化的关键技术。

高级应用功能可分为运行监视类、辅助决策类、调节控制类、维护管理类四类。目前高级应用功能有顺序控制、智能告警、故障信息综合分析决策、设备状态可视化、优化调节控制、站域控制、分布式状态估计、源端维护、新能源接入、协同互动等功能。其中前三项为高级应用功能中的基本功能，是高级应用功能的必选项，其他则根据工程实际需要选择采用。

一、顺序控制

顺序控制属于变电站调节控制类的功能，是高级应用功能中的基本功能之一。顺序控制也称为程序化操作。所谓变电站电气设备顺序控制，是指通过变电站自动化系统，按标准操作票自动地执行预先规定的操作逻辑和五防闭锁规则、自动地按程序完成电气设备一系列的操作，最终完成变电站电气设备运行方式自动转换的过程。

在智能化变电站内实施顺控操作，能够使智能化变电站真正实现无人值班，达到变电站“减员增效”的目的；同时通过顺控操作，减少或无需人工操作，最大限度地减少操作失误，缩短操作时间，提高变电站的智能化程度和安全运行水平。

1. 实施顺序控制的要求

（1）顺序控制总体要求。实施顺序控制必须满足无人值班及区域监控中心站管理模式的要求，可接收和执行监控中心、调度中心和本地自动化系统发出的控制指令，经安全校核正确后，自动完成符合相关运行方式变化要求的设备控制。

实施顺序控制必须具备自动生成不同主接线和不同运行方式下典型操作流程的功能。为保证操作的安全性，顺序控制必须具备急停功能，并配备有图形图像界面在站内和远端实现可视化操作，便于进行人工判断及干预，以实现无人值班变电站的远方顺序控制。

（2）顺序控制的硬件平台需满足以下要求：所有纳入顺序控制操作的一次设备均需具备电动操作功能（包括断路器、隔离开关、接地开关、手车开关）并要求具有较高的可靠性。二次设备的智能组件必须工作稳定可靠，能够根据操作票逻辑和操作顺序正确发出控制命令；具有设备状态识别技术，确保各状态数据采集准确及时；要求具有可远方投退的保护软压板并可实现保护定值区的远方切换。后台计算机中顺序控制软件对安全性要求较高，需要配置物理隔离装置和软件防火墙。

（3）顺序控制的软件要求。智能变电站顺序控制的实现分为后台计算机与智能单元软件两个部分，必须能接受调度主站的顺序控制操作。

智能单元内部保存所有与本间隔内操作、与本间隔相关的跨间隔跨电压等级操作所需的操作规则。后台计算机则保存全部的操作规则，每次顺序控制操作，都先从相关智能单元中读取操作规则进行比较，如果一致则继续后续操作，如果不一致则给出报警，提醒操作人员核对操作规则的正确性。一旦变电站有增容、切改、扩建等变化，须及时修改操作规则。

2. 顺序控制中需注意的几个问题

经过现场的实际运行实践，智能变电站实施顺序控制时需要注意以下几个方面。

（1）必须注意控制源的唯一性。目前智能变电站可以实施操作的控制源除装置本身外，还有当地计算机、集控站、上级调度等，容易产生多源控制的问题。所以，除在操作对象权限的分配上予以注意外，还要具有完备的闭锁互锁机制，确保每一个控制对象在同一时刻只受唯一的控制源控制。

（2）必须注意系统的安全与身份认证机制。为防止内外黑客的攻击、恶意入侵、无意的误操作，严格的技术与使用管理制度是十分重要的。

（3）与视频图像监控系统的联动。在进行顺序控制操作时，系统应能自动将视频画面切换到与操作设备有关的对象上，除系统内部进行逻辑判断外，操作员也能通过视频画面直观地观测到设备的当前实际状态、操作中间的变化状态、操作结果等，以便出现异常时可随时对顺序控制过程进行干预。

（4）模拟操作仿真预演。为保证顺序控制的正确性，必须在正式操作前进行模拟操作仿真预演，以检验操作逻辑的准确无误。

（5）异常处理。顺序控制操作过程中，变电站自动化系统发生事故、出现异常告警信号、变电站设备出现分合不到位或未满足操作条件时，应自动停止操作。应按照规程及时处理，排除停止操作的原因后再进行顺序控制操作。

（6）注意顺序控制操作的连贯性。变电站顺序控制操作是一个全自动的过程，操作过程中不需人工干预。为保证顺序控制操作的连贯执行，在编制顺序控制操作票时应考虑将整个操作过程可能出现的需人工干预的操作步骤（如拆接临时接地线等）安排在顺序控制操作之前或之后执行，以避免顺序控制操作过程的非故障性中断。

（7）注意顺序控制操作票的相对固定性。考虑到安全管理的需要，顺序控制操作票一经审核并经测试、验收合格投入使用后，就不能随意更改，即使确需修改也要经审批及流程审核，批准后还要重新测试、验收才能使用。

（8）提高顺序控制操作的效率。对于过于简单、不常用、非典型的操作任务不应列入顺序控制操作的范围，一方面避免出现过多的顺序控制操作引起混淆，另一方面还可以降低由于对运行方式考虑不周而在进行非典型操作时所产生的风险。

顺序控制是智能变电站重要的基本系统功能之一。在具体实施过程中，还需要考虑调度、集控站、变电站监控后台、远动装置和间隔层测控设备内对顺序控制操作的全面支持与功能配合，以提高变电站电气操作的正确性和快速性。

二、智能告警及分析决策

1. 传统告警模式存在的问题

传统告警模式采用单一维度，如开关变位、保护信号、遥测越限等的分类显然不足以对具体的告警信息进行准确且充分的描述；同时传统告警功能也比较简单，如基于测控点属性定义的画面推出、孤立的告警信息确认等功能。由此可见，传统告警方式相对单调，缺乏用户互动和可定制，而且对如此繁多的告警信息，运行人员不能快速地把握重点信息。

2. 智能告警及分析决策系统的意义

智能告警及分析决策系统是按告警源、敏感度、专业细分来分类，通过知识库综合进行多维度识别，采用各种可视化关联手段、事故追忆驱动和实时视频联动，基于知识库和当前运行环境综合推理形成在线处理报告。智能告警在很大程度上简化运行人员对信息的识别和梳理工作、提供充分且必要的相关的信息、推荐了该事故和异常的一般性处理原则和方法，对确保运行人员准确、快速地处理事故和异常，减少事故和异常对电网的影响和危害，具有重要意义。

3. 智能告警及分析决策系统功能

智能告警及分析决策系统分为多维度识别、规范化描述、多媒体报警实时联动、知识库综合推理四个主要功能模块。

（1）多维度识别。多维度识别是指告警信息按发生源对象分类（如过程层、间隔层和站控层设备等），按敏感度（如事故及断路器变位类、异常及告警类、隔离开关变位类等）、专业细分（如开关断开、PT 断线）综合识别。综合识别是基于当时系统运行情况和知识库进行动态识别。

（2）规范化描述。对每类告警信息的描述进行严格的句法定义，统一要素规范格式，以提高告警信息在推理时的智能关联和识别能力。

（3）告警方式互动。这种互动包括告警方式、界面定制（信息窗定制）、应用联动（监控画面的显示）等方式的互动。

（4）知识库及推理方法。以变电站设备运行原理和普遍经验构建知识库专家系统，以实时告警信息触发为起点，综合运行环境和知识库进行推理获得对事件的认识和处理报告。智能告警在线处理报告实例如图 8-20 所示。

三、故障信息综合分析决策系统

1. 传统故障分析存在的问题

随着我国电网的迅速发展，电网结构也日趋复杂，电网的各类故障的发生也越加频繁。电网发生故障时，集控人员接收保护动作信息与断路器状态、电气量等信息后，通过个人的经验进行综合分析判断，过滤无效的错误信息，确定故障设备和范围，进而采取隔离等处理措施。因此，在故障处理中，调度人员的个人经验及判断力起到了决定性的作用。

电网故障事故的处理是一个既复杂又要求实时性极高的过程，单凭人工判断将造成故障信息的处理缓慢，故障分析也不准确。另外，电网发展呈现出规模化、智能化的特点，电网故障时保护装置和故障录波器记录下大量故障数据，SCADA 系统能快速收储这些故障信息，但是却只是简单地转发给调度中心，对这些数据缺乏有效的管理和利用。

2. 故障信息综合分析决策系统的功能

故障信息综合分析决策系统是在事故情况下对包括事件顺序记录（SOE）信号及保护装

浙江兰溪500kV智能变电站智能告警窗口

事故编号:

日期:2010年11月15日　　时间: 11:32:45　　天气:

告警装置:5011

告警报文:2010-11-15 11:32:41.957 500kV 5011开关测控-NSD500控制超时合

影响范围:
控制命令下发后，被控设备长时间没有状态返回

建议措施:
(1)立即中断操作，查明超时原因。
(2)重点检查被控设备电源是否正常、远方/就地切换开关是否在“就地”位置。
(3)若电源空气自动开关跳开，则将电源开关重合一次，重合成功，继续操作；若电源重合不成功，则汇报调度，待专业人员处理。
(4)浆远方/就地切换开关置于“就地”位置。

图 8-20　智能告警在线处理报告

置、相量测量、故障录波等数据进行数据处理、多专业综合分析，将变电站故障分析的结果以简洁明了的可视化界面综合展示，对故障作出分析决策并将故障分析决策和处理信息上传调度主站。

故障信息综合分析决策系统通过上述综合分析，形成了事故及异常处理指导意见和辅助决策，同时梳理了各种告警信号之间的逻辑关联，确定变电站故障情况下的最终告警和显示方案，为上级系统提供事故分析决策支持。

变电站故障信息综合分析决策系统的功能结构分为故障信息综合展示、全景事故反演、故障分析辅助决策专家系统三个部分。

(1) 故障信息综合展示功能。能有效管理故障时刻的故障量、录波数据、告警信息、定值、保护版本等关联信息、PMU 动态数据和故障测距数据，将故障关联数据分类、整理、形成故障完整的综合信息，为继保专业人员提供故障时刻信息完整的综合展示；还可让用户在同一界面中查看某次故障的所有故障信息，即通过画面展示了某次故障的动作报告信息、故障时的定值信息和故障时刻录波曲线。

(2) 全景事故反演功能。能综合稳态、暂态和动态数据对故障过程进行全景事故反演。全景数据分析系统是对变电站自动化系统原有事故追忆功能的改进和提高。系统分为统一断面全景数据采集、全景数据展现和全景数据回放两大部分。

统一断面全景数据采集作为智能变电站 SCADA 的基本功能，实时采集同一时段的稳态、暂态和动态数据。全景分析系统对全景数据提供了曲线、表格和图形等展现方式，以全方位展示变电站的全景数据。

(3) 事故分析辅助决策专家系统功能。首先利用故障分析模型作故障诊断，然后由专家系统进行智能分析，推断可能的故障位置、故障类型和故障原因，再给出故障恢复策略，指导运行人员快速故障恢复或通过故障恢复策略引导智能控制模块自动进行故障的恢复。

专家系统是一种具有专门知识与经验的程序系统，根据相关专家提供的知识和经验进行推理和判断，模拟专家的决策过程。专家系统由推理引擎、数据库和知识库组成。知识库由资深调度管理人员的经验组成，并具备学习功能，有新的故障事例时能够加进知识库。推理

引擎通过事例匹配找出相关的知识和经验，得到推理结果，并评估结果可靠性。

3. 故障分析辅助决策与智能控制的协调

故障分析辅助决策专家系统产生分析结果和恢复方案后，生成故障恢复操作票。智能控制系统根据控制执行故障恢复操作票实现变电站事故的智能恢复。故障分析辅助决策与智能控制的协调过程为：发生故障→进入故障分析辅助决策专家系统→收集故障数据→故障信息综合展示→全景事故反演→专家系统故障分析→推断可能的故障位置、故障类型和故障原因→给出故障恢复方案→进入智能控制阶段→生成恢复操作票→顺序执行恢复操作票。

四、设备状态可视化

1. 设备状态可视化的含义

设备状态可视化是指基于设备自监测信息和经由信息互动获得的高压设备其他状态信息，通过智能组件的自诊断，以可视化的方式表述自诊断结果，使高压设备状态在电网中是可观测的。这里所谓状态可视是对运行人员、专业人员及上级主管（如高压设备运行管理主站和电网调度主站）能够实时地、直观地、有效地显示电气设备运行状态的在线监测（包括数据采集、实时显示、诊断分析、故障报警、参数设置），对有异常状态的电气设备能及时采取有效措施，避免事故的发生。变电站的高级应用服务器将站内设备在线监测的状态信息上送，使上级部门能够监视站内设备状态并制定合理的检修策略。设备状态可视化主要是针对变压器、断路器等一次设备状态可视，对重要二次设备状态及重要网络设备运行状态也应具备可视化功能。

2. 变压器状态可视化

电力变压器是电力系统中的重要设备，为了保证其安全运行，需要对运行中的变压器进行检测，及时取得反映其运行状态变化的信息，从而判断是否存在故障隐患。

变压器状态可视化主要针对变压器机械特性、局部放电、油中气体和水分、套管绝缘性能、铁芯接地电流、运行电压和电流、油温机环温、绕组热点温度、有载调压开关、冷却器状态、绕组变形等状态参数进行可视化的展示和监测。通常根据具体内容分成运行参数、状态参数、实时波形、专家诊断显示等类型，通过报表曲线、声光音响、颜色效果等进行有效、直观地显示和提示报警。如图 8 - 21 所示，主变的运行状态一目了然。

3. 断路器、隔离开关状态可视化

断路器的状态包括行程曲线、分合闸位置状态的展示，通过数据分析得到分合闸时间、次数。通过分合闸的行程曲线比对，分析得到机械状态的变化趋势，还可以展示电机电流、电压、工作时间以及液压电机的启动次数、累计工作时间等。

对隔离开关设备操作箱内温度、湿度可视化监视，按照状态监测判据进行趋势分析的诊断结果可视化；对隔离开关某些曲线的关键特征点的运动速度是否合格，进行操作前设备健康状态的预判及操作中设备健康状态告警等的展示。

4. 二次设备状态可视化

对重要的二次设备，例如保护装置、测控装置、合并单元、智能终端等二次设备的运行状态（运行、热备、检修、停运等）实现可视化，保护装置当前的定值区实现可视化，可直观地显示运行定值、定值区的信息，反映二次设备的指示灯状态（运行、故障、告警）。

对重要网络设备运行状态，例如交换机的端口状态及交换机本身运行状态也应具备可视化功能。

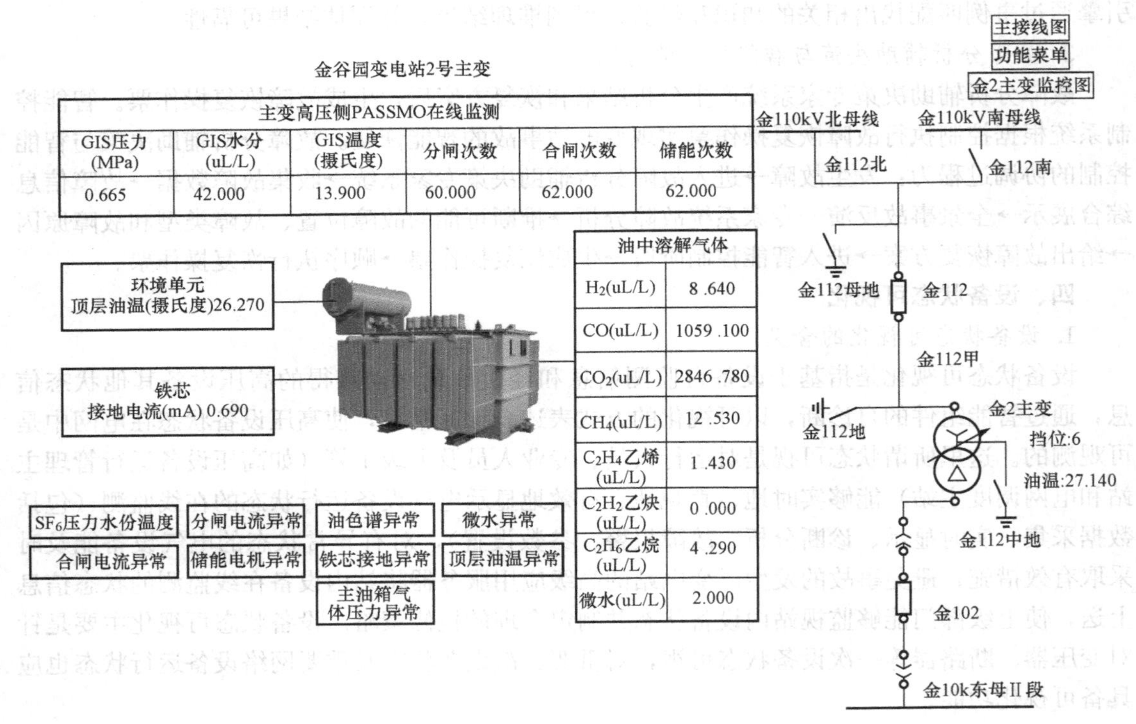

图 8-21　主变压器设备状态可视化画面

五、经济运行与优化调节控制

经济运行与优化调节控制是通过对变电站运行状态及主变压器负荷的采集，由调度主站对电网异常或不稳定运行状态进行分析，与变电站进行信息和控制功能的互动，根据一定的目标实现自动调节，实现智能控制决策，并将调节后的运行状态、负荷等信息反馈到调度主站，实现电网经济运行和优化控制的目标。

变电站的经济运行与优化调节控制主要有电压无功优化控制和主变压器负荷优化控制。应指出的是，这两项控制都属于区域优化调节控制，是调度主站与变电站进行调节和控制的互动。

六、站域控制

站控层站域控制建立在一体化信息平台的基础上，在通信和数据处理速度满足功能要求的基础上，实时采集全站数据，包括全变电站各母线电压、各线路电流和各开关的实时位置以及各保护的动作、闭锁信号，从而完成全站各电压等级的备自投、过负荷联切、过负荷闭锁、低频低压减负荷和母差保护等站域控制功能。但它们之间均相互独立，互相没有影响。例如，基于一体化信息平台的站域备自投控制逻辑存放在站域控制系统的保护逻辑模块里，站域控制系统按此逻辑，通过输入/输出接口及保护测控装置执行备自投命令，变电站监控工作站显示站域控制监控画面。

站域控制通常用于110kV及以下电压等级的智能变电站，可实现多台主变的各电压等级的备投功能、过负荷联切、闭锁等功能及实现多轮次的低频低压减负荷功能。

七、分布式状态估计

传统状态估计在电力调度中心实施，集中完成全网拓扑分析和状态估计，变电站只作为数据采集和转发单元。由于传送到调度中心的信息量的局部冗余度不足，通过传统状态估计模型和算法的改进，已无法从根本上解决调度中心自动化基础数据的可靠性问题，拓扑错误、非线性迭代发散、大误差等导致的集中式状态估计的不可用。

然而，变电站是各种量测数据的源头，如利用变电站内冗余的多源（指 PMU 和 SCADA）三相量测对原始量测进行预处理，则传统状态估计方式就会有显著的改进。由于在变电站内状态估计计算规模小、速度快；变电站内建立了一体化信息平台，采集了大量的实时信息，量测冗余度高，可有效将拓扑错误和坏数据剔除在变电站内部。调度中心利用变电站状态估计输出的熟数据进行全网状态估计，不但降低了远程通信负担，还提高了状态估计的可靠性。

目前智能变电站状态估计已作为必备高级功能，因此实现变电站—调度中心两级分布式状态估计的需求和条件日趋成熟。

八、新能源接入

变电站新能源接入是智能电网的核心内容之一，是变电站高级应用功能的新课题。我国新能源接入电网主要有分散接入和集中接入两种方式。以分散接入变电站节点进行就地平衡，对系统运行影响较小；但是，由于我国是以风电为代表的新能源资源与负荷呈逆向分布，而且目前主要采用集中接入变电站远距离输送的消纳模式，对系统运行影响较大。并网控制技术是解决这些问题的核心技术，主要有功率预测、有功功率控制、无功/电压调节、电能质量分析与治理等功能。新能源分散方式接入变电站节点的架构如图 8 - 22 所示，新能源接入的高级应用功能均纳入一体化信息平台的控制和管理中。

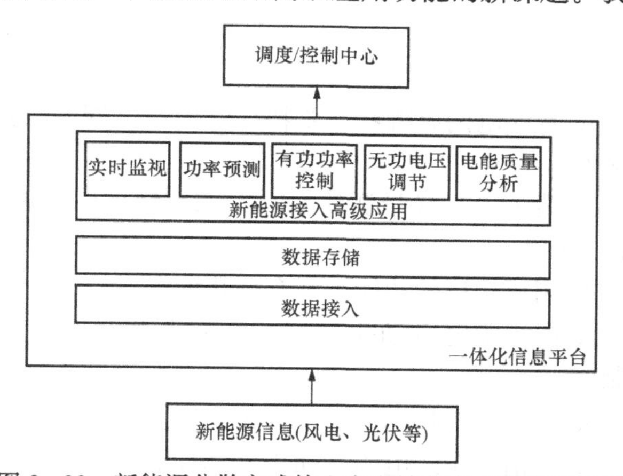

图 8 - 22　新能源分散方式接入变电站节点的架构示意图

（1）功率预测功能。由于风电具有很强的随机性和间隙性，所以风电穿透功率（指风电场装机容量占系统总负荷的比例）超过一定值之后，会严重影响电能质量和电力系统的运行。目前可接受的风电穿透功率不能超过 8%。如果能对风速和风力发电功率进行比较准确的预测，则有利于电力系统调度部门及时调整调度计划，从而可有效地减轻风电对电网的影响，而且还可以减少电力系统运行成本，提高风电穿透功率极限，同时为风电场参与发电竞价奠定了基础。为此，风电场应具有 0～48h 短期风电功率预测上报调度及 15min～4h 超短期风电功率预测滚动上报调度和上报次日 24 小时预测曲线功能。

（2）有功功率控制。新能源接入应具有有功功率调节能力，并能通过变电站远动装置接受调度机构的指令，根据电网频率值、电网调度机构指令自动调节新能源的有功功率输出，并确保最大功率输出，且功率变化率不超过电网调度机构的给定值，以便在电网故障和特殊运行方式下保证电力系统稳定。

（3）无功/电压调节。新能源接入应具备无功调节能力，参与电网电压调节。参与方式包括调节新能源电站内无功补偿设备，调整升压变压器的变比。新能源并入变电站的功率因数应能够在允许的范围内连续可调。

（4）电能质量分析与治理。由于并网的风力发电和光伏发电系统均配有电力电子装置，会产生一定的谐波和直流分量。谐波电流注入电力系统后会引起电网电压畸变，影响电能质量，还会造成电力系统继电保护、自动装置误动作，影响电力系统安全运行。所以，新能源接入电网时需配备滤波装置、静止或动态无功补偿装置等，并应具备电能分析功能以抑制注入电网的谐波含量。

九、结语

智能电网代表着电力工业的发展方向和社会的进步，智能变电站是智能电网的重要环节。本课题探讨了智能变电站应具备的高级应用功能，随着变电站智能化的深入，在确保变电站安全稳定运行、满足各项运行维护功能的基础上，将会有更多、更先进的高级应用功能研究开发出来。虽然智能变电站高级应用功能的完善需要较长时间，但高级应用功能将随着智能技术的发展和智能电网建设的推进而逐步走向成熟。

习　　题

1. 智能电网有哪些主要特征？何谓电网的自愈、互动？坚强智能电网的“坚强”有何含义？

2. 请画出高级量测体系（AMI）结构图，说明其组成。计量数据管理系统（MDMS）有何作用？

3. 用户接口的功能主要有哪几种？

4. 高级配电自动化（ADA）有哪些主要功能？什么是自愈控制？它完成哪四种基本控制？

5. 广域测控技术（WAMACS）为配电网自动化解决了什么问题？

6. 何谓分布式电源（DER）？对配电网有何影响？DER并网要满足哪些基本要求？

7. 特高压交流、直流输电有何优点？为什么说特高压输电网技术实质是输电网智能化？

8. 基于广域测量系统的输电网是如何实现在线监测？

9. 基于无线GPRS/CDMA网络平台的高压输电网监测系统的有哪些主要功能？

10. 智能变电站有哪些主要特征？目前智能变电站网络多采用哪几种网络结构？

11. 一次设备智能化结构必须具备哪三个部分？智能组件由哪些部件组成的？

12. 一次设备状态检修有哪些主要优点？

13. 建立一体化信息平台有何意义？一体化信息平台的功能是什么？

14. 智能化变电站与数字化变电站的重要区别是什么？目前智能变电站高级应用功能主要有哪些？

15. 智能变电站实施顺序控制时需要注意哪几方面问题？

16. 变电站故障信息综合分析决策系统的功能结构分哪几个部分？各部分有什么功能？

17. 传统的电力调度状态估计有何不足？两级分布式状态估计有什么优点？

18. 新能源（风能）接入对系统有何影响？接入时要采用哪些措施？

附　　录

附图 1　某 220kV 线路保护 GOOSE 信息流图

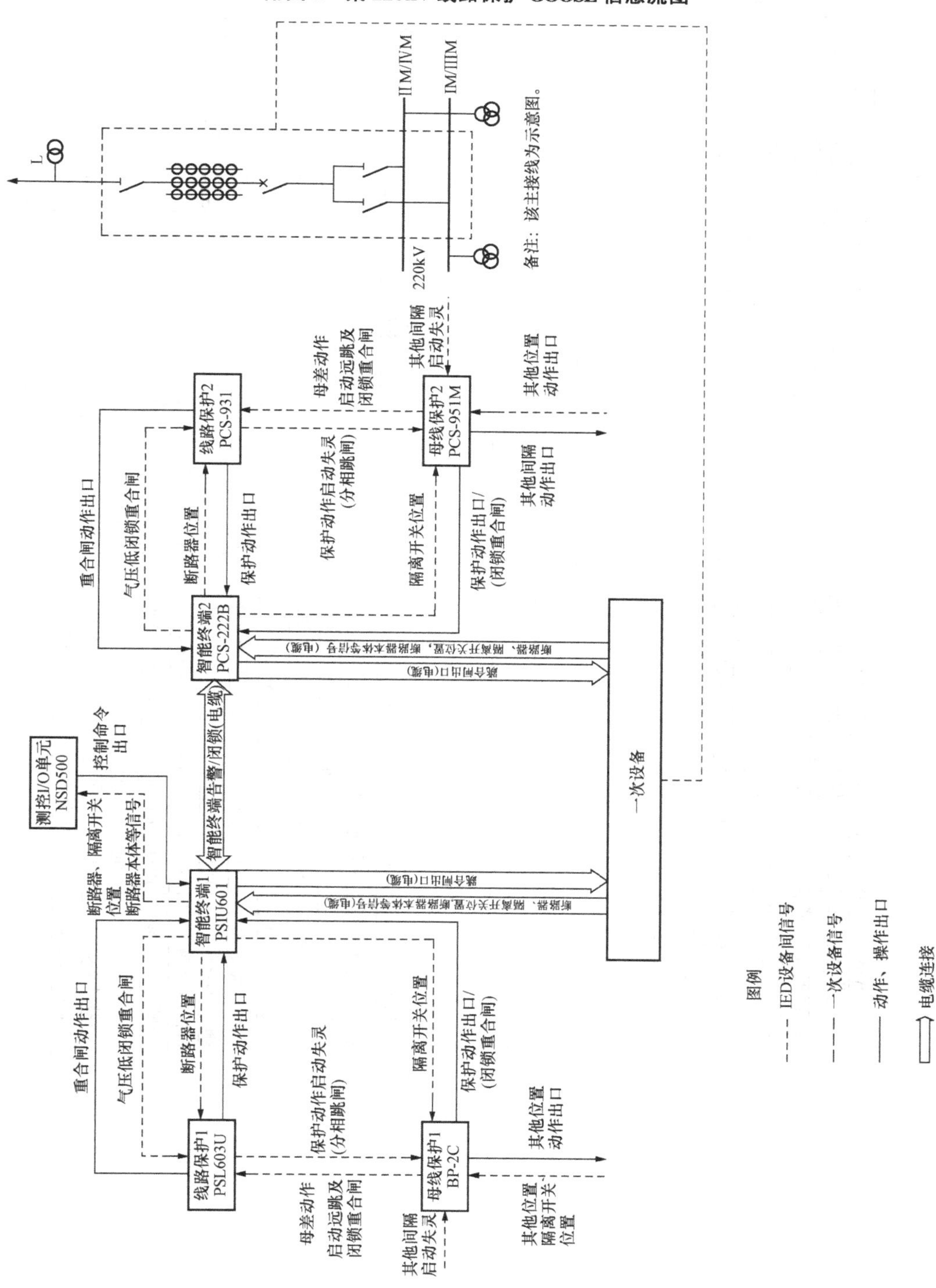

附图 2　根据附图 1 画出的某 220kV 线路保护 GOOSE 逻辑连接图

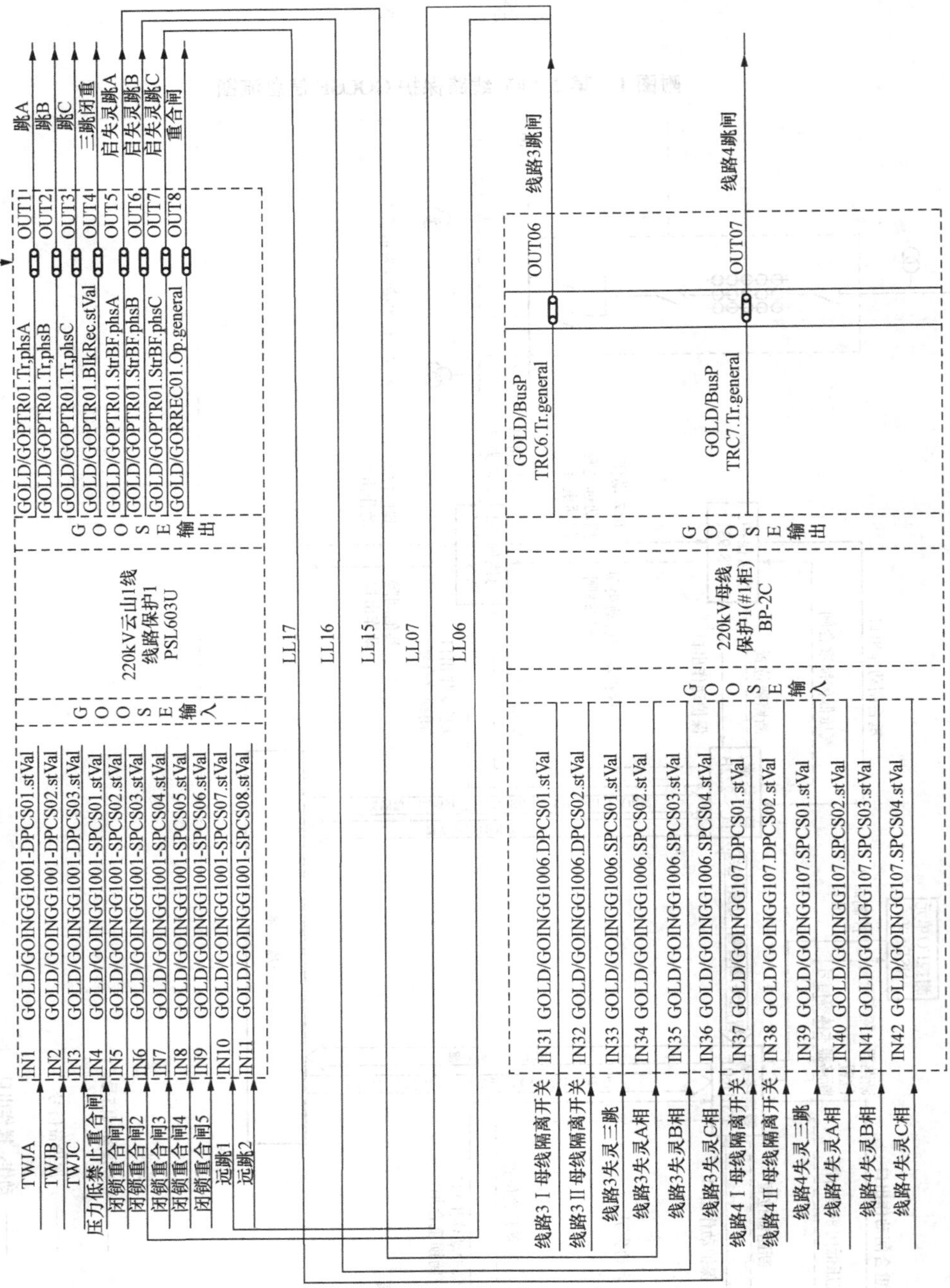

GOOSE连接片

220kV云山1线
线路保护1
PSL603U

GOOSE输入

TWJA　IN1　GOLD/GOINGG1001-DPCS01.stVal
TWJB　IN2　GOLD/GOINGG1001-DPCS02.stVal
TWJC　IN3　GOLD/GOINGG1001-DPCS03.stVal
压力低禁止重合闸　IN4　GOLD/GOINGG1001-SPCS01.stVal
闭锁重合闸1　IN5　GOLD/GOINGG1001-SPCS02.stVal
闭锁重合闸2　IN6　GOLD/GOINGG1001-SPCS03.stVal
闭锁重合闸3　IN7　GOLD/GOINGG1001-SPCS04.stVal
闭锁重合闸4　IN8　GOLD/GOINGG1001-SPCS05.stVal
闭锁重合闸5　IN9　GOLD/GOINGG1001-SPCS06.stVal
远跳1　IN10　GOLD/GOINGG1001-SPCS07.stVal
远跳2　IN11　GOLD/GOINGG1001-SPCS08.stVal

GOOSE输出

GOLD/GOPTR01.Tr.phsA　OUT1　跳A
GOLD/GOPTR01.Tr.phsB　OUT2　跳B
GOLD/GOPTR01.Tr.phsC　OUT3　跳C
GOLD/GOPTR01.BlkRec.stVal　OUT4　三跳闭重
GOLD/GOPTR01.StrBF.phsA　OUT5　启失灵跳A
GOLD/GOPTR01.StrBF.phsB　OUT6　启失灵跳B
GOLD/GOPTR01.StrBF.phsC　OUT7　启失灵跳C
GOLD/GORREC01.Op.general　OUT8　重合闸

LL17　LL16　LL15　LL07　LL06

220kV母线
保护1(#1柜)
BP-2C

GOOSE输出

GOLD/BusP TRC6.Tr.general　OUT06　线路3跳闸
GOLD/BusP TRC7.Tr.general　OUT07　线路4跳闸

GOOSE输入

线路3 Ⅰ 母线隔离开关　IN31　GOLD/GOINGG1006.DPCS01.stVal
线路3 Ⅱ 母线隔离开关　IN32　GOLD/GOINGG1006.DPCS02.stVal
线路3失灵三跳　IN33　GOLD/GOINGG1006.SPCS01.stVal
线路3失灵A相　IN34　GOLD/GOINGG1006.SPCS02.stVal
线路3失灵B相　IN35　GOLD/GOINGG1006.SPCS03.stVal
线路3失灵C相　IN36　GOLD/GOINGG1006.SPCS04.stVal
线路4 Ⅰ 母线隔离开关　IN37　GOLD/GOINGG107.DPCS01.stVal
线路4 Ⅱ 母线隔离开关　IN38　GOLD/GOINGG107.DPCS02.stVal
线路4失灵三跳　IN39　GOLD/GOINGG107.SPCS01.stVal
线路4失灵A相　IN40　GOLD/GOINGG107.SPCS02.stVal
线路4失灵B相　IN41　GOLD/GOINGG107.SPCS03.stVal
线路4失灵C相　IN42　GOLD/GOINGG107.SPCS04.stVal

参 考 文 献

[1] 商国才. 电力系统自动化. 天津：天津大学出版社，1999.

[2] 李新民，李勋. 8098单片微型计算机应用技术，北京：北京航空航天大学出版社，1995.

[3] 方富淇. 配电网自动化. 北京：中国电力出版社，2000.

[4] 杨新民. 电力系统微机保护培训教材. 北京：中国电力出版社，2000.

[5] 黄益庄. 变电站综合自动化技术. 北京：中国电力出版社，2000.

[6] 魏庆福. STD总线工业控制机的设计与应用. 北京：科学出版社，1991.

[7] 李家瑞，逻述谦，译. 传感器与IBM PC接口技口技术. 北京：科学出版社，1994.

[8] 杨奇逊. 变电站综合自动化技术发展趋势. 变电站综合自动化技术研讨会论文集. 北京：中国电机工程学会，1995.

[9] 张源斌，李晓勇，等. 变电站运行变压器局部放电在线监测系统. 变电站综合自动化技术研讨会论文集. 北京：中国电机工程学会，1995.

[10] 施玉祥. 中低压变压器电压无功调节的研究. 变电站综合自动化技术研讨会论文集. 北京：中国电机工程学会，1995.

[11] 张永健. 电网监控与调度自动化. 4版. 北京：中国电力出版社，2012.

[12] 白焰，等. 分散控制系统与现场总线控制系统. 2版. 北京：中国电力出版社，2012.

[13] 刘吉臻，白焰. 电站过程自动化. 北京：机械工业出版社，2006.

[14] 刘健，等. 配电自动化系统. 2版. 北京：中国水利水电出版社，2006.

[15] 国家电力公司农电工作部. 农村电网技术. 北京：中国电力出版社，2000.

[16] 高伟. 计算机控制系统. 北京：中国电力出版社，2000.

[17] 高翔. 教学化变电站应用技术. 北京：中国电力出版社，2008.

[18] 耿建风. 智能变电站设计与应用. 北京：中国电力出版社，2012.

[19] 许晓慧. 智能电网导论. 北京：中国电力出版社，2009.